# スバル水平対向エンジン車の軌跡

## シンメトリカルAWDの追求

武田　隆

グランプリ出版

## はじめに

本書は、2008年に刊行された『水平対向エンジン車の系譜』の第１章（水平対向エンジン車の特徴はなにか）と、第８章（スバル水平対向エンジン車の進化）をもとに、大幅に加筆修正したものです。

本書の後半にあたる第３章以降、2009年の５代目レガシィ以降については、新たに書き下ろしています。

『水平対向エンジン車の系譜』は、世界のすべての水平対向エンジン車の歴史を追ったもので、本書第１章の３（スバル前史、水平対向エンジン車の進化）で、その歴史をコンパクトにまとめています。スバル水平対向エンジン車が、自動車の進化の歴史のなかで、どのようにして誕生したかが理解できると思います。こういった時代背景には、本書の全体をとおしてふれるようにしています。

第２章以降で、スバル水平対向エンジン車の誕生から、進化の足跡を追っています。最初の1966年のスバル1000はやはり偉大で、今にまで続くスバル車のまさに原点です。３代続くレオーネの時代は、4WDの導入以外は近年語られることが少ないですが、今あらためて見ると意外に新鮮に感じられます。初代レガシィにつながるものを宿していたことも見逃せません。

1989年の初代レガシィは、スバル1000にも匹敵するような大きな開発で、高性能を追求したのが重要です。その後誕生したインプレッサWRXも、スバルにとって大きな存在になっていきます。さらにラインナップの拡大、SUV分野での大成功などが続きますが、そこもスバルの歴史として見どころです。むしろ今のスバルの屋台骨を支えるのは、SUV系車種といってよく、一番の注目点ともいえそうです。

また、2012年のBRZはトヨタとの共同開発ですが、水平対向エンジン車としてのまったく新しい車体設計はユニークなもので、詳しく追いました。

モータースポーツは、スバルにとって欠かせない要素で、筆者が好きだということもあり、その分量も多めになっています。デザインも、スバルブランドを考える助けになるものなので、いろいろな角度から解説を試みました。とくにスプレッドウィングスグリルやヘキサゴングリルの、紆余曲折の導入の経緯などは、スバルブランドの進化の変遷を物語るもので、スバル好きの目線で見ても興味深いと思います。

2008年の前書では、既に試作が発表されていたハイブリッドについてはふれませんでしたが、今や電動化なしでは存続しえない時代になっており、本書では次世代技術についても考察しています。ただ本文でも書いていますが、水平対向エンジンはまだまだ続くだろうというのが、筆者の見方です。また安全設計に関してはスバルの重要な要素ですが、今回は水平対向エンジンの搭載方法などに限って紹介しています。

巻末の、スバル水平対向モデル全車の変遷を示したグラフを参照しながら、その長い歴史をたどっていただければ幸いです。巻末には歴代モデルや、歴代エンジンのスペック表も掲載しています。

掲載した写真は、広報写真が主ですが、できるだけあまり目にすることのない、海外の広報写真なども積極的に選び、新鮮な紙面になるよう心がけました。

本書はスバル水平対向エンジン車をテーマとしているので、当然、歴代の水平対向エンジンについて紹介していますが、車体設計についても注目しています。水平対向エンジンを最初に採用したのは、車体パッケージングの観点が大きく作用していました。それは、今日のスバルが拠り所にしている「シンメトリカルAWD」という設計哲学につながっており、さらにスバルは電動化で先が見えにくい今後の時代にも、それをひとつの指標にしていこうとしているようです。スバル1000に始まるその進化の歴史を、今ひもといておくことは重要なことかもしれないと思ったことが、執筆の動機となっています。

武田　隆

読者の皆様へ

「富士重工業株式会社」は、2017年に会社名が「SUBARU株式会社」へと変わり、同時にブランド名も「スバル」から「SUBARU」になりましたが、本書で記述したほとんどの期間で「スバル」だったこともあり、本文内においては、原則的に「スバル」の表記で統一しています。また、読みやすさに配慮して、会社を指す場合においても、「スバル」と表記する場合があります。スバルのモータースポーツ統括会社であるSTI（SUBARU TECNICA INTERNATIONAL）の表記は、当初は車名では「STi」が使われていましたが、本書ではすべて「STI」で統一しています。また「4WD」については、1993年誕生の２代目レガシィの頃からスバルでは「AWD」という表記を使い始め、2003年の４代目レガシィのときに「AWD」に統一されていますが、本書では「シンメトリカルAWD」のような名称を除き、「4WD」の表記で統一しています。単位に関しては、近年のモデルは出力／トルクにkW／Nmを使うことが多くなっていますが、初期のモデルに合わせて、すべてps／kg-mで統一しています。さらに、本文中の氏名については一部を除き敬称略としています。本書は、とくに技術を見るところでは、図版も多く入れて解説していますが、理解が正しくないところなどあれば、当該資料とともに編集部にお知らせいただければ幸いです。

グランプリ出版　編集部

# 目　次

## 第5章　電動化も視野に入れた新プラットフォーム

# 第1章

# 水平対向エンジン車を知る

本書は、スバル水平対向エンジン車の、進化の歴史をたどるものである。歴代の各モデルそれぞれの特徴から、開発の経緯についても注目している。その際、核となるのは、あたりまえではあるが「水平対向エンジンを使った設計」ということである。その設計の、なにが優れているのか、逆に、なにがウィークポイントになるのか、そのことをよく知ることが、スバル車を理解する大前提になると思う。

スバルの水平対向エンジン車の「意義」を客観的に理解するために、本編に入る前に、水平対向エンジン車の特性と、水平対向エンジン車の進化の歴史をおさらいしておきたい。

最初にまず見るのは、特性について。水平対向エンジンが採用される理由は、「エンジン性能としての特性」と、「レイアウト上の特性」の、ふたつがあるが、まずはその前者、「水平対向エンジン本体の特性」の長所・短所について見ていきたい。

## 1-1　水平対向エンジンの長所・短所

### ■水平対向エンジンの基本的な特徴

水平対向エンジンという名称は、その形状に由来する。「水平対向」とは英語のHorizontal Opposedからの翻訳だと思われるが、各シリンダー（ピストン）が「水平」に寝ており、なおかつ2気筒ごとに対になって、「対向」しているのを示している。「フラット4」、「フラット2（ツイン）」などという呼び名もあるが、それは文字どおりフラットで平たい形状だからである。

自動車で使われるエンジン形式は、エンジン自体の特性と車体レイアウト上の特性によって決まっている。水平対向エンジンの車体レイアウト上の特性は、その平たい形状ゆえに、搭載したときにクルマの重心を低くできるということもあるが、それ以上に、全長が短いということが重要で、スバルが最初に水平対向エンジンを採用したのも、それが最大の理由といえる。

もちろん水平対向エンジンそのものの特性も、スバルは評価していた。水平対向エンジンの美点は、振動が少ないことである。

水平対向は、エンジンの基本的な資質が優れている。その要となるのは、振動の大きな発生源である往復運動をするピストンの配列であるが、その配列が理想的であり、互いに向き合ったピストンが左右で力を打ち消し合うように動くのだ。ちなみに、こ

水平対向エンジンは、ピストンが水平に、左右で対向するように配置されている。

のふたつのピストンの動きが、ボクシングで２人がパンチを打ち合うさまに似ていることから、水平対向は「ボクサー・エンジン」とも呼ばれる。

いっぽう剛性面でも有利で、短くて軽量なクランクシャフトを、エンジンブロックが左右からしっかり支える構造になっている。重い部品であるクランクシャフトが、ぶれずにしっかり回るようなつくりになっているわけだ。

水平対向は、高回転までスムーズに回りやすく、基本的素性のよいエンジンだといえる。気筒数が少ないコンパクトなエンジンでも、十分な性能が得られる可能性がある。

### ▩クランクシャフトが短く、ウェブが薄くなりやすい

水平対向エンジンの成り立ちについて、ここではわかりやすく４気筒の場合で考えてみたい。直列４気筒（図①）の２番と４番のシリンダーを180度折り返したうえで、さらに各ピストンの位相を変えると水平対向４気筒の配列になる（図②）。ここからシリンダーの間隔を詰めると、理屈では直列エンジンの2.5気筒ぶんの長さにまでエンジン全長を短くすることができる。これが図③の状態である。

ただしこれは理屈のうえでのことで、実際には水平対向エンジンはシリンダーの直径（ボア）がある程度大きくならざるをえない。というのも、とくにジャーナル（ベアリング）がフルに５個ある５ベアリングの場合、クランクシャフトが2.5気筒ぶんの長さでは、ジャーナル、ウェブ、ピンを４気筒ぶん収めるのはかなり厳しい。ある程度クランクシャフトを長くとる必要があり、そのためにはボアピッチ（ボア間隔）を広くせざるをえない。

ちなみにこれがV型だと、対になる２気筒ずつが同じピンに付いている場合もあり、そうなるとウェブの数が少ないので、ボアピッチを詰めて、クランクシャフトを水平対向よりさらに短くできる。ただし、近年のV６エンジンは等間隔爆発のために６気筒が独立したピンを持つので、水平対向同様にエンジン全長はクランクシャフトによって決まっているようである。

とくにスバルのEJ型エンジンのウェブなどは、カミソリのように薄いが、それは水平対向エンジンの回転バランスがよいために、重いカウンターウェイトが必要ないということもあるが、そもそもはクランクシャフトの長さに余裕がないということもあるわけで、ぎりぎりのせめぎあいだといえる。これは最新のCB型エンジンでは、さらにコンパクト化したために、よりいっそうウェブが薄くなっている。６気筒のEZ型でも同じである。

ちなみにV６エンジンの場合、同じようにクランクシャフトを短くしたいが、ベアリング数がフルに

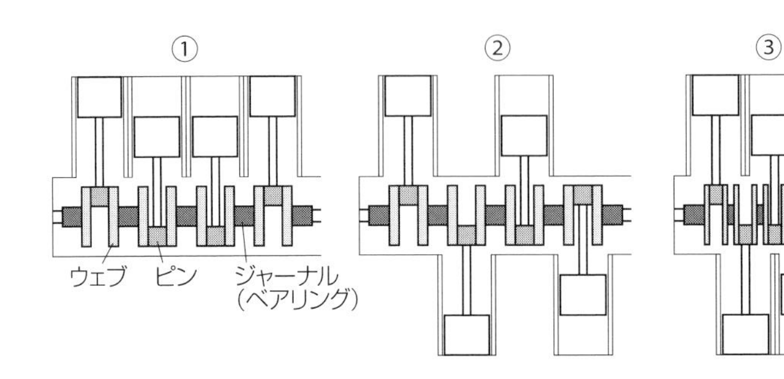


直列４気筒の２番と４番のシリンダーを反対側に開き（②）、シリンダー間隔を詰めると、水平対向４気筒（③）になる。クランクシャフトのジャーナル、ウェブ、ピンの厚みをある程度とらなければならないので、実際には③まではシリンダー間隔は詰めることはできず、ボアピッチを広くとることになる。

前頁の図と似たような想定で描かれた水平対向4気筒のクランクシャフト立体図（上）。下は直列4気筒のもののイメージ。水平対向のほうは、ウェブが薄く、バランスウェイトも最低限になっており、いかにも軽そうに見える。

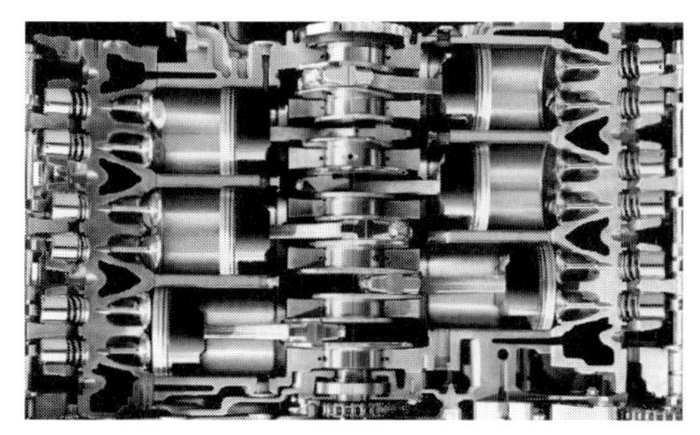

スバルの6気筒、EZ30のカットモデル。ジャーナル（ベアリング）が気筒ごとにフルにあり、ウェブがカミソリのように薄い。

ないことが多く、バランスウェイト数も少ないので、ウェイトが付く部分のウェブは厚くなっている（12頁の写真参照）。

## ■ショートストロークが宿命的

クランクシャフトのウェブがカミソリのように薄ければ、強度上の不安が生じる。そこで十分な剛性を確保するために、水平対向エンジンはメインジャーナルとクランクピンを横から見た場合の直径の円が重なる部分、つまりオーバーラップ部分を十分にとらなくてはならない（右上図参照）。そのため、クランクピンとクランクシャフトの中心間距離をあま

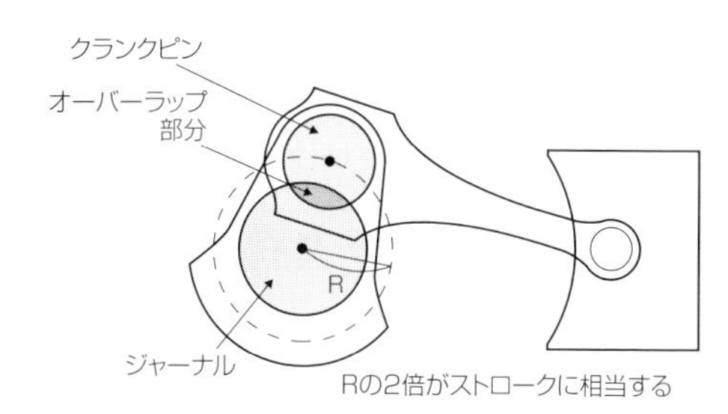



水平対向エンジンは、オーバーラップ部分を十分にとる必要があるので、ストロークを長くとりにくい。

り離すことができない。

クランクピンとクランクシャフトの中心間の距離（R）は、エンジンのストローク量の2倍に等しい。つまり水平対向エンジンは、ストロークを長くしにくいといえる。

ジャーナルやピンの直径を大きくすればよさそうだけれども、それは鍛造ではむずかしく、コンロッドの大きさにも関係してくるのであまり好ましくない。結局のところ水平対向エンジンは、エンジン全幅を抑えるためだけでなく、ビッグボア＆ショートストロークが宿命的なものになっている。

スバルの第3世代水平対向のFA型／FB型以降のエンジンでは、ボアよりストロークが大きいロングストロークとなっているが、それは燃焼効率向上のために近年ではロングストロークが求められているからであり、そのために設計にいろいろ工夫をして、ストロークを長くしているのである。

## ■振動を打ち消し合うピストンの動き

水平対向エンジンの美点は、振動が少なくスムーズなことだが、それは、左右で対向しているピストンの配列がもたらしている。

2気筒でも4気筒でも、気筒数に関係なく、向かい合う2基のシリンダーのピストンが互いの慣性力

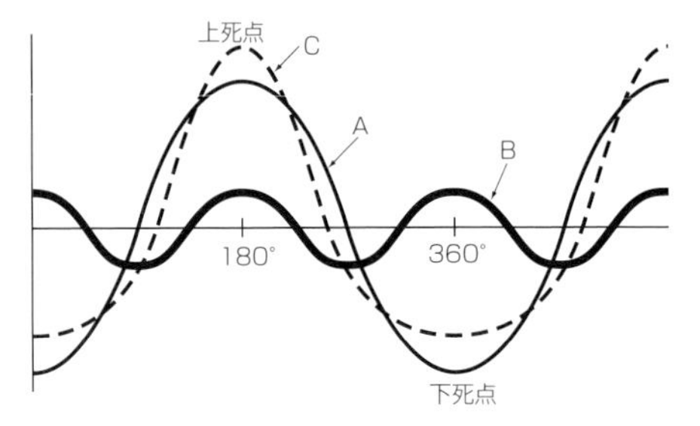


一般的なエンジン１気筒のピストン運動をグラフ化したもの。Aはコンロッドが常に直立していた場合のピストン運動で360°周期。Bはコンロッドが左右に傾くために生じる180度周期の上下動。ピストン本体の上下運動は、AとBを合わせたCになる。水平対向エンジンの向かい合う２気筒は、位相差が360度で、（グラフ上の）上下が逆になるので、AもBも相殺される。水平対向がスムーズな理由はここにある。

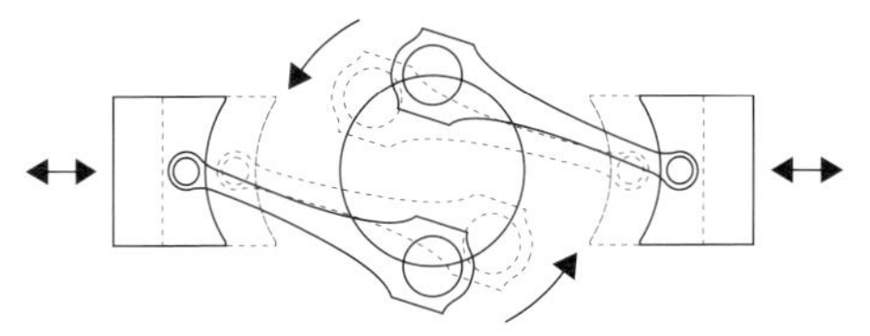

水平対向エンジンでは対向するピストンの動きがバランスしている（不平衡慣性力）。

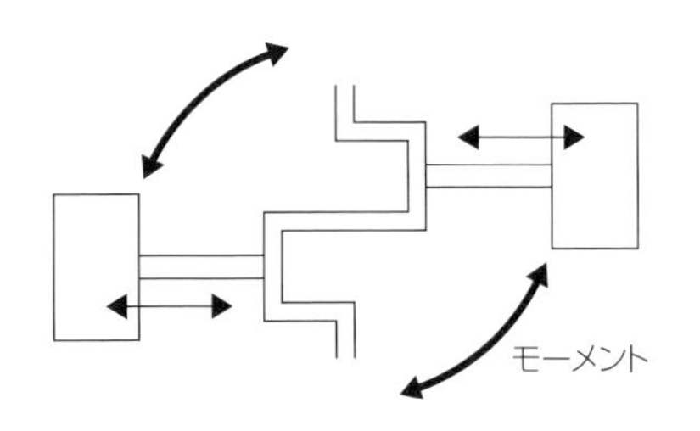


対向するピストンがオフセットしているのでモーメントは生じる。

を打ち消しあうように、クランク軸から見て点対称で動く。そのため不平衡慣性力については、360度周期のいわゆる１次力（ピストンの往復運動）と180度周期の２次力（コンロッド部分の首振り運動）とが、完全にバランスしている。水平対向は、最小限の２気筒単位で、回転がバランスしているのである。

ただしふたつのシリンダーのオフセットがそのまま影響するので、２気筒ではモーメント（不平衡偶

**振動が少ないSUBARU　BOXER**(特性イメージ)

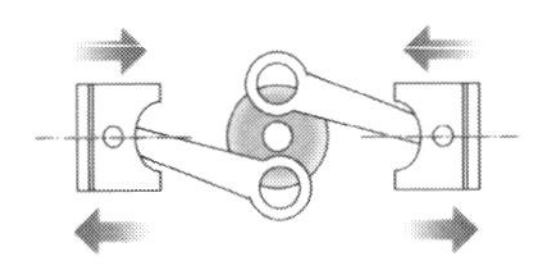


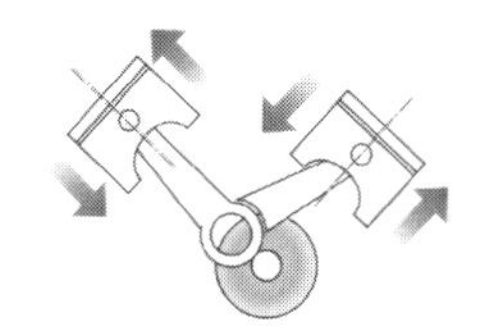


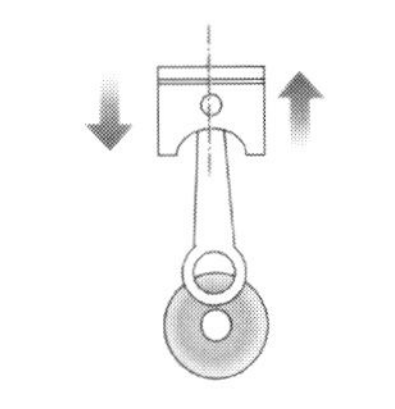


スバルの広報冊子の中のイラスト。

力・回転力）はバランスしない。

ほかのエンジン形式では、V型２気筒は、かなりの振動が出る。直列は、３気筒であれば比較的振動が少ないけれど、２気筒ではやはりかなり振動が出る。水平対向２気筒は、モーメント以外は４気筒とあまり変わらず、２気筒の中では非常に素性がよい。

### ■４気筒でも振動が少ない水平対向

ポピュラーな４気筒で比較すると、水平対向のバランスの良さは際立っている。

V型４気筒はエンジン形状としては使いやすいが、振動が大きいためにほとんど採用されることがない。

普及している直列４気筒では、１次力はバランスしているけれども、２次力は180度周期で４気筒すべてが同じベクトルで動いて増幅するのでかなり大きくなる。この振動を消すには、クランクシャフトの２倍の速さ（２次力と同じ180度周期）でまわるバランサーシャフトが必要で、それにはコストがかかる。

各エンジン形式の気筒数ごとの長所・短所　※振動や大きさの評価はひとつの目安としてのもの

| | 気筒数 | 振動 | 長さ | 高さ | 幅 | |
|---|---|---|---|---|---|---|
| 直列 | 2 | × | ◎ | △ | ◎ | 不平衡慣性力、偶力とも釣り合わない。近年では自動車にはあまり使われていない。 |
| | 3 | △ | ○ | △ | ◎ | 不平衡偶力が残る。バランサーシャフトで解決できる。近年、小排気量車での採用が増えている。 |
| | 4 | △ | ○ | △ | ◎ | 不平衡慣性力の2次力が残る。 |
| | 5 | ○ | ○ | △ | ◎ | 直列4気筒より全長が少し長いだけで、振動のバランスはかなり良くなる。 |
| | 6 | ◎ | △ | △ | ◎ | 動的に完全バランスになっている。クランクシャフトが長いのでねじり剛性の点で不利。 |
| V型 | 2 | × | ◎ | ○ | ○ | 等間隔爆発にならず振動もいろいろな成分が残る。 |
| | 4 | × | ◎ | ○ | ○ | バランサーシャフトを付ければ振動はかなり解決できるものの、ほとんど使われていない。 |
| | 6 | ○ | ○ | ○ | ○ | V型はバンク角などにいろいろ選択肢があるものの、どれも完全にバランスすることはない。 |
| 水平対向 | 2 | △ | ◎ | ◎ | △ | 水平対向のバランスは基本は2気筒単位で成り立っている。2気筒はモーメントが残る。 |
| | 4 | ○ | ◎ | ◎ | △ | 4気筒としては非常に優れている。 |
| | 6 | ◎ | ○ | ◎ | △ | 6次のモーメントが残るだけの完全バランスで、クランクシャフトが短く剛性が高い。 |

これが水平対向4気筒の場合、水平対向は基本的に対向するシリンダーが左右でオフセットしているので、1次や2次のモーメントが発生するけれども、これは対処しやすい種類の振動で、大きさ自体も2次力全体の1/100程度なので、あまり影響がない。1次力は2リッターぐらいのエンジンだと1トン以上になるといわれ、2次力はその1/3～1/4、4次力が1/100となり、4次以下は設計上は無視できるという。

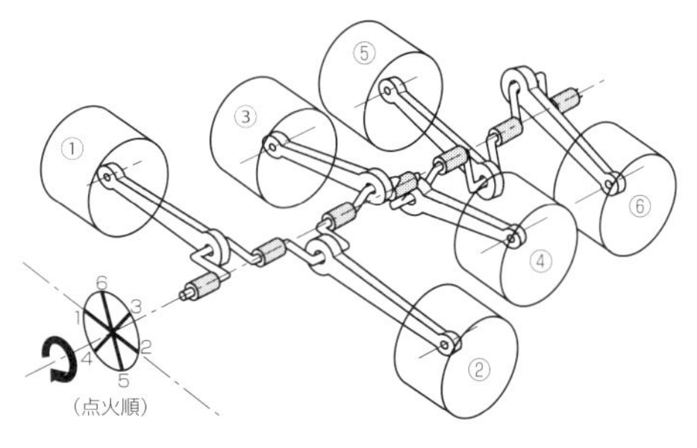

完全バランスとなるフラット6

## 完全バランスの水平対向6気筒

水平対向6気筒は、6次力までバランスしており、そのため直列6気筒とともに、「完全バランス」の非常にスムーズなエンジンとされている。理論上は、水平対向6気筒では6次のモーメントが、直列6気筒では6次力が、アンバランスとして残ってはいるが、上記のようにこれらはまったく無視してよいものである。

ただし直列6気筒は、エンジンブロックやクランクシャフト全長が長くなるので、剛性不足のため振動が発生しやすく、それを防ぐ必要がある。

いっぽうV型6気筒では、振動が小さくなる60度バンク角でも振動が残る。とはいえ直列4気筒よりは良く、上級車向けエンジンとしては十分スムーズともいえる。

ちなみに8気筒以上では、搭載性の良さから、とくに現代ではほぼV型の一択といってよく、V型8気筒は振動面でも悪くない。

V型の12気筒は、片バンクが直列6気筒と同じなのでバランスは完全で、究極のスムーズさがある。バンク角が180度でもそれは変わらないので、12気筒のフラットエンジンでは、クランク配置をボクサー（水平対向）にする必要がなく、クランクピンを向かい合うピストンで共有する180度V型を採用するのがふつうである（105頁参照）。

## 低く、短く、幅が広い

あらためてエンジンのタイプごとの大きさ、形状を比較してみると、まずエンジン全高は、直列、V

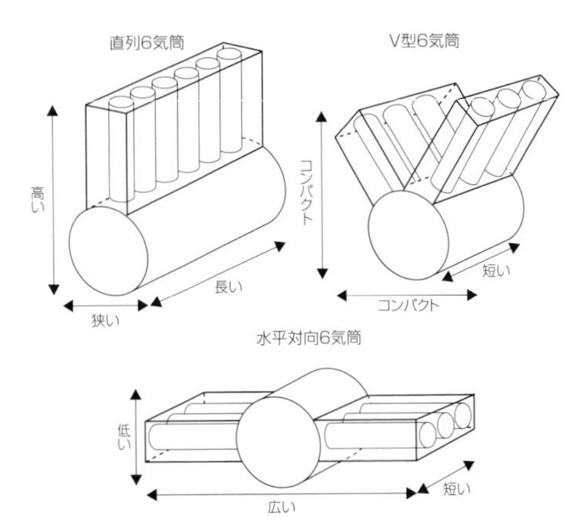


直列、V型、水平対向エンジンの比較。

EJ20エンジンのクランクシャフト。4気筒ながらジャーナルが5個ある5ベアリングで、ウェブは8個すべてが薄い。

V6エンジンのクランクシャフト。ウェブ9個のうち5カ所に分厚いカウンターウェイトが付く。6気筒でも4ベアリングにすぎない。

型、水平対向の順に低くなる。ちなみに、直列エンジンは水平に置くこともできるし、斜めに寝かすこともできる。

エンジン全長は、前述のように直列が長く、V型と水平対向はそれよりかなり短い。ただV型のほうが、両バンクのシリンダーでピンを共用できるぶん、クランクシャフトを短くできる。水平対向でとくにベアリング数をフルに多くした場合（4気筒なら5ベアリング、6気筒なら7ベアリング）、エンジン全長はボアピッチよりもクランクシャフトの設計で決まり、ボア径の設定に関しては余裕がある。それに対し、V型のエンジン全長は両バンクのシリンダー（ボア）の付け根部分が干渉しない範囲、つまりボアピッチやボアの設定で決まるといえる。ただしやはり前述のように近年のV6エンジンは、両バンクの対になるピストンでもピンを共用していないこともあってか、クランクシャフトの長さが全長を決定するようである。

またいっぽう、4気筒ではV型は振動面で使いにくいので、全長が短い4気筒エンジンを求める場合、がぜん水平対向4気筒が重宝される。

エンジン全幅は直列が狭く、水平対向が広く、V型がその中間となる。水平対向は、上面と下面に吸排気管をはじめ補機類などが付くので、実際のエンジンの外形は、ブロックの外形ほどはフラットになっていないが、補機類レイアウトの自由度が大きいし、搭載方法によっては、重心は低くなる。

## ■エンジン本体の剛性が高い

水平対向エンジンが低振動なのは、ピストンの動きに由来する振動が少ないことのほかに、エンジン自体の剛性が高いことも理由としてある。

ふつう水平対向エンジンのクランクケースは左右2分割式で、左右のケースで両側からクランクシャフトをがっちりと挟み込むので、クランクシャフトの支持剛性が高い。

直列やV型エンジンでは上半分のブロックを強固にしても、下半分のスカート部分などが柔だと全体の剛性は下がってしまうので、高出力エンジンでは

EJ20エンジンの2分割クランクケース。左右から挟み込む形でクランクシャフトを強固に支持している。

第1世代のEA型は3ベアリングだったが、EJ型からは5ベアリングになり、クランクシャフトの支持箇所を増やした。

ベアリングビームやラダービームなどで強固に支持している。これに対し、水平対向エンジンの場合、クランクケース自体が強固なベアリングビームの役割を果たしている。

水平対向エンジンは、左右を合わせるブロックを両側からがっちりボルトで締め付けるので、クランクシャフトの曲げ剛性もクランクケース自体の剛性も高く、当然ベアリング数が多くなればさらに万全になる。スバルの第1世代のEA型エンジンでは3ベアリングだったが、第2世代のEJ型のときに剛性を高めるために5ベアリングを採用した。

また、クランクケース（シリンダーブロック）、ヘッドなどが左右半分ずつの少ない気筒数でコンパクトな箱状に成型されているのも剛性面で有利となる。そのほか、ギアボックスとの結合面が大きく、強固に連結されることも有利といえる。

■スポーツモデルのエンジンに向いている

洗練されたスムーズなエンジンであることは、同時にスポーツカーや高出力車に向いたエンジンということにもなる。水平対向エンジンは回転のバランスが優れているので、クランクシャフトのカウンタ ーウェイトを少なくしたり、全体で回転系を軽くすることができ、スロットルレスポンスの良いエンジンに仕立てることができる。

前述のように、エンジンのブロック剛性が高いということのほかに、クランクシャフトの長さが短いことも、剛性の高さにつながっている。そのうえ水平対向エンジンは、ショートストローク仕立てにな

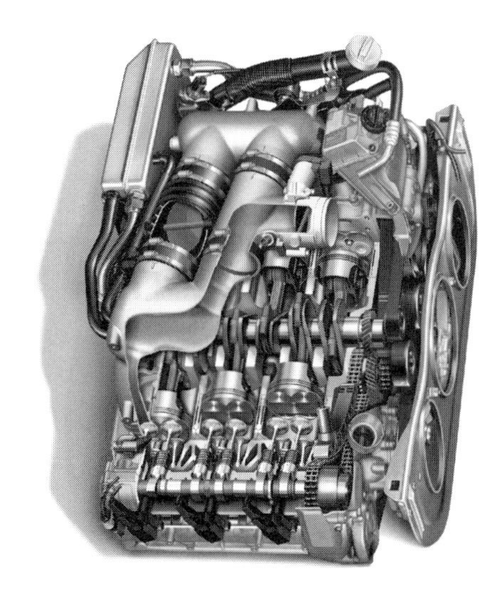

ポルシェ911GT 3（初代）のエンジン。GT 3は911の中でも最も刺激的で、自然吸気で高回転までまわる珠玉のエンジンとして名高い。

ることが多いので、基本的に高回転までまわりやすい。ただし近年のエンジンでは、燃費が最重要なので、ロングストローク化が求められている。

エンジンの高性能化や高級化は、気筒数を増やすことで対応するのが自動車の進化の歴史としては一般的だったけれども、近年は環境性能のために軽量コンパクトであることが重要になり、いわゆるエンジンのダウンサイジングが進んでいる。そのため、少ない気筒数でも所定の性能が出せるというところに水平対向エンジンの優位性がある。

このほか、エンジンの振動が少ないことは、車体そのものや周辺の機器にもよい影響を及ぼす。

## ■ボアアップしやすく、ストロークは伸ばしにくい

水平対向エンジンでは排気量を拡大する場合、ストロークを変えずにボアアップで対応することが多い。直列エンジンでは、全長を短く抑えるためにボアピッチを小さくしたいので、ロングストロークになりやすい傾向がある。これに対し、水平対向エンジンは、製品化当初の仕様がロングストロークだったとしても、ボアピッチは広くとられているから、その後ボアを広げるのがたやすい。その反面、前述のようにクランクシャフトの設計上の制約から、ストロークは伸ばしにくい。全幅を抑えるためにコンロッドが短いことも、ストロークを拡大しにくくさせている。また、そもそもエンジン全長が短いし、ボアを拡大したとしても、4気筒なら半分の2気筒の拡大分しか増えないので、ボア（ボアピッチ）を広くとることに対しては比較的余裕がある。

ただしこれも、繰り返しになるが、燃費のためにロングストロークにするのが現在のエンジン設計の潮流であるため、ボアアップに余裕があったとしても、なるべくボアを拡大しないようになっており、

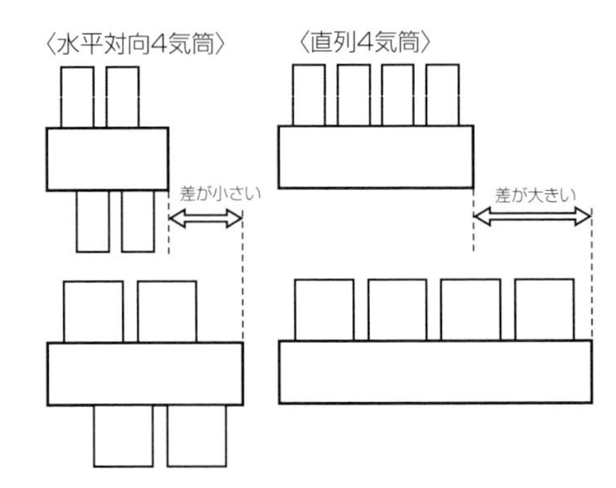


単純にボアを2倍に拡大した場合を図にしたもので、直列エンジンよりも水平対向エンジンのほうが全長での差が小さいことがわかる。

そもそも排気量拡大をせずに、むしろ縮小するのが近年の傾向ともいえる。

1989年に誕生したEJ型は、まだぎりぎりビッグボアが許された時代の開発だが、2010年代に登場したFA型／FB型以降は、ひたすらロングストローク化がテーマになっている。

## ■ヘッドがふたつあるのが弱み

水平対向エンジンの弱点としては、つくりのシンプルさでは直列エンジンに劣り、コストや重量がかさむといわれている。シリンダーブロックやヘッドが左右でふたつあるので、複雑なバルブ機構も左右で2倍必要になる。単純な箱にたとえて直列と比較してみると、水平対向はシリンダーブロックの列をふたつに分けたぶん、壁がひとつ余計にあり、逆に直列はブロックがロングスカートの場合にそのぶんがプラスされる。ただ水平対向は、オーバーハングにエンジンを置く必要があるので、昔から軽合金製にしたりして軽量化に力を入れており、スバルの6気筒エンジンなどはクラス世界最軽量をうたう場合もあった。

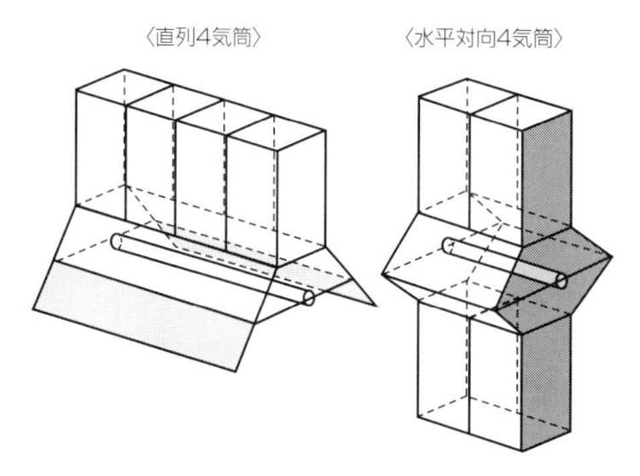


単純化して比べると、直列エンジンに比べて水平対向エンジンは、ブロックの片側一面（▒部分）が余計にあることになる。直列エンジンはブロックを強化しようとするとスカート部分を長くとったりする（□部分）ので、差は少なくなる。また、水平対向エンジンはクランクシャフトが短く軽い。

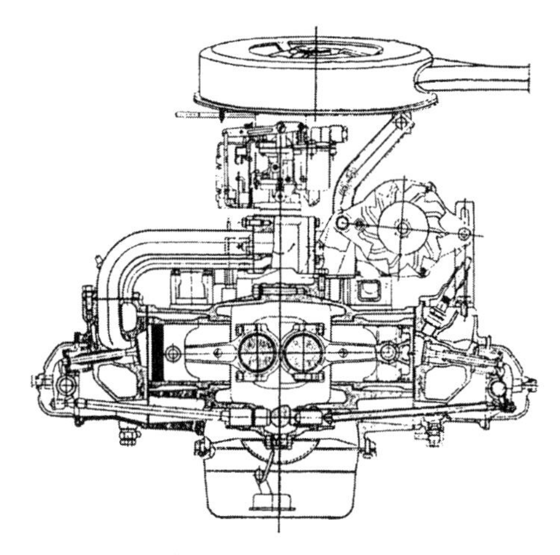

OHVのEA型エンジン。カムシャフトが左右バンクの中央に置かれるのでプッシュロッドが長くなるが、そのかわりカムの個数は半分ですむ。

高出力をねらったエンジンで比較すると、直列4気筒では、バランサーシャフトやベアリングビームなどを追加する必要があるので、コストやシンプルさでも水平対向4気筒が必ずしも不利とはいえなくなってくる。

もっとも、逆にいえば、低出力のベーシックなエンジンであれば、直列エンジンでも十分で、水平対向に勝ち目はなさそうである。水平対向はやはりプレミアムエンジンということになる。

アルシオーネのために開発された6気筒エンジン。同時期のEA型と同じで、SOHCを採用していた。

## ■OHVではシンプルなつくりになる

そもそも水平対向はヘッドがふたつあり、エンジン全幅に制限があるので、エンジン頂部（エンジン両端）にカムシャフトを置くOHCの採用には難点があった。初期のスバルのEA型エンジンは2代目レオーネまでは、ずっとOHVのままだった。ポルシェでさえも、911の開発のときにまずOHVを試作しており、リアエンジンというレイアウト上の都合もあるとはいえ、高性能スポーツカーでありながらも、長い間カムシャフトがふたつあるDOHCを採用せず、SOHCのままだった。

水平対向のOHVでは、ヘッドがふたつあるにもかかわらず、カムシャフトは1本だけですみ、しかも直列エンジンのカムシャフトよりも短い。さらに、ひとつのカムを左右バンクで共用できるので、カムの個数は直列エンジンの半分ですむが、これは左右の対向するシリンダーで360度位相の異なる水平対向ならではのことである。いっぽうで、カムシャフト

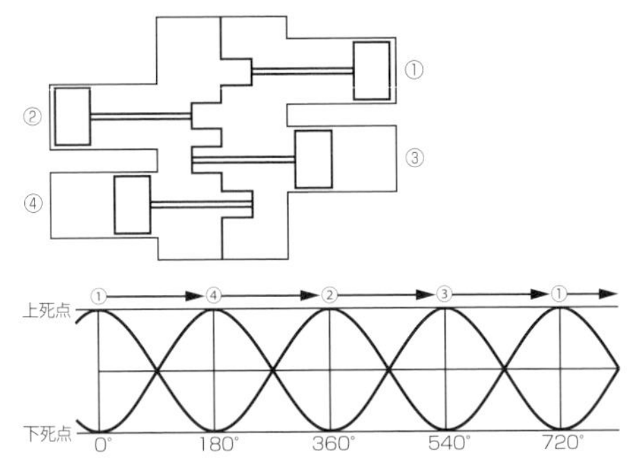


水平対向4気筒で等長等爆の排気管レイアウトにするには、1番と2番、3番と4番を、まず集合させなくてはならない。それにはオイルパンのあるエンジン下側を渡さなくてはならず、苦労がともなう。

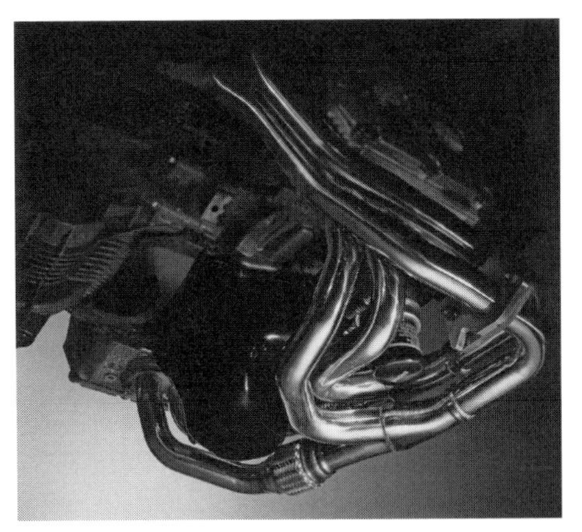

等長等爆を採用した2代目インプレッサWRXの排気管とりまわし。オイルパンが配管を避ける形状となっている。

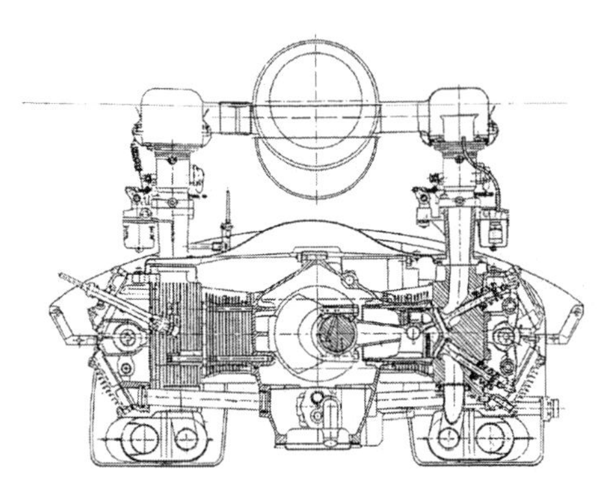

ポルシェ911の初期の空冷水平対向6気筒エンジン。ドライサンプでありながら、排気管はそれより低い位置を通っている。

の位置がクランクシャフトの真上か真下になるので、プッシュロッドが長くなってしまう。

### ■排気のとりまわしが不利

水平対向は吸気管レイアウトの自由度が高い。フラットツインでは、吸排気の配置が前後方向となる場合もあるけれども、4気筒以上ではふつう排気が下側、吸気が上側になる。上側には十分なスペースがあるので、吸気管を最適な形にしやすい。

ちなみに直列エンジンでは、吸気管を各管が等長で抵抗がないようにまっすぐに近くするのは無理がある。V型6気筒もポピュラーな60度ではスペースにあまり余裕がない。

いっぽう水平対向は、排気管のほうはエンジン下側のスペースが限られており、これはリアエンジンだとさらに苦しい。水平対向4気筒では、排気の干渉がないようなまとめ方で、4－2－1と集合させるのが簡単ではなく、近年の排ガス浄化装置の設置などを考慮すると、苦労が多いといえる。

そもそも排気系レイアウトに制約があること自体、排ガス対策に不利ともいえる。

等爆ができないと、ボロンボロンという水平対向独特の排気音が強調される。かつてはスバルのボクサー・エンジンも、それが特徴だったが、今では等長等爆になったためにこの独特の排気音はなくなっている。しかし排ガス対策その他のために、スバルが等長等爆をまたやめるという可能性も否定できない。

また、レーシングカーのように、ドライサンプ化してエンジンの高さを下げようとした場合、排気管が邪魔してしまう。水平対向エンジンの、全体の高さは圧倒的に低いけれども、重量物であるクランクシャフトの位置は、なるべく低く抑えたいものであり、それには工夫も必要になる。

ポルシェ911の6気筒ユニットのオイル循環経路。

### ■オイルの潤滑や整備性の問題

このほかでは、オイルの循環・潤滑で、直立エンジンと少し違った工夫が必要なところもある。オイルの循環は基本的にはほかのエンジンと同じだけれども、ヘッドまで行ったオイルが直立エンジンでは自然に落下してオイルパンに戻るのに対し、水平対向ではシリンダーが寝ているので落差が少なく、シリンダーの下に角度を付けた通路を設けるなど工夫をしている。OHVエンジンではシリンダー下のプッシュロッドがオイルの戻る通路に使われていた。

また、クランクシャフトのジャーナルは、回転がスムーズで剛性も高いので基本的に負担は軽いはずだけれども、クランクシャフト長さが短いぶん、ジャーナル1個あたりの幅が狭いので、面積あたりの負荷が高く、それなりの配慮が必要になる。これも水平対向の設計上のひとつの制約要素になっている。

整備性については水平対向は少し不利で、ヘッドが左右に分かれてふたつあり、エンジンベイの狭く低い位置で横を向いているのでアクセスしにくい。さらに、オイルが飛散してタペット調整がやりにくいということもあって、早くから油圧ラッシュアジャスターを付けるなどして調整を不要にしたり、作業しやすいよう工夫した例が多い。

## 1-2　水平対向パッケージングの長所・短所

続いて水平対向エンジンの、車両搭載時の「レイアウト上の特性」、その長所・短所について見ていきたい。

### ■オーバーハングにエンジンを置くFFやRRに向いている

水平対向エンジンは全長が短く、縦置に搭載する場合に、ほかのエンジン形式より有利である。

1959年にミニが直列4気筒エンジンを横置するまでは、クルマのエンジンは基本的には縦置するもので、全長が短く、オーバーハング長さを短く抑えられる水平対向は、初期のFFやRRには最適のエンジン形式だった。

戦前のクルマは、ラジエターグリルが前車軸真上あたりにあるのがふつうで、当然エンジンは前車軸よりも後方に置かれた。

FF車のエンジンはフロントデフを避ける必要があり、凝った2階建構造などにしないかぎり、デフよりも前、もしくは後に置くしかない。そのため戦前にFF車がつくられるとき、エンジンは当時として違和感のない前車軸後方に置かれた。

ところが戦後、FF車の前輪荷重は大きいほうがよいことがわかってきて、オーバーハングにエンジンを置くのが望ましいということになった。しかし、オーバーハングに長くて重いものを置くのはやはり抵抗があり、そこで4気筒であっても全長が短い水平対向エンジンが、FF車のエンジンとして有望になった。4気筒では、V型は振動があるため使えない

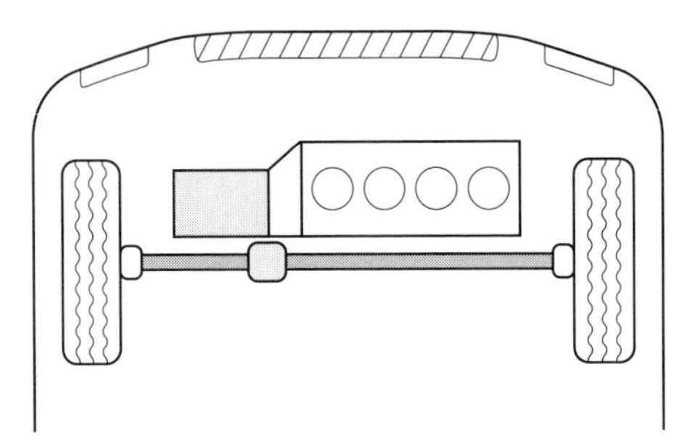

直列４気筒横置FFは片側のドライブシャフトが短くなるので、左右不等長にするか、中間シャフトを入れて両側とも短くするしかない。

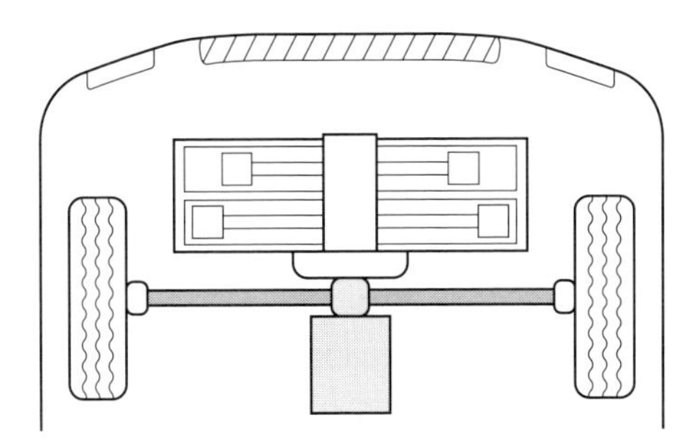

水平対向４気筒のFFではエンジン駆動系の配置が左右対称になり、ドライブシャフトの全長も長くなる。

ので、水平対向が選ばれたのである。

オーバーハングに縦置すると、駆動系の配置はわずかな例外をのぞくと、FFでもRRでもボディの端から、エンジン→デフ→ギアボックスと並ぶ。この配列、オーバーハング縦置FFに向いていたのが水平対向エンジンであった。スバル1000が水平対向を採用したのも、基本的にはそれが理由である。

ただその後、等速ジョイントの性能が上がって、デフを片側に置くエンジン横置式のFF（ジアコーザ式）が、1960年代にフィアットの手で実現されると、ポピュラーな直列４気筒エンジンを使う横置方式が一気に広まり、縦置FFに向いた水平対向エンジンは少数派になってゆく。

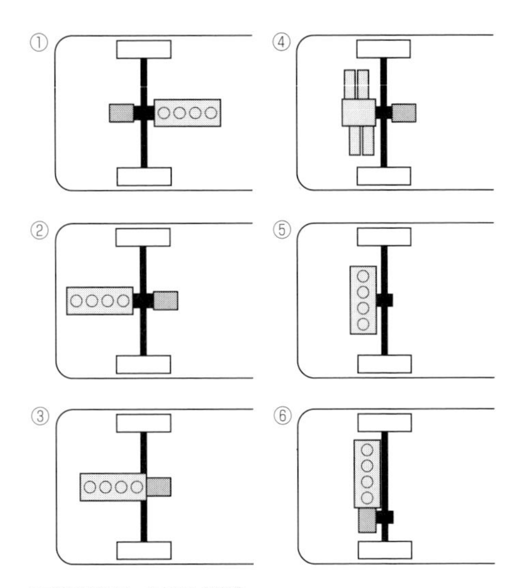


**４気筒FF車のレイアウトの進化**

①戦前の４気筒FF車は、エンジンをデフよりも後方に置いていた。フロント荷重確保のためにギアボックスをオーバーハングに置いた。
②戦後のFF車は、エンジンをオーバーハングに置くようになった。ただ直列４気筒の縦置はオーバーハングが長くなるので、一部のメーカーしか採用しなかった。
③直列４気筒縦置の長さを少しでも減らすために、２階建構造にしてデフをエンジンの下に置く方式も現れたが、やはり多数派にはならなかった。
④オーバーハングにエンジンを縦置するには、全長の短い水平対向４気筒は最適だった。駆動系の設計を複雑にしなくても、オーバーハングを短くできた。
⑤直列４気筒を横置するとオーバーハングを短くできるが、それを最初に採用したミニはデフを中央に置くために、オイルサンプ内に変速機を置く特殊な構造となっていた。
⑥ギアボックスをエンジン横に置くことでシンプルな構造にした「ジアコーザ式」が世界に普及したが、デフが片側に寄って左右不等長シャフトになってしまう。

## ■縦置であることのメリット

FF車の主流となった直列４気筒の横置と比べて、水平対向縦置のレイアウトは走りのいい、洗練されたクルマに仕立てるのに適している。スバル1000の開発時に重要視されたのは、水平対向縦置だとデフを車体中央に置けるということで、ドライブシャフトを左右等長にして十分な長さをとることができた。ドライブシャフトが長くできれば、その折れ角

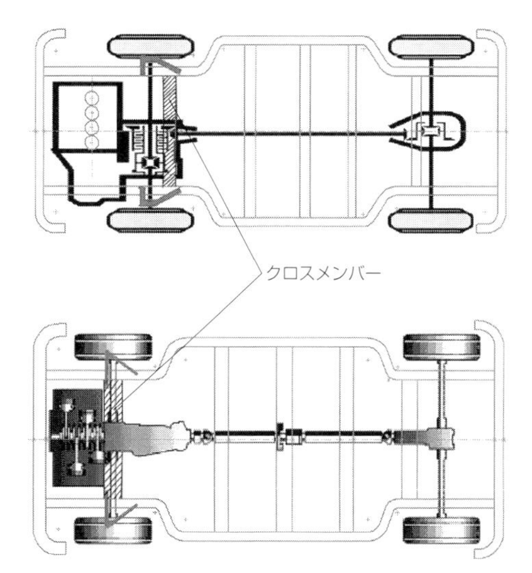


直列4気筒横置FFベースの4WDと縦置水平対向の4WDを比べた図。縦置水平対向はFFでも4WDでも、フロントのクロスメンバーを理想的な位置に通すことができる。

を小さくして等速ジョイントの負担を減らし、スムーズに走れるFF車を実現でき、トルクステアも抑えられる可能性がある。

また、そのドライブシャフトの長さを活かして、サスペンションストロークを長くとることができる。ストロークの長さは基本的にハーフシャフトの長さに比例し、たとえばスバルのシャフトは2割ほどほかのクルマより長いともいわれ、それがストロークの長さに反映している。

さらに、エンジン縦置の場合、フロントのクロスメンバーを左右前輪の間という理想的な位置に通せるので、サスペンション横剛性が高くなり、サスペンションの動きを正確なものにし、優れた足回りに仕立てることができる。これはスバルがレガシィで初めてWRCに本格参戦するときに、注目された部分だった。

今でこそ、等速ジョイントの性能向上やさまざま

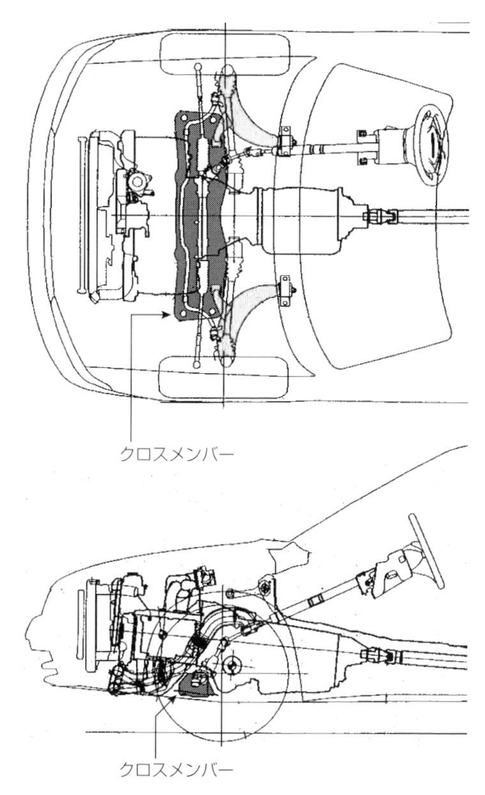


スバル車の図面。太いクロスメンバーがクラッチの真下付近にあり、左右ロワーアームの支持部分を橋渡しすることで、サスペンション横剛性を高めている。

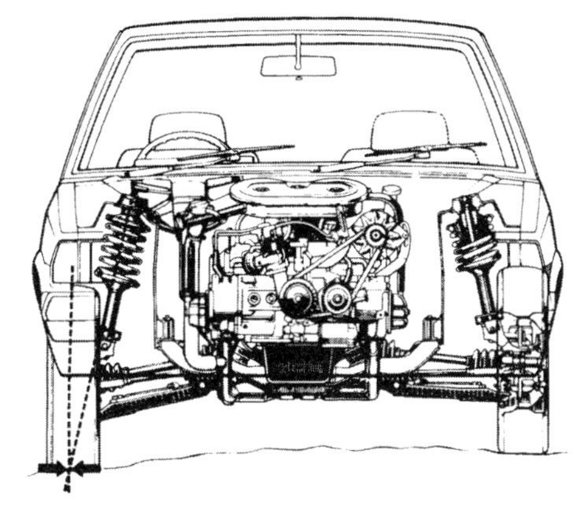

2代目レオーネの透視図。ドライブシャフトが長く、サスペンションストロークに貢献している。

▼重量バランスに優れた水平対向縦置き2WDパワートレーン

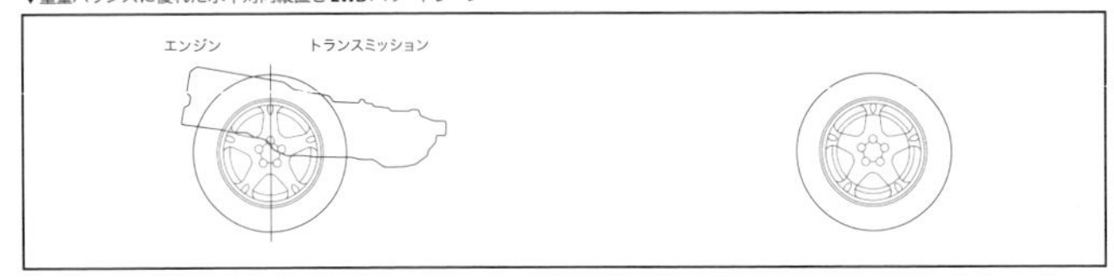


▼重量バランスに優れた水平対向縦置き4WDパワートレーン

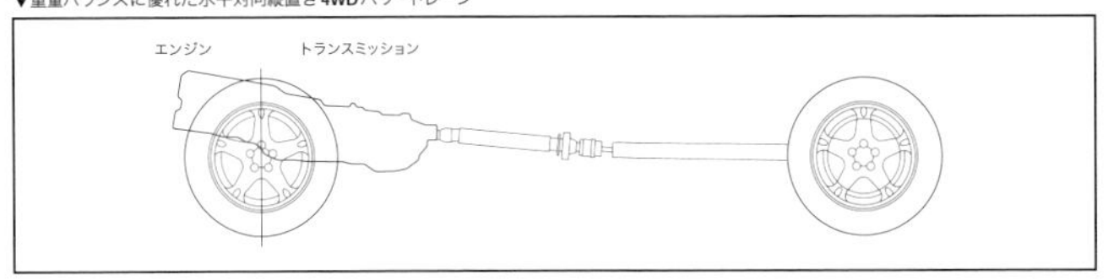


エンジン縦置では、FFでも4WDでも、トランスミッションがフロントアクスルより後方の車体中心側にあるので、前後重量バランスでは優位な面がある。スバルの水平対向FF／4WDの場合は、重心高さについてはやや高めとなっている。

な改善によって、横置FFも、走行時に違和感がないレベルになっているが、とくに戦後のFF普及期には縦置FFのメリットは大きかった。デフを片側に寄せて、長い直列エンジンをボンネット内に横置するのは、やはりあまり気持ちよいものではない。

左右等長ドライブシャフトのメリットは、4WDが主流となった近年のスバル車でも、依然として活きているようである。

そのほか水平対向は、エンジン自体の振動が少ないのでマウントを固くすることができる。4WDではエンジンに振動があると駆動系全体が共振するので対処すべきことが多いといわれ、その点でも振動の少ない水平対向には優位性がある。

### ▩ 4WDに向いている

スバル水平対向FF車のような、前から見て、縦置エンジン→デフ→ギアボックスという配置は、4WD化にも向いている。ギアボックスから後方に、そのままFRのようにプロペラシャフトを伸ばすことができる。横置エンジンFFベースでも、もちろん4WD化はできるが、フロントデフ付近の込み入った狭いスペースにセンターデフを組み込んだり、プロペラシャフトへ駆動を伝えるために回転方向を90度変えることで駆動ロスが生じるなど、抵抗感を感じさせる部分がある。

現在では、縦置エンジンFRベースでも、4WD車が多くつくられているが、エンジンとフロントアクスル（デフとドライブシャフト）の干渉を避ける必要があるため、レイアウトに4WD化のための工夫が必要である。それに対して、FF車ははじめからフロントアクスルが最適配置になっているので、4WD化するのにレイアウトをいじる必要がない。

縦置FFがベースの4WDの場合、エンジン＝デフ＝ギアボックスが平面に並ぶので、エンジンをいっぱいに低く置くことができる。それに対してFRベースの4WDは、基本的にエンジンが左右両輪のあいだにあり、エンジンをフロントアクスルの上に置く必要があるので、少しでもエンジンを低くしたいスポーツカーではあまり好ましくはない。ドライブシャフトをオイルサンプの横腹に貫通させる例もあるが、デフを横にずらす必要があるので、ドライブシャフトの長さが短くなってしまう。

### ▩直列エンジンとプラットフォームを共有しにくい

ポルシェとスバル以外のメーカーは、水平対向エンジンを採用したメーカーもあったが、いちどは採

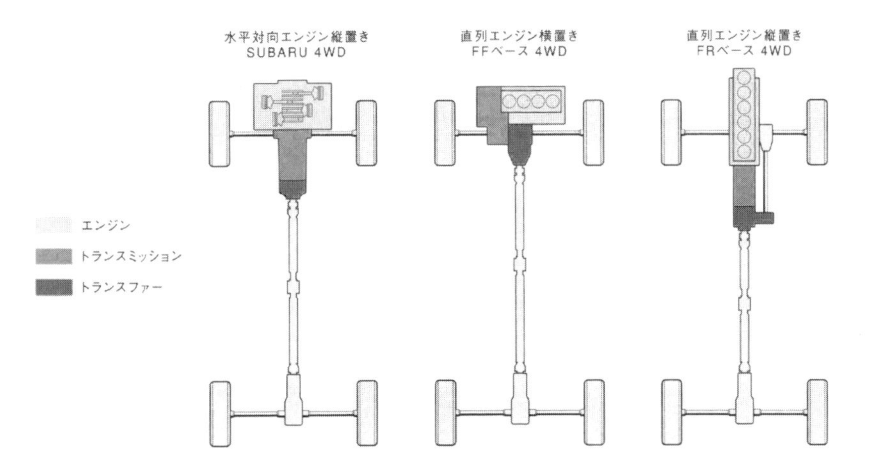


4WD方式の3態。水平対向縦置が、いちばんシンプルでバランスよく仕立てられる。FRベースの場合、デフが片側に寄るうえに、エンジンの下をドライブシャフトが通るので、エンジン搭載位置を低くできない。

用しても、結局、合理化を進める過程で水平対向を廃止して、直列4気筒やV型6気筒を使うようになった。水平対向エンジンとそれ以外の形式のエンジンを製品ラインナップのなかで併用すると、とくに横置エンジンとの併用の場合、ステアリング機構などの周辺部品が共用できないだけでなく、プラットフォームまでが別ものになってしまう。過去にはシトロエンや、アルファロメオなどで、同一モデルに直列4気筒横置と、水平対向4気筒縦置の両方を仕立てたケースもあるにはあったけれども、それは他メーカーと提携や合併するプロセスで一時的に生まれた、水平対向から直列4気筒へ置き換える過程の、過渡期のモデルだった。

水平対向を選べば、よくも悪くもほかとは違うクルマになる。そのためスバルやポルシェは、特徴のはっきりしたクルマとして生き残ることができ、さらに独自性を重視するようになっている面もある。

ポルシェ911は水平対向エンジンをリアに縦置するレイアウトに合わせて、基本骨格から細部に到るまで車体設計が構築されている。フロントエンジンのスバルもある程度これに近いものがある。

## ■FRレイアウトでも水平対向のメリットが活かせる

直列、V型、水平対向は、搭載方法によって向き不向きがあるけれども、8気筒以上のマルチシリンダーになってくると、V型のおさまりのよさが際立ってくる。V型は立方体に近い形なので、縦置でも横置でも対応でき、FFでもRRでも、またFRでも使いやすい。とくに近年は、FFの場合に直列4気筒と同じプラットフォームを共用できるので、V型6気筒が多く使われている。

水平対向の場合、幅がかなり広いので、左右のタイヤのあいだに置こうとすると、サスペンションがじゃまになりやすい。近年の独立懸架のFR車では、わざわざ水平対向エンジンを新設計して使う例はほとんどなく、あっても大半はオーバーハングに置くか、戦前のクルマのようにエンジンをフロントタイヤより後方に置いていた。

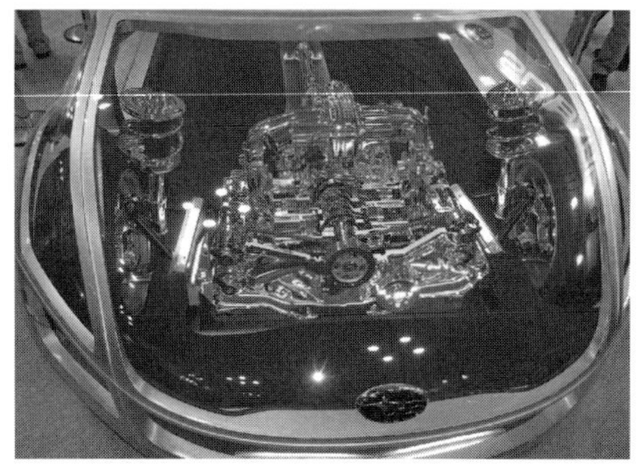

BRZ発表前に公開された展示用モデル。短く低い水平対向4気筒が左右前輪の間に配置されている。

2012年にスバルがトヨタと共同開発したBRZは稀な例であり、FR車のパッケージングに水平対向エンジンの特性を活かしている。全幅に関してはサスペンション設計を工夫して対処しており、むしろ全長が短く全高が低いというメリットを最大限に活かしている。

## ■全高が低いので重心が低くボディも低くできる

上述のように、全高が低くフラットな形状の水平対向エンジンは、クルマの重心を低くできる可能性があり、エンジンフードも低くできる。これは動的バランスはもちろん、空力的にも有利なものになる可能性がある。スタイリングとしても流線型のスマートなボディ形状をとりやすく、FFであれRRであれ、スポーティカーにとってメリットがある。

ボディ形状については、RRではとくに影響があり、RRが注目され始めた第2次大戦前の空力理論では、テール部分が低くなだらかに落ち込む流線型が良いと考えられていたので、水平対向を使うメリットが大きかった。フォルクスワーゲンやポルシェなどが典型例である。ただ現在では、ポルシェ911のリアデッキが高くなっていることからもわかるとおり、空力的な意味合いでは、リアを低くする必要性があまりなくなっている。

いっぽうフロントエンジンでは、縦置エンジンFF／

フェラーリ・テスタロッサは、リアデフとギアボックスの上に広大なフラット12エンジンを載せる特異なレイアウトだった。

図の左上がスバル車、右上がポルシェ911。水平対向のFF／RRは、オーバーハングは比較的短いが、横置エンジンよりは長くなってしまう。図の中左が、現代の一部の高級車、スポーツカーを除く大半の乗用車が採用する横置FFレイアウト。前後方向のスペース効率は最もよい。

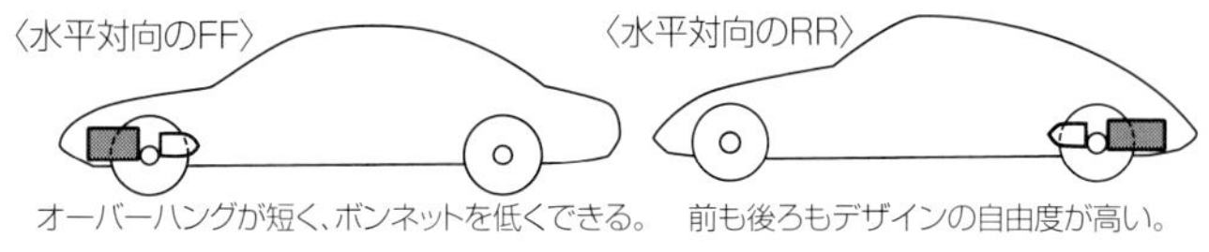


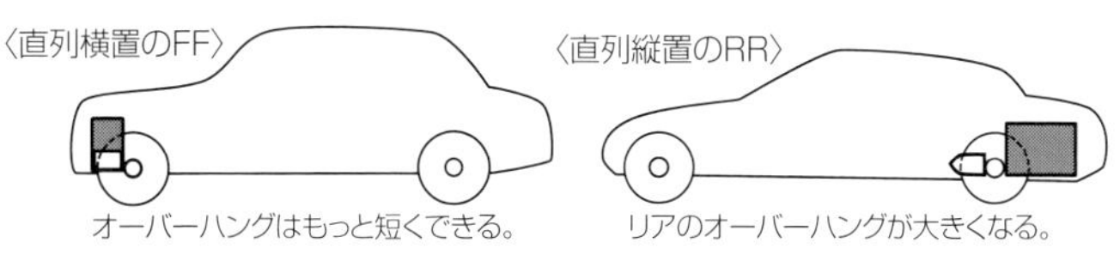


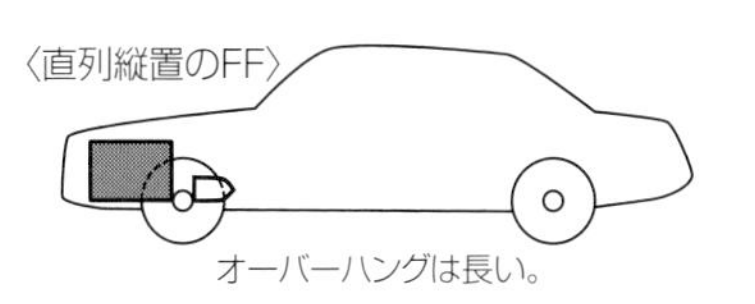


水平対向エンジンと
直列エンジンの
各方式のパッケージ例

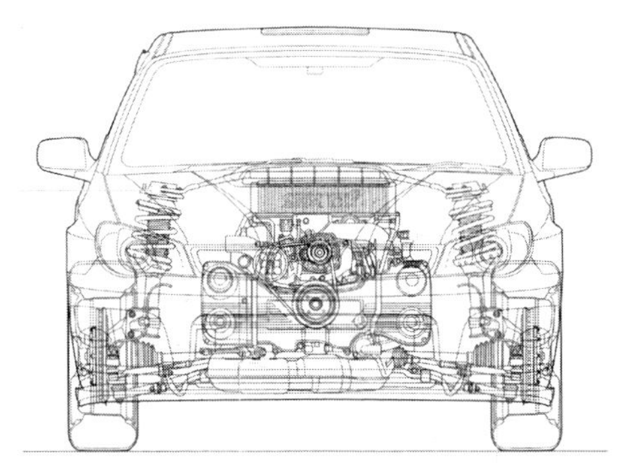

2代目インプレッサの図面。クランクシャフトの位置はやや高めになるが、エンジンのブロック本体だけを見るとやはり低いことがわかる。

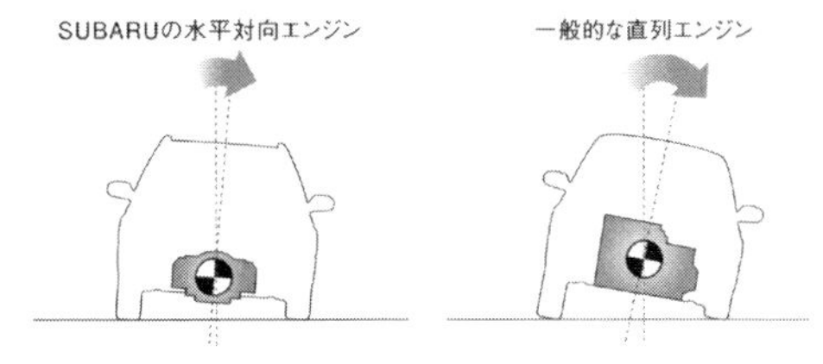


スバルのカタログなどでおなじみの、重心の低さをアピールするイラスト。

4WDの場合、とくに4気筒では水平対向が有利だが、これは全高の低さより全長の短さが効いている。またノーズ先端の低さは、直列4気筒横置のほうが余裕ができる場合もありそうである。

FRのBRZでは、上述のようにボンネットを低くするのに、水平対向が貢献している。FR車のほうがエンジン搭載位置の自由度が高く、FF車よりもエンジンをより低く搭載することができる。

## ■アンダーフロアエンジンが可能

エンジン全高が低い水平対向は、エンジン上方のスペースを有効に活用できる。このことは19世紀末の、自動車黎明期の床下エンジン方式の時代にフラットツインが普及した理由のひとつでもあった。フロントエンジンの場合は、スペアタイヤを上に置くことができ、スバル1000やレオーネでもそうしていた。いっぽうリアエンジンやミドシップでは、フラットなエンジンの上方を荷物スペースとして活用することもできる。

リアエンジンやミドシップカーの弱点は、荷物スペースが少ないことなので、かつてのフォルクスワーゲンのバン・ワゴン系モデルや、近年のポルシェのミドシップ車では、水平対向の低さを活かして、エンジン上方に荷物スペースを稼ぐように工夫してレイアウトしている。

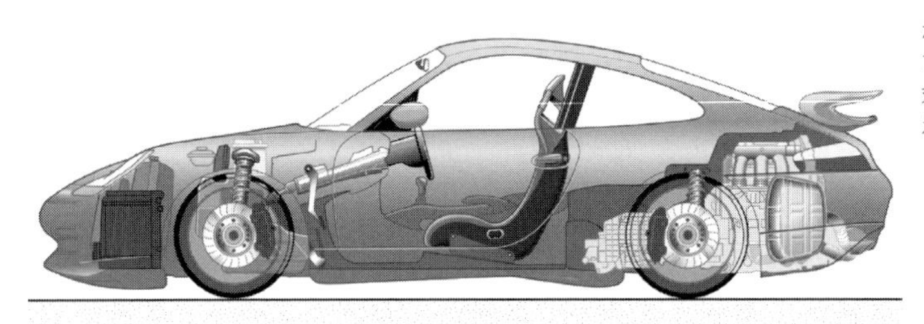

ポルシェ911では、リアに向かってルーフが下がるクーペボディながら、水平対向エンジンの真上に、わずかとはいえ室内空間を確保している。

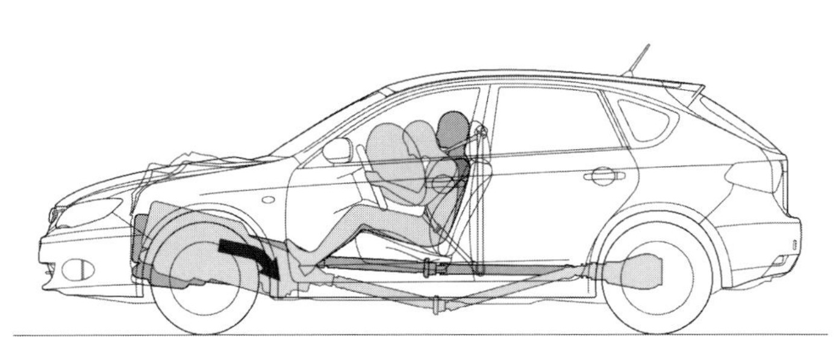

スバル車では、フラットな形状の水平対向エンジン駆動系ユニットを、衝突時にフロア下に逃がすような構造をとっている。

このほか近年のスバルでは、衝突時にフラットなエンジン駆動系ユニットを床下に逃がすことで、衝突時の安全性能を向上させている。

## 1-3 スバル前史、水平対向エンジン車の進化

### ■変革期に多く現れた水平対向エンジン車

では次に、水平対向エンジン車の歴史を、見ていこう。

スバルは1965年に発表したスバル1000で、初めて水平対向エンジンを採用するが、「水平対向エンジンのFF車」というのは、まさに当時の旬の設計方式だった。1965年にスバル1000が開発されたのも、1989年にレガシィが開発されたのも、自動車の進化史の流れの中でのできごとだった。

「水平対向エンジン」は、自動車のエンジンとしては基本的にはマイノリティであり続けた。“マジョリティ”は直列４気筒エンジンである。スモールカーでは３気筒が近年では多くなっているけれども、中級クラス以上では直列４気筒は現在も主流で、実はこれは自動車の歴史で、初期の頃から100年以上変わっていない。

直列４気筒が普及したのは、構造がシンプルで比較的コンパクトであり、乗用車のエンジンとして使いやすいからである。そのいっぽう水平対向エンジンは、全長が短くてコンパクトではあるものの、少しくせのある形状で、構造も若干複雑である。

しかし、自動車のエンジン形式は、車体全体の設計レイアウトに従って決まっているもので、その時代に流行した車体設計方式によって、使われるエンジン形式もある程度変わる。そのために、水平対向エンジン車の注目度が高まった時代が、今までに何度かあったのだった。

長い歴史のなかで、多くの自動車メーカーが過去に水平対向エンジンを使用してきた。現存するメーカー（ブランド）に限っても、今も使い続けるスバル、ポルシェ以外に、フォルクスワーゲン、シトロ

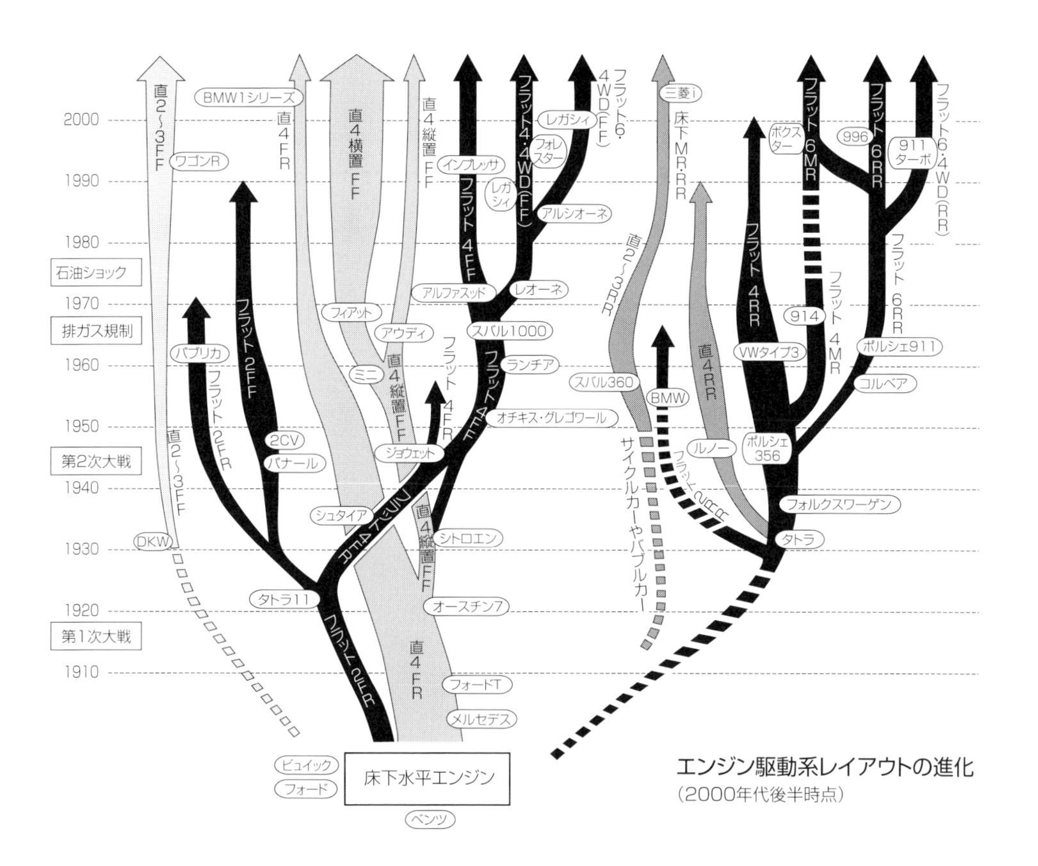

エンジン駆動系レイアウトの進化
(2000年代後半時点)

エン、アルファロメオ、ランチア、シボレー、フォード、ビュイック、ダイムラー・ベンツ、そして日本のトヨタ、ダイハツなどが、過去に水平対向エンジンを採用している。

130年以上に及ぶ自動車の進化史上において、水平対向エンジン車は、自動車の変革期に多く現れた。

世界の乗用車の進化を「エンジン駆動系レイアウトの進化」として見ると、大きく4つ分けられる。「床下エンジン式」→「直列4気筒FR」→「FF」→「4WD」という流れである。

「床下エンジン式」は19世紀末の自動車黎明期の主流だった。「直列4気筒FR」は1900年代初頭に普及が始まった。「FF」は1920年代に登場し、1970年代頃に「直列4気筒FR」に替わって、主流の座についた。さらに「4WD」が、1980年代頃から急速に普及した。

このなかで、「→」で示した"変革期"に、水平対向エンジン車が多く世に現れている。それぞれの"変革期"で、直列エンジンとは違う水平対向エンジンが存在感を増した。とくに「FF」への変革期に水平対向が注目された。水平対向エンジンを採用したクルマには、時代をリードするような革新的設計のクルマが多かった。スバルもそのひとつである。

## ■自動車の黎明期に普及した水平対向エンジン

上述の「→」で示した"変革期"、水平対向エンジン車が脚光を浴びた時期の1回目は、ガソリン自動車の黎明期のことだった。1886年に誕生したベンツ1号車以来、初期の自動車は、エンジンを床下に水平に置くのが標準的だった。最初は単気筒エンジンばかりだったが、すぐに2気筒エンジンが開発される。2気筒にはV型、直列、そして水平対向があるが、そのなかで水平対向2気筒は有力だったのである。床下に水平に置くのに適した形状であるし、振動特性が優れていた。

とくに水平対向2気筒エンジンが普及したのはアメリカだった。アメリカでは20世紀に入るとすぐに、自動車の量産化が始まったが、「床下エンジン式」のままで量産化が始まったのだった。当時のフォード、ビュイック、レオ（REO）、マクスウェルなど、後の米ビッグスリーのルーツとなるメーカーも含めて、多くの有力メーカーが2気筒エンジンとして水平対向を採用した。1905年前後頃には、瞬間的とはいえひょっとすると、水平対向エンジンが世界で最もポピュラーになっていた可能性がある。

ベンツが1897年に開発した水平対向2気筒エンジン。1900年頃にはベンツ車の主力エンジンになっていたと思われる。

1904年のビュイック・モデルB。フロア下にOHV水平対向2気筒が置かれている。これが当時のアメリカ車の標準的レイアウトだった。

ただし、そこから生産規模で一歩抜き出るフォードが、1906年から大衆車にも直列4気筒FRを採用し、さらに1908年には、桁違いに多く大量生産されて世界の大衆車の歴史を変えることになるT型フォードが、やはり直列4気筒を採用して誕生した。これによりアメリカでは直列4気筒が一気に普及し、「直列4気筒FR」が世界の大衆車の標準形式というのが、決定的になった。自動車黎明期の水平対向エンジンの時代は、つかの間の繁栄の後、ひとまず終わりを迎える。

### ■ヨーロッパの経済的2気筒車

ヨーロッパではその後も、水平対向エンジンを使うクルマがちらほらとあった。たとえばチェコのネッスルスドルフは19世紀末以来、水平対向エンジンを使い続け、1920年代にはその系譜を継ぐタトラが空冷水平対向エンジンの乗用車をつくった。タトラはFRではあったものの、先進的な設計で、今日のスバルにもつながるような、合理的設計の水平対向エンジン車の、元祖的存在だった。

1920年代には、ヨーロッパで大衆車の普及のために、軽量コンパクトな水平対向2気筒エンジンを使う設計が注目された。大手メーカーで実際に採用したのはローバー8という小型車だけだったが、ヨーロッパ初の本格量産大衆車となったオースチン・セヴンも、最終的には直列4気筒が採用されたとはいえ、その前に水平対向2気筒エンジンの採用が検討されていた。

1923年に登場したタトラ11。空冷水平対向２気筒を積むFR。タトラは先進的設計で、のちのフォルクスワーゲンや、さらにいえばスバルの先駆的存在ともいえなくもない。

空冷水平対向４気筒をリアオーバーハングに縦置したフォルクスワーゲン試作車のシャシー。ちょうどスバルのレイアウトを前後逆にした形である。

### ■1930年代の革新的な水平対向リアエンジン車

水平対向が注目された２回目の“変革期”は、自動車の主流が「FR」から「FF」へと進化するときだった。FFは1920年代に実用化されたが、本格普及するのは1960年代以降のことだった。その長い変革期にさまざまな試行錯誤があり、「RR」も有力な新方式として普及した時期があったが、このRRとFFに水平対向を使う例が多かった。ちなみに1965年に誕生したスバル1000は、その末期に相当する。

T型フォードの大成功もあって、車体前部のエンジンから、プロペラシャフトを介して後輪を駆動するFR方式が、世界の乗用車設計の定番になった。しかし1930年代頃から、とくにヨーロッパで、乗用車設計の革新が始まり、フレームのないモノコックボディや、独立懸架などとともに、プロペラシャフトのない駆動方式に注目が集まった。それが「FF」と「RR」であり、これに適したエンジン形式として注目されたのが水平対向だったのである。このとき、水平対向は第二の黄金時代を迎える。

水平対向エンジンが注目されたのは、エンジン全長が短いからだ。FFの場合でもRRの場合でも、トランスアクスルと一体化して縦置するのに、コンパクトで全長が短いエンジンが適していたのだ。また振動特性も優れており、小排気量でも比較的高い性能を得られるということも、注目された理由のひとつだった。

水平対向の市販化モデルで最初に目立ったのは、RRのほうだった。1930年代に入ってから、いよいよ合理的な設計の大衆車が世に現れる。1936年にはタトラが空冷水平対向エンジンをリアに積んだモデルを市販化。さらに、1938年頃にフォルクスワーゲン（ビートル）が完成した。ビートルは、軽量コンパクトな空冷水平対向４気筒エンジンをリアに積んで、それまでの常識を超える優れたスペース効率と高い走行性能を持つ大衆車を実現していた。のちにビートルは累計生産台数が2100万台に達し、世界で最も多くつくられたクルマとなる。それが水平対向エンジン搭載車だったのは、注目すべきことである。ちなみにスバルでは、2024年現在で水平対向エンジン車累計生産台数が、ビートルの記録を超えていると思われる。

### ■スバルと双璧をなすポルシェ

戦後に誕生したポルシェ356はフォルクスワーゲンから進化したスポーツカーで、その後継の911は水平対向エンジンを６気筒に拡大し、今も進化を続けて

ポルシェ356の空冷４気筒エンジン。後ろに立つのは亡くなる少し前のポルシェ博士。

流線型ボディのポルシェ911は、リアの狭いエンジンルームに、コンパクトな空冷水平対向６気筒が収まっている。

いる。ポルシェは1990年代以降はボクスター、ケイマンというミドシップ車も加え、2016年からは、４気筒の水平対向エンジンを新開発して、エンジンのダウンサイズを図っている。

ポルシェはスバルとともに、現在唯一の水平対向エンジンを使用する自動車メーカーとしてある。ポルシェ911の６気筒エンジンは、スバル1000のEA型よりも早く1963年に誕生したが、長いこと同じブロックを使用し続け、1998年に新世代の水冷エンジンが登場しても空冷エンジンとは互換性が残されていた。ポルシェ６気筒はさすがにスポーツカー用エンジンなので、1960年代の当初から、剛性面などで盤石な設計がなされていた。

2019年の911カレラＳ用３リッター水平対向６気筒エンジン。吸気ダクトやターボを両翼に配する。スバルと違い、リアエンジンでは幅いっぱいにユニットを広げることができる。

2021年の992型911GT3。2WDで、自然吸気４リッター水平対向エンジンは9000rpmまで回り、510psを発する。

スバルはEA型の開発時には、ポルシェの前身であるフォルクスワーゲンの４気筒エンジンに敬意を抱いていたようだが、初代レガシィで大幅な高性能化を図ってEJ型エンジンを設計するときは、911のターボ・ユニットを指標のひとつにしたという。

ポルシェ911は、リアヘビーゆえのRRの操縦性や、排ガス規制に不利な空冷が足かせになったこともあり、1980年代に一時は風前の灯し火の状況になった。ところがその後、後述するように4WD化やタイヤの進化などによって操縦性の問題を克服、水冷化も達成して911は存続した。水平対向エンジンをリアに積む設計方式が逆に唯一無二の個性となり、911は独自のスポーツカーとして存在感を持ち続けている。

スバルも縦置水平対向エンジンを使うプラットフォームのため、設計の独自性を保つことができている。日産の傘下にあった時代に、日産車と設計を共通化されずにすんだのは、そのおかげだという人もいる。水平対向エンジン車は、良くも悪くも独自の道を少数派として歩むことが宿命だといえる。

ポルシェはスバル以上に個性がある。水平対向エンジンの全高の低さが、フロントエンジン車以上に、リアエンジンのボディラインで活かされている。ただしスポーツカー以外には転用できず、近年はセダンのパナメーラやSUVのカイエン、マカンなどはグループ内のアウディなどの技術を流用してつくられており、V型や直列エンジンをフロントに搭載している。

## ■水平対向２気筒のFF

いっぽうFFも、1930年代から開発が活発化していた。ただ当初はFFの難易度が高かったこともあり、水平対向のFFが実際に市販化されたのは第２次大戦後のことだった。FFの開発に手こずる状況は、日本では1960年代頃にも続いており、そのためにスバル1000の開発も、困難なものになったのだった。

大戦中の1940年代に多くの水平対向エンジンFF車の試みがあり、戦後になってシトロエン2CVやパナ

1961年に発売されたトヨタ・パブリカ。当初はFFを目指していたが、FFの技術が日本ではまだ難易度が高く、開発途中でFRに変更された。

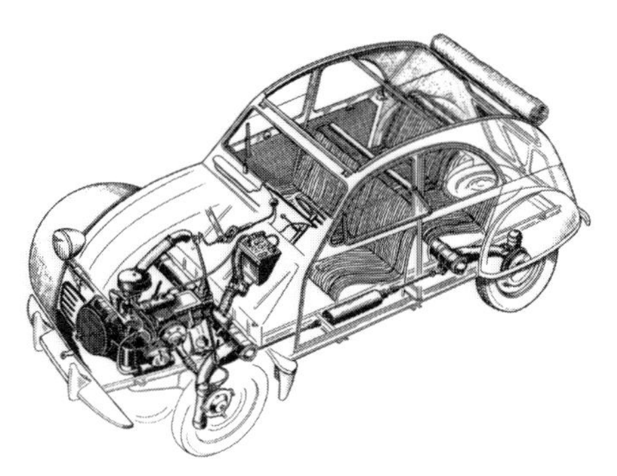

小さな空冷水平対向２気筒エンジンをフロントオーバーハングに置いたシトロエン2CV。1948年発表。スバル360に影響を与えた。

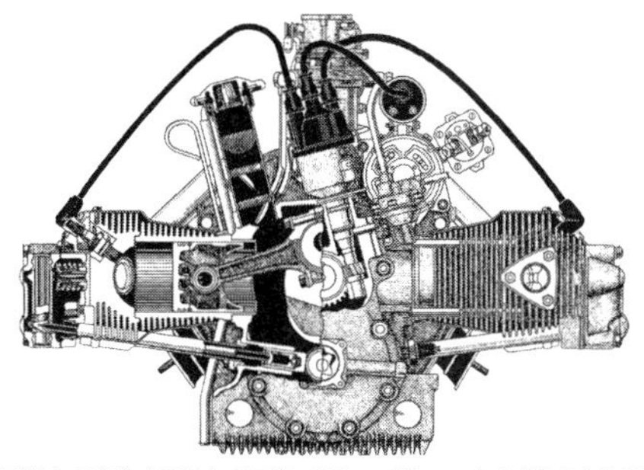

パブリカの空冷水平対向２気筒。700cc／28ps。よく考えられた設計のエンジンだった。

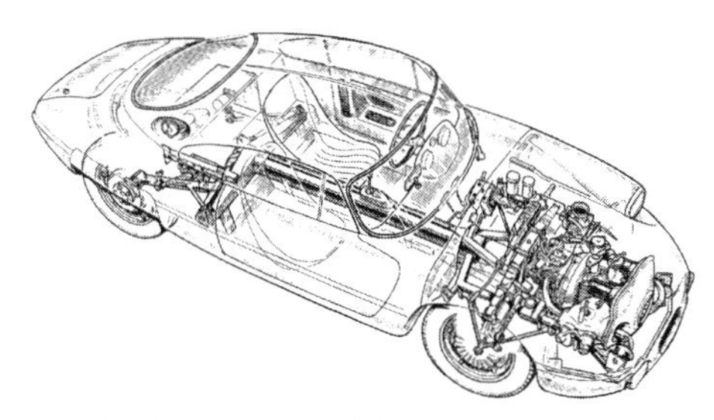

パナールの２気筒水平対向エンジンを使ったレーシングカー。

パブリカをベースにした水平対向エンジン搭載のトヨタ・スポーツ800。トヨタは、BRZの兄弟車86の先達だとして、アピールしている。

ールなど、多くの2気筒の経済車が市販化された。シトロエン2CVは、エンジン出力こそ低かったが、高回転を保ったまま高速巡航走行するのが得意だった。パナールもスポーティカーのような資質があり、そのエンジンを積んだFFのレースカーがルマン24時間レースで活躍した。これらは水平対向エンジン車らしい才気ある設計だった。

このほか水平対向2気筒のFR車では、ドイツのグラース、オランダのDAF、日本のトヨタ・パブリカなどが知られている。

### ■4気筒FFに最適だった水平対向エンジン

長い「第二の変革期」の後半が、4気筒水平対向FFの時代である。1950年代から70年代頃まで続いたこの時期に、スバル1000が日本で誕生する。この時期の水平対向エンジン車は、少しプレミアムで走りの優れた実用車が多く、いずれもスバル車と立ち位置が似ているといえる。

前述のように、第2次大戦後のFF車は、フロントアクスルより前にエンジンを置くのが主流になったが、直列4気筒エンジンをオーバーハングに縦置にするのは無理があり、そこで水平対向4気筒エンジンに白羽の矢がたったのである。これはRRでも同じだった。

V型4気筒も全長が短いが、振動特性がよくないので、この形式を採用したのはドイツ・フォードだけだった。

水平対向4気筒を採用した主なFF車として、オチキス・グレゴワール（1951年）、ボルクヴァルト・ゴリアート1100（1957年）、ロイト・アラベラ（1959）、ランチア・フラヴィア（1960）、スバル1000（1965）、シトロエンGS（1970）、アルファロメオ・アルファスッド（1971）、ランチア・ガンマ（1978）などがある。名車といわれるようなクルマが多く、スバルもこれらのクルマの仲間だといえる。

たとえばシトロエンGSの場合は、2気筒のシトロエン2CVで実績があったので、空冷4気筒水平対向のFFを採用するのは自然な成り行きだった。GSは乗り味が洗練されて、水平対向のFF車らしさがあった。当時のシトロエンは理想を追求する姿勢があり、スバルの技術者もシトロエンには影響されていた。

GSはスバル1000と同様に、インボードブレーキを採用していたが、当時のシトロエンはすべてエンジン縦置のFFで、2CVも上級のDSもすべてインボードブレーキを採用していた。ちなみにDSも、開発当初は水平対向6気筒エンジンを搭載する計画だった。シトロエンの開発者は、水平対向＋FFの設計は、合理的だと考えていたわけである。

GSより10年早い1960年に誕生したのが、ランチア・フラヴィアだった。フラヴィアはランチアらしく少し高価な実用車であり、まさに水平対向を使うにふさわしいクルマだった。

ランチアはその後フィアット傘下に入るが、1976年のガンマで再び水平対向4気筒を採用する。ガンマもプレミアムカーといってよいクルマで、スムーズな水平対向4気筒を搭載したガンマは、直列4気筒横置のフィアット車とは一線を画す存在だった。

いっぽうアルファロメオは、後輪駆動のスポーツモデルをつくり続けてきていたが、1970年代にイタリア南部に新工場を設立して、まったく新規の小型モデルを開発するに際して、水平対向4気筒FFを採用した。このアルファスッドは、小型であってもアルファロメオらしくスポーティである必要があり、ゼロからの新規開発をする状況だったので、小型車として当時の理想的なパッケージングを選ぶことができ、そこで水平対向4気筒FFを採用したのであ

オチキス・グレゴワール。車名にもなったJ-A.グレゴワールは、FF車のパイオニアというべき設計者。彼の設計したFF車の運動性能の良さは定評があった。

ロイト・アラベラ。ロイトはFF車を得意としており、4気筒エンジン（900cc）として水平対向が選択されていた。スバルはこのクルマを研究用に購入していた。

シトロエンGSの空冷水平対向4気筒ユニット。強制空冷のダクト類やインボード・ディスクブレーキが目につく。

ザガートボディのフラヴィア・スポルト。ランチアは先進的設計が伝統で、新規モデル導入の際、同社初となるFF方式と合わせて水平対向4気筒を採用した。

ランチア・ガンマ・クーペ。4気筒ながら、6気筒モデルに匹敵する上質感をものにしていた。

アルファスッド・スプリントのレース仕様。アルファスッドはFFでもスポーティなハンドリングなのが評価された。

る。スバル1000の場合と状況は似ていたといえる。

この計画の総合指揮を任されていたのは、元はポルシェ事務所に在籍していたルドルフ・フシュカで、彼は水平対向エンジン車の長所を理解していた。アルファスッドはスバル1000より5年あとの開発で、設計が似ているという指摘がある。実際に研究していたという話もあるようだが、インボードブレーキをはじめとした構成は、シトロエンもそうだったように、縦置水平対向FFでは珍しくなかった。

## ■水平対向のFFと直列4気筒横置のFF

水平対向4気筒のFF車は、ランチア・ガンマのあと、自動車メーカーによる新規の採用がなくなってしまった。

アルファでは、アルファスッドの次の33というモデルは水平対向４気筒を引き継いだが、その次の1994年の145は直列４気筒横置のFFと水平対向縦置のFFを併用し、途中で水平対向のほうを廃止して、直列４気筒に統一してしまう。アルファロメオが傘下に入ったフィアットの方式に統一されたのだった。

このことは、水平対向FFの時代の終わりを象徴していた。直列４気筒横置FFが普及したことで、水平対向縦置FFが少数派になっていくわけなのだが、その直列４気筒横置FFを世界に普及させた先駆者が、ほかでもないフィアットなのだった。

ここで、FFの普及の過程についても、見ておきたい。このあとの第２章で詳しく述べるが、スバル1000が水平対向を採用したのは、FFを実現するためであった。

FFは1920年代から実用化されて、操縦安定性の良さと、合理的設計のゆえに、それまでのFRを置き換える駆動方式として期待された。ところが、直列４気筒エンジンを縦置にするFF車だと、車体全長がFRよりもむしろ長くなる可能性があった。直列４気筒FFは、横置にしないと実用車としては真に合理的にはならないのである。それもあってFFの普及は限定的にとどまっていた。

1959年に英国のミニがこの状況に革命を起こす。ミニは、直列４気筒横置のFFを実用化し、これによって車体全長を極限まで短くすることができ、スペース効率が格段に優れたものになった。このことで、その後の世界中のクルマが横置式FFを採用するようになるのである。ミニの設計方式は、設計者の名前をとってイシゴニス式FFと呼ばれる。

しかしイシゴニス式FFはまだ構造的に難点があり、世界のメーカーはすぐには横置式にとびつかなかった。スバルもそうであり、スバル1000の開発時に、横置式FFも選択肢として検討はされたが、採用されなかった。

イシゴニス式の難点を解決するのが、フィアットが1964年に、傘下のアウトビアンキ・ブランドで初めて採用した直列４気筒エンジンとデフを横置に並べる方式である。これもやはり設計者の名をとってジアコーザ式と呼ばれるのだが、1969年に本家ブランドのフィアット128でも初めて採用され、これが決定的になり、その後、世界の大衆車、実用車の大半がジアコーザ式FFを採用することになる。1970年代から80年代にかけて、いっせいに世界のメーカーがジアコーザ式を採用してFFへの転換を始めた。

これによって水平対向４気筒のFFは、実用車の設計方式としてはその役を終えることになる。直列４気筒を使える横置式FFのほうが、大量販売の実用車には適していた。

### ■水平対向FFの最盛期にスバル1000が誕生

ただ、水平対向４気筒のスムーズさは、クルマとして付加価値になる可能性があった。また、エンジンを縦置して、前輪駆動のフロントデフを、車体中央に置けることも、とくに当時のFFでは重要なことで、優位性が依然としてあった。デフが片側に寄っているジザコーザ式と違い、縦置水平対向はデフが中央にあるので、左右ドライブシャフトが等長となり、十分な長さもとれる。実はスバルがとくにこだわっていたのは、この部分であった。スバルは効率だけではなく、走りの良さにもこだわって、水平対向を選んだのだった。

FFの有力な方式が、水平対向４気筒から、ミニやフィアットによって直列４気筒横置へと遷移する過程は、後述するが、スバル1000の開発時期と相前後している。スバル1000の誕生は1965年のことで、イ

イシゴニス式を採用したミニの透視図。横置した直列４気筒エンジンによりノーズが短くできた。ただしエンジン下のオイルパン内に変速機を置いているのは芳しくなかった。

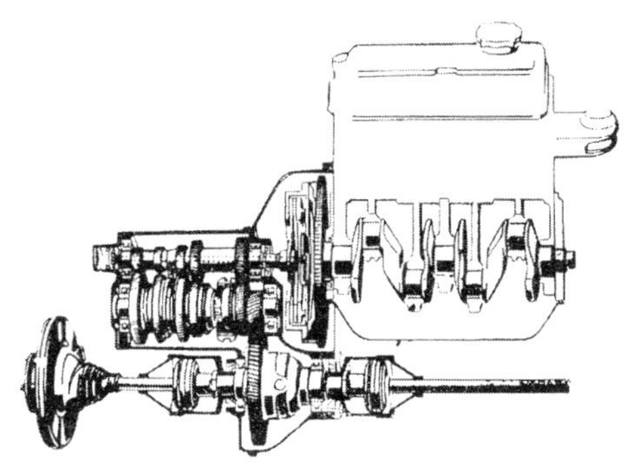

ジアコーザ式のエンジン駆動系レイアウト。エンジンと変速機をシンプルに直列に配列した。ただしデフが片側に寄るので、片側ドライブシャフトが極端に短い。

シゴニス式のミニが1959年、ジアコーザ式のフィアット128が1969年だから、スバル1000はまさに横置式FFが実用化されようとしている時期で、FF方式の決定打となるジアコーザ式が普及する直前の時期だった。別の見方をすると、水平対向４気筒FFの技術が、いわば脂ののった頃だったともいえる。

実用車の歴史として見れば、水平対向４気筒FF

1969年にジアコーザ式FFを採用したフィアット128。短い全長に対して客室空間が広い、いかにも効率が優れたパッケージング。

は、直列４気筒FFの技術が確立するまでの間の、いうなればつなぎの技術だったといえる。コストや効率の面では直列４気筒にはかなわないからである。レオーネの時代には、少なくともFFモデルではスバルの際立った優位性はなくなり、苦しい時代だった。

## ■ 4WDスポーツモデルのエンジンに活路

ジアコーザ式FFが普及したことで、1970年代以降、水平対向エンジンFFの存在価値は、いまひとつ低下してしまった。スバルも、レオーネをつくり続けていたこの時期、停滞感があった。ランチアの水平対向が1984年で消え、アルファロメオでも消滅の方向にあった。スバル社内にも、水平対向であることに嫌気がさす空気があったといわれる。

しかし水平対向にとって３回目の契機が訪れていた。それは乗用車用の4WDが脚光を浴びたことである。

それまでの4WDは、オフロード車両が主体だった。ところが舗装路を走る通常の乗用車でも、4WDが普及する兆しが見えてきた。これにいち早く着目したのはイギリスのファーガソンで、1950年代にセンターデフの技術を糧にして、オンロード向け4WDの技術を自動車メーカーに売り込んだ。その試作モデルなどに４気筒水平対向エンジンを採用し、のちのスバル4WDと同じパッケージングを考えていた。ファーガソンの技術はジェンセンというメーカーで採用され、一時はF１にも採用されて実戦を走ったが、普及するまでには至らなかった。

いっぽうスバルでは1971年に、初めてff-1をベースに4WD化したモデルを発売。乗用車の4WDとしてはパイオニア的存在となったのである。その後しだいに4WDの販売比率が大きくなり、4WDがメーカーとしてのスバルの看板技術になっていく。

決定的に乗用4WD車が注目されたのは、1980年代にアウディ・クワトロが誕生して、世界ラリー選手権で大活躍したときである。4WDを採用したアウディの優位性は、圧倒的なものがあった。

これにより、高出力のスポーティモデルとして、4WDの活路が見出された。1980年代後半には日本でも複数のメーカーが、4WDターボモデルを開発。その流れにのって、スバルが誕生させたのがレガシィである。スバルにとって、水平対向エンジン車であり続ける理由が、新たに生まれたのだった。

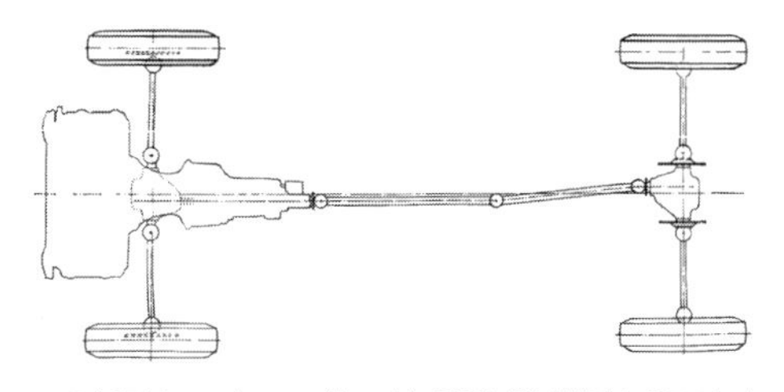

4WDを研究していたファーガソンが、1950年代に技術売り込みのために開発した車両は、理想的なレイアウトを追求し、のちのスバルと同じ水平対向４気筒縦置を選択した。

1979年、冬のアルプス山中でテスト走行する、開発中のアウディ・クワトロ。

4WDは、FRがベースでもできるが、FFベースのほうが合理的である。そして横置エンジン式でも問題はないが、縦置式はバランスの面でやはり優位性があった。

アウディは、もともと縦置エンジンのFFを採用していたメーカーで、当初は直列４気筒のみだったが、直列６気筒より短い直列５気筒を開発して上級車市場に参入し、クワトロもその５気筒を積んでいた。しかし５気筒でもややノーズが長く、それに対して、全長の短い水平対向４気筒エンジンは高性能な4WDにするのに、さらに理想的だったといえる。スバルの水平対向は再び価値が高まることになった。

1980〜90年代当時、FFではある程度高出力化に制約があったが、4WDとなると、安定してより大きな駆動力を伝えられるので、高出力化への道が開ける。この点はリアエンジンのポルシェも同じで、リアヘビーに問題を抱えていた911が存続できたのは、4WD化も助けになった。少なくともさらなる高出力化が可能になり、とくに911ターボのような大出力モデルでは、レース向けモデルを除けば、4WDが必須のようになった。

高出力化が得意となったことで、スバルも高性能スポーティカーとしての性格を強めることになった。FF車では、水平対向のぜいたくさが必ずしも活かせないが、プラスαの付加価値がある4WD車ということであれば、水平対向はちょうど適しているともいえる。

# 第2章

# スバル1000と3世代のレオーネ

それではここから、本編として、第2章から第5章まで、スバル水平対向エンジン車の誕生の経緯から、現代に至るまでの進化の変遷を見ていきたい。

## 2-1　スバル1000の誕生

### ■中島飛行機の系譜と技術的伝統

スバルの前身の中島飛行機は、中島知久平によって1917年に設立された。三菱重工と並ぶ存在の航空機メーカーとなり、第2次大戦中は「隼」や「疾風」などの傑作機を生んだ。

エンジンでは、複列星型14気筒の「栄」や、同じく18気筒の「誉」などをつくっている。水平対向は、自動車用エンジンとしては特殊な形式なので、自動車メーカーはあまり手を出さなかったけれども、スバルがそれにチャレンジしたのも、過去に飛行機で複雑な大物エンジンを手がけた経験があったことと、無関係ではなさそうに思える。間違いなくいえるのは、高い技術力があるということだ。

終戦後、日本が飛行機づくりを禁止されると、航空機メーカーや技術者が自動車分野に転身して、日本の自動車産業の発展に大きく貢献することになった。

スバルで自動車の設計に直接携わったのは、実際の航空機経験者が多いわけではなく、戦後入社のエンジニアが主体だったようだけれども、中島飛行機時代の設計・開発のノウハウ、流儀は受け継がれていた。中島飛行機には、最新のヨーロッパの技術を学びながら独自の設計を構築していく設計者の伝統があって、飛行機で成し遂げたことを、戦後、総力をあげて自動車で再現することになった。

中島飛行機は終戦後、GHQの財閥解体の指令にしたがって分割され、各地に散らばる工場はそれぞれ独立に近いかたちで活動することになった。この中から12の会社が1950年に設立され、そのうち群馬県の太田と東京の三鷹の製作所を母体とする富士工業でつくるラビットスクーターが大ヒットして売れた。また、群馬の伊勢崎の製作所を母体とした富士自動車工業では、バス・ボディの生産を始めた。各工場がなんでもつくろうとしたなかで、このふたつが、再び合併して1953年に発足する富士重工業の、最初の主幹的事業になるわけだが、そのうち富士自動車工業でバス・ボディ設計の中心的存在となっていたのが百瀬晋六だった。

百瀬晋六は自動車史上に残る、日本を代表するエンジニアの一人だと、多くの人が認めている。スバルの最初の乗用車であるP-1から、スバル360、スバル1000まで開発をリードし、まさに今日に至るまでのスバル車の礎をつくるのに貢献した技術者である。東京帝国大学航空機学科を卒業後、中島飛行機に入社し、航空エンジンの艤装などを担当した。

百瀬は、戦後のクルマづくりでは、開発の全体をリードするまとめ役として大きな力を発揮した。富士重工では、主務設計者が全体をとりまとめるという、航空機の開発手法が乗用車の開発でも踏襲された。百瀬は、会社が自動車分野に進出を決めると、クルマを猛勉強し、クルマの設計のあらゆる分野に精通するようになったといわれる。

百瀬は車体設計のパッケージングについても優れた見識をもっていた。飛行機設計は、空中を飛ぶシビアさから、緻密にバランスをとる必要のある機体設計が優先され、エンジンは機体側の要求に合わせて設計するのが伝統だった。スバルでもその伝統があてはまるようで、水平対向エンジンもそんな流儀のなかで生まれたといってよかった。つまり車体のパッケージングのなかで、最適な形状、大きさ、性能のエンジンとして水平対向が選ばれたわけだ。このあと詳しく見ていくが、スバル1000が採用するFF車というのは、当時難易度が高く、シビアに合理的な車体設計を追求するなかで、水平対向エンジンが最適なものとして採用されるわけである。

バスのボディ設計では、戦後すぐの日本ではトラックなどのフレームシャシー上にボディを架装していたが、百瀬はまず、飛行機の技術を活かして、モノコックボディを導入した。そして、大きくて騒音源になるエンジンを、スペース効率を高めるためにリアに横置きに搭載し、静かで床が低くて広いバスが完成した。これはいってみれば、日本のバスのパッケージング革命だった。

進駐軍が持ち込んでいたGMCのリアエンジンバスを参考にしたようだとはいえ、欧米の最新式のパッケージングに着目して、いち早くそれを取り入れるというのは、その後の乗用車のスバル360や、スバル1000の設計と同じだった。

## ■乗用車でヨーロッパの先端を追ったP-1

その後1951年に唐突に命令が下り、百瀬は乗用車の開発を始めることになった。後にプリンスになる、同じ元中島飛行機の東京・荻窪の富士精密工業が、1500ccエンジンを開発することになり、そのエンジンを利用して、小型車を富士自動車工業でつくることになった。その後、富士精密工業製エンジンが使用できなくなったので、独自にエンジンを開発した。

ちなみに、プリンスの荻窪製作所は中島飛行機のエンジン工場だったので、荻窪には航空機用エンジン設計経験者が多かったが、スバルにももちろん、中島飛行機時代のエンジン設計の伝統は受け継がれていた。両社の違いはメーカーとしてプリンスが上級車、スバルが大衆車を志したことにあった。

スバルのアプローチは、ヨーロッパ大陸で重視されていたような、合理的にパッケージング効率を追求して、より優れたクルマをつくる方向だった。大衆車とはいえ、スバルのクルマづくりは技術的に最高をめざして、ぜいたくに設計していたといえる。

1950年代初めというのは、まだ本格的な国産乗用車がなかった時代で、ようやく日産やいすゞなどが、ヨーロッパ車のノックダウン生産を始めたところだった。乗用車開発経験がなかったことから、百瀬たちは、まず乗用車設計を学ぶために、東京の日比谷にできたばかりのGHQの図書館に通って外国の文献を読み漁り、多くの輸入車を見てまわった。そのなかで、当時のヨーロッパの小型車設計のトレンドを把握した。その当時のヨーロッパは、旧勢力のFRと新勢力のFFとRRが共存していた時期だった（25頁参照）。

「パッセンジャーカー」の「1」という意味でP-1と名づけられたスバル最初の乗用車の開発にあたって、百瀬たちは実際のサンプル車として、英国のフォード・コンサルと、アメリカのウイリス・エアロを選んだ。P-1は中身をよく吟味して日本の環境に合うように設計しているものの、とにかく経験がな

九七式、一式「隼」などと並ぶ、中島飛行機の傑作機のひとつである四式戦闘機「疾風」。第２次大戦終盤に登場し、戦後アメリカの調査では日本の戦闘機で最優秀と評価されたという。

中島飛行機はエンジンでも最高峰の技術を持っていた。これは「隼」、「零戦」などに搭載された「栄」エンジン。空冷複列星型14気筒。日本で最多の３万基以上生産された。

1949年に完成したフレームレス・モノコックのリアエンジンバス。全金属モノコックボディは、中島飛行機が航空機でいち早く実践していた技術だった。

富士重工は1960年に導入されたキハ80をはじめ、国鉄気動車の主力モデルの製造を近年まで請け負っていた。これは1968年に新製された特急車両キハ181。エンジンは水平対向（180度Ｖ型）12気筒。床下中央やや左に“縦置き”に搭載されているのが見える。

1954年から56年にかけて23台が試作されたＰ-１。最初の３台のホイールベースは2667mm（105インチ）だったが、税制の関係などで増加試作車は2540mm（100インチ）と短くなった。増加試作車は、販売も視野に入れて製造された。グリルのＴ字デザインは、ハヤブサをイメージしたといわれる。

いなかで乗用車を初めてつくるわけで、外観も含めてこの２車の影響は色濃かった。とくにコンサルについては、モノコックボディ構造など徹底的に研究していたようであった。

コンサルはイギリス・フォードの最新型で、駆動方式は保守的な英国車らしくFRだったものの、当時新しかったフラッシュサイド・ボディや、その後の大衆車の主流となるマクファーソンストラット・サスペンションをいち早く採用。オーソドックスなレイアウトながら新味のある小型車として評価が高いクルマだった。スバルの技術者は、機械的な理想を追求するドイツ車やフランス車などに憧れながらも、もっと現実的な設計を意識したようで、後のスバル1000も、十分に理想追求型のクルマながら、イギリス車のように現実をふまえた設計だったと見ることができる。

P-1は、1956年までに23台の試作車が製作され、自動車技術会の合同試験などでも高く評価された。しかし、量産のための設備投資などの体制が整わなかったので、生産化には至らずに終わってしまう。この途中、分散した中島系各社が再び集結して1953年に富士重工業が発足し、1955年４月１日付けで、母体企業となる富士重工業を含めた６社が正式に合併した。P-1は途中からP100へと名を変えたあと、富士重工業初代社長らによって初めてスバルの車名があてがわれることになり、スバル1500と命名された。

P-1の開発で、百瀬たちは多くを学び、FRのプロペラシャフトは、振動があるしスペースも取るので好ましくないという認識が生まれた。技術革新に敏感な設計者ならではの認識で、ポルシェ博士をはじめ、シトロエンやフィアットなどトップメーカーの一流の技術者たちは、じゃまなプロペラシャフトをなくすべく、RRやFFに進んでいたのだった。スバルでは360のRRを経て、1000のFFへと、ヨーロッパ車の進化の跡を短期間で復習するように進んでいくわけである。そして、そこにはいくつもの困難が待ちうけていた。

### ■RRでパッケージングを究めたスバル360

P-1の次にスバル360として市販化されることになるK-10の研究・開発が、1955年に始まった。スバル360こそが、優れたパッケージングを採用するスバル車の出発点である。優れたスペース効率、クルマとしての合理性など、スバルの優秀さはその次のスバル1000でも発揮されることになる。

この頃、本格的に大衆が使える価格の安いクルマを日本でもつくろうという動きが活発になって、さまざまな特典のある軽自動車枠でそれをつくれば、商品として成り立つだろうと、スバルでは考えた。その頃、町工場のような小さなメーカーがつくっていた軽自動車は、台数も少ないし設計も簡素で、限られた車両サイズの軽自動車枠なので、大半が２人乗りだった。小さな軽自動車枠で、ちゃんとした４人乗りの乗用車をつくれれば大きな意義があるが、もちろんそれは技術的に困難な挑戦だった。

1955年には鈴木自動車（後のスズキ）からFFの本格的軽自動車のスズライトが発売されたけれども、これもリアシートはプラス２の子供用でしかなく、当時は軽としてはこれが常識と考えられていた。スズライトが参考にしたドイツのロイトは、２サイクルの直列２気筒FFで、スバルでも研究用に購入して参考にしたクルマの１台だった。ロイトはFF車のエンジンを２気筒から４気筒に格上げする際に、水平対向を採用したメーカーでもあった。

まずは軽自動車枠の全長3000mmのなかで、４人乗りが本当に可能かどうかの検討から始まった。これはヨーロッパの当時の現状に照らし合わせても、十分に進んだ技術的挑戦だった。

当時、スペース効率で世界の先頭を走っていたのはイタリアのフィアットで、1955年にリアエンジンの600を発表し、全長約3200mmのなかで4人乗りを実現させていた。フィアットのそれまでの小型車500トポリーノは、FRで基本的に2人乗りだったが、600はそれを4人乗りにした画期的な小型車だった。そもそも十数年前の1930年代の500トポリーノのときは、2人乗りであっても新しいミニマムサイズカーとして高く評価されていたくらいだから、当時のヨーロッパもミニマムカーのパッケージング技術は発展途上にあった。

百瀬は初めて超小型車の設計に着手して、軽自動車枠で4人乗りを実現するにはRRしかないと、すぐに確信したという。フィアットは1957年になると、600に続くRR車として、さらに小さい全長3000mmを切る500を発表し、同じ年にフィアットの主任設計者ダンテ・ジアコーザは、RRがミニマムカーには最適だという研究発表をして、当時業界で波紋を呼んでいた。百瀬も同じ見解に同じ時期に達していたわけで、世界で最も進んだヨーロッパの最新状況を、キャッチアップしていたのである。

スバル360の開発を始めたのはフィアット500発表前のことで、ヨーロッパの設計技術で大きな課題だったスペース効率の分野で、スバル360はいきなり最先端のレベルに挑戦したことになる。

## ■デフを車体中央に置く設計

もっとも、RRに決定する前に、エンジン開発のチーフから、スペース効率のうえではFFでも同じだから、いろいろな長所を考えてFFで行くべきだと声があがった。これに対して百瀬は、等速ジョイントの諸問題があるのでRRで行くべきだといって譲らなかった。フィアットの場合も、600のときも500のときも、RRで行くかFFで行くかは1940〜50年代に数年間にわたり議論され、やはり等速ジョイントの問題がネックになっていた。

エンジンは、当時スバルでは、水平対向2気筒も試作されたようだけれども、既に実績のあるスクーター用の空冷2ストローク直列2気筒エンジンが選ばれた。2気筒のなかでは、4サイクルならば、点

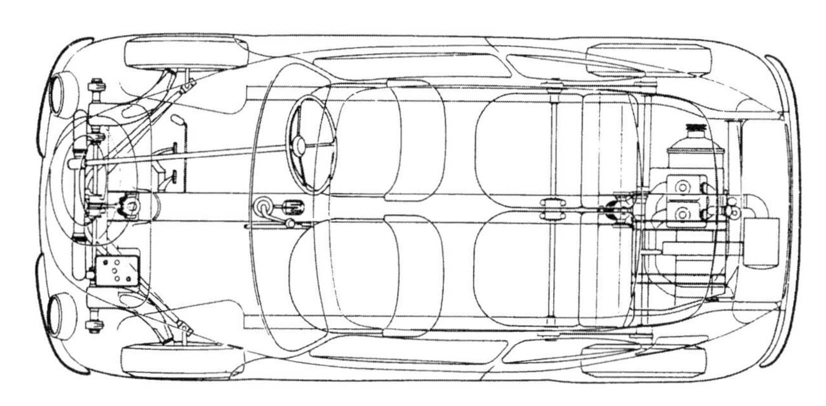

スバル360は、あえていえば、ほぼ「シンメトリカルRR」。リアに直列2気筒エンジンを横置きするが、2気筒は小さいので、デフを中央に置くことができている。さらにデフをできるだけ薄くして、左右のドライブシャフト長を少しでもかせぐようにしている。

火間隔の点から水平対向か90度V型が好ましくなる。しかし2サイクルであれば直列にすることが可能で、それだとリアに横置きするのに向いているという見方も、これをあと押しした。

注目すべきは、ドライブシャフトのジョイントの振動をなくすために、駆動輪がステアしないRRでありながらも、シャフトの長さを少しでも長くとれるように最善の設計を追求したことである。片側のシャフトが短くならないよう、デフを前から見て車体の中央に置いたうえに、さらにデフの厚さを抑える工夫をしていた。

百瀬はここにかなりこだわっていた。まさにこのために、スバル1000のときに、縦置き搭載に適した水平対向エンジンが選択されることになるわけである。

スバル360の設計は、航空機技術を活かした軽量モノコックボディを採用し、サスペンションはフォルクスワーゲンとシトロエン2CVの影響を受けながら、独自の工夫が盛り込まれた。日本の道路事情が悪かったので、乗り心地の改善には力が注がれ、開発中にはシトロエンDSと同様のハイドロニューマチックサスペンションも検討された。

### ▩FFに挑戦する

1958年に発売された360の成功によって、スバルは自動車メーカーとしての礎を築いた。その技術を活かして、RRのキャブオーバー箱型バンという画期的パッケージの軽商用車サンバーも開発された。

その次に企画されたのは、ひとつはK-0と呼ばれるわずか280ccの3人乗りFFの商用車で、もうひとつがA-5と呼ばれる小型乗用車だった。そしてA-5こそが、スバル1000の前身というべき水平対向エンジンFF車だった。スバル1000で水平対向エンジンが選ばれた最大の理由は優れたFF車をつくるためだったので、どうしてFFを選ぶことになったのか、その経緯をくわしく見てみたい。

360でRRを選んで成功したものの、K-0とA-5の両車がFF車として開発が始まったのは、高速道路の計画が進んでいるなか、RRでは横風の影響を受けやすいと考えたからだった。またP-1のときの経験で、プロペラシャフトのあるFRは、客室スペースを侵害するだけでなく、振動を抑えるのがかなり困難なことが判明していた。

もちろん、FFには技術的問題があるのは承知していた。けれども、FF化を後押しするような動向がヨーロッパでその頃あった。スウェーデンのサーブの技術部長が、乗用車にはFF車が適しているという趣旨の論文を1959年に発表、百瀬らはこれにおおいに共感したという。ちなみにサーブは、スバルと同じくもともと航空機メーカーとして設立されたスウェーデンのメーカーであり、第2次大戦後に自動車分野に進出を図り、DKWを参考にした2ストローク2気筒エンジンを積んだFF車を開発し、1950年から市場に参入した。航空機の経験を活かした合理的設計は一目置かれており、とくに独特の軽量モノコックボディが特徴的だった。

そして、この1959年にはイギリスでBMCミニ（33頁参照）が発売された。直列4気筒エンジンを横置きに搭載するミニは超小型車の設計で、驚くべきスペース効率を実現し、世界の技術者に衝撃を与えた。ミニで重要なのは、それまでの等速ジョイントの問題を解決するバーフィールド型ジョイントを採用したことにあった。後述するが、バーフィールド社の等速ジョイントはスバル1000の開発のときに、大きなカギとなるものだった。

ミニは強力なエンジンを積んでレースやラリーでも活躍し、世界の小型車のFF化が加速された。スバ

スバル最初の市販乗用車となったスバル360は1958年３月に発表された。車体は工業デザイナーの佐々木達三がデザインしたが、航空機の経験を活かしたフレームレスのモノコックボディで、軽量化のためルーフにはFRPを採用した。

スバル360とほぼ同時期の1957年に発売されたフィアット500。同じように２気筒RRレイアウトによって、最小サイズながら４人乗りを実現していた。

スバル360の透視図。リアの車体中央にデフ。その後方の狭いスペースにエンジンを押し込めて、４人のスペースを得た。シトロエン2CVなども研究して採用された前後サスペンションはユニークな構造。リアはスバル1000同様にセンターコイルスプリングを持つ。

K-0のバン仕様。３人乗りで全長は約2.6mと、英国のミニよりも0.4m短い。ほかに全長３mの４人乗り仕様もつくられた。後方には空冷２気筒RRの小型車NSUプリンツのほか、わかりにくいが、建物内にはトヨタ・パブリカ（空冷水平対向２気筒）と思しきクルマも見えている。

同じ車両のサイドビュー。全長が短いのでイメージしにくいが、ボンネットは非常に短い。ミニによく似ているが、２ボックスFF小型車を極力シンプルにデザインすれば、皆同じになるともいえる。

ルはそのミニの動向を冷静に見ながら、かなり影響もされたはずで、K-0の開発決定は1960年7月だった。超小型車のK-0は、エンジンこそ空冷2ストローク2気筒だったものの、スタイリングはちょっとミニに似ていた。ちなみにこのほか、スバルに大きな影響を与えたメーカーとしてシトロエンがあるが、シトロエンは、戦前のトラクシオンアヴァン以来、FFをトレードマークとしていた。

この頃、各国の技術者は、多かれ少なかれ、もっとも優れた駆動方式はFFではないかと感じていたようだった。しかし果敢にFFに挑戦するけれど、結局、振動やトラクションの問題などが解決できず、採用が見送られるというケースが続いた。最大の問題は常に等速ジョイントにあった。百瀬たちもむずかしさを知っていたけれども、むしろスバル特有の技術者魂というべきか、FFは挑戦しがいがあるという気概をもったという。それはもちろん、ヨーロッパの動向を見て、FFは技術の潮流になっていると判断したからでもあった。もっともK-0もA-5も、このときはFFの壁に突き当たってしまう。ほんの数年の差ではあっても、日本ではまだFF小型車が実現できる状況になっていなかったのである。

百瀬たちは、FFの可能性を検証すべく独自に実験を行ない、弱点のひとつだった坂道発進でのトラクション不足については、前輪荷重を60%あまりにすれば解決できることが分かり、両車をFFにすることが決まったという。

FFの前輪荷重は多いほうが良いというのは、FFの元祖であるフランスのJ-A. グレゴワール（31頁参照）が1930年代から主張していたことで、ヨーロッパではある程度その考え方が浸透していた。百瀬たちもそれをどこかで目にしただろうけれども、独自にそれを日本の道路環境で検証した。ただ、等速ジョイントの問題が解決できなかった。日本でまだバーフィールド型や、それに匹敵する優れたジョイントが安価に入手できなかったからであり、この問題はスバル1000発売のぎりぎり近くまで解決しなかった。

### ■水平対向のA-5、「シンメトリカル」の起源

K-0は、公道でのテストも繰り返されたが、技術的な難題を多く抱えているうえに、軽自動車より小さいクルマの需要が疑問視されたこともあり、1962年3月で開発中止が決定された。

A-5も同じように技術的困難を抱えて、開発は未遂に終わるのだが、水平対向のスバル1000に直接つながるクルマなので、少し詳しく開発の経緯を見ていくことにする。

A-5の開発が始まったのはK-0と同じ1960年のことだった。アメリカの会社から環境対策用の電気自動車開発の依頼があったことがきっかけで、スバル自社ブランドのガソリンエンジン小型車も兼ねて開発することになったが、電気自動車のほうは、その後、立ち消えになってしまった。

K-0とともにA-5がFFを採用したのは、上記のサーブの論文に背中を押された面もあったようである。とにかくFFが望ましいということで　FFで行くことになったが、FFを採用するにあたって重要なのは、操舵と駆動を兼ねるフロントアクスルまわりの設計だった。等速ジョイントの問題をできるだけ回避するため、360のときと同じように、デフを中央に置いてドライブシャフトの全長を長くすることを考えた。ジョイントの折れ角を小さくして、ジョイントの負担を減らすためであるが、縦置きの水平対向エンジンは、FF車実現の要として百瀬がこだわったこのセンターのデフ配置と、相性が良いのだった。

現在のFF車の主流である横置きエンジン車のデフの位置は片側に寄っていて、片側のドライブシャフトが短くなっており、そのためジョイントの折れ角が大きい。それでも問題がないのはジョイント技術が進歩したからである。ヨーロッパでその方式が広く普及し始めたのは1970年代になってからのことだった。しかしジアコーザ式（33頁参照）と呼ばれるその方式の4気筒横置きエンジンFFを実用化したのは、1964年の、フィアット社のメインブランドではないアウトビアンキのプリムラであり、A-5の開発時点ではまだ普及していなかった。

A-5では折れ角を小さくしてジョイントの負担を少しでも減らすために、中央に置くデフの厚さを薄くしてドライブシャフト長をかせいでいた。現在のスバルが標榜する「シンメトリカルAWD」の端緒は、ここにあるわけだ。当初はFFの実現のためにこだわった技術だったのであり、現在よりもこの時代のほうが「シンメトリカル」の必要性はより切実だったといえる。

### ▩車体に合わせて水平対向エンジンを設計

エンジン形式は、エンジン開発陣から縦置きV型4気筒や横置き2ストローク3気筒なども提案されたようだったけれども、最終的には直列4気筒の縦置きと横置き、そして水平対向4気筒が候補として残り、検討された。

FFに必要なフロント荷重を増やすためにオーバーハング搭載を前提とすると、直列4気筒の縦置きは鼻先が長くなってしまい、ヨーロッパでも採用例はあまり多くはなかった。百瀬はオーバーハングはできるだけ短くしたいと考えていた。横置きはミニと同じになるのでほかのスタッフも技術者として気が進まなかったようで、そもそも、ミニの方式自体、トランスミッションをオイルサンプ内に収めた複雑で特殊な構造なので、好ましくはないと考えた。

上述の1964年のアウトビアンキで初採用され、その後の主流になるフィアット式のギアボックスをエンジン横に置くジアコーザ式FFは、今述べたとおりデフが片側に寄ってしまうので、たぶん当時はまだ選択肢になかった。その点、水平対向の縦置きであれば、オーバーハングは短くおさまるし、重心も低いので好ましい。もちろん、水平対向の振動の少なさも長所と考えられたけれど、やはりパッケージング上有利であることが最大の理由だった。

ゼロの状態からベストなパッケージを完成させるべく、クルマのすべての部分を慎重に検討してデザインを決め、そのひとつとしてエンジン形式が決められ、それが水平対向になったわけだった。

近年でこそスバルの存在理由のひとつが、水平対向エンジンとなっているけれども、最初にそれが採用されたときは、思い描かれる理想のスバル車がまずあって、それにふさわしいエンジンとして、たまたま水平対向エンジンが選ばれていたのである。

A-5の水平対向4気筒FFというパッケージは、その後のスバル1000と同じである。A-5にはスバル1000を先取りした設計が各部に見られた。フロントアクスルまわりは、サスペンションがダブルウィッシュボーン＋トーションバーで、インボード式ブレーキを採用してキングピンとハブ面のオフセットが少ないセンターピボット式としているが、これはシトロエンDSを参考にしたようだった。ボディは、当時注目されたCピラーが後ろ側に寝たクリフカットを採用し、やはりシトロエンDSを参考にピラーを細くするために独特な車体構造を採用していた。

A-5のフラット4エンジンはEA51Xと称し、空冷式でSOHCだった。A-5の前から4ストロークエン

開発中のA-5のモックアップ。Aピラー付近を指をさして説明している長身の人物が百瀬晋六。車体のリア部分には「SUBARU 1000」のロゴが読みとれる。

A-5の外寸は後のスバル1000と同じくらいで、ホイールベースは同じ2400mm、全長はやや短い3825mmだった。全幅もほぼ同じ1496mmだったが、定員6名とし、そのためスペース効率は、最大限追求した。フロントマスクのデザインなどはエキゾチックで、当時のアメリカ車の影響も感じられる。

A-5のリアビュー。室内寸法を最大にとる設計をしたうえに、窓面積も極端に広くとり、視界を重視。ドア窓は平面ガラスを特殊な開き方にして、室内幅を確保するよう工夫。ピラー類も細い。リアの特徴的なクリフカットのデザインは、リンカーンや英国フォードなど、当時フォード社が好んで採用したスタイリングだったが、短い全長でトランク開口面積をとるのに有効で、空力的に優れることも理由となって採用された。

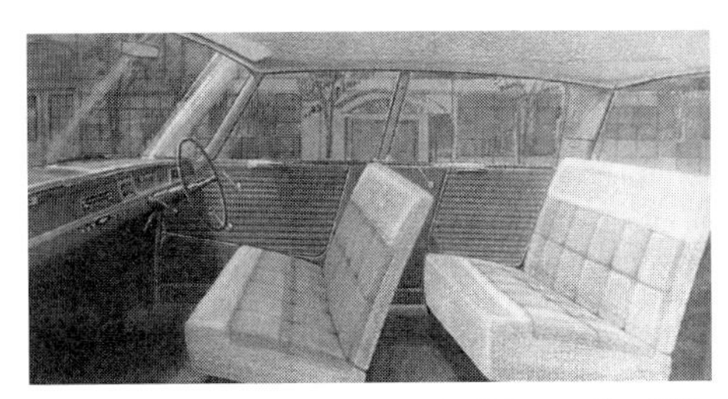

前後ベンチシートで6人乗りのA-5の室内。非常にシンプルで機能主義に徹した印象のデザイン。ピラーが細く、視界が極めて良いのがわかる。

スバル1000と同じように、スペアタイヤをエンジンルーム内に収容。空冷水平対向エンジンの本体はほとんど隠れている。

ジンの開発が行なわれていて、ポルシェ356やフォルクスワーゲンのエンジンが徹底的に研究されたという。また、シボレー・コルベアの空冷フラット6も参考にされた。

A-5のエンジンが空冷フラット4の1000ccと決まってから、協力工場が技術をもっていたこともあって、はじめはVWをまねてマグネシウム合金で試作したりしたものの、うまくゆかずアルミ製となった。

百瀬はエンジン設計担当者に対して、車体に合わせて設計してくれと言っていたという。これはまさに前述のように、航空機設計から受け継がれた慣習である。所定のスペースに収めるべく各部の寸法が厳しく規定された。駆動系ユニット小型化の要求もかなり厳しく、苦心してデフをギアボックスの下に置く、3軸式のトランスミッションが設計された。

このように開発が進められたが、A-5は難航してしまう。エンジンは、振動や騒音、オイルの潤滑や冷却にも問題があって、オーバーヒート症状に悩まされた。問題はエンジンだけでなく、独特な構造のボディは剛性不足で、肝心のFFも等速ジョイントが原因の振動問題が解決しなかった。革新的な設計が裏目に出て、問題は山積みで、1963年頃に数台の試作車がつくられたものの、次のA-4の開発に移行するようにA-5計画は立ち消えとなった。

## ■後輪駆動でA-4の開発が始まる

A-5の計画が中止になる前から、A-5よりひとクラス下になる小型車の必要性が検討され、1962年春にA-4というコードネームで開発が正式に始まった。これが、スバル1000だった。スバル360がヒットして会社の資金も充実、今度は試作という感じではなく、真剣勝負の開発となった。A-5で経験も積んで、本番に挑む準備ができたともいえた。

A-4がひとクラス下になったのは、スバル360とA-5では車格の差がありすぎることや、スバル360の販売上のライバルとなるトヨタ・パブリカの発売などが背景としてあった。当初はパブリカと同じ排気量700cc前後を想定していたけれども、シリンダー数ははじめから4気筒で、4サイクルを考えていたようだった。そして、早い段階で形式を水平対向4気筒の水冷とすることが決まった。駆動方式については、フロントエンジンとすぐ決まったものの、FRかFFかは決まっていなかった。

FFでないのなら水平対向の必然性はなく、直列4気筒も比較検討はされたようだけれども、それでも水平対向を選択したのは、振動が少ないことも理由ではあったが、開発を急ぐ必要もあったからだった。A-5で既に水平対向4気筒を開発しており、しかもA-5のときから水冷での試作もされていた。

エンジン形式は水平対向に決まっても、駆動方式については、開発を統括する百瀬はFFで行きたいと思っていたといわれるけれども、A-5が難航したこともあって、スタッフにはFFを疑問視する空気があった。これは無理のないことで、これより少し前に開発がスタートしたトヨタのパブリカが、FFの諸問題にぶつかってFRに転換したのが1959年頃のことだった（29頁参照）。1960年代初頭というのは、まだ日本では、フロントエンジンならばFRというのが妥当な選択だった。FF車実用化への問題はいろいろあるけれども、大きな壁として安価で優れた等速ジョイントを日本で入手できないという事実が厳然としてあった。

FFかFRか、各々の長所短所が比較検討されて議論が続いたものの、アメリカ市場で需要の多いバンやトラック仕様には後輪駆動が良いということなども理由となって、一度はFRとして開発されることになった。ただし、さすがにただのFRではなく、トランスミッションを後部に置いて、そのうえプロペラシャフトに工夫をこらすことになった。ふつうは前後重量配分の改善をねらうFRのトランスアクスルを、このときのスバルでは空間設計上の理由で採用したようで、トランクスペースは後部に置くギアボックスのために狭くなるが、フロントまわりには余裕ができる。エンジン搭載位置はFFの場合よりも自由にできるため、ノーズの長さはFFよりもかなり短くなる。いっぽうプロペラシャフトは、半楕円状に下側に湾曲させ、さらにシャフトの径を細くすることでフロアトンネルを小さくするというもので、室内が広くなって軽量化にも貢献できる。この湾曲プロペラシャフトは、米GMのポンティアックで採用されていた方式だが、当時のスバルは、室内を広くとることを、なにより重視していた。

このように凝った機構で行こうとしたのは、他社と違うクルマをつくるという方針がスバルの経営陣にあり、技術的な挑戦をする意気込みが強かったからだった。スバルがつくろうとしたのは、小型車でありながら単なる効率重視のクルマではなく、少しぜいたくな機構を採用したクルマだった。スバル水平対向は、当初から「少しプレミアム」というのがねらいどころだったのだ。

このような設計姿勢は、軍のために性能を惜しみなく追求する飛行機時代の名残のようでもあるし、後発メーカーだからということもあったはずである。また、スバル技術者が感銘を受けていたシトロエンのクルマづくりの姿勢に近いものがあるようにも思える。とはいえ、A-4がFRかFFかの議論が１年間続いた後に、技術部がまとめたレポートのなかには、シトロエンのような理想を追いすぎるのは、自動車の経験年数の差からいっても賢明ではなく、フォードとかメルセデスのように、オーソドックスながらうまくまとめることもメーカーとして重要だと記されていた。

スバル360の油圧サスペンションやA-5のボディの経験などでこのような認識も生まれたのか、当時のシトロエンはVW以上に特異な設計だったから、シトロエンに影響されすぎるなというのは、いわゆる自動車屋として真っ当な見方であった。あるいは車以上に厳しい設計が求められ、特異な理想主義の入る余地のない、飛行機設計を生業としてきたゆえの態度ともいえるかもしれない。

スバル1000の設計は日本では前例のないものでも、FFや水平対向エンジンも含めて、当時のヨーロッパではけっして珍しいものではなく、むしろ本場ヨーロッパで十分、本流を行く技術の集大成と見なせるものだった。

FR方式は、結局プロペラシャフトの振動の問題がネックとなった。トランスアクスルではシャフトがエンジンと同回転で高速でまわるため振動を抑えるのが困難で、開発を急ぐ必要もありFFへと方向転換されることになった。

### ▩1000でFFに挑戦する

A-4がFFで行くことに正式に決まったのは1963年夏だった。その背景には、この頃、東洋ベアリングが、英国でミニが実用化した等速ジョイント、バーフィールドジョイントのライセンス生産を日本で始めようとしているという動向があった。何度も述べているとおり、FF実用化の鍵は等速ジョイントにあり、その決定版といえるバーフィールドジョイントが日本国内で手に入る見通しがたったために、スバルはFFに正式にゴーサインを出したのである。

それまでスバルは国内のベアリングメーカー数社

開発中のA-4の実物大と1/5のモデル。1964年2月の撮影。荷室はトランク式ではあったが、リアウィンドウとトランクの傾斜が連続する、ほぼファストバックといってよいスタイルだった。同時期のフランス小型車のような雰囲気がある。

開発も終盤頃の1次試作車。社内でテスト走行を行なったが、カモフラージュが施されている。建物には「生産技術部　試作工作課」と書かれていた。後方にはフォード・タウヌス12Mが写っている。

発表間近い1965年7月、他車との性能比較テスト風景。ここでもV型4気筒FFのフォード・タウヌス12Mがいる（右から3番目）。ほかはマツダ・ファミリア、ダットサン・ブルーバード、オペル・カデット、トヨペット・コロナで、すべてFR車。スバルのほうが多少後発とはいえ、よりモダンなスタイリングの印象。

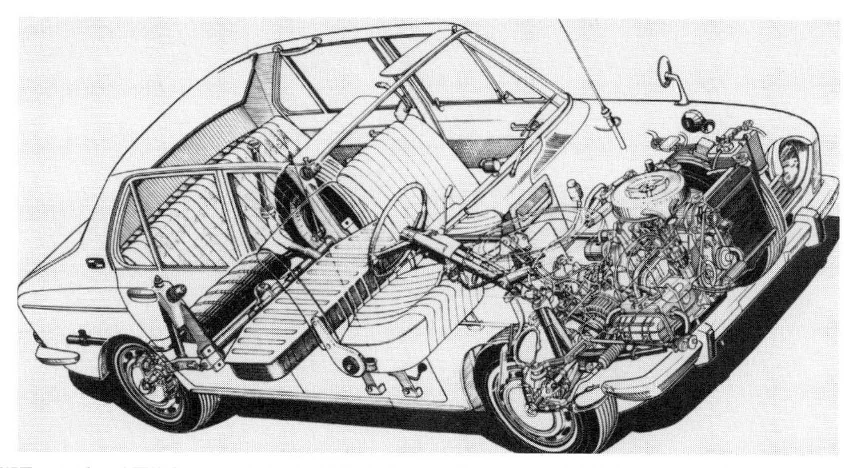

スバル1000の透視図。エンジンの左下付近に、フィンを切ったインボードブレーキ、前輪ホイールハブ付近に等速ジョイントが見える。フロントはダブルウィッシュボーン式、リアはトランクスペース確保のため、トレーリングアーム式を採用、スバル360の進化形ともいえるトーションバーとセンタースプリングを組み合わせており、その後に世界の小型FF車が採用するトーションビーム式に似た合理的な方式。後席下に収めた燃料タンクとともに、ここでも時代を先どりした。

に、等速ジョイントの開発を打診していたものの、トヨタなど大手メーカーがFF車をつくっていなかったので、ほとんどとりあってもらえないような感じだった。そんななか、東洋ベアリングによってジョイントが国内で実用化されたのだった。東洋ベアリングは、当時FF車をつくっていた日本で唯一のメーカー、スズキにバーフィールドジョイントを売り込んでいて、スズキはそれを受けて採用した。いっぽうスバルのほうは、自らジョイントを求めて東洋ベアリングにあたりをつけていた。スバルはFF実用化に必要なものをしっかり研究して、情報収集もしていたわけである。

ただし、東洋ベアリングがもたらしたこの等速ジョイントは、ドライブシャフトの車輪側のジョイントであり、デフ側のジョイントはこの時点では、価格、品質で満足できるものが見つかっていなかった。

ところでこの頃、FF車の検討のために購入していた車両には、ロイト・アラベラやシトロエンDSなどがあった。そのほかに、サーブ96やフォード・タウヌス12Mなどの縦置きV型4気筒エンジンのFF車も参考にされた。

アラベラ（31頁参照）は、スバル360のときのロイトと同じドイツのボルクヴァルト・グループ製の水平対向4気筒FF車だった。エンジン技術者たちが感銘を受けたフォルクスワーゲンやポルシェのエンジンと違い、アラベラはエンジンとしてはあまり参考にならなかったそうだが、参考にできる水冷水平対向エンジンが少なくとも手に入るものとしてはそれしかなかったのだという。いっぽうフォード・タウヌスのほうは、一流メーカーであるだけに非常に巧妙に設計されていたようで、V型4気筒はエンジンそのものに振動対策がなされていたが、難易度の高いFFの問題点を克服するために、確信犯的に振動面を犠牲にしてエンジンその他のユニットを車体側に剛結しており、これはスバルとしては許せないレベルの振動であったという。これはまさに、たとえ全長の短さは同じでも、V型4気筒よりも水平対向のほうがFF用エンジンに適しているということの証である。

上述の技術部のレポートによると、スバル車のあるべき姿として第一に言及されているのが、室内及びトランクルームが広いことと、軽量なことだった。全体の設計は、同じ水平対向4気筒のFF車だったA-5を基本に改良したもので、開発を急ぐ必要もあって複雑な新機軸は使っておらず、シンプルな印象だった。

ホイールベースをかなり長めにとるなど、室内寸法に考慮したプロポーションも含め、ヨーロッパ車としても通用しそうな合理的な設計だった。当時の日本車は合理的で低価格を目指した設計よりも、もっとデラックスなことをユーザーは望んでいて、室内や荷物室が広いという実用上の実力があまり評価されない傾向があったので、室内の狭いFRのスモールカーがかなりあとの時代まで残った。ヨーロッパでは、戦後のこの頃にはクルマは単なる憧れの対象ではなくなっており、道具として使い切るので、真の実力が求められた。スバルの場合、その点はほかの日本メーカーとは一線を画していた。

もちろんFFは、RRよりも高速での操縦安定性が良いということも選択理由のひとつで、走行性能も重視されていた。単なる効率だけのつまらないクルマではなく、後の高速GTたるレガシィやインプレッサにつながるようなクルマの土台づくりは、ここでなされていたのであった。

開発コードは新たに63-Aと名づけられた。エンジン形式は、FFとなれば水平対向4気筒は必然的だった。フロントのインボードブレーキやサスペンションなどは、A–5の経験が活かされた。そのインボードブレーキは、当時は一般的だったドラムで、デフの後方のトランスミッションはA–5のときとは違い、より一般的な2軸式の4速フルシンクロが開発された。

リアまわりは、スバルとしては荷物室が大きいのが身上だったので、スペースを侵害しないトレーリングアームにして、スバル360以来のトーションバー＋センターコイルスプリングを備えていた。ボディは当然モノコックだった。前輪荷重を大きくするために、フラットエンジンの低さを活かしてエンジンルーム内にスペアタイヤを置き、タイヤを取り出しやすいようにボンネットはサイドから大きく開くようにした。

### ▩等速ジョイントの問題を解決

問題は、依然として前輪駆動部分の設計だった。FFは、ヨーロッパでは最初は問題をかかえながらも、1930年代から量産車がつくられていたけれど、日本ではスバル1000の開発時には、なきに等しかった。そのため、タックイン（急なアクセルオフで、オーバーステアに転じる挙動）の発生からブレーキの前後配分のような基本的なことまで、設計上のいろいろなノウハウも学ぶ必要があった。A–5の計画がFRからFFになってからは、FRに遜色ないよう、FF固有の欠点をなくすことが開発の指標となった。

最大の問題は、等速ジョイントに起因する振動の問題だった。ハーフシャフトの車輪側ジョイントは前述のように、ヨーロッパのミニでも採用された等速ジョイントの決定版というべきバーフィールドジョイントを、日本の東洋ベアリングがライセンス生産を始める予定だったので問題なかった。ちなみにこれは日本ではBJ（CVJ）ジョイントと名付けられている。けれどもデフ側のジョイントは、いまだ日本で良いものを安価に手に入れることができず、開発をメーカーに打診していたものの、万一の場合は相当高価なパーツを使う覚悟をしていたという。ところが最後になって東洋ベアリングから新方式が提示されることになる。

ミニもそうだったが、この頃多くの低価格のFF車は、デフ側ジョイントについては、車輪側よりも折れ角が小さいために等速でない通常のカルダンジョイントですませることが多かった。いっぽう高価格のFF車では高額な等速ジョイントをデフ側にも使って、スムーズなステアリングを実現していた。スバルは大衆車ではあるが、ややこだわったコンセプトのクルマであり、百瀬らスバルの技術者は志が高かったので、デフ側ジョイントを使わずにステアリングに振動が出ることをよしとしなかった。そのために、バーフィールドジョイントをライセンス生産する東洋ベアリングに、安価で優れたデフ側ジョイントができないかと打診をしていたのだった。

東洋ベアリングがこのときスバルに提示したデフ側ジョイントは、ミニの開発時にイギリスのバーフィールド社傘下のハーディースパイサー社でバーフィールドジョイントを実用化した技術者ウィリアム・カル本人が考案したもので、デフ側ジョイントに必要な伸縮機能も合わせ持っていた。スバル1000がこれを装着して初めて試験走行をしたのは記者発表の3週間前のことだった。

このジョイントは、DOJ（ダブルオフセットジョイント）と命名され、このジョイントが実用化されたことで、当のスバル1000はもちろん、その後に続くホンダをはじめ、日本のFF車の道がひらけたといってよかった。イギリスにも持ち帰られて、海外でも普及することになる。スバルは文字どおりFF車の進化の道を切り拓いたのだった。

スバルは、1000の発表にあたって、ルノーのようにRRだったメーカーもFFへ切り替え始めていることなども引き合いに出して、ヨーロッパの小型車でのFFのパーセンテージが、FRやRRに比べて多くなってきているので、これからのクルマはFFになっていくはずだと説明した。まさに、スバル技術陣のヨーロッパ車を見る視点が、そのまま表現されていたのだった。

■水平対向エンジンの開発

スバル1000の水平対向４気筒は、中島飛行機時代からしても経験のない、水冷が採用された。最初にA-5用のエンジンとして開発が始まったのは、FF化が決まるより少し前の1961年のことだった。アルミ製の水平対向という高価になる方式を選んだのでコストを抑えることが重要で、アルミ製ゆえの振動や騒音面の弱点に対処することも考慮された。また、水平対向は整備性がよくないので、耐久性を高めることも含めてそれをカバーできる設計が心がけられた。将来の高出力化も視野に入れて、エンジンの骨格をしっかりするなど、基本に徹して設計され、試作第一号から好感触だったという。

ちなみに当時パワープラント全体の統括をしていたのは、戦時中は陸軍の航空技術研究所にいて、戦後、富士重工に入社した秋山良雄で、水冷となった水平対向の設計を任されたのはまだ若手といってよい布施秀一だった。この２人は東京大学（旧東京帝国大学）出身だったが、エンジン部門はもちろんのこと、百瀬晋六はじめ、ほかにも東大や旧帝大卒の技術者は珍しくなかった。中島飛行機の系譜を継ぐとは、つまりそういうことで、日本の最高峰の頭脳によってスバル1000は構想されていたのだった。もちろん単に頭脳が集まったのではなく、実際に高性能の飛行機をつくる技や文化が、受け継がれていた。

形式名EA41となる試作エンジンは、はじめは65×60mmの796ccだったのが、その後、営業サイドの要請などから排気量は拡大されて、70×60mmの923ccを経て、最終的に72×60mmの977ccへと成長した。

量産型エンジンはEA52と呼ばれ、55ps/6000rpmと、この当時の1000ccユニットとしては比較的高出力だった。エンジン全幅を小さく抑える必要もあって、OHVが採用されたのは、当時のほかの多くの水平対向エンジンと同じだった。クルマ自体を軽量にすることが目標だったこともあり、ヘッドだけでなくクランクケースまでアルミというエンジンは、当時は珍しかった。また、鉄製のコンロッドなどもかなり軽量につくられた。

ウェットシリンダーライナーは鋳鉄製で、ギアボックスのケースはアルミ製だった。吸排気バルブは水平方向に前後に並行に置かれ、燃焼室は少し角度の付いたバスタブ型だった。直列のSOHCや半球形燃焼室のエンジンに比べると、動弁系の制約があって、将来、高回転化してパワーアップするには不利ということは、当初から認識されていた。ただ、プッシュロッドが長くなる水平対向OHVの欠点を補うべく、エンジン全幅を抑えて少しでも短くしつつ軽合金製にしたプッシュロッドや、二重のバルブスプリングの採用などによって、できるだけ高回転にも対応できるようにした。

二重のバルブスプリングは、万が一スプリングが破損した場合、バルブが横に寝ている水平対向エンジンでは、ずれて結果的にシリンダー内に飛び出す可能性が想定され、そのために二重にして、ひとつが破損してもずれないようにということで採用された。

スバル1000の前輪駆動軸の断面図。図の右側のデフから出力して、インボードドラムブレーキ、デフ側等速ジョイントのDOJ、ハーフシャフト、車輪側等速ジョイントCVJを経て、ホイールに駆動が伝わる。幅広の水平対向エンジンのために短くなりがちなダブルウィッシュボーンのアーム長を、インボードブレーキにしたことで確保。さらに必然的にゼロスクラブ・ジオメトリーも達成できた。

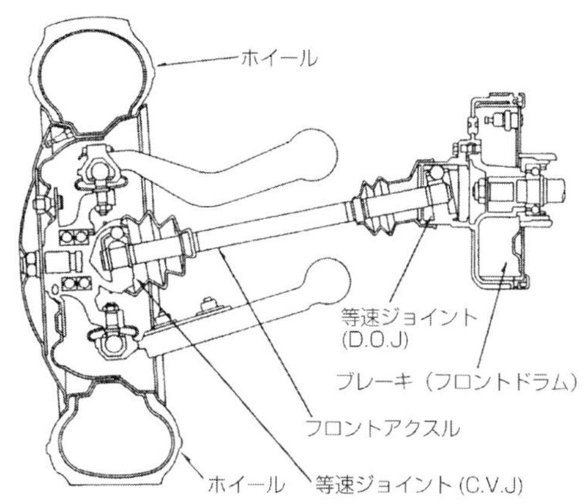


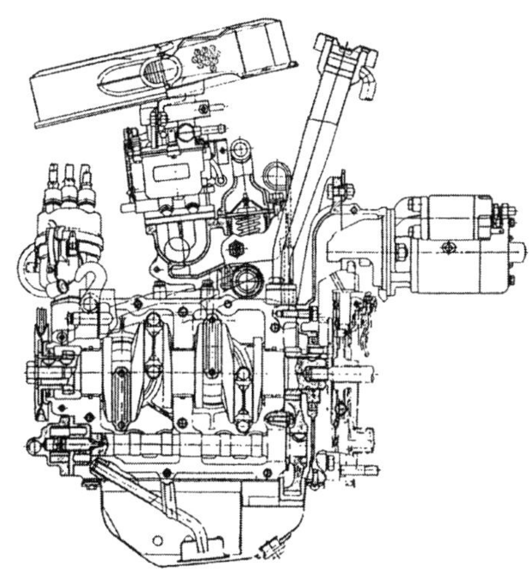

EA52の側面図。クランクシャフトはベアリングの数が後のEJ型よりも2個少なく、3個で支持されている。エアクリーナーに角度が付いているのは、ボンネット面に合わせたもので、実際はエンジン本体のほうが傾けて搭載される。

スバル1000のエンジンの外観。近年の水平対向エンジンと比べ、ヘッドまわりなど非常にシンプル。エンジン本体、トランスミッションのケースは軽量化のためアルミ製だった。

デフ側に使われたDOJ（ダブル・オフセット・ジョイント）。プレス発表の1ヵ月ちょっと前に東洋ベアリングが図面の状態でスバルに提案し、発表直前のタイミングで採用が決まった。

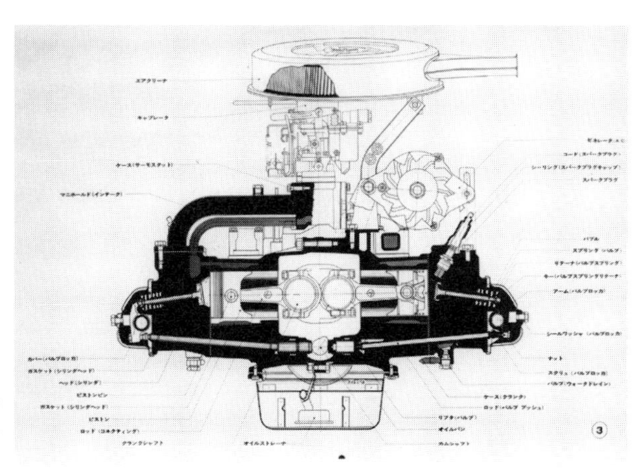


登場初年度のEA52エンジン断面図。OHVなのでカムシャフトがクランクシャフト下にあり、そこから左右シリンダー下にプッシュロッドが伸びている。

ボアピッチは103mmで、当時としては標準的な3ベアリングだった。エンジン重量はアルミの活用などもあり、76kgと軽量だった。

水平対向エンジンは排気干渉のために、独特の「ボロボロ音」があるのが特徴で、スポーツ仕様だけは、少し音が大きくなるものの、集合部までの管を長くとって出力の低下を防いでいた。また、室内のフロアをフラットにするのにこだわって、排気管を左右のサイドシルの近くを通すよう工夫がこらされた。

冷却については、アルミ製なので腐食しない専用の冷却水が必要で、また水平対向は整備性が悪いので、水の補給の必要がないよう密封式にして、ロングライフクーラントが開発された。スバルにとっては初の水冷エンジンだったので冷却方式も凝った設計で、フォード・タウヌスを参考にして、デュアルラジエター方式が開発された。

### ■スバル1000の発売とその発展

スバル1000は1965年秋に発表され、翌66年5月に発売された。

その優れたメカニズムやクルマとしての完成度の高さが評価された。水平対向を採用したことをはじめ、しっかり設計されたFFゆえの、高速での直進安定性のよさ、コーナリングの安定感。また、元来その特性のためにFFを採用したという、室内スペースの広さ、荷室の広さなどが優れていた。今まさに大衆化時代を迎え、軽快な2ドアボディでデビューするクルマが目立つなかで、スバル1000はあえて、4ドアボディで最初のお披露目を行なった。記者発表資料としては、しっかりと新型スバル1000の特徴を説明する資料が配られており、スバル360で実績と名声を築いた元航空機メーカーのスバルらしい、正統派的なクルマづくりがしっかりアピールされた。

発売後の進化を簡単にたどると、スバル1000は、1969年になると、車名でもFFであることを謳い、ff-1となった。ff-1のEA61エンジンはボアを76mmに拡げた1088ccで、高出力のツインキャブ仕様は77ps/7000rpmと、高回転を誇った。前輪ディスクブレーキなどのスポーティな装備も増え、国産車としていちはやくラジアルタイヤを装着した。さらに1970年にはボアを82mmまで拡大した1267ccの1300Gへと進化。1100も残されたが、1300GのEA62は、クランクケースやヘッドまで手直しされて、高出力仕様では93psを発生、ラリーでも活躍した。1300Gはモデル末期での登場で、導入の翌71年にはレオーネが発売されたが、しばらくは併売された。スバルのバリエーションは拡大されて、販売は強化されつつあった。

スバル1000が発売されると、いわゆるインテリ層やクルマ好きに歓迎され、とくに自動車評論界などは、スバルの価値を当然理解して、高く評価した。

ただし、ユーザーに広く受け入れられたかというと、必ずしもそうとはいえなかった。販売成績では、ライバルの後塵を拝することになった。1966年には2大メーカーのトヨタと日産からカローラとサニーが登場した。広い室内、優れた操縦性など、実質的な性能ではFFのスバルの評価は高かったものの、カローラとサニーは、同じ1000cc級車として価格設定が安いし、販売体制なども充実していた。

スバル1000は元来、高性能が売りものではなく、実質重視のまじめな大衆車だけれども、高価でパッケージングに優れた水平対向エンジンを使っていることを、もっとわかりやすくアピールすることがやはり必要に違いなかった。

たとえば、スタイリングは特別に先進的などとは、ユーザーの目に映らなかったようだし、ラリーで活躍するようになるものの、大きなインパクトには欠

スバル1000開発途中の1964年に、太田の群馬製作所本工場の隣にテストコースが完成し、開発に活用された。的確に設計された前輪駆動のため、高速安定性は優れていた。

登場時のスバル1000のエンジンルーム。整備性のためにクラムシェル式ボンネットを採用。ダブルウィッシュボーンだからできたことでもあり、スペアタイヤのほかジャッキも収容。重いバッテリーが最前部に置かれる。デュアルラジエター方式を採用し、ボンネット・フック付近から左はサブラジエターで、左端に斜めに置かれるのが電動ファン。出力ロスを回避し、車室ヒーターを全車標準にできた。

2014年に恵比寿に本社が移るまで、新宿西口駅前で長らく親しまれたスバルビル。スバル1000発売直前の1966年１月に完成した。写真ではスバル1000の姿はまだなく、スバル360が建物前の道に並んで停まっている。

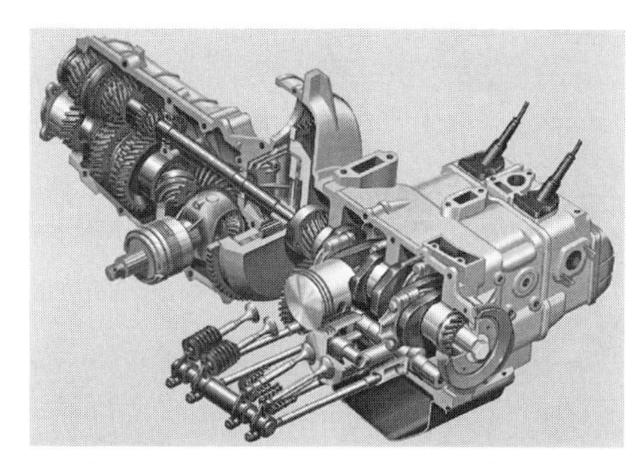

エンジン－クラッチ－デフ－トランスミッションと並ぶパワーユニット。水平対向のおかげで全長が抑えられており、補機類がないとエンジン全高が低いのが理解できる。バルブ駆動システムがよく描かれている。

富士重工の、重工たる堂々の製品群。中島飛行機が開設した宇都宮飛行場で撮影された。合成写真も含まれる。センターには、できたばかりと思しきスバル1000と1958年完成のジェット練習機T-1。

富士山をバックにした富士重工の新型乗用車スバル1000。試作に終わったA-5ほど極端ではないが、キャビンのガラス面積が広い。破綻のないクリーンなデザインで、好ましく感じられる。リアをファストバック風に落としたことは、セダンのデザインとしては賛否両論あった。欧州車的雰囲気があるが、どちらかというと、フランス的な機能主義や軽さ、ドイツ的な精緻さや硬さが感じられる。フロントマスクは同時期のフォードに似ているという指摘もあった。ちなみにP-1のときから開発陣はフォード車を高く評価していた。

スバル1000の生産ライン。本来はナンバープレートに隠れて見えにくいが、アンダーグリルともいうべき下部のエアスクープは左右2分割で、水平対向エンジンの存在が想像される。

バンは1967年9月に、まずは4ドアから導入された。前輪駆動のスバル1000の資質が活きて、客室も荷室も広く、のちにスバルのトレードマークとなるワゴンとしてのよさを備えていた。

1968年東京モーターショーでのスバル・ブース。発売されたばかりの2ドアバンが展示されている。当然まだ前輪駆動だったが、早くもスキーヤー向け仕立てにして、存在をアピールしている。

２ドアセダンは1967年２月に発売され、11月にスポーツが追加された。スポーティなグレードの導入は当初から決まっていたという。スポーツは、EA53エンジンの出力向上のほか、ディスクブレーキなどで足回りが強化され、国産車では初のラジアルタイヤも標準装着。室内も、３連メーターやフロアシフト、ナルディ・ステアリングなどのスポーツモデル装備を奢っていた。

スバル1000は室内の広さも同クラス他車を上回っていたが、トランクルームの広さは抜群だった。FFであるうえに、トレーリングアームやシート下燃料タンクなどがそれに貢献している。

スバル1000登場時の上級グレード、スーパーデラックスの内装。シンプルに徹したデザイン。プロペラシャフトがないFFなので、足元の広さは際立っていた。コラムシフトもそれに貢献。当初はコラムシフトのみだった。

1969年３月にマイナーチェンジしてff-1へと進化。エンジンは1100に拡大された。フロントマスクも小変更されて、グリルは台形デザインとなった。この台形グリルは、のちに２代目レガシィでヘリテージデザインとして復活され（89頁参照）、その後のヘキサゴングリルにまでイメージが継承されている。

1968年２月にスバル・オブ・アメリカ（SOA）が発足し、すぐにスバル1000のアメリカ向け輸出が始まった。当初はバンをステーションワゴンとして販売した。ほかの日本メーカーと同様に、このあと飛躍的にアメリカへの輸出が伸びていくことになる。この写真ではff-1のほかにスバル360も見えるが、軽自動車はさすがにアメリカでは売れなかった。

けた。同列で比較できないとはいえ、同じ中島飛行機系のプリンスのスカイラインが華々しくレースで活躍していたのとは対照的で、ボクサーユニット独特のエンジン音も、好みの分かれるところだった。

スバル1000はクルマとしてあきらかに優れていながら、合理的な設計のFF車としての良さが日本の一般のユーザーに浸透しなかった。

日本では、FR車がヨーロッパの小型車に比べるとかなり長生きし、FF車は長いあいだ少数派にとどまった。たとえばスバルに続いてFFに特化するホンダがFF小型車で成功するのは、1972年にシビックを出してからであり、その前の1969年登場のホンダ1300は、当時まだ現場に立っていた本田宗一郎社長が開発を混乱させ、強制空冷の強力なエンジンはアピール力があったが、全体としてはバランスを欠いたクルマになってしまっていた。それに比べると、スバル1000はバランスがよく、クルマがどうあるべきか慎重に決定されたという印象が強い。まさに、シビアな航空機づくりと同じような体制で、開発されたという感じがする。

いっぽう日産が1970年に発売したチェリーは、もともとプリンスで企画されていたもので、スバルと同じ中島飛行機を前身に持つだけに先進的志向のある技術開発だったが、コスト削減のためにジアコーザ式ではなくイシゴニス式設計を採用したこともあって、ギアノイズが報告されたり操縦性にくせのあるクルマとしても評価が広まった。メジャーメーカーのクルマであるだけに、当時の日本でのFF車のイメージに影響を及ぼした面さえあった。

その他の日本メーカーがFF小型車をつくり始めるのは、スバル1000の10年から15年遅れのことであった。スバル1000のFF車としての完成度の高さは、やはり1960年代半ばとしては特筆に価するものだった。だからこそそのメリットを多くのユーザーにアピールしきれていないのは、惜しまれることだった。

スバルは前身の中島飛行機時代、官を相手に飛行機をつくっていた。飛行機づくりでは、所定の厳しい性能を満たす開発さえできていればよいだろうが、自動車は、個人ユーザーに直接売られる商品なのでマーケティングが重要になる。そういう面では経験がなかったといえる。

上層部も、飛行機づくりの伝統に誇りを持って、ほかとは違うクルマをつくるように指示したりしていたようだが、「スバル」がどのようなクルマづくりで生きていくのか、しっかりした経営ビジョン、戦略が欠けていたという指摘もある。

クルマ自体は、中島飛行機の伝統を受け継ぐ高い開発力が発揮されたが、それを売って育てる体制が、同じような充実したものではなかった。

結果としては思うようには売れず、次章で見ていくように、結局モデルチェンジするレオーネでは、スバル1000を否定するクルマづくりになってしまう。新たな投資をしたくないので、機構をただ引き継いだというような印象のものになった。

とはいえ、その機構はその後も受け継がれて、進化を続けた。とくにレガシィになってからは、華々しい高性能のクルマとして、晴れて、より多くの人から熱く支持される存在になる。マーケティングの面なども、近年も依然として不得意などと自他から共に言われることもあるようだが、だんだんと充実して長けてくるようになる。

## 2-2　20年間進化を続けたレオーネの時代

### ▒志を失いかけた初代レオーネ

1960年代半ば、日本の自動車メーカー各社は、合

1970年７月にff-1 1300Gが登場、その後1971年４月に「ff-1」が外れて、単に1300Gとなった。排気量拡大だけでなく、リアサスペンションがセミトレーリングアームになるなど各部が進化しており、フロントデザインも、ボンネット形状まで変えて、印象が変わった。グリルやヘッドランプまわりは樹脂製。写真は1300Gスポーツセダンで、マッドガードのフラップやボンネット固定ベルトなどで、スポーツ気分を高めている。

ff-1 1300Gの室内。これは通常グレードのカスタムなのでコラムシフトだが、スポーツ系モデルはフロアシフトだった。とくに後席の広さは際立ち、ホイールベースが十分長いことから、ホイールハウスの出っ張りがないのが当時、売りになっていた。

1300Gの高出力仕様ツインキャブのEA61S。スポーツセダンや４ドアのスーパーツーリングに搭載された。出力は93ps/7000rpmへと大幅に向上。EA61のボアを76mmから82mmまでさらに拡大している。

1967年の1000スポーツセダン用EA53エンジン。ツインキャブのほか、圧縮比を高めるなどして出力を向上。

ff-1の1100エンジン、シングルキャブのEA61。ボアアップにより排気量を拡大した。

併や提携が相次いだ。スバルは、その中でいすゞと手を組んで、スバル1000発売後間もなく1966年12月に業務提携が結ばれた。互いの商品が競合しないと判断されたのだった。ところがいすゞが三菱重工とも組みたいと提案したため、わずか１年半あまりの1968年５月で提携は解消。かわってその年10月に今度は、日産との提携に至った。

この提携は、両社の自主性が尊重されてはいたが、両社の大きさからしても事実上、日産の配下にスバルが入った形だった。その後の経営やクルマづくりに大なり小なり、なんらかの日産の影響があったという指摘もされている。

もっとも、当初交わされた覚書には、両メーカーの住み分けのために、スバルが1000cc以下の車種を担当することが明文化されていた。とはいえそのすぐあとに、スバル1000は1100ccに拡大したff-1へと進化しているし、その後、この縛りはほとんど意味がなくなり、レオーネになってからもどんどん排気量は拡大される。

スバルの根本的なクルマづくりは、日産提携時にも、ぶれることはなかった。受託生産で日産のサニーを生産するなどはしたものの、シャシーの共用化などはされなかった。スバルが縦置きの水平対向エンジンFFを基本とするプラットフォームだったことが、防波堤の役を果たした。

1971年になると、後継モデルのレオーネにモデルチェンジした。約20年間、３代続くレオーネの時代は4WDが進化する重要な時期ではあったが、スバル水平対向にとっては、あまり輝かしくない時代となった。

レオーネは、水平対向４気筒FFの基本メカニズムはほぼそのままで、外観デザインが当時のアメリカ車のような流行をとりいれたスタイルにさま変わりした。結果として、ひとまわり大きくなったのに、車高は低く室内は狭くなっていて、スバル1000で室内寸法を広くとれるよう、困難を乗り越えて水平対向のFFをものにした意味が薄れた。初代の志が失われたと失望する声は多かった。

1950〜60年代のように、まずはしっかりとした小型車をつくること自体が大仕事だった時期は過ぎ、日本車もマーケット重視のクルマづくりの時代になってきて、スバルもそれに流されたような印象があった。当時の日本車がこぞって目を向けたアメリカ市場を意識した面もある。レオーネが登場した頃からスバルも対米輸出が急増した。極論すれば、レオーネは日本車のワンオブゼムとして、安くてよくできた小型車であれば十分ということになった。そうなると、合理的な理由から採用した水平対向エンジンFFの意味がほとんどなく、ただ設備投資もせずにすむことから、既存のメカニズムがとりあえずそのまま引き継がれているといった印象である。ちなみに初代レオーネのときは、百瀬晋六は開発に関わっていなかった。

無理もないが、まだこの頃は、「スバルらしさ」とはなにかの、確固たるコンセンサスがメーカー内にもなかった。スバル1000開発時には、中島飛行機の系譜を継ぐ合理的な設計にこだわっていたが、それによって売り上げで他社の後塵を拝したためにそれが否定され、極端にマーケット重視、悪くいえば大衆迎合的なクルマづくりに軌道修正された。

航空機は純粋に機能・性能追求に徹する合理主義でよいが、クルマは消費者相手のビジネスで、世俗的要素があり、スバル1000でその洗礼を受けた結果、初代レオーネは、マーケット重視、今風にいうところのいわゆるマーケットインになった。

もちろんマーケットの要求に応えることは重要な

デビュー当初のレオーネGSR。４ドアセダンを先に発表したスバル1000とは逆に、初代レオーネはスポーティさを強調すべく、最初にまず２ドアクーペが発表された。スタイリングは合理主義のスバル1000から、まさに180度方向転換。マーケット重視になった。水平対向ユニットの全高の低さを感じさせない、ボリューム感のあるフロントノーズデザインが象徴的で、水平対向FFであることは、むしろこのスタイリングには足かせだったとも思われる。

レオーネのクレイモデル。スバル1000のデザインは、冷たく色気がないことが、スバル社内でも批判されたようで、レオーネはスポーティなデザインを追求。クレイモデルのラインだけを純粋に見ると、たしかに美しく精悍なものになっている。

1971年モーターショーでの展示。コンパニオンのコスチュームが世相を伝えているが、ステージの床に敷きつめられた当時の印刷物のなかには、水着女性の写真なども多数含まれており、消費者相手の自動車ビジネスの洗礼を受けて、中島飛行機の系譜を継ぐスバルも"人の子"と化していた。

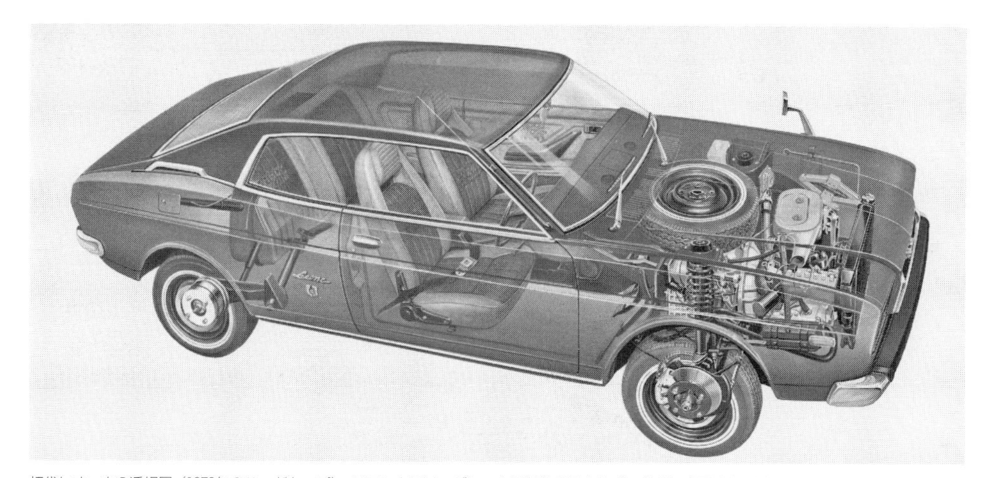

初代レオーネの透視図（1973年のハードトップ）。フロントでは、ブレーキは通常のアウトボード式に変更され、サスペンションはマクファーソンストラットを採用。ストラットタワーを避けるために、スペアタイヤは中央寄りに位置を変えている。リアサスペンションもスバル1000とは異なり、セミトレーリングアームを採用している。

1969年登場のR-2は、スバル360の思想を継承したと感じられるクルマで、発売初年度に記録的な10万台以上を売るなどユーザーに歓迎されたが、まわりの軽自動車がデラックス化するなかで販売は尻すぼみになり、3年で生産終了となった。これはスポーティに装ったSS。

R-2の後継モデルとしてレオーネの1年後の1972年に出たレックス。レオーネの場合と同じように、それまでの合理的だったスバル360、R-2から一変し、レオーネの圧縮版のようなスタリングとなった。寸法制約の厳しい軽自動車でありながらスタイル重視に徹した。

4ドアセダンは半年遅れて1972年2月に追加された。これは1973年6月のカスタム。ドア窓は4枚ともサッシュレスだった。

レオーネの内装はいかにも1970年代らしくなり、GTカー的な雰囲気も醸し出す。小さいながらセンターコンソールも備えるようになった。これは1972年の4ドア1400スーパーツーリング。

1972年の1400RX。のちのWRXにもつながる系譜の始まり。スタイリングはスバル1000がヨーロッパ的だとすると、あきらかにアメリカのスペシャルティーカー的。この時代ほかの日欧メーカーも同様だったが、レオーネは一見するとホイールベースが短く、フロントオーバーハングが長い印象で、ややアンバランスという指摘もあった。トレッドも狭く見える。ただ、引き締まったボディはそれなりに精悍だった。

1975年1月の4ドアセダン・カスタム・オートマチック。初代レオーネは2回顔つきを変えており、この頃は下位グレード以外は4灯式を採用していた。

1977年にマイナーチェンジをして再び顔つきを変えたほか、ボディ外板を新しくした。ボディサイドのコークボトルライン風のキックアップが目立たなくなった。

1971年登場当初の1.4リッターGSR用EA63Sツインキャブユニット。シングルキャブのEA63が80psのところ、93psを発した。1300Gの高出力仕様のEA62Sと同じだが、トルクは少し太く、11.0kg-mあった。

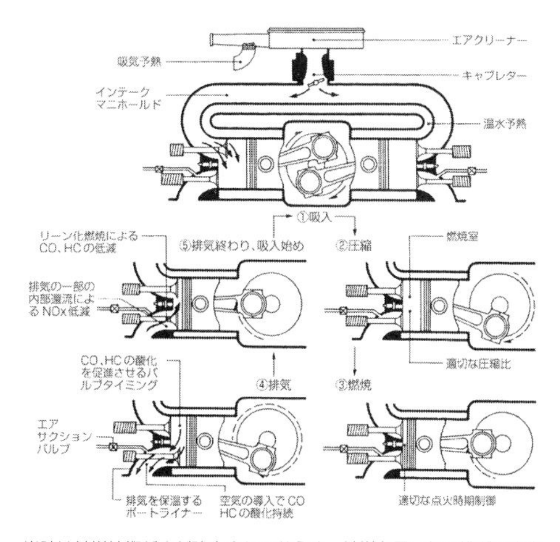


当時は触媒技術がまだ確立されておらず、触媒を用いない排ガス浄化システムのSEEC-Tが開発された。冷却性に優れたオーバースクエアのアルミ製エンジンであることがその実用化に貢献したという。

矢島工場でのレオーネ生産ライン。パワートレーン、サスペンションのアッシーをエンジンルームに収めようかというところ。アンダーグリル部分の吸気口が二分割なのはスバル1000と同じ。

アメリカ向けの2ドアハードトップ。衝撃吸収バンパーが目につくが、ホワイトリボンタイヤにアルミホイールで雰囲気を出し、ボディサイドのストライプには「5 SPEED」の文字、さらにフロントフェンダー部に「Front Wheel Drive」とあり、FFであることをアピールしている。

ことで、このあともスバルは近年まで、合理的エンジニアリングとマーケット重視の両立が課題としてあり続けている。２代目レオーネ以降では、再びスバル1000のような実直なイメージが回復され、さらにレガシィのときは、根本から「スバルらしさ」とはなにかを腰をすえて考えて、商品開発がされることになる。

初代レオーネは、整備性向上のためにインボードブレーキが廃止され、フロントサスペンションは主に排ガスのデバイスを装着するスペースを確保する目的で、マクファーソンストラットに変更された。ヨーロッパでは、レオーネと同じ年にデビューしたアルファロメオ・アルファスッド（31頁参照）も、1983年にアルファ33にモデルチェンジしたときにインボードブレーキをやめ、スタイリングも平凡になった。理想を追った設計の初代モデルが、モデルチェンジをするごとに普通になっていくのは、水平対向エンジン車のよくあるパターンだった。

エンジンは、それまでの1.3リッターのボアを85mmまで拡大して、1361ccのEA63となった。発売から半年後の1972年４月には、ff-1以来の1.1リッターEA61も追加され、これはその１年後の1973年に1176ccのEA64に置き換えられた。さらに、排ガス規制で性能が落ちるのをカバーするために、1975年には1595ccまで拡大したEA71が投入された。

この1.6リッターは、ボアがさらに92mmまで拡大された。設計当初のボア65mmの800ccからすると大幅な排気量拡大で、それが可能なのは水平対向エンジンだからこそだったが、極端なオーバースクエアの燃焼室は、燃焼効率悪化などの問題もあった。ポルシェ・フラット６もボアは100mmまで拡大されたけれども、ボア・ストローク比では、スバルの1.6リッターはさらに極端だった。加えて、くさび型燃焼室のOHVという機構も性能向上に対して不利だった。低燃費化の要求や、排ガス対策は年ごとに厳しくなったうえに、ライバル各車の直列エンジンが、OHCを採用して高出力化も進んだので、スバルの水平対向はあきらかに不利だった。

1970年代の大きな課題となった排ガス規制には、スバルは独自に２次エアを排気ポートに送りこんで排ガス温度低下を防ぐSEEC-Tという機構を開発し、当時まだ品質に問題のあった触媒にたよらずに排ガス浄化を成功させた。アメリカのほか、日本の厳しい53年規制をいちはやくクリアする快挙だった。このとき、水平対向の等長等爆の排気管レイアウトが、排ガス対策には不利だったので廃止された。

### ▩記念すべき4WDの誕生

スバル1000の水平対向エンジンは、理想的なFFのために選択されたものだった。ところが、このFFパッケージが実現されると、次の可能性が見えてきていた。それが、今日のスバルのコア技術となっている4WDである。前からエンジン→デフ→ギアボックスと並んでいるので、FR車と同じようにプロペラシャフトを後ろに伸ばせば、即4WD化が可能なのだった。これはリアエンジン車でも同じで、ポルシェ事務所では、かつてVWの開発中から4WDを設計していたくらいであり、この可能性にやはりスバルの技術者も気づいていた。1000の誕生後すぐに、4WD化の研究がされたようだった。しかし、世のなかにはジープタイプのオフロード4WD車があるだけで、乗用の4WD車というカテゴリーは存在せず、市販計画を立てるまでには至らなかった。

それが外部からの要請によって、4WD化の道が開かれることになった。東北電力は、積雪のある北国で、送電線の保守点検作業などのためにジープタ

初代レオーネ後期型の頃のアメリカでの広告物。当時のキャッチコピーでは、安価なこと（INEXPENSIVE）がストレートに謳われていた。ヘッドランプは4灯式と2灯式があり、ボディバリエーションが多数揃った。ほかにピックアップのブラットもあった。アメリカではレオーネではなくSUBARUの名で売られており、手前から2番目のクーペのリアのロゴも、「SUBARU」と、グレード名の「GL」しかない。

4WDのエンジン駆動系カットモデル。2WDと4WDの切り替えレバーのリンケージが最後尾（右側）に伸びている。上に伸びているのはシフトレバー。エンジンのバルブ駆動システムも見えている。

宮城スバルでスバル1000の中古車をベースに製作された4WD車。1970年末に完成したのち、1971年2月に試験走行を行ない、3月に群馬製作所での開発がスタートした。

数台つくられた4WD試作車のうちの1台が1971年秋の東京モーターショーに展示された。最新モデルのff-1 1300Gをベースにしている。試作車は改造車としてナンバーを取得し、東北電力のほか、防衛庁にも販売された。

4WDが、カタログ量産モデルとなったのはレオーネからで、これはその1972年9月発売のレオーネ・エステートバン4WD。最低地上高は210mmで、オフロード4WDのようなタイヤを履いている。エステートバンのボディは、4WDである以前にいかにも味のあるデザインで、スバル1000のバンより無骨、不器用にも感じられるが、これも独特の「スバルらしさ」として記憶に刻まれた。

イプ車を使用していた。けれども、雪の多い期間は限られているのでFFのスバルでもほとんど用が足りるため、それが4輪駆動ならば理想的だと考えた。スバル1000のFFが4WD化しやすそうなことに目をつけて、地元の宮城スバルに話をもちかけた。

宮城スバルは自分たちでも対応できそうな改造だと考えて、試作車の製作にとりかかった。その4WD車でひと冬テストして問題がないことから、スバル本社に量産化の要請をした。即座にスバルもその意義を理解して、量産化に向けて開発を進め、リアデフやプロペラシャフトなどの部品は当時提携関係にあった日産のFR用のものを供給してもらった。

改造が簡単で量産に必要な設備投資も少ないのでハードルは低く、開発期間は宮城スバルで10ヵ月、スバル本体で5ヵ月と短期間ですみ、1971年10月の東京モーターショーに、ff-1・1300Gのバンをベースにした4WD車が展示された。そして、ごく少数が東北電力などに販売されたあと、1972年秋にレオーネ4WDエステートバンが正式にカタログモデルに加わった。

この最初の4WDモデルは、パートタイム式4WDだった。シンクロ付きドライブセレクターと呼ばれる方式で、走行中にFFから4WDへの切り替えができるものの、4WDのときはフルタイム式のようにはスムーズに走れず、タイトコーナーなどでハンドルをいっぱいに切るとブレーキング現象が発生したりするので、4WD走行は悪路などに限られていた。当時はジープタイプのクロスカントリー4WD車さえ少数派だったので、販売台数はごく少なく、基本的にはあくまで乗用車的に使われる、いわゆる「生活四駆」にすぎなかった。4WD車の仕立て方や売り方は模索状態で、スバルでも車高を上げてオフロード車のように装ったりしていた。

後にスバル4WDは、4WDブーム発祥の地アメリカで人気が出るけれども、スバルに続いて現れた初期の4WD乗用車は、同じようにオフロード指向の仕立てで、今日のスバル車のようなフルタイム方式のオンロード向けスポーツ4WDとは異なっていた。

スバル社内でも、当時から乗用車にふさわしくスムーズに走るフルタイム式を望む声があったものの、前例もなく、実現には至らなかった。

1975年1月のレオーネのマイナーチェンジの際に、4WDセダンが加わった。これは量産乗用車としては世界初の4WD車だった。ただし、それほど大きな話題とはならなかった。それ以前に、ファーガソン(34頁参照)の試みはあったものの、スバルだけでなくヨーロッパのメーカーも、オンロード向け4WDには消極的だった。

それを一変させたのは、1980年代に登場するアウディ・クワトロである(34頁参照)。アウディもスバルと同じ縦置きのFFなので4WD化しやすかったわけだけれど、クワトロを推進したフェルディナント・ピエヒでさえも最初は4WDに懐疑的だった。それが、試作車をつくってみたらあまりに効果的なので、アウディのコア技術として大々的に売り出すことになったといわれる。

スバルがいちはやく乗用車の4WDを実用化できたのは、上記のように、たまたまのことではあった。実はスバルも、すんなりと東北電力の要請に応えたわけでもないようだった。ただやはり技術者はその可能性と意義を理解していたし、なにより百瀬晋六も4WD化を高く評価し、開発するよう推したという。当時のスバル内には、あれだけ苦労してFFを開発し、プロペラシャフトをなくしたのに、あっさりまたそれを取り付けるということに疑念を感じる向きもあったようである。

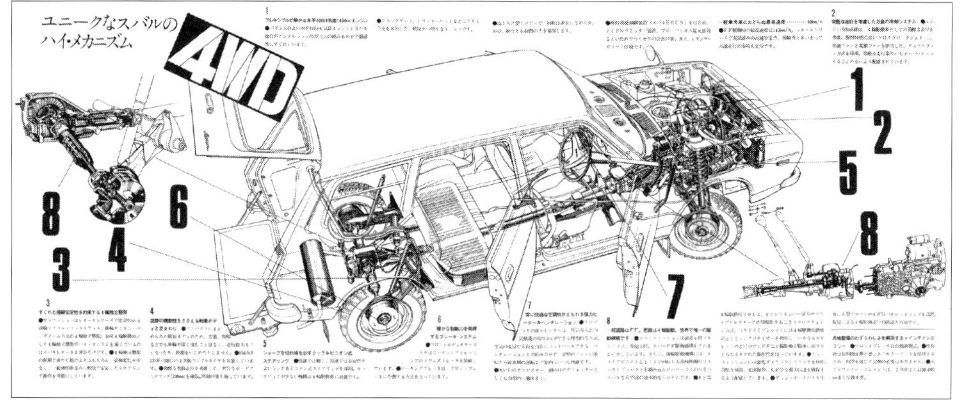


1972年 9 月発売当初のレオーネ 4WDのカタログ紙面。「ユニークなスバルのハイ・メカニズム」として、 4WD機構を見せている。

レオーネ 4WDが発売された1972年の広告。「〔4 輪駆動車〕が出た！」の前提として「FFのスバルレオーネに」とある。その下には「国産初の『FF＋後輪駆動』」とも書かれている。FFを売り物としたスバル小型車が、 4WDに触手を伸ばした瞬間であった。

1976年の広告。雪原を平然と走るクルマに、「おっ 4 輪駆動！」というキャッチコピーを与えている。「世界で唯一のレオーネ 4 輪駆動セダン」の文面も見える。

アメリカ・ネヴァダ州のジープ警備隊（JEEP POSSE）に採用された 4WDバン。スバル販売店の前で撮影された。 4WDの故郷というべきアメリカで、スバル 4WDは浸透していった。

当時まだ若手で、後に２代目レガシィの開発などを担当した大林眞吾もそう感じたというが、百瀬は、良いものとなれば、過去の考えにこだわらずに採用するという柔軟な考え方ができたのだろう、とあらためてふりかえっている。技術者としての正しい判断だったということなのだろう。

時代の流れで、スバルはいずれ4WDをつくることになっただろうが、このとき即座にゴーサインを出して市販化したことが、現在の4WD（AWD）を看板技術にするスバルの礎をつくった。パイオニアとなった意義は大きい。

この時点では、まだ日本ではFF車は少数派の存在だったが、まもなく横置きFFが増えるという状況であり、コスト面でもスペース効率の面でも不利な縦置き水平対向のスバルは、おそらくFFのままでは生き残れなかったに違いない。

スバル1000でFFを採用したときは、コスト最優先でもスペース効率最優先でもなく、総合的に走行性能とパッケージングを考えて縦置き水平対向を選んでいた。効率ばかりではなく、理想を追求した結果だった。4WDでは、たしかになくしたはずのプロペラシャフトがあるのがマイナスになるとしても、FF開発のときと同じように、クルマとしての合理性を全うする技術として採用したわけで、宗旨替えというものではないのだろう。

## ■２代目レオーネ、ツーリングワゴン誕生

1979年からの２代目レオーネは、基本的な設計に大きな変更はなかったが、スタイリングはまったく違うものになった。初代レオーネとの連続性はほとんど感じられず、それよりスバル1000に少し似た印象になった。スバルらしい実直なクルマらしさを少し取り戻したかのようにも思える。

1979年６月に最初に発売されたのは、４ドアセダンのみで、この点も、スバル1000と同じである。セダンは６ライトウィンドウが採用され、これは後のレガシィにも受け継がれて、伝統となる。少し遅れて1979年７月に２ドアクーペを追加。９月にはセダンと並んでモデルの中心的存在となるバンボディのエステートバンが発売される。さらに10月には、1970年代から世界的にFF車で流行していたハッチバックボディのスイングバックを追加。これによって、４種のボディ形状を揃えて、レオーネ一車種でありながらも、多様なユーザーのニーズに対応した。

さらに画期的なのは、1981年７月に発売された4WDツーリングワゴンである。当時はまだ、日本では乗用のワゴンが珍しく、4WDの走破性能と合わせて、アウトドア派からおおいに支持されることになった。後のレガシィで大ヒットすることになる、スバルの十八番カテゴリーの誕生であり、手探りで乗用4WD車のつくり方、売り方を模索するうちに、ついに鉱脈をひとつ掘り当てたわけだ。今あるスバル・ブランドの特性は、３世代のレオーネの時代に少しずつながら、着実に育っていた。

4WD機構は依然としてパートタイム4WDであるとはいえ、新たにその弱点を改良したMP-T（マルチ・プレート・トランスファー）が登場した。MP-Tはトランスファーに油圧多板クラッチを使用しているが、ATとセットとなっており、ATの油圧を利用してアクセル開度に応じて2WDと4WDを自動的に切り替える仕掛けで、カーブを曲がるときはアクセルをオフするのでクラッチが滑って2WDになり、ブレーキング現象を抑えられるのが大きな長所だった。これはMTには応用できず、フルタイム式4WDの設定は、スバルの4WDがアウトドアで支持されるようになっていたこともあって他メーカーよりも

2代目レオーネのクレイモデル。初代レオーネからまた一転し、ラウンドシェイプのボディとなった。背後には空力を意識したようなボディのイラストが貼られている。セダンは初めて6ライトのウィンドウグラフィックを採用。再びスバル1000のように低いノーズと、ベルトラインが素直にまっすぐ伸びるデザインになり、視界も良さそうに見える。

1979年2月にセダンが発売されたあと、7月にハードトップ、9月にエステートバンと続き、10月にはスイングバックも追加された。流行の2ボックスハッチバックボディで、ホイールベースはセダンやハードトップより短い。初期型の丸型ライトの顔は、先代レオーネの後期型と連続性がある。

初代ほどは、ことさらクーペの存在を強調することはなく、呼称も「ハードトップ」となったが、スバルでも2ドアのクーペを必ずつくっていたのが、時代を感じさせる。これは1981年6月にマイナーチェンジしてからのもので、フロントマスクは角型ランプとなり、3代目レオーネやレガシィにつながっていく顔つきとなっている。

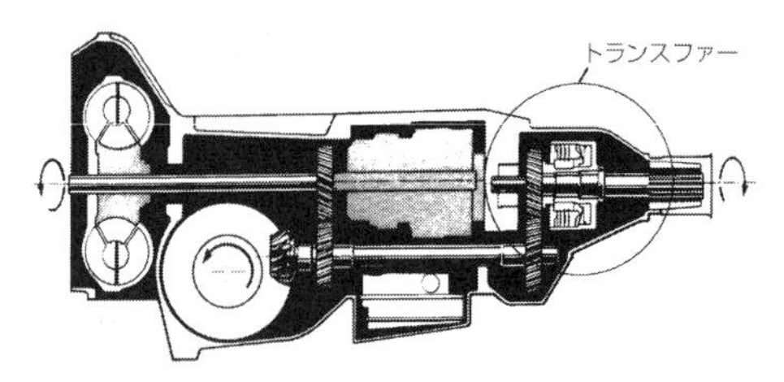


MP-T。ATの油圧を利用して、7枚からなるクラッチプレートをオン-オフして4WDと2WDをオンデマンドで切り替える。

2代目レオーネのダッシュボード。1981年のGTSのもので、デジタルの表示を採用している。センターコンソールはさらに大きくなった。

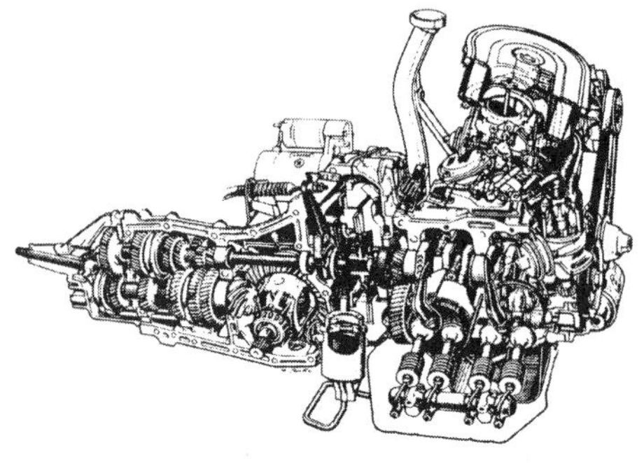

2代目レオーネに搭載された1.8リッター EA81のエンジン駆動系。ボアはEA71の92mmから変わっていないが、EA型として初めてストロークが67mmまで伸ばされた。

1982年に登場したEA81のターボエンジン。スバル水平対向としては初のターボで、EGI化もされていた。

1981年7月に登場したツーリングワゴン4WD。ブームとなっていたアウトドア愛好者の求めに応えるようにして誕生した。ルーフに段差をつけることで、バンと差別化している。フロントマスクはマイナーチェンジで角型ライトとなっている。

遅れ、３代目レオーネまで待つことになった。

エンジンは変更を受けて、初めてストロークを伸ばして92×67mmの1781ccになった。このEA81の出力は100psの大台に乗った。また、1.3リッターながら、新しいEA65エンジンも登場し、スウィングバックやエステートバンに搭載された。1982年10月には、セダンとツーリングワゴンの4WDモデルに、EA81の1.8リッターを、ターボ化と同時に電子制御燃料噴射化したエンジンが搭載された。このEA81ターボは、まわりと比べればけっして高出力ではないとはいえ、120psまで出力増強された。

### ▒オールニューではなかった３代目レオーネ

1984年からの３代目は、エアサスペンションなどの新機構も採用し、「オールニュー・レオーネ」を名乗った。外観は、２代目からの正常進化という印象で、２代目レオーネ以降、スバルの正常進化型モデルチェンジが続くような感じがある。

３代目レオーネは、ストレートに角ばったボディ形状になり、次に誕生するレガシィに通ずるスタイリングになった。ただあまり足腰が強そうには見えず、胸をはってスポーティといえるような印象ではなかった。

基本的なメカニズムに変わりはないが、エンジンはバルブ機構を大改変してようやく待望のSOHCが採用された。とはいうものの、根本的な改善はできておらず、実際は“オールニュー”ではなかった。

大きな問題はヘッドボルトだった。EA型エンジンは最初アルミブロックに鋳鉄製ウェットライナーの組み合わせだったことから、熱膨張率の違いなどのためにブロックとライナーの頂部に段差が発生してガスケットに隙間ができてしまうので、その隙間を強引に押さえ込むために、ボルトを通常より１本多い１シリンダーあたり５本（片バンクで９本）にして締め上げていた。その後、鉄を鋳ぐるみにしたドライライナーに変更されたものの、ボルトの配置は変わらなかった（72頁図参照）。

このボルトがさまたげになってSOHCで理想的なポート形状をとることができなかった。SOHCに見合う性能を発揮させるにはボルトの位置を変更する必要があった。ところがそれには莫大な設備投資が必要なので、手をつけないままで、新エンジンが完成された。それでいてSOHC化に、相当のコストがかかってしまったのが痛いところだった。

世の情勢は、アウディが1980年に4WDターボで先鞭をつけると、1980年代中盤から日本車も揃ってそれに追随した。1985年のマツダのファミリアを先頭に、ブルーバード・アテーサ、セリカGT-four、ギャランVR-4など4WDターボ車がライバルとして目白押しという状況になった。

4WDのパイオニアであるスバルは、ドイツのアウディだけでなく国内でもライバルに先行されたあと、1986年４月発売のレオーネRX/IIでようやくフルタイム4WDを採用した。RX/IIはスポーティなクーペボディではあったものの、パワーは120ps（ネット値、エンジン単体で計測する従来のグロス値では135ps）しかなく、ライバルが最新スペックの直列４気筒ユニットで軒並みDOHCターボなのに対して、大幅に劣っていた。

ただ、アウトドアスポーツも含めた広い意味でのスポーツ志向の4WDとしては、スバルは広く支持されていた。フルタイム4WD＋ターボは、その後セダンやツーリングワゴンにも設定された。制約があって苦悩するなかでも、レオーネはレガシィに連なる成長を地道に続けていたのだった。

3代目レオーネのデザインスケッチ。フラッシュサーフェイスで極端にボクシーなデザイン。かなりのスラントノーズで、ボンネット高さも低い。リアウィンドウがサイドに回り込むのは、市販型には活かされなかったが、このあとのアルシオーネでは採用される。Cピラーが細いところなどレガシィに通じるものがある。

左よりはもう少し市販型に近いスケッチ。3代目レオーネのセダンは、高速クルージングセダンとして空力を追求し、Cd値=0.35を謳った。依然として、リアウィンドウが曲面になっているなど、市販型よりもラウンドシェイプな印象で、次のレガシィに近いものが感じられるようである。

3代目レオーネは、1984年7月にまず4ドアセダンから発売された。ラウンドシェイプの2代目から一転四角くなったが、シンプルなスタイルは継承。全体にレガシィに通じるものがあるが、1980年代の典型で、平面的で単純な直線基調となっており、レガシィのような下半身の骨太さはない。無個性的ではあるが、フロントマスクなど、近年共有されている「スバルらしさ」がかなり整った感じがある。

セダンとワゴンにフルタイム4WDが1986年10月に導入された当初の、セダンGT/II。リアドア下部にはその文字が入る。「4WD TURBO」はリアにもあり、当時旬のメカニズムだった。上のデザインスケッチと異なり、リアウィンドウは平面的。

4WDバン。1984年10月導入時のもの。ヘッドランプ前面が直立しているのでスラントノーズであることがよくわかる。セダン以上にシンプル、普遍的なデザインで、外国車といっても通用しそうな雰囲気。

デビュー当初のツーリングワゴン。ワゴンは全車4WDとして発売された。後半部が高いルーフなどレガシィのスタイルがほぼできあがっているが、レガシィ・ツーリングワゴンに比べれば素朴な印象。リアゲートの窓が上側に拡大されているのが特徴的。

3代目レオーネのダッシュボードは、また従来から一変して、デジタル機器風にサテライトスイッチがたくさん並ぶ。デジタルメーター仕様ももちろんあった。これはクーペRX/II（フルタイム4WD）導入時のもので、5MTに副変速機（デュアルレンジ）付。「FULL TIME 4WD」とも書かれている。

トップグレードのGTにはエアサスペンションのEP-S（エレクトロ・ニューマチック・サスペンション）を採用。日本初、そして4WDとしては世界初の電子制御エアサスだった。ほかにも4輪独立オートレベリングや可変ダンパーなども投入された。

1986年9月にスバル初のフルタイム4WDを採用したクーペRX/II。当時のクーペの王道的スタイルで、エアロパーツでスポーティに装っている。ただ、足腰が強そうな印象ではなかった。半年後に登場するセリカGT-FOURは2リッターで185psあり、スバルは大きく後塵を拝する状況だった。

ツーリングワゴンのスキーヤーズ・スペシャル G Wnids。1986年の特別仕様車。スバルはスキーヤーに絶大に支持されるブランドへと、さらに育っていく。

リアサスは初代レオーネ以来セミトレーリング式となっていたが、3代目レオーネでは新たにスプリングがトーションバーからコイルに変更された。その言葉は当時使われていなかったと思うが、当然ながら「シンメトリカルAWD」であった。

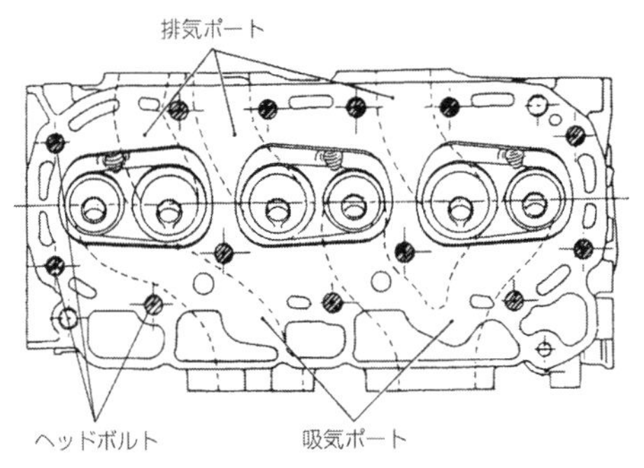


EA型エンジンはヘッドボルトが1気筒あたり5本あり、それが障害となってSOHC化しても理想的なポート形状をとることが難しかった。

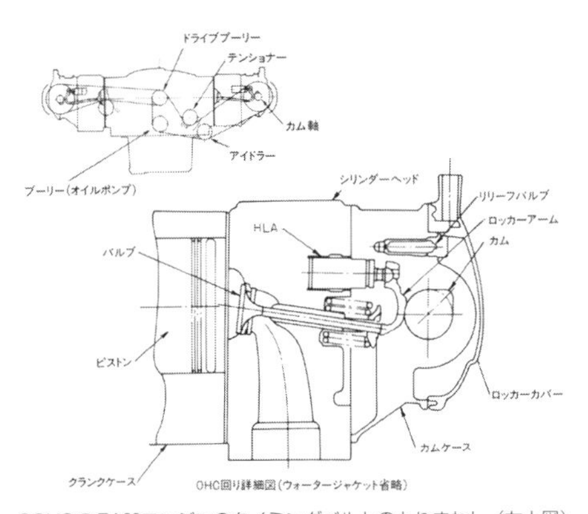


SOHCのEA82エンジンのタイミングベルトのとりまわし（左上図）と、バルブ機構を示す図。バルブはタペット調整のメンテナンスフリー化のためにHLA（油圧ラッシュアジャスター）を採用し、ロッカーを介して駆動される。1.6リッターEA71のOHVでは、カムシャフトとプッシュロッドの間に、同様なHVLを採用した。

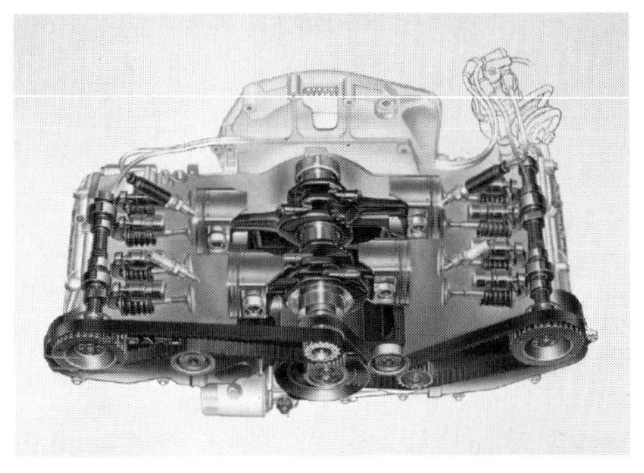

1.8リッターのEA82。SOHC化され、タイミングベルトを採用。ベルトは左右で2本で、初期には耐久性不足のためトラブルもあったといわれる。SOHC化で左右ヘッドにカムシャフトがあるため、エンジン全幅は広がった。

登場時のEA82エンジン。出力はグロス（エンジン単体出力）ではターボが135ps、ノンターボが105ps、キャブレターでは100psだった。ほかに1.6リッター87psのEA71も搭載された。

フルタイム4WDのGT/IIのエンジンルーム。初代レオーネ以来ストラット式を採用しており、スペアタイヤは中央に置かれるが、ターボ化されても依然としてエンジンルーム内に収まっていた。

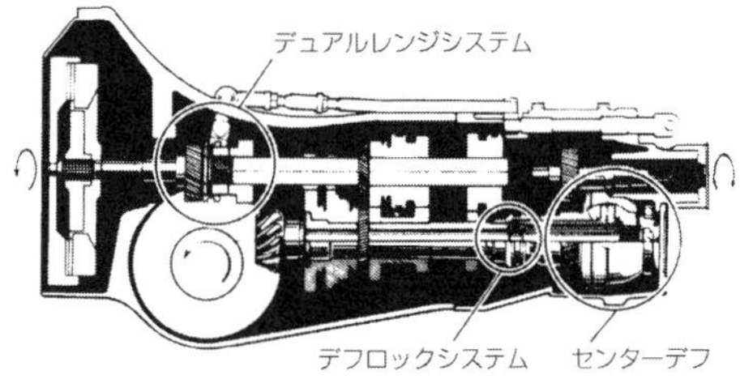


レオーネのフルタイム4WDのトランスミッション。センターデフの前に、デフロックシステムを備える。副変速機（デュアルレンジシステム）も見える。

## ■スペシャルティカーのアルシオーネ

レオーネは4WDやツーリングワゴンなどを加えて、水平対向エンジン車としての可能性を広げた。ただ、初代レオーネがそうであったように、時代の流れで"違う道"に進みかけることもあって、1985年に登場したスペシャルティカーのアルシオーネもそんなクルマだった。日本のほかのメーカーと同じように、スバルは重要な北米市場向けに利益率の高い高価格車を新たに開発した。

アルシオーネは、はじめにスバルXTクーペとしてアメリカで発売された。いかにもアメリカ人好みのスポーツカー風スタイルで、空力性能は$C_D$値0.29を実現して、4WDだけでなくFFモデルも設定された。メカニズムはほぼレオーネそのまま、エンジンもレオーネの1.8リッターが搭載され、デビュー2年後になって、大トルクのV型8気筒やV型6気筒が多い米市場のために、スバル初の水平対向6気筒を搭載したモデルが加わった。

これは、既存のレオーネの4気筒EA82-Tに2気筒を追加したエンジンで、ボアピッチやボア・ストローク、それに2気筒ごとのベアリングということも変わらなかった。開発コストと時間を節約した6気筒であり、あまり目覚ましいものではなかった。排気量2672ccのノンターボで、出力は150ps（ネット値）と控えめだった。

6気筒を積むVXでは、今までのMP-Tの油圧多板クラッチを電子制御式に切り替えたACT-4を採用し、ABSブレーキやパワーステアリングなど当時の流行のハイテクデバイスが満載だった。4WDの高級SUVがブームになるのは、もっとあとの時代のことで、アルシオーネは高級な高速4WDとしての可能性をこの時代なりに追求し、今までのスバルからの脱却を期するモデルでもあった。とくにアメリカではある程度売れ、総生産台数は10万台にせまった。しかしその頃スバルが陥っていた経営危機を救うほどの存在にはならなかった。

アルシオーネは、走り重視の新世代スバル（レガシィ）誕生に向かうなかで、スバルが生んだ、ある意味過渡期的なモデルだった。とはいえ一世代では終わらず進化して、SVXにコンセプトは受け継がれる。

アルシオーネのクレイモデル製作中の光景。背後にはアメリカ名である「XT」の文字が見える。ボードに多数のデザインスケッチが貼られており、さまざまな案があったことが知れる。どれも直線基調に徹している。

アメリカより４ヵ月遅れとなる、1985年６月日本導入時のアルシオーネ。グレードはVSターボで、FFだった。航空機づくりの系譜を持つメーカーであることを表現するために、空力性能に相当にこだわった。走り屋好みのGTカー的な雰囲気こそないが、高速4WDというコンセプトを最初に掲げたのは、実はレガシィではなくアルシオーネだった。

アルシオーネ登場当初のVRターボのコクピット。前衛的なL字型スポークのステアリングが、スペシャルティカーであることを物語る。同時期のレオーネにも通じる未来的なデジタル感覚のコクピットだが、より精緻にデザインされている。

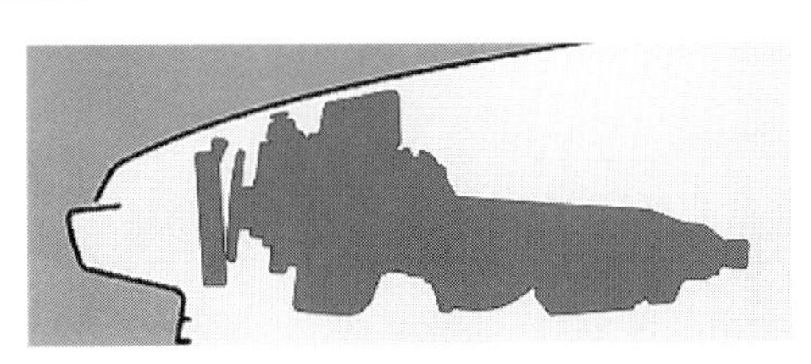

４気筒モデルのイラスト。アルシオーネのノーズの低さは水平対向だからこそのもので、同時期のホンダ・プレリュードなどとともに、FF系車両としては際立っていた。

アルシオーネのER27 6気筒エンジン。４気筒のEA82とボア・ストロークは同じで、排気量は1.5倍の2672cc。エンジン上面にはBOXERではなく「FLAT 6」と書かれている。

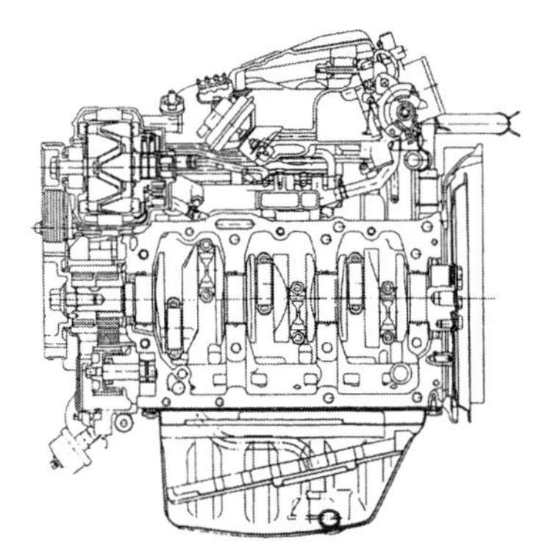

ER27 6気筒の断面図。ベースのEA82は４気筒３ベアリングなので、２気筒ひと組を追加して４ベアリングとなっている。対向する２気筒ごとに両端に２個のベアリングがあるのがわかる。

1987年のVX、フラット６搭載モデル。アルシオーネはスバルのイメージリーダーカーとなるべく思いを込めて開発された。歴代スバルのなかでは、やや異端児的なスタイルともいえるが、やはり「スバルらしさ」を宿しているようだった。

# 第3章

# EJ型エンジンの開発、レガシィの登場

## 3-1　スバルの大変革、レガシィの誕生

### ■EA型に対する危機感

ポルシェの水平対向6気筒は、長い歴史のなかで911ともども消えてしまう危機が何度かあった。スバルの水平対向もその可能性がないわけではなかった。スバル車がレオーネから、レガシィとインプレッサという新世代モデルに生まれ変わる計画が具体化した際に、エンジンが水平対向以外の形式になる可能性があった。

911の場合は、リアエンジンの操縦性や空冷がネックになって、その独自の水平対向RRパッケージをやめようとした。それに対してスバルの場合は、FFや4WDは時代の流れに合った方式だった。問題は水平対向エンジンそのものにあった。基本設計の古いレオーネのエンジンは、排ガス対策や高出力化、低燃費化などへの対応力で限界にきていた。スバル1000の開発当初の800ccから、長年拡大、改良をくり返してきたので、いってみれば息も絶え絶えの状態になっており、当時は「ヘバル・ボローネ」などという悪口もささやかれたりしたという。

レオーネがスバル1000以来の設計のまま長いあいだつくられたのは、一度つくってしまえば水平対向エンジンは、比較的容易にボアアップして排気量を拡大できるので、新たな設備投資をせずに進化させやすいという特質があるからだった。けれども、フルラインメーカーの直列エンジン車が、他車種で採用した新機軸を流用するかたちで新設計のものにどんどん移行していたのに対して、スバルはメーカーの規模が大きくないし、水平対向のそんなメリットに甘んじて、必要な設計の更新ができないままきてしまっていた。

社内の多くの人たちがそんな状況に危機感を抱いていた。とくに水平対向エンジンについては、オールニューレオーネのSOHCが苦労して資金と労力をかけて開発したのに精彩を欠いていることが、それに拍車をかけていた。

そんな状況だったので、3代目レオーネの次のモデルは、エンジンも車体も一から刷新する動きが、早くから始まっていた。スバル1000誕生以来、20年がたっていた。

### ■「プレミアム化」に即した水平対向

EA型に代わるエンジンとしては、もう一度水平対向にするという選択肢だけでなく、それ以外の形式、つまり直列エンジンにすべきだという意見が根強くあった。ことあるごとに、直列か水平対向かが議論されていたという。

そんななかで、新エンジンとして水平対向を強く推していたのが、エンジンスペシャリストの山田剛正らだった。縦置きのレイアウトや水平対向エンジン自体の資質が、高品質で走りのいいクルマとしてふさわしいと考えていた。ほかの大メーカーと同じものをつくっていたのでは生き残れないという危機

感もあった。当時の田島敏弘社長は、スバルが生きていくには、BMWのようなプレミアムブランドになる必要があると考えていたという。後にEJ型となるエンジンの開発にゴーサインが出されたのは、水平対向エンジンのコンセプトが、プレミアムカーに合っているという判断があったからだった。

1985年6月に社長に就任した田島は、それまでの歴代経営者が堅実路線だったところを、改革路線で経営に臨んだ。この頃のスバルは経営が順調で、財務状態もよく、さらに日本全体がバブル期の好況の中にあった。各メーカーは高価格、高性能モデルの開発に挑んでおり、ホンダNSX、トヨタ・セルシオ、ニッサン・スカイラインGT-Rなど、日本車の歴史的な飛躍となるモデルが、このあとレガシィと同時期に世に出ることになる。

このとき、拡大路線で会社の改革を推し進めたのも、時代の流れに沿ったものといえそうだが、とはいえそこで田島は、スバルの生きる道として、プレミアム化の方向性を示し、スバルの持つ技術力を発揮させたクルマをつくるべきだと考えた。とくに「プレミアム化」はこのあと紆余曲折があるのだが、近年、繰り返し明言されるブランドの基本理念に関わるものが、このとき初めてではないかもしれないが、スバル社内で確認されたのだった。

会社の改革と同時に、クルマづくりも革新されることになり、レオーネを長年継続する状況に甘んじていた技術者たちの間にも、抜本的な改革ができることで、期待感が高まったという。

ポストレオーネのレガシィの開発が、正式にスタートしたのは、1985年7月とされており、それは田島が社長に就任した1ヵ月後のことだった。完全新世代のレガシィが開発されるときに、スバル自体も改革に挑んでいたのだった。

ちなみに、正式に開発がスタートする約2年前の1983年半ば頃、まだ3代目レオーネが発売される前の時点で、次のスバル車がどうあるべきかの検証が始まっていた。スバル車はどうあるべきなのか、根本から徹底的に議論が深められた。

次世代車を検証するにあたって、EA型エンジンがライバルより大きく劣る状況になっていたので、焦りはあったが、いっぽうで、ハイレベルの4WDターボ車が次々世に出てくる状況では、新世代の設計は生半可なものでは対抗できないという認識もあり、じっくりと良いものを開発する姿勢で臨むことになった。いちど設計すれば、また次の根本モデルチェンジは相当先になるから、エンジンとしても車体としても、まさに以後10年以上、勝負し続けられるものをつくる覚悟だったのだろう。

### ■ほんとうに水平対向でよいのか

エンジンについては、大筋ではやはり、今までの経験があるから、水平対向にするのは自然なこととして考えられていたが、レオーネで苦労していたので反対意見もあった。スバル内では、なぜスバル1000のときに縦置き水平対向が選ばれたのか、必ずしも正しい理解が共有されていなかったようでもある。

レガシィ用水平対向エンジンの図面が最初にひかれたのは、ちょうど3代目レオーネが出た1984年のことだった。山田剛正の下で直接エンジン設計の担当者として白羽の矢がたったのはまだ若い工藤一郎だった。工藤は後に、スバルのモータースポーツ統括会社であるSTIの社長になる人物だが、若いエンジニアに任せるというのは、スバル1000のときも同じであり、スバルの文化なのかもしれない。基本的には3人という小所帯でエンジン開発チームが組まれた。

クルマ全体をどうするかという議論は、ずっと続いていた。エンジンについては1984年の段階で、やっぱり水平対向で行くということになったようで、実際試作も始まったが、それでも本当に水平対向でよいのかという意見が根づよく出たりして、ほかのエンジン形式も具体的に検討された。

V型エンジンを実際に試作したり、当時フォルクスワーゲンなどが採用して注目されていた直列5気筒エンジンなども検討された。さらに、過去にヨーロッパの雑誌に載っていた（18頁の図のような）エンジン形式と駆動系配置を比較した記事を参考にして、各種方式の良し悪しを検討したりもした。たとえばトランスミッションをエンジン下に置く2階建方式なども検証した。これはトヨタが1970年代に初のFF車としてターセル／コルサ（195頁参照）で採用した方式だったから、現実味もあったのだろう。ただいずれも欠点があるということが確認され、ある意味水平対向に対する引き立て役になったようでもある。

ちなみにその雑誌の記事とは、スバル1000開発の頃のもので、FFやRRの方式を比べるものだったようである。20年以上前に百瀬らが研究していたものを、またあらためて検討したようなものだが、上記のターセルなどを除けば、もうこの頃にはジアコーザ式の横置きFFが普及し、新しいレイアウトを考える時代ではなかった。しかしながら、白紙の状態に立ち返って根本からコンセプトを考えたことで、水平対向を使うことの意味がいまいちど理解され、レガシィの成功へとつながった。

「ポストレオーネ」としてのプロジェクトの正式スタートは上述のように1985年で、エンジンが水平対向に正式に決まったのは、1987年頃だった。

### ■お蔵入りした直列4気筒

ポストレオーネのレガシィが水平対向で行くことに決まっても、直列4気筒エンジンは死んでいなかった。スバルには「ポストレオーネ」のほかに、以前からレオーネと軽自動車のあいだを埋める「中間車」の構想があった。後にインプレッサとなるその「中間車」に直列4気筒エンジンを載せるという考えが有力で、直列4気筒エンジン車は試作車がテストコースを走るほど開発が進んだ。

スバルには、そもそも最初のスバル車であるスバル360以来の、軽自動車の系譜があった。軽自動車はRR方式のまま、R2、レックスと続いた後、遅まきながら1981年に小型車の主流になった横置きエンジンFFへと移行した。いっぽうで、軽自動車とレオーネのあいだを埋める車種として、当時流行のリッターカーのジャスティを1984年に投入、これも横置きエンジンFFが基本のモデルだった。

このジャスティは小さなリッターカーだったので、レオーネの後継のレガシィが上級車になることが決まると、そのあいだを埋めるモデルが別に必要になった。そして、スバルは水平対向エンジンの限界に苦しんでいたので、他社と足並みを揃えられる直列4気筒エンジンのFF車で行く方向で「中間車種」の開発が進んだ。

この直列4気筒は、既にあるジャスティの直列3気筒に1気筒追加する形で、少ない投資で生産化できる見とおしだった。ちなみにジャスティの3気筒も、レックスの直列2気筒に1気筒足して生まれたエンジンだった。

開発チームには、古い水平対向ユニットに疲弊していた反動もあってか、水平対向であれ直列であれ、新エンジンを積むニューモデルに対する情熱は強いものがあった。しかし結局、レガシィの開発が先行

太田にほど近い葛生に建設されたスバル研究実験センター（SKC）。完成はレガシィ発売後になる1989年11月で、レガシィ開発では、筑波のJARIテストコースが使用された。この写真ではまだ高速周回路ぐらいしかできていない。バンク設計速度は170km/h（最大200km/h）。ちなみに太田工場隣接の旧テストコース（53頁写真）は、当初の設計速度は100km/hだった。

スバルが国際的に成長するなかで社内で改革運動が活発化。「FF運動」のFFは「フレッシュ富士重工業」を表し、会社の体質改善と事務の効率化を掲げ、1984年から２年間展開された。1985年には「スバルの明日を考える会」が発足し、国内外営業、商品企画、技術部門などの有志が集まって、スバルのクルマづくりがどうあるべきか、やはり約２年間話し合われた。これらを受けて、1987年にSubaru Identityを略した「SI」活動が始まり、さらに1988年に富士重工の全社的な「BIG BANG運動」に発展した。

1980年代に入ると、手狭になったそれまでの東京の三鷹製作所から、広大な太田飛行場跡地に新規建設する大泉工場に、パワートレーンの生産が移転した。さらにポストレオーネの新しいDOHCエンジン開発が決まったことで、1986年にライン増設が決定され、1988年２月に完成。レガシィのエンジンの生産が始まる。写真はDOHCライン増設直前の頃の大泉工場。

1984年に発売されたジャスティ。直列３気筒横置きのFFが基本で、スバルとしては当然4WDモデルも揃えていた。石油危機後の当時は、リッターカーが各社から発売されていた。

していたこともあって、直列４気筒エンジンは断念せざるをえなくなった。背景としてはいすゞとの合弁事業で、米国に現地生産の工場を建設することになり、それに資金が必要ということがあった。レオーネの旧態化とは別に1980年代後半の円高によって、スバルも日本のほかのメーカーと同じように北米市場で打撃を受けて危機に見舞われ、現地生産が急務になっていた。この頃すでに、スバルのビジネスはかなり北米に依存するような状況になっていた。

そもそもレガシィ自体大きな開発費が必要で、さらに直列４気筒を開発する余裕はなかった。そのため「中間車種」にもレガシィと同じエンジンを積むという方針で、仕切り直しせざるをえなくなったのだった。

直列４気筒には設計上のマイナス要因もあった。水平対向エンジン車は、よくも悪くもほかとは違う独自性があるけれども、直列４気筒の横置き式FF車では、ほかのメーカーとの違いがない。世界中のメーカーがその方式でしのぎをけずるなかで、特色を出すのはそう簡単なことではなかった。

また、直列４気筒の２次振動（10頁参照）というのが、実は意外にやっかいものだという事実があった。他社の動向から推測して、とくに4WDでは駆動系全体が共振してしまうので、対策がたいへんそうだった。スバルは今まで振動の少ない水平対向でやってきたので、車体側の振動対策部隊が少なくすんでいたが、直列４気筒ではこの２次振動のためだけにも、人材や設備を大きく増やさなければならないと予測された。

低価格車であれば、本来コストのかかる水平対向より直列４気筒が向いているけれども、エンジン１台あたりのコストは、生産台数に大きく左右される。そのため、新しい水平対向はレガシィのほか合計３車種に搭載して、おおまかに月産でエンジンを３万基、それぞれの車体を各１万台という方針がたてられて、「中間車」もその１車種としてその戦略に組み込まれることになったのである。中間車種単独で考えれば水平対向はぜいたくでも、量産効果が生まれることで相殺される。水平対向が幅広い排気量に対応できることも、ここでは効いているようだった。

### ▩なぜ水平対向パッケージか

主力モデルとなるレガシィは、長い開発期間中に厳しい経営状況になったこともあり、社運をかけた新型車だった。クルマがゼロから設計されるのは、スバル1000以来のことで、スタッフの士気は高まった。基本的には走りのいいクルマという方向が定まって、プレミアムカーとはいわないまでも、高品質なクルマを目指すことになった。

車格としては、レオーネを超える２リッター級モデルとして企画された。米国で現地生産される予定もあり、まず世界戦略車として世界に通用する必要があった。このクラスの世界のライバルはレベルが高く、クルマとしての性能、機能、品質をそれらに負けないレベルに仕上げることが重要だった。よく走り、使い勝手もよく、クオリティの高さも感じられるという、本質を追求した、「クルマづくりの王道」を目指した。

できあがったレガシィはまさにそれを感じさせるものになる。日本車にありがちな見せかけのデラックスさや派手さではなく、いかにもスバルらしいと思わせる実直なスタイリングで、それでいてよく走りそうにも見え、「クルマらしい」オーラを放っていた。こういった雰囲気はしばしば欧州車が持ち合わせている。レガシィで確立されたこういう資質は、その後のスバル車に受け継がれることになる。

レガシィがとくに走り重視になった背景として、その頃フルタイム4WDのハイパワー車が矢継ぎ早に登場してきていたことがあった。アウディ（34頁参照）が1980年代前半にラリーで4WDの革命を起こしていなかったら「ポストレオーネ」は、もう少し異なるクルマになっていたに違いない。オンロードの高速4WDが一躍脚光を浴びた時期に、その波に乗るようにレガシィは誕生した。

スバルは、フルタイム4WDでは出遅れたけれども、4WDカーを国際ラリーで走らせており、その経験がレガシィの開発に活かされ、WRCのような高速ラリーでの活躍が期待できるクルマづくりに結びついた。

スバル1000設計のときは、縦置き水平対向は室内

レガシィ発売当初の広告。「もっとクルマになる。」のキャッチコピーが印象的。たしかにふしぎと「クルマらしい」と思わせるものがあった。「磨いてきたのは、走りです。」と、走りのアピールもしている。

レガシィのデザインスケッチは、3代目レオーネのときと同様に、薄いスラントノーズでシンプルなデザイン。リアウィンドウは実際にはそうでないが、ラップラウンド的デザインが実現されている。スラントノーズのフロントマスクや、直線基調のシンプルなデザインはレオーネを継承しているが、車体が大きいこと、ハイデッキ、ボリューム感のあるボディサイドなどで、まったく印象が違うクルマになった。

初期の北米仕様セダン。レオーネと違って、サイドにボリュームがあり前後も絞り込まれて安定感を増したが、ボンネットは平面的であるのが目につく。フロントエンドも現代のクルマからすればまったく平面的なデザインだった。

セダンのリアビュー。グラスラウンドキャビンと称して、視界の広さを実現。引き続きサッシュレスドアだが、ベルトラインはCピラー付近で段差があるのが特徴的で、ハイデッキへとつなげている。全体にウェッジシェイプであるのがわかる。

前後フェンダーのふくらみがレオーネとは違い、足腰の強さを感じさせる。これは高出力モデルRSの競技ベース車両たるタイプRAで、最初のSTIチューンモデル。RSにあったエアロパーツも省略されて素朴な装いだが、いかにも高性能車らしい雰囲気が伝わってくる。

外観と同様に室内も、それまでのレオーネ、アルシオーネとは一変して、なだらかな曲面を多用。あからさまにGTカー的ではないが、センターコンソールが傾くなどドライバーオリエンテッドなコックピットとなっている。これはRS タイプRA。

レガシィはねらいどおり大人の雰囲気を感じさせた。開発時にジウジアーロからSVXとレガシィの案が提出されたが、市販車に採用されたのはSVXのみだった。ただ2台は似たところもあり、多少は影響が残っているのかとも思えてしまう。スバル車のデザインはその頃から問題意識がもたれており、ジウジアーロ以降、国内外の外部デザイン組織やデザイナーにコンサルティングを依頼したり、スタッフとして招聘するのが続く。写真はマイナーチェンジ後のセダン。

1989年10月に追加されたツーリングワゴンGTは、4WDのうえに高出力200psのEJ20ターボを搭載。大ヒットとなり、レガシィ、ひいてはスバルの勢いを加速させた。これは1991年6月のマイナーチェンジ時のもので、顔つきを変えている。国内向けはハイルーフであるうえにルーフレールを備えてRV的性格が強調されていた。ハイルーフの段差部分はレオーネよりも前に移動している。

レオーネには商用のバンも設定があったが、レガシィではワゴンだけに徹して開発したことで、スタイルが流麗で、足回りもしなやかな、魅力あるワゴンができた。グラスエリアが広いのはセダン同様で、レオーネとは違いリア窓が下側に広くなっている。これはアメリカ仕様で、ハイルーフでないワゴンも存在した。

が広く優れたFF車をつくるのに必要だった。しかし横置きエンジンのFF車が普及すると、レオーネの優位性はなくなった。FF方式がスバルの専売特許ではなくなり、代わりにレオーネはアウトドアに強い乗用4WDというニッチの分野に活路を見出した。ただそれは、水平対向エンジンが必ずしも必要なクルマともいいきれず、レオーネはその可能性を活かしきっていなかった。

それに対してレガシィは、水平対向でなくてはならないクルマに違いなかった。その資質をフルに活かして設計された水平対向エンジンが、洗練された走りには必要だったし、2次振動がないことが4WDシャシーと相性がよかった。マウントを固くできることも走り重視のクルマには向いていた。

なにより、エンジンを縦置きできる有利さが活かされた。スバル1000のときは、縦置きにすればドライブシャフトを長くとれてジョイントの折れ角を小さくできるということが、縦置きにした最大の理由だったが、4WDのレガシィでもそれは引き続き重要なことだった。それに加えてレガシィでは、エンジンを縦置きするとフロントのシャシーレイアウトが理想的にできることが重要だと、新たに認識されていた。エンジン駆動系ユニットの下を左右にわたすクロスメンバーを、理想的な位置に通すことができるのでサスペンションの横剛性が高まり、正確で応答性のよいハンドリングが実現できた（19頁参照）。これはかなり効果が大きいようで、後のレガシィのWRC参戦を請け負うイギリスのプロドライブも、契約前からそれがスバルの優位性であると考えていたという。

前後方向の重心についても、ギアボックスが、オーバーハングにある横置きと違って車体中央寄りに置かれるので、重量バランスがよく、素性がよいといえる（20頁参照）。

## ■走りを重視した車体設計

レガシィは1989年1月に世に送り出された。

レガシィの全体の構成を見てみると、サスペンション形式は4輪ともストロークと横剛性の点で有利なストラット式が採用された。4WD機構は当然フルタイムが主力で、MTモデルはセンターデフに当時の定番ともいえるビスカスカップリング式LSDを使用した。ATは電子制御のACT-4だった。そのほかFFも設定された。

スタイリングは3代目レオーネとの連続性も残されながら、前後フェンダーまわりのふくらみが、ダイナミックな走りと優雅さを感じさせた。走りがよいクルマということで、デザインではまず第一に骨格がしっかりして、豊かなボリューム感のあることを重視し、格調がありながらも、「走りへの意志が感じられる」デザインを目指した。ボディが平板的で、足腰の強さがあまり感じられなかった先代レオーネからは、大きく飛躍した。このとき目指したスバル車としてのデザインの方向性は、近年のスバル・デザインであるDYNAMIC × SOLIDにも受け継がれているように感じられる。初代レガシィは、その後のスバル車の方向性を示したといえる。

全体的に、特別に凝ったことはせずに、徹底的に基本性能の強化に努めていて、サスペンションが正確に働くためにもボディ剛性を重視していた。ドイツのアウトバーンを擁するヨーロッパを視野に入れて、200km/hでの走行を想定し、操縦性と振動対策のためにもボディ剛性強化には力を入れた。サスペンションの剛性向上は重要で、横剛性にも注力した。そのほか十分なストロークの確保にも留意したが、欧州車のメルセデスのストロークが長いという

レガシィの基本構成はオールニュー・レオーネを受け継いだが、中身はほぼ一新され、いうなればオールニュー・スバルだった。ホイールベース2580mmで、登場時のセダンは全長4510mm、ワゴンは4600mmだった。スペアタイヤはついにボンネットから追放された。

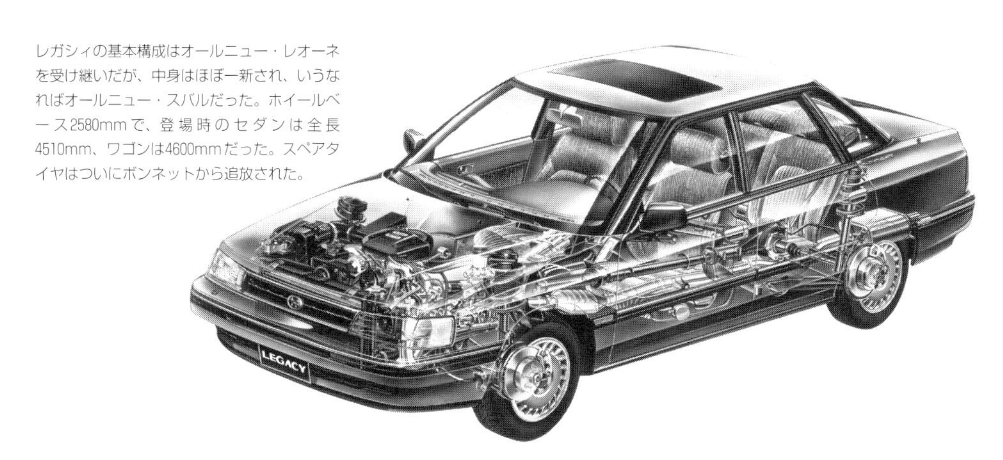


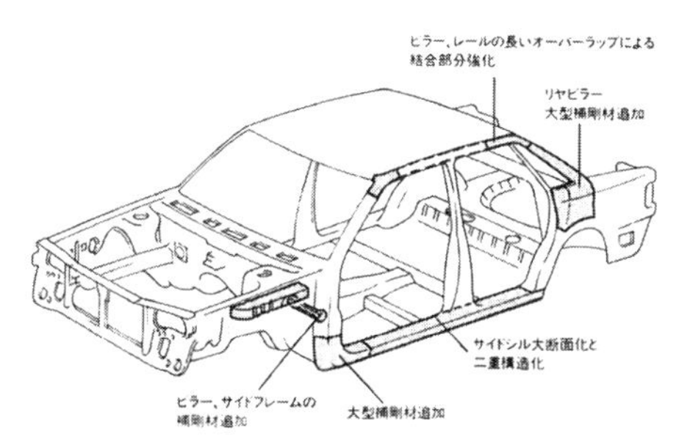


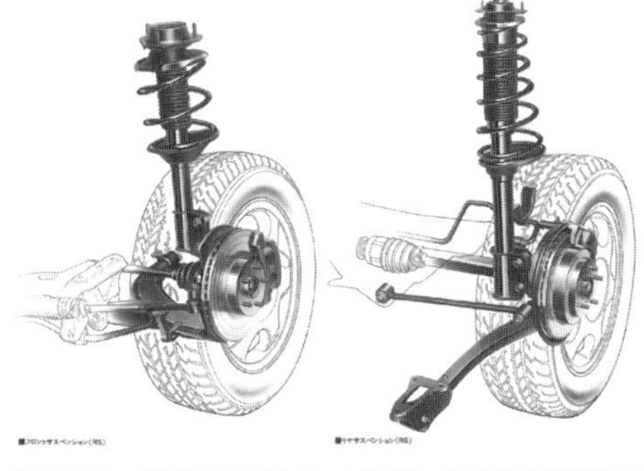

サスペンションは前後ともストラットを採用。基本に忠実に設計して熟成を重視。十分なサスペンションストロークの確保や、車体側の強化もしながら、サスペンション横剛性などにこだわった。

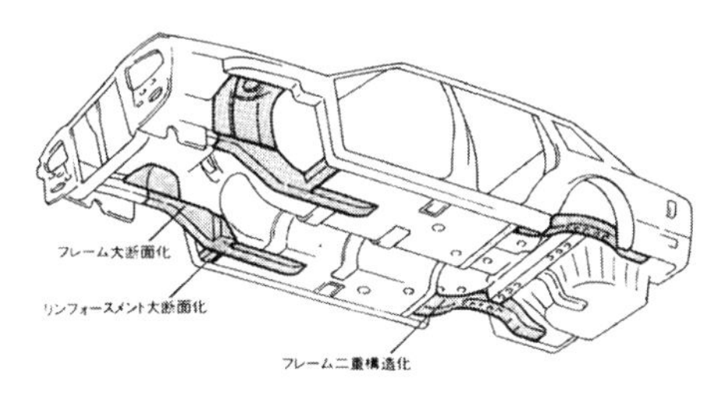


ヨーロッパでの200km/hレベルでの走行が想定され、その領域での振動対策や、操縦安定性確保も視野に入れて、ボディ剛性が強化された。

RSのビスカスLSD付センターデフ。左側が流体多板クラッチで構成されるビスカスカップリングで、LSD機能を持つ。右側がベベルギアで構成される機械式センターデフ部分。RSはリアデフにもビスカスLSDを採用している。

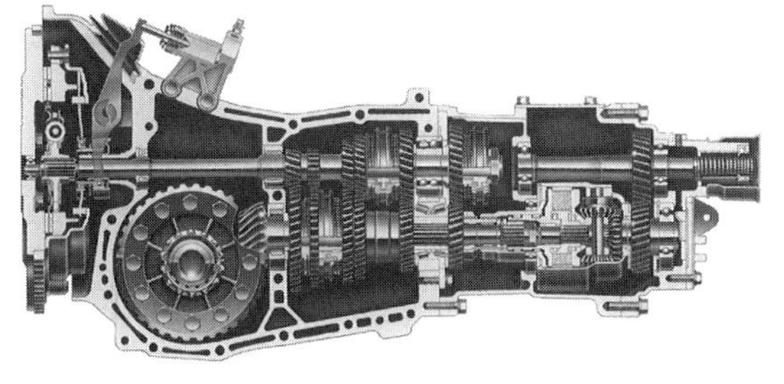

RSに採用された5速MTのトランスミッション。ビスカスLSD付センターデフを持つフルタイム4WDで、後のWRX STIにつながる原点ともいえるもの。レガシィ誕生時の基本トルク配分は前後50：50だった。

ことで、それを指標にストローク量が決められたという逸話もある。

長いストロークを支えるのは、縦置きエンジンならではの車体中央のデフ配置による長いドライブシャフトである。シャフトが長ければ、サスペンションが上下しても、シャフトの折れ角は小さくてすむので、余裕があるわけである。

スペックで目新しいものを採用するのではなく、信頼できる従来からの技術を十二分に熟成させることが、サスペンション開発の指針だったという。

スバルの伝統どおりに乗り心地の良さを保ちながら、レガシィのハンドリングの良さは当時の4WDカーとしては際立っていた。

### ■高剛性の5ベアリングエンジン

2リッター級となるエンジンは、生産設備などもすべて更新して新しく生まれ変わった。

水平対向エンジンは、クランクケースの構造など基本的に剛性が高いので、軽量コンパクト化が可能なうえに、回転バランスが優れていて振動も少なく、これらは、4WDのプレミアムスポーティカーに向いた特質だった。設計にあたっては、全体のつくりが、強度をはじめあらゆる点で「均質」になっていることがテーマだったという。

従来との大きな違いは、クランクの支持ベアリングを今までの3ヵ所から5ヵ所に変更したことにあった。5ヵ所に分散させて左右クランクケースをボルト結合することで、クランクシャフトの支持だけでなくクランクケース自体の剛性が高まった。開発当初には、EA型の改良も選択肢にはあったが、5ベアリングだと非常によいということがわかり、エンジンの全面刷新につながった。それは水平対向そのものを引く続き採用することの後押しにもなったようである。

全長を短くするために各ベアリングの幅が非常に狭くなったが、耐久性を上げるために、5つのベアリングのうち2番と4番を、オイルをとおす溝をなくして接触面を増やすなどして対策した。

剛性強化としては、そのほかフライホイールハウジングをシリンダーブロックと一体成型しており、さらに2リッターのNAとターボでは、クローズドデッキを採用した。

新しいエンジンは結果的にクラス最強の220psを得ることになり、レオーネの120psからは大躍進だった。設計上は、2リッターでは300ps出せることが目標にされた。ベアリング数が多いのでクランク長さをある程度長くとる必要もあり、全体に少し余裕をもって頑丈につくられた印象のエンジンになった。前のエンジンで苦労した反省もあって、将来いろいろな設計変更に対応できるフレキシビリティを残すことも意識されたという。

ボアピッチが従来より広い113mmであるのに、ボアはレオーネの1.8リッターと同じ92mmだった。これは燃焼室の形状などを考えて決めた値で、たまたま同じになったものだった。ストロークは75mmと従来よりも長かった。SOHCも含め全車16バルブとなって、DOHCではバルブ駆動は燃焼室設計の潮流をにらんでリフトを多くとれるロッカーアームを採用した。

水平対向であるということは、オーバースクエアは避けられず、ボアが大きいことが燃焼で対策が必要になるとは、この当時でもはじめから認識されていたという。とはいえビッグボアは4バルブには適しており、高出力化には有利なことであった。

ベーシックな1.8リッターはSOHCになった。当時は他メーカーが軒並み4バルブDOHCを燃費対策で

歴史的なEJ20ターボエンジンの登場時の写真。EA型とは当然様相が変わり、DOHCとなったことで、ヘッドの大きさが目立つ。

SOHCを採用したEJ18エンジン。4バルブとはいえSOHCなので、ヘッドはEA型からそれほど大型化していない。補機類配置やベルトのとりまわしは大きく変わっている。

EJ20シリンダーブロック。ブロックと一体のクランクケースは5ヵ所（5ベアリング）で左右からクランクシャフトをがっちり挟み込み、ケース自体も剛性が高い。フライホイールハウジングも一体成型で、さらにクローズドデッキとして、剛性を万全にした。

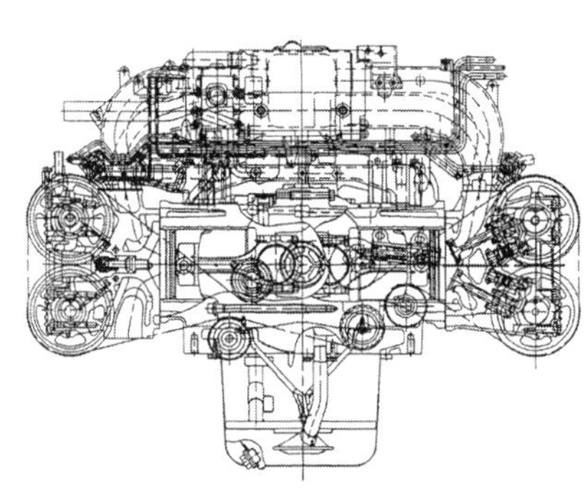

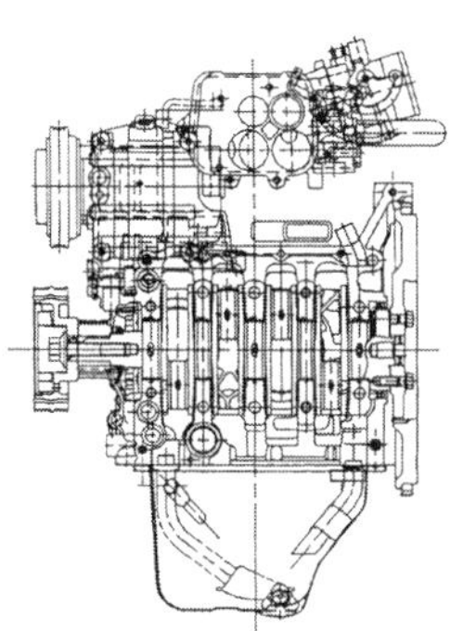

EJ20自然吸気エンジンの図面。基本はターボも同じ構造。オイルパンが下につき出ているとはいえ、ブロック本体はフラットであることがあらためて実感される。実際にはオイルパン両サイドには排気マニフォールドがある。横からの図では、5ベアリングであることやフライホイールハウジングまで一体成型であることがわかる。

EJ20ターボの透視図。ブロック真上にターボが置かれ、その後方（図の右）に水冷インタークーラー。タイミングベルトは長大で、左右4本のカムシャフトすべて1本でまかなう。右側カムシャフトのひとつ左の小さいプーリーがウォーターポンプ。ベルトの耐久性についてはEA52のときよりノウハウが蓄積されていた。1本にすることでベルト幅も広くとれた。

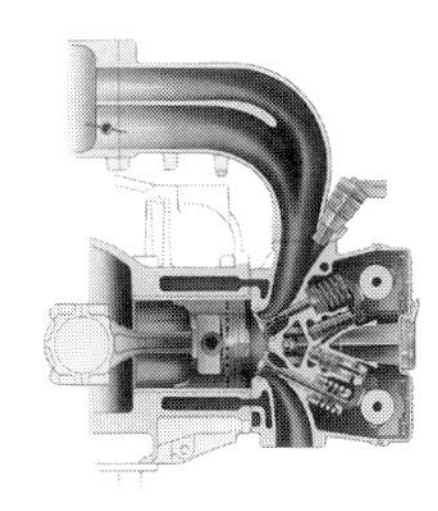

EJ20自然吸気エンジンのヘッド。4バルブDOHCのバルブ挟み角は52度と狭く、92mmと広いボアもあって、ペントルーフ型燃焼室に大きなバルブ開口面積を実現。バルブはEA52と同様にロッカーアームを介して駆動し、ロッカーの反対側に油圧ラッシュアジャスターがある。これらはターボユニットも同じだった。吸気マニフォールドは流路がふたつあり、可変としていた。

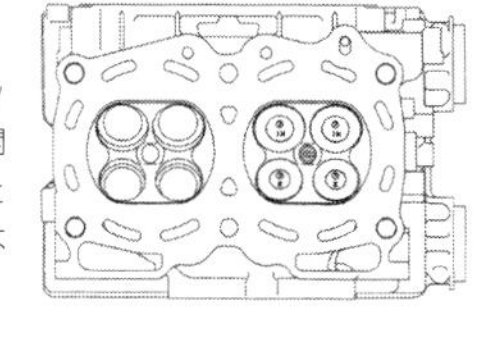

EJ20、4バルブエンジンのヘッド。ビッグボアに大きなバルブ開口面積。ヘッドボルトはEA型とは変わって1気筒あたり4本になった。

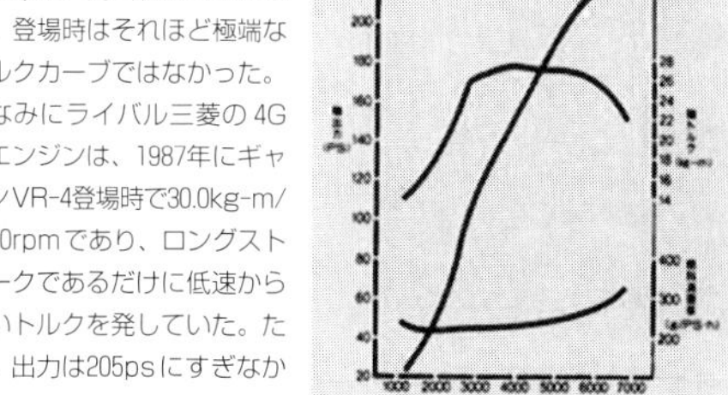


EJ20ターボの登場時の性能曲線。最大出力、トルクは、220ps/6400rpm、27.5kg-m/4000rpm。高回転型ではあるが、登場時はそれほど極端なトルクカーブではなかった。ちなみにライバル三菱の4G63エンジンは、1987年にギャランVR-4登場時で30.0kg-m/3000rpmであり、ロングストロークであるだけに低速から太いトルクを発していた。ただ、出力は205psにすぎなかった。

採用していたが、バルブ径は小さくてすみそうだからシンプルなSOHCで十分ということでそうなった。ヘッドがふたつある水平対向ならではの判断でもありそうである。

バルブ挟み角の狭いペントルーフ型の燃焼室が採用され、ようやく他メーカーの高性能エンジンに並ぶ最新式スペックを備えるようになった。EA型で問題になっていたヘッドのボルトも晴れて6本になった。高出力のターボ・エンジンは、水冷のインタークーラーを装着した。

スバル1000のときもそうだったが、エンジン駆動系ユニットを搭載するスペース的な制約は大きかった。まず水平対向エンジンの横幅はできるだけ小さく抑える必要があった。ショートストローク・エンジンになったが、ピストン+コンロッドも短くしなければならず、それに対してピストンが十分な強度を持つよう、ピストンピンの強度を高めて、それでピストン自体を支えるという発想で設計された。

いっぽう、オーバーハングが長くならないよう全長も抑える必要があるが、その対策のひとつとして、ウォーターポンプをコンパクトにして、タイミングベルトで駆動できるような位置に収めた。またフライホイールも従来は鋳物であったのをスチールプレス製にして薄くした。さらに、デフから車輪にかけて伸びる自慢の長いドライブシャフトを、わずかながら角度を付けることで車輪を前にずらし、フロントオーバーハングを詰めている。

ちなみにEJ型開発の頃に、ちょうどコンピューターを使う設計システム、CADが導入された。CADはもともとは航空機設計用に開発されたといわれるが、富士重工は航空機開発にも関与していたので、そこから自動車部門へと導入が進んだようである。

今までやりたくてできなかったことを存分に盛り込んだ、念願の新型水平対向エンジンが実現された。とくに高性能エンジンとして生まれ変わったEJ20は、このあと911のエンジンと同じように、絶え間なく改良・性能向上の道を歩むことになる。

### ■6気筒のSVX

スバル水平対向が、レガシィで新しく生まれ変わると、1991年にその6気筒版を積むアルシオーネSVXが登場した。SVXは初代アルシオーネの後を継ぐ高級スペシャルティカーで、新しいレガシィベースの設計だった。初めて全幅1770mmの3ナンバーサイズとなり、全長は4625mmあった。

EG33は、2.2リッターのEJ22の4気筒に2気筒を追加した成り立ちで、ダイレクト駆動のバルブや、可変吸気コントロールなど、このあとEJ型にも導入される改変がいちはやく採用されていた。

4気筒のEJ型を開発する際に、当初から6気筒をつくることは視野に入れられていたようである。水平対向の場合、4気筒から6気筒へ増やす際、少ないコストで対応できるということもあり、振動特性が直列6気筒よりもさらに優れているから、6気筒をつくらないでいる法はないわけだった。

3.3リッターという大きな排気量のためもあるが、ターボなしの自然吸気とすることで、繊細でリニアなフィーリングを重視。排気量は3318ccで、240ps/6000rpm、31.5kg-m/4800rpmを発揮した。

デザインは、イタルデザインのジウジアーロに依頼されて、採用された。スタイリングや乗り味は、大人向けを意識しており、そのエンジンとしては、スムーズで洗練されているノンターボのフラット6がふさわしかった。静粛性には力が注がれて、エンジン各部や車体側に念入りな対策が施されていた。

4WDシステムには、電子制御で前後トルク配分

左ハンドルの北米仕様のSVX。SVXはアメリカで先に発売された。いかにも凝った構造の窓ガラスがよくわかる。広い窓ガラスはスバルにとってかつてのA-5以来のこだわりでもあった。SVXはレガシィ同様に、1980年代後半の拡大政策のなかで誕生したプレミアムモデルで、当時は世界のメーカーがアメリカ市場で売る目的で高価格クーペやスポーツカーを開発していた。SVXはスバルのこだわった上質な走りとスタイリングで、独自の世界を築き上げていた。

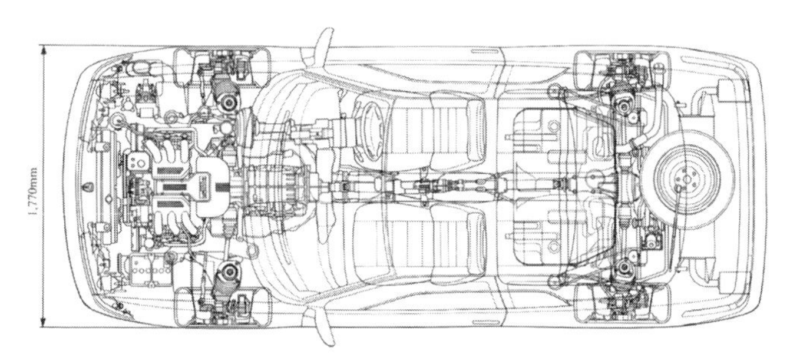


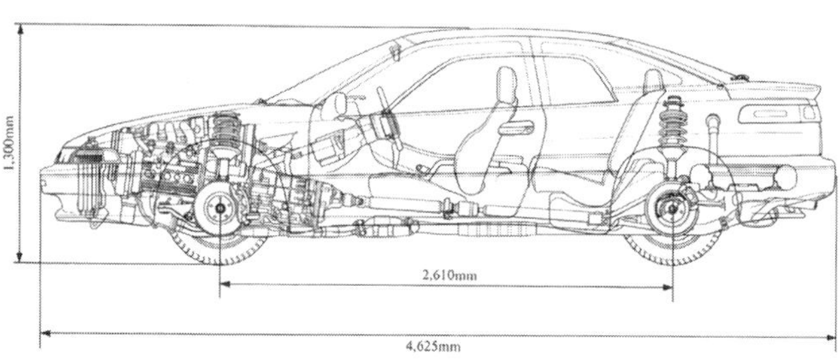


フロントオーバーハングが長めとはいえ、6気筒が比較的余裕をもってエンジンルームに収まっている。レガシィと同じく、ドライブシャフトは前傾角をつけて前輪を前進させ、オーバーハングを少しでも短く抑えている。横から見ると、エンジン上部はボンネットぎりぎりに迫っている。エンジン・トランスアクスルがエンジン下部の排気マニフォールドのスペース確保のためもあり、かなり傾けて搭載されているのはスバル1000以来のこと。

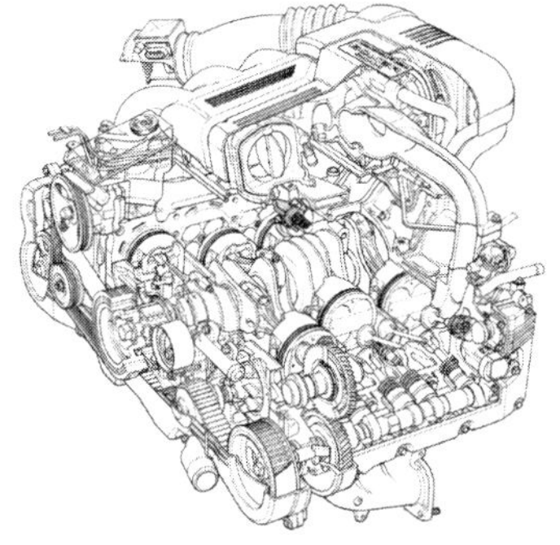

EG33エンジン。EJ22を基本に2気筒追加して、7ベアリングとなっている。バルブ駆動はロッカーを介さないダイレクトプッシュ式に改め、カム→HLA→バルブステムと直線的に並ぶ。これはフリクション低減と中低速トルク向上に効果を発揮するという。バルブ挟み角は32度と小さくなった。エンジン上部の吸気チャンバー断面に見えている円型のバルブは、左右チャンバー間を開閉して可変吸気効果を持たせるもので、中速回転域で閉じる。

インテリアもある意味、エクステリア以上に日本車ばなれした、モダンで上質なデザインだった。

を変化させるVTD（バリアブル・トルク・ディストリビューション）が採用され、これもその後、レガシィやインプレッサにも採用される。そのほか電子制御式の4WSも上級グレードに採用された。

SVXは、長距離を高速で移動できるグランドツアラーを目指したもので、高級な4WDカーとして独自の世界を築いた。しかし、米国市場の不況が原因で販売的には低迷に終わって、生産は前作アルシオーネの1/4の約2万5000台にとどまった。

## 3-2　レガシィの進化

### ■スバルの未来をつないだレガシィ

レガシィの発売からまもなく、1990年代に入ると日本市場は「バブル崩壊」に見舞われた。実はスバルはそれより早く、1987年頃から経営が苦しくなっていた。円高により、アメリカ市場での販売が悪化。アメリカではそれまでレオーネは価格が安く品質がよいという、日本製品の特徴を恩恵に売れていた面があったが、円高で価格が上がってしまった。レオーネの在庫が販売店で山積みになり、新しいレガシィも売りにくい状況が生じた。1989年に現地生産のSIA（Subaru Isuzu Automotive Inc.　後のSubaru of Indiana Automotive Inc.　145頁参照）を立ち上げていながら、アメリカ市場からの撤退まで検討する状況に追い込まれた。さらに、田島社長の拡大政策で多大な投資をしたことが負担になった。そのひとつだった初代レガシィの開発費も予想以上にふくれあがり、経営状況を圧迫した。社長は交代し、1990年4月から、日産出身の川合勇が再建にあたることになった。

日産からの影響が強まる状況になったともいえる。とはいえ再建の支えは、スバル自身の商品、すなわち新型レガシィを筆頭とする新世代モデルであり、それに合わせて展開されたモータースポーツ活動などによってスバルは活性化する。長い目で見れば、むしろ日産がこのあと疲弊し、1999年についに日産との関係が断たれることになるわけである。

レガシィは発売当初は、新型車導入時の熟成不足による品質の問題などもあり、収益が悪化したが、1991年6月のマイナーチェンジで、その問題は大きく改善された。初代レガシィは日本国内では、とくにあとから発売されたツーリングワゴンGTが大ヒットし、成功作となった。レガシィが人気モデルとなっただけでなく、スバルのイメージが一新された。拡大政策のなかで、多大な投資をして開発されたレガシィだったが、惜しみない開発をしたことで、スバルの新たな未来を築くモデルとして、見事に役を果たすことになったのだった。

このあと歴代レガシィは、初代のコンセプトに忠実に、ヨーロッパのBMWやアウディなどのプレミアムセダン（ワゴン）のように、（少なくとも4代目までは）アイデンティティを保って進化することになる。まさに特別な水平対向エンジンを使うクルマの、典型的なあるべき姿のようでもあった。

### ■レガシィの地位を確固たるものにした2代目

1993年登場の2代目レガシィは、メルセデス出身のフランス人デザイナー、オリヴィエ・ブーレイが招かれて車体をデザインした。高性能車らしさが磨かれて、弟分のインプレッサが加わったこともあってか、プレミアムカーとしての性格をよりはっきりさせていた。

当初は6気筒を導入して3ナンバー化する計画だったが、経営再建中ということで見送られた。しかし、かえって5ナンバーボディであることが、日本

ドイツ３大プレミアムブランドのクルマと並ぶ、メーカー冊子の写真。アメリカの市街地と思われるが、レガシィだけヨーロッパのナンバープレートを付けている。左からおそらくBMW ５シリーズ、メルセデス190E、アウディ80。

２代目レガシィはワゴンだけでなく、セダンのスタイリングも充実。オリヴィエ・ブーレイ主導で、ドイツ車のようなしっかり感のあるデザインとなった。大きな四角いキャビンながら、スポーティな雰囲気も醸し出し、まさに欧州プレミアム・ブランドのようだった。初代の正常進化に見えるが、それまでスバルがこだわり続けていたグラスラウンドキャノピーをやめ、Cピラーがはっきりとデザインされた。全長、ホイールベースとも先代より50mm伸びて、4595mm、2630mmとなった。これはデビュー時のRS。

ワゴンも、直線基調でスペース重視の欧州的デザインとなった。２代目レガシィの台形グリルは、スバル1100（ff-1）をモチーフにしたという（55頁参照）。ボンネット高さは先代よりも低く、前席を15mm下げて頭上空間をより広くした。写真は登場時のツーリングワゴンTS。背景に弦楽合奏コンサートのポスターを配置するなど、ハイソな雰囲気を演出している。

ツーリングワゴンGT。アメリカのハイウェイをイメージしたような広報写真。２代目レガシィは初代の路線を継承し、ブリスターフェンダーもデザインされたが、ボディサイドがやや平面的で、アメリカでは華奢に見られたという。

登場時のRSの内装。オーソドックスながらGTカー的雰囲気なのは、この頃のレガシィの特徴。ステアリングはMOMO製。

では好ましく評価された。レガシィはアメリカ重視の世界戦略車として企画されながら、まだ日本市場が重要だったのである。これが日米逆転するのが、5代目レガシィである。

好調時に開発が始まった初代レガシィと異なり、経営危機の最中に開発された2代目は、別の意味で社運をかけた新型車という緊張感があったようだが、見事に大ヒットの成功作となり、スバルの業績回復を決定づけた。国内では月間販売台数1万台を超え、さらに米国でも1995年に導入されたアウトバックが大人気となって、危機的状況だったアメリカ市場でも復活をとげる。SUV志向を取り入れたこのアウトバックが、このあと続くスバルのアメリカ市場での躍進の大きな立役者となる（133頁参照）。初代レガシィでは、それまでレオーネに設定されていた今でいうクロスオーバーSUV的な地上高の高い仕様のモデルをなくしていたが、2代目でそれがスープアップされて復活したわけである。これと合わせて、2代目レガシィの途中で、アメリカでは思い切って全車4WDとする戦略がとられた。

スバルの得意分野に特化し、しかもこのあと人気が伸びるいっぽうのSUV分野に舵をきる契機となったのが、2代目レガシィだった。初代の築いた資質を強化しつつ、重要な軌道修正もして、さらなる繁栄に導いて、御家の存続を守った。

2代目レガシィの4WD方式は3種類となり、ATのターボではSVXから受け継いだVTDが採用された。

エンジンは少し変更があり、看板モデルの4WDターボは、ツインターボが採用された。高速域だけ2基目が働く2ステージ式で、ねらいに合わせて特性を設定しやすく、低速から高速まで過給が効く、上級モデルにふさわしいものにした。初代レガシィは、7000rpm超の高回転まで気持ちよくまわったものの、ショートストロークにターボという組み合わせゆえに、低速トルクの細さが指摘されていた。

ただ、2つのターボの切り替わりの段差をなくすのがむずかしく、下のトルクが上より細く感じられるという声がまだあった。これは低速側のターボを小さめにするなど、あえてツインターボであることが分かるように味付けした結果でもあった。

出力は250ps/6500rpm、31.5kg-m/5000rpmに強化された。エンジンラインナップは、2リッターはターボのほか、NAのDOHCとSOHCがあった。また、2.2リッターはSOHCが残ったものの、洗練された特性のNAを強化するために、1994年に2.5リッターDOHCが投入され、置き替えられた。

### ■ボクサー・マスター4

1996年6月のマイナーチェンジでは、インプレッサも含めて水平対向エンジン全体が大変更されて、新たにボクサー・マスター4と名づけられた。このMASTERという名は、マスターピース（名作）の意味と同時に、Matured（熟成した）、Advanced（進化した）、Sporty（スポーティな）、Torqueful（トルクフルな）、Economical（経済的な）、Reliable（信頼できる）の意味が込められていた。

とくにトルクのことを謳っているが、最大出力、最大トルクとも大きく向上し、ターボでは250ps→280ps、31.5kg-m→34.5kg-mと大幅に増強され、NAでも最大15ps、2kg-m増えた。そしてピーク値だけでなく、低中速域を太らせたうえに、高回転域までトルクが十分あり加速感が持続する特性とした。とくにターボは上述のように、2ステージターボの高回転域のトルク上昇を従来よりもさらに目立つものにした。

いっぽう、水平対向エンジンの燃費が悪いという

2代目は、ワゴンで速度記録に挑戦。発売前の1993年9月9日にユタ州のボンネビル・スピードウェイで「ステーションワゴン・多量生産車部改造部門」の世界記録を樹立。これによって「世界最速ワゴン」を売り文句にした。記録は249.981km/h。

最低地上高を200mmまで上げて走破性を高め、SUV的に装ったグランドワゴン。1995年8月に発売された。このシリーズはその後、ランカスター、さらにアウトバックと名を変える。アメリカでは当初からアウトバックとして売られた。アメリカ市場の要望で急遽設定されたが、これが大当たりし、翌年からはレガシィのアメリカでの販売の50%以上を占めるようになった。

2リッター・ツインターボ・エンジン。2ステージターボにより、3リッターNA並みのトルクを実現。2基のターボはエンジン後方側に置き、重量配分に配慮した。タービンのA/R比は2基とも12。初代のターボは20だったので、2基作動時は合計24になるが、低回転時は1基で12なので、先代より小さいともいえる。イラストは、1996年6月のボクサー・マスター4になってからのもので、基本配置は変わらない。

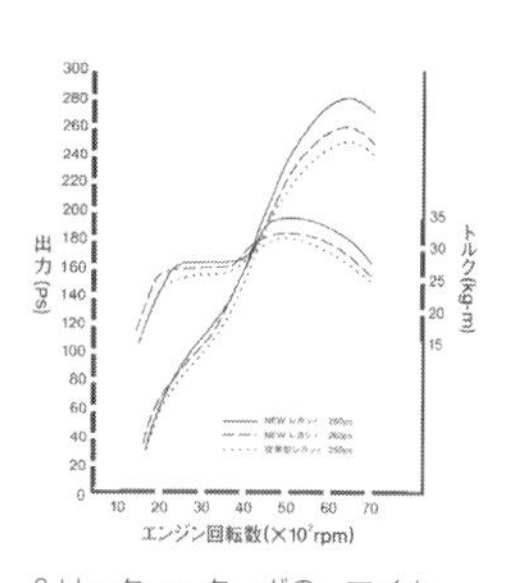


2リッター・ターボの、マイナーチェンジ前後の性能曲線。2基目のターボ作動時に、トルクカーブがドラマチックに急上昇し、フラットトルクに徹する現在では考えにくいチューニング。マイナーチェンジ後のボクサー・マスター4では、高出力の280ps仕様は前期型よりも高回転域がさらに急な山を描いている。3代目レガシィではこの山は少し滑らかになる。

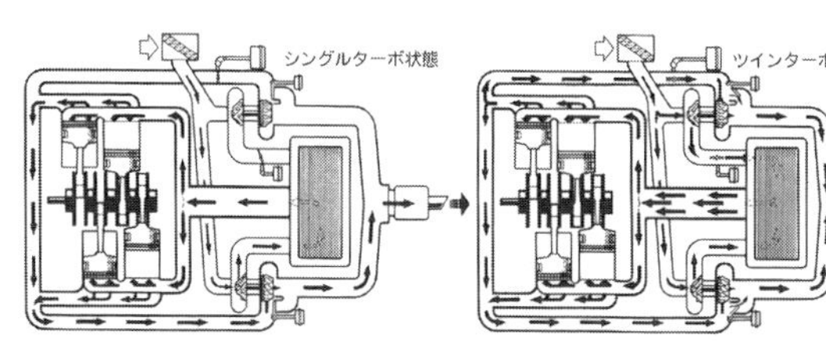


2ステージ・ツインターボの作動イメージ。シングルからツインの過渡領域では、プライマリーターボのウェイストゲートを閉じてセカンダリー側に余剰排気を早めに送るなどして、シングルとツインの間の段差をスムーズにするよう工夫した。

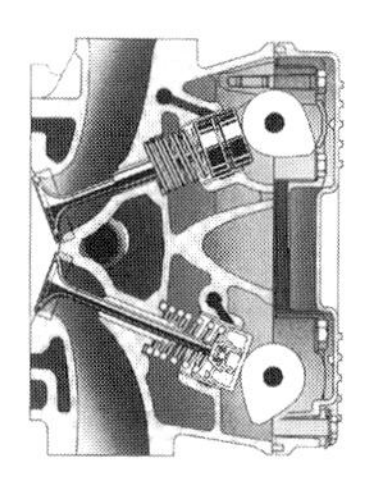

DOHCのバルブ駆動は、新たにロッカーを介さないダイレクトプッシュ式に変更され、フリクションロスを低減した。

声があったため、燃費をレガシィ全体の平均で従来比7.3%改善し、10・15モードで11.0km/リッターを実現した。

燃費改善もねらって各部の低フリクション化が図られた。バルブ駆動は油圧ラッシュアジャスターを廃止してアウターシムを直打ちするようになった。ピストンも軽量化され、オフセット量を減らすなどした。

ターボはついに280psに達したが、過給圧のアップやプライマリーターボの大型化（A/R比大）、可変マフラーなど改良は多岐にわたった。シリンダーヘッドも冷却性能を上げるために設計変更された。なお、高出力エンジンもシリンダーブロックがオープンデッキとなった。2リッターSOHCにはリーンバーンエンジンが設定された。エンジン以外では、ビルシュタイン製の倒立ダンパーや17インチホイールがおごられて、走りを強化したのが目立った。

■油ののった3代目レガシィ

1998年6月、3代目レガシィはワゴンを先行発売した。初代以来、順当に評価されてきたことによって自信も深め、「レガシィを極める」をテーマとして、レガシィらしさをさらに磨いて伸ばすようなクルマづくりとなっていた。後に5代目モデルでアメリカ市場を重視して大型化するまでは、レガシィはこのように進化を重ねていたのだが、3代目はまさに油がのっているようだった。

開発のうえでは、「走る喜び」、「安心感」、「ワゴンの一級品」ということに重点を置き、セダンを別仕立てにすることで、ツーリングワゴンとしての完成度を高めた。プレス向け資料には「レガシィの本質ともいうべき“グランドツーリングカー”コンセプトを象徴する、ツーリングワゴンに集中した開発」とか、「レガシィを世界に通じるワゴンのプレミアムブランドへと育てていきたいという願いを一心に込めて開発」などと書かれていた。“走り”と“プレミアム”に対する、当時のスバルの思いが表れている。

いっぽうで、販売台数の少なかったセダンは独自性の高いボディにして、半年後の1998年12月にB4の名で登場させた。B4は、BOXERと4WDを意味するが、イタリア語でセダンを意味するBerlinaの意も含まれているという。「4WDロードスポーツ」がコンセプトで、ワゴンを別ボディにしたことで、走りに特化させた。高速セダンであることを強調しており、BMWなどのような欧州プレミアムスポーティ車にまた一歩近づいた感があった。

3代目レガシィは、リアサスペンションがマルチリンクになり、発売当初から全車4WDになった。後述もするが、先代レガシィの途中からアメリカ市場では全車が4WDとなっており、3代目は、日本国内向けもそれに統一されたのだった。

高速走行を追求した4WDカーはまわりに多くなってきたものの、スバルはこの分野で負けられない意地もあった。DOHCターボのGTには、VDCと呼ぶ電子制御のスタビリティ・コントロールが導入された。これは、それまでのVTDにABSを加えたうえに、各輪を独立制御にして、エンジン自体の制御に連動させたものだった。

エンジンはボクサー・フェーズIIになり、エンジンブロックやシリンダーヘッドの設計変更など、剛性向上を含めて基本部分から改良を加えた。低振動化や燃費の改善などのほか、低速での扱いやすさが重視されていた。ターボは斜流タービンを採用して、低速でのレスポンスとトルクを向上させた。NAでは可変バルブタイミング機構のAVCSが採用された。

3代目レガシィのデザインスケッチ。市販型では目立たないショルダーラインの後ろ上がりのウェッジシェイプが強く表現され、フロントマスクも含め、ダイナミックな造形。「走り志向」が感じられる。

B4 RSKのリアビュー。B4はスポーティに見せるため、ファストバック的にCピラーを寝かせたが、リアウィンドウをピラーより内側に入れて立たせることで、トランク開口面積を確保している。

3代目レガシィはワゴンを先に発売。ワゴンのほうがずっと多く売れていた。ランカスターでない通常のワゴンのボディサイズは、先代と同じにとどめている。華奢に見えないようにデザインされているが、2代目まであったブリスターフェンダーはなくなった。同時期の2代目インプレッサ同様に、箱型ボディの印象が強い。引き続き台形グリルを採用している。細かく見れば六角形（ヘキサゴン）だともいえる形状。

販売台数が減っているセダンは、よりスポーティな存在となるよう開発された。これは1999年秋の東京モーターショーで展示されたB4ブリッツェン。ポルシェ・デザインの協力を仰いだ。歴代レガシィのプレミアム路線のひとつの象徴のような存在。ポルシェはB4の足回りの仕立てなどにも協力した。

3代目レガシィのコクピット。1999年のランカスターS Limited。よりいっそうドライバーズカーらしさを強調。ドライバーを包み込むレイアウトになっている。

1999年東京ショーに出展されたツーリングワゴン Super RFRB II。当時あった純正ブランドのエアロパーツ、RFRBの一種のデモカーのようなもの。レガシィは、こういったオンロードの走り志向が後に影をひそめ、アウトバックのほうが繁栄することになる。

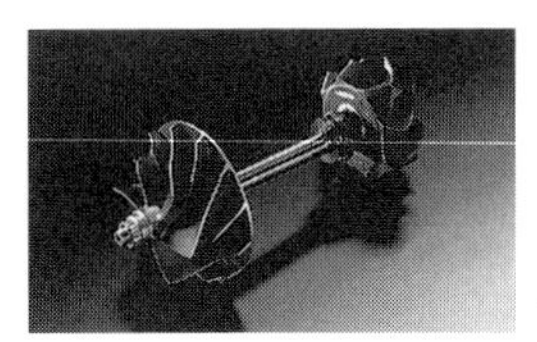

2リッター・ターボに採用された斜流タービン。排気をスムーズに流す形状で、旧型よりもタービン径も縮小し、レスポンスを向上させ、低速トルクを充実させた。

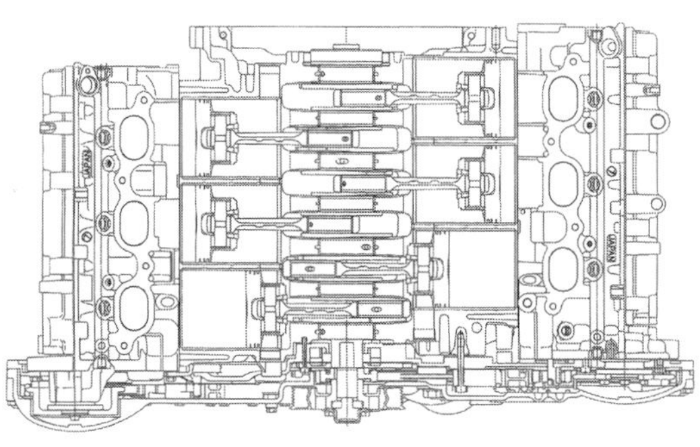

6気筒のEZ30エンジン。4気筒の5ベアリングに対し、7ベアリングとなり、クランクシャフトの支持剛性が高く、もともと完全バランスである水平対向6気筒の静粛性をよりいっそう高めた。フロント側（図の下側）は、左右チェーンの巧みな配置により、左右シリンダーのオフセットが解消されているのがわかる。

3代目デビュー当初の4気筒搭載のシャシー&パワートレーン。等爆でない時代のエキゾーストのとりまわしがわかる。3代目はリアサスペンションに初めてマルチリンクを採用。走りをよくすると同時に、ワゴンの荷室スペース拡大に貢献した。

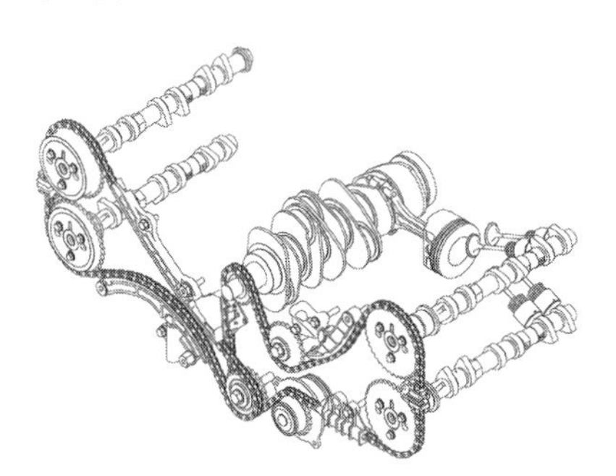

EZ30はチェーン駆動を採用。左右バンクで2本のチェーンに分け、左バンク（図の右側）のみクランクシャフト直接駆動で、右バンクはクランク下のアイドラースプロケットを介して駆動。左右バンクのオフセットを活かしたチェーン機構で、エンジン全長短縮に貢献している。

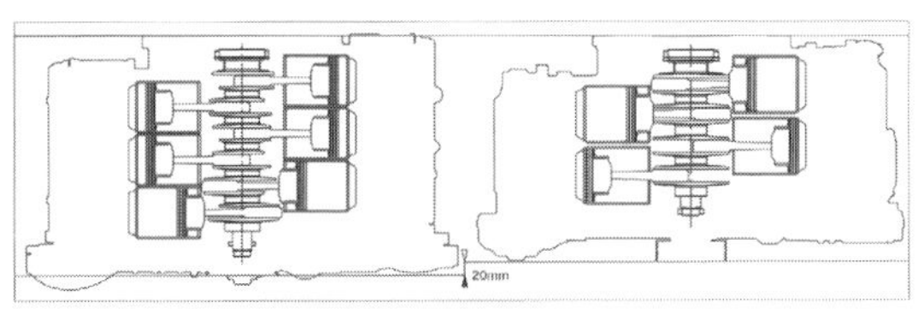


EZ30は、4気筒のEJ20と比べて、エンジン全長を20mm長いだけにとどめている。登場時のスペックは220ps/6000rpm、29.5kg-m/4400rpm。低速トルクも充実している。

アウトバックH6-3.0 L.L.Bean Edition。2000年にアメリカで発表された。アウトバックは日本ではランカスターとしてワゴンと同時に発売されたが、アメリカでは2代目とこの3代目（レガシィの）にはセダンも設定されていた。

## ▩フラット6の真打登場

2000年5月のマイナーチェンジでは、先代で採用が見送られた6気筒エンジンが登場。低速トルクのある力強い走りを必要としていたランカスターにまず搭載された。スバルとしては3基目になるこの6気筒はEZ30と称し、初めて6気筒専用として設計されたエンジンだった。

バルブ駆動方式など、全体の基本的な設計手法は4気筒のEJシリーズと変わらなかったが、あえて専用設計にしたのはコンパクトに抑えるためだった。4気筒と比べて、エンジン全長がわずか20mm長いだけで収まっていた。全長を短く抑えるために、4気筒よりもボアピッチを狭くし、ボア・ストローク比を長めに変更。排気量は3リッターなので、2リッターの4気筒と1シリンダーあたりの排気量は同じだけれども、EJ20の92×75mmに対し、89.2×80mmとなっていた。

ボアピッチはEJ型の113mmに対し98.4mmと大幅に詰めているので、ボアアップの余裕は限られる。いってみれば、EJ20ターボのような高出力化をわりきったためにできた小型化でもあるようだった。ちなみに後に3.6リッターに拡大されたEZ36は、ボアピッチ98.4mmのまま、EJ20と同じボア92mmを実現している。

カム駆動はベルトからチェーンに変更された。チェーンは左右バンクごとに計2本巻くことになるが、バンクが左右でオフセットしており、チェーン1本分はそのオフセットしたなかにおさまるので、エンジン全長の短縮に貢献した。

さらに補機類の駆動ベルトもEJ20の2本式から1本式に替えて、エンジン全長を詰めていた。駆動ベルトに要するスペースはEJ型に比べて2/3に抑えられている。

メインベアリング数は4気筒の5個に対応して7個あった。重量が軽いことも特筆に価し、世界でもっとも軽い6気筒エンジンを目指したといわれる。

## ▩プレミアム化で攻めるスバル

2003年5月に登場した4代目レガシィは、プラットフォームから新設計されて、全体の80%が新しくなった。4、6気筒ともNAエンジンの強化が目立って、プレミアム路線はさらに進化した印象である。

この頃は世界的にプレミアムブランドに注目が集っており、スバルもプレミアムブランド化を目指すことを明確にしていた。4代目レガシィ発表の前年、2002年に新中期経営計画として「FDR-1（Fuji Dynamic Revolution-1）」を発表したが、その中軸に据えられたのは「プレミアムブランドを持つグローバルプレイヤーを目指す」という経営方針だった。グローバルでの存在感を高めるために、スバル・ブランドの価値を高めることがねらいで、その2年目の2003年には、矢継ぎ早にプレミアムブランド化を感じさせるモデルを発表した。

市販車を投入するのは時間もかかることで、まずはモーターショーの場で、コンセプトカーによって躊躇なく大胆にブランドの方向性をアピールした。2003年3月のジュネーヴ・ショーでは高級クーペモデルのB11Sを発表、続く10月の東京モーターショーではそのオープン版ともいえるB9スクランブラーと、後のR1につながるR1eを発表。デザインによってプレミアム的な方向性をはっきりと示した。いっぽう市販車でも、この4代目レガシィと新しいプレミアム軽自動車のR2を発表した。

注目すべきは、一連のコンセプトカーとR2には、スプレッドウィングスグリルと称する、新しいグリルが採用されていたことである。アルファロメオや

BMWなどを彷彿とさせるような、新たなブランドの顔が明確にされていた。しかしこのグリルデザインは、その後2代目インプレッサにも採用されるが、ユーザーに不評を買ったことと、おそらく社内的な混乱もあったために、短期間で撤回されることになる。それから少し間を置いて再びブランドの顔として設定されるのが、4代目インプレッサから採用される「ヘキサゴングリル」である。

4代目レガシィでは、スプレッドウィングスグリルは採用されなかった。おそらくスプレッドウィングスグリルができあがるよりも先に開発が終わっていたとも思われる。そのスタイリングは社内デザインだが、外部コンサルティングにも依頼していたようで、フロントマスクは元ピニンファリーナのエンリコ・フミアが提案したものだと本人が語っている。

### ■スプレッドウィングスグリルの試行錯誤

スプレッドウィングスグリルは後述するアンドレアス・ザパティナスがスバル在籍時に展開されており、原案はザパティナス自身ではないようではあるが、彼をスバルに招聘したこと自体が、このグリルを設定したことと根は同じで、ようはブランドの差別化を進めたい思いがあったのだと思われる。

新生スバルの出発点となった初代レガシィで、プレミアム化や走り重視のクルマづくりが始まったが、スタイリングの面では、2代目、3代目とそれを進化させながらも、スバル・ブランドとしての明確なものを確立できていなかった。しかし2002年の「FDR-1」のブランド戦略には、新たなスバルデザインの創出も含まれていた。2004年の年次報告書（147頁写真参照）の中では、デザイン本部長の杉本清が次のように語っている。

「デザイン改革では、スバル固有の個性をブランド価値として高め、世界で展開してもなお輝き続けるデザインの確立をめざしています。新たなスバルデザインを創出するにあたっては、航空機メーカーをその前身とするというヘリテージと、水平対向エンジンやAWDといった技術特性に基づいた、独自の機能美をグローバルに評価されるエモーショナルなデザインとして昇華することを狙っています」。

以前にも、初代レオーネの時代など、スタイル優先になったことはあるが、スバルの信条として共有されてきたのは、機能重視だった。それがここへきて、エモーショナルなボディラインなどの、情緒的な表現もスバルらしさにとって必要なものだと、明確に認識されるようになってきた。

そしてとくに象徴的なのが、スプレッドウィングスグリルであり、航空機の正面シルエットの表現に加え、水平対向エンジンがグリル背後にあることを暗示する意匠だった。

初代レガシィを担当した経歴を持つ杉本は、2002年にデザイン部門出身として初めて執行役員に抜擢されており、それがスバル経営戦略としてのデザイン重視の姿勢を示していたように思える。また同時に、元BMWやアルファロメオに在籍したギリシャ出身のザパティナスを先行デザイン部門のチーフデザイナーとして招聘したうえ、この頃スバルは、デザイン改革の一環として外部デザインコンサルティングに協力をあおいでもいた。オーストリア人デザイナーのエルヴィン・レオ-ヒンメルが立ち上げたFuore Design International社がそれにあたり、スプレッドウィングスグリルを披露したショーカーのB11Sを手がけている。Fuoreはそのほかトライベッカなどのスプレッドウィングスグリルの市販車にも関与しているといわれる。ヒンメルはそれ以前に、アウディをはじめVWグループに在籍しており、1990

初代レガシィ開発時期の、1987年東京ショーに出展されたF624エストレモ。フラット6、24バルブ、2ターボ・エンジン搭載の高速セダンの提案。この時代のスバルがテーマにしていたラウンドキャノピーが特徴で、SVXのほか、レガシィにも受け継がれた。フロントマスクも3代目レオーネや初代レガシィと似たシンプルなものだが、当時流行のグリルレスという趣。

B11Sに続いて2003年の東京ショーに出品されたB9スクランブラー。動力はハイブリッドの4WD（175頁参照）。スプレッドウィングスグリルはB11Sのものから造形が進化している。

2003年ジュネーヴショーに出展された4枚ドアのスポーツカー、B11S。スバルがプレミアム化と走り志向に邁進していた時代の提案。オーストリア人デザイナーに依頼され、デザインにドイツ的な質感が感じられる。スプレッドウィングスグリルは、当時はアクが強いと感じられたが、航空機の翼と水平対向エンジンを暗示したデザインで、ほかのブランドとも差別化されており、秀逸なアイデアだったとも思える。ただ短命に終わったので、今やこれがスバルらしいと感じる人は多くないだろう。

ハイブリッドの軽自動車を提案したHM-01。2001年東京ショーで展示された。スタイリングは2年後のR2につながるものだが、この時点ではスプレッドウィングスグリルではなく、台形もしくはヘキサゴン型のグリルだった。

HM-01から2年後の2003年東京ショーに現れたR2は、顔つきは一変し、スプレッドウィングスグリルを付けていた。ちなみにその間2002年にはアンドレアス・ザパティナスが先行デザイン部門に招聘されていた。これはR2と同時に展示されたショーモデルのR1eで、2005年1月に発売される2ドアクーペのR1を予告したもの。

年代に世界的に注目された同グループのデザイン改革の一翼を担っていた。スバルがFuoreにコンサルティングを依頼したのも、そういった実績があったからに違いない。

スバルの“プレミアムブランド化”は、前述の2002年に「FDR-1」を掲げた竹中恭二社長の時代に一気に攻勢がかけられた印象である。しかし、後述するように販売の低迷などもあり、まもなくそれは仕切り直しされることになり、鳴り物入りのスプレッドウィングスグリルも廃止される。

ただし、スバル・ブランドの確立については、引き続き追求され、グリルとしては新たにヘキサゴングリルが採用されることになる。

ふりかえると、スプレッドウィングスグリルの採用と、R2やR1の軽自動車の投入でプレミアム化が市場で実践され、そのほかSUVでは上級モデルのB9トライベッカが北米で投入されたが、結局はそれ以外の市販車では、極端なプレミアム化改革にはならなかった。レガシィ自体も、幸か不幸か“失敗”のレッテルを貼られるこのグリルを身につけることなく、次作5代目では大転換してむしろプレミアム化と逆行することになる。レガシィは、フラッグシップでありながらも、この頃のスバルの「プレミアム化ムーブメント」を、比較的客観的立場でやり過ごしたようにも思える。

4代目レガシィは、3代目までの正常進化に比べると、全面刷新であることを強調しており、たしかにスタイリングだけ見てもややトーンが変わった印象はあった。ただ次の5代目の大変革に比べれば、3代目までの正常進化を受け継いでいたように感じられる。

### ■「感動」と「美しさ」を重視した4代目レガシィ

4代目レガシィは、「走りと機能と美しさの融合」を開発目標とした。パワートレーンの配置を見直して低重心化を図るなど、骨格から鍛え直すと同時に、スペックで表現できない、美しいとか、愉しいなどの、「感動」があることを重視して、開発された。

ボディは全幅が1730mmに広がってついに3ナンバーとなった。ただ全長は、セダンだけは先代より30mm長いものの、幅とともに全長も大きいアウトバック以外は、依然として5ナンバーサイズだった。

4代目は剛性アップと軽量化に力が注がれ、新環状力骨構造ボディを進化させて基本骨格を強固にしながら、超高張力鋼板を広範囲に使用し、剛性強化とともに軽量化を実現。アルミも、ボンネットをはじめ各部に使用した。ちなみに環状力骨構造ボディは、1998年から導入される新法規に対応するために、1997年の初代フォレスターで初めて採用された。導入翌年に新環状力骨構造ボディと名前が変わり、以後進化を続けている。

その後のスバルのトレードマークになる「シンメトリカルAWD」という標語が使われ、左右対称のドライブトレーンの良さを強調したのも注目である。ドライブトレーンの配置が見直され、エンジン前端で22mm、フロントデフ部分で10mm低くしている。これにより重心が下がって走りの安定感を高めるとともに、エンジンとボンネットの間のスペースを大きくとり、歩行者衝突安全性能を高めた。このほかにも車体全体の構成を見直して、ヨー慣性モーメントを小さくして運動性能を高めたり、パッケージングを改善して居住性を高めている。

エンジンも大幅に改良され、性能向上とともに低排出ガス化にも力が入れられた。シリンダーブロック形状から見直されて、軽量化と剛性アップが図ら

レガシィの伝統を継承しつつ、誰が見ても美しいことを目指した4代目レガシィ。ホイールの存在や骨格の強さは表現しながらも、箱型のイメージだった先代よりもスムーズな曲面が目立つ。とくにフロントはバンパーからボンネットまで、一気呵成といえるほどのスムーズなカーブで、スラントノーズを形成している。グリル両サイドをボンネット上までかけ上がるラインで、水平対向エンジンの低さや、シンメトリカルなパワートレーンを表現したという。

B4の英国仕様2.5i SE。横に並ぶ軽飛行機は、水平対向エンジンを搭載していそうに思える。B4は、低いノーズからハイデッキのリアまで、スムーズなシルエットで、走り志向のセダンボディを表現。従来のレガシィが目指していたものを、より昇華させた。全幅1730mmで初めて3ナンバーとなったが、ボディ前後を絞り込んだため小顔になり、それが大きなクルマの多いアメリカ市場で裏目に出たといわれる。4代目レガシィは、欧州車的な精緻で精悍なデザインだが、美しい反面やや日本的なあっさりした印象も感じられる。

ワゴンはピラーレスのウィンドウを継承。後方が細まるウィンドウグラフィックで、流線型的に見える。空力性能も重視し、Cd値はワゴンで0.30、B4で0.28を実現。ルーフラインがより美しく見えるよう、ルーフレールをボディ埋め込み式にした。

アウトバックは3代目からは世界統一で日本でもアウトバックを名乗るようになった。オーバーフェンダーが先代よりも目立ち、力強さを増した。英国仕様のこの写真では、バンパーからボンネットへスムーズに伸びるラインが見える。

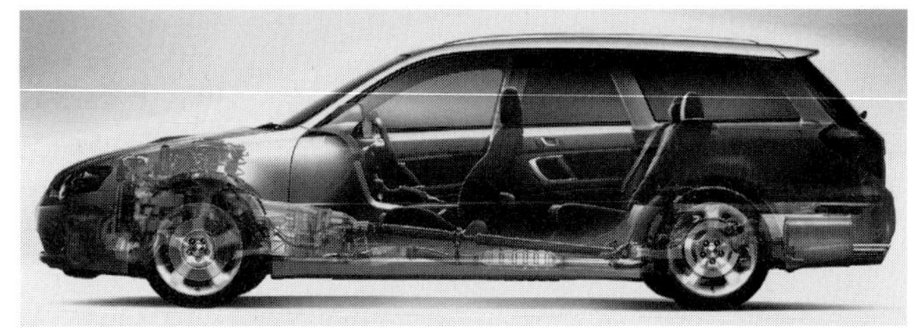

水平対向エンジン駆動系の搭載位置を下げて、低重心化を徹底。プロペラシャフトのジョイント部の折れ角も小さくなって振動が低減され、静粛性を向上。またエンジンとともにフロントサスペンション上端を下げて、エンジンフードとの間隔を広げるなどして、衝突時の歩行者保護性能を高めた。全長に関してはB4より長めのワゴンでも5ナンバー枠に収まっており、旧型と同じ4680mmだった。

外観同様に非常にすっきり感のあるコクピット・デザイン。過度に立体的ではなく、シンプルな造形に徹している。ただしセンター部分はわずかにドライバー側に傾斜させている。スポーティさを重視するとともに、質感向上にも力を注いだ。

2リッター4気筒ターボ。等長等爆の排気管が、エンジン下で4→2になってから、エンジン右側（図の左上）のターボ部分へと導かれる。旧型よりもエンジン全体で23kgの軽量化を実現。

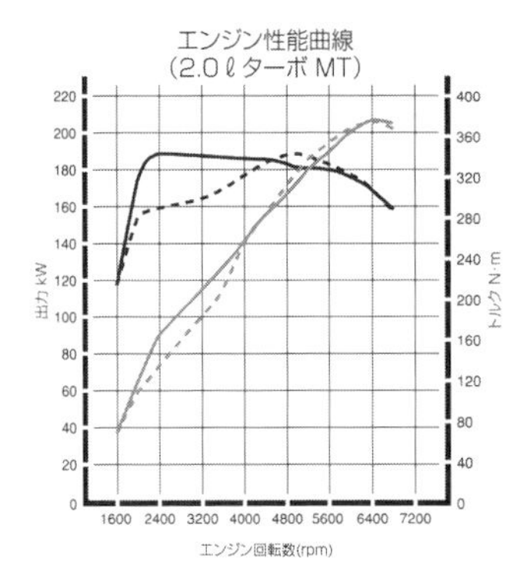


2リッター・ターボMT車の性能曲線。トルクカーブは旧型（破線）と比べて、まったく違うものになり、最大トルクは2400rpmという低速で発生。旧型のツーステージターボにあったトルクの谷間をなくし、扱いやすく洗練された特性になった。

水平対向エンジンを支えるアルミ製シリンダーブロック。5個あるベアリングのフライホイール側（左側）ベアリング（ジャーナル）部に高強度プレートを鋳込んで、クランクシャフトとのクリアランスの変化を抑え、3000rpm以上での振動を低減した。

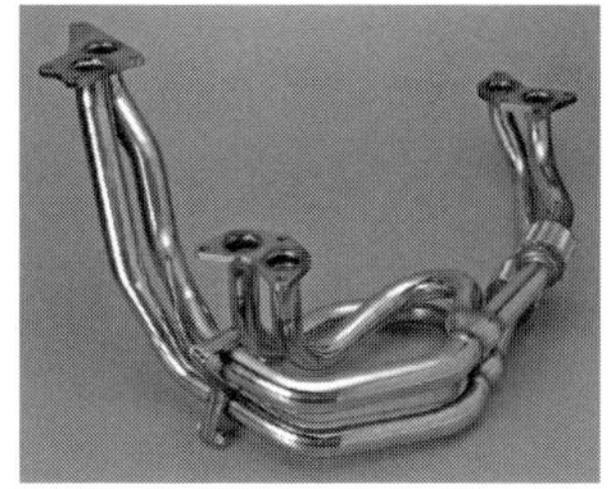

等長等爆のエキゾーストシステム。左上の図と同じターボユニットのもので、4→2と集合したあとタービンに排気を送る。

れた。ピストンなども変更されているものの、とくに吸排気系の改良が目立った。エンジン構成部品の80%以上が新設計となっている。

4気筒では、ターボがシングルターボになった。排気側の流路をふたつに分けて、高回転時にだけ両方を使うツインスクロールターボで、タービンは超軽量チタン製だった。それまでのツインターボの連動に難があったのがなくなり、今までと同じ最高出力・最大トルクながら、最大トルクの発生回転数が5000rpmから2400rpmへと劇的に低くなった。

もうひとつ大きな変更は、エキゾーストパイプの取りまわしで、等長等爆のレイアウトを採用したことだった。それまでは左右バンクごとに排気管を等長でまず2本にまとめていて、本数だけが4本→2本→1本の集合だったのが、新たに等爆になる1番と2番、3番と4番のシリンダーを等長で集合させるレイアウトになった。前側の二つ、後ろ側の二つという組み合わせで4－2－1になり、排気干渉を抑えた。これで水平対向特有のボロロロという排気音もなくなったが、これを惜しむ声もあった。

水平対向エンジンはエキゾーストがエンジン下側に出ているので、この排気レイアウトをとるのはむずかしく、エキゾーストと干渉しないようオイルパン形状を加工するなど大工事をした。1970年代に排ガス対策が必要になって以来、エキゾーストが長く、排気が冷えやすい水平対向では、等長等爆レイアウトをとりにくかったのが、触媒などの技術の進歩によってそれが可能になったということも背景にあった。合わせて、初めてマフラーも左右ツインになって、エキゾーストノートの音質にも配慮された。ちなみに水平対向6気筒では、左右3本ずつをまとめる形でも等爆になっている。

このほか目立つところでは、ターボからの吸気をインタークーラーの長辺方向に流す、クロスフロー式インタークーラーを採用して冷却効率を向上。また、従来からの可変バルブタイミング機構（AVCS）は、ターボでは吸気バルブだけでなく、排気バルブにも採用した。吸気マニフォールドは、ターボと6気筒では樹脂製にして軽量化と効率アップを図った。

エンジンの改変は2リッターの自然吸気ユニットも同様であり、とくにDOHCユニットはそれまでが150ps/6400rpmと非力だったのを、190ps/7100rpmまで大幅に高出力・高回転化を図り、NAエンジンのスポーティな性格を充実させた。

6気筒ユニットも型式名がEZ30-Rとなって、4気筒と同じように大幅に改善されており、出力は220ps/6000rpmから250ps/6600rpmへと向上した。従来より約7kg軽い160kgとなって、世界最軽量の6気筒を標榜、これは4気筒のEJ20ターボよりも軽かった。完全バランスのフラット6は、当然、4気筒よりも洗練され、しかもNAならではの良さがあった。今までのレガシィはターボの販売台数が多く、マーケットの動向とはいえパワー重視のターボエンジン主体では、水平対向本来のスムーズさが活かしきれていないようだった。NAのフラット6は、EJ20ターボとは別の可能性を秘めたものになった。

## 3-3　インプレッサの登場とラリーでの活躍

### ▒スバルのラリー活動

スバルにとってラリーは特別なものといえる。現在でこそWRC参戦はなくなっているが、スバル1000の時代からラリーで活躍していた。レガシィの次に誕生するインプレッサは、はじめからラリーを視野に入れて開発された。インプレッサ（WRX）は常にラリーと関わりが深く、3代目まではWRCで活躍した。スバルのラリー活動もふりかえりながら、3代目インプレッサまでの経緯を追っていきたい。

スバルとサーキットレースの関係というと、レオーネの時代から水平対向4気筒エンジン（EA71）をフォーミュラのFJ1600用のパワーユニットとして供給していたのがよく知られるし、近年はニュルブルクリンク24時間レースやスーパーGTに参戦している。けれども昔からスバルは、レースよりもラリーで活躍してきたイメージがある。実際のところは、日本ではラリーよりもサーキットレースのほうが盛んだったためもあり、モータースポーツ活動初期のスバル車の挑戦は、サーキットのほうが多かったともいわれる。けれども、サーキットでは大出力のライバルメーカー車が目白押しで、非力なスバルが目立つのは難しかった。それに対してラリーではそこそこがんばれる余地があった。FFのトラクション（駆動力）の良さは、ラリーのような低μ路で有利であり、もちろん、その後実用化された4WDは、悪路では“最強”である。

ff-1や1300Gの頃は、操縦性の良さを活かし、排気量の大きいクルマに抗して、国内ラリーで好成績を挙げた。1970年代になると、レオーネが国際ラリーに挑戦。1980年からは、WRCの一戦であるサファリラリーへの参戦を始めた。レオーネは、過酷なサファリに、1980年代をとおしてスポット参戦を続け、何度もクラス優勝に輝いた。

1986年までは、グループBのモンスターマシンがWRCを席巻していたので、スバルは改造範囲の少ない下位クラスに参戦していた。WRCでは、1987年から市販車ベースのグループAで争われるようになっても、2リッターDOHCターボのランチア・デルタやトヨタ・セリカなどが現れて、非力なレオーネではとても総合優勝はねらえなかった。ただ、サファリを中心とした継続的な活動は、それを率いた小関典幸が実験部隊のボスであるだけに、市販車の開発にもフィードバックされてレガシィへと結実した。小関に率いられた活動でサファリの常連となっていたことで、WRCの世界にコネクションがつくられたことも、WRCでの成功へとつながる。

ちなみにレガシィ開発時に、足回りの開発要員として抜擢された実験部の辰巳英治も、ダートトライアルのトップドライバーとして名が知られた存在で、そんな経験がレガシィ開発に活かされた。辰巳は世界中の道を走り込んで、レガシィの走りの基本性能を高めた。辰巳は周知のとおり、近年ではニュルブルクリンク参戦を指揮し、STIのクルマづくり、スバルのクルマづくりに大きな貢献をしている。

スバルが国際ラリーに初めて4WDカーで参戦したのは、1977年のサザンクロスラリーで、マシンは初代レオーネだった。1980年からの2代目レオーネでのサファリラリー挑戦は、乗用車ベースとしてはWRCにおける初の4WD参加車両で、これはアウディ・クワトロより9ヵ月早かった。もっとも総合優勝を真っ向から目指して、ラリーに革命を起こしたアウディの登場があまりにも衝撃的で、スバルの挑戦は目立たなかった。

フルタイム4WDで高出力ターボのクワトロがWRCを席巻して、4WDを高速ラリーにおいて普及させたことが、走りを重視したレガシィ誕生の後押しをしたといえる。とはいえ、スバルのラリー活動というDNAは、ずっと前からじわじわと熟成されてきていたのだった。

### ■レガシィのWRC参戦開始

レガシィが1989年に誕生すると、まるで約束されたかのように、すぐにWRCでトップクラスの実力を見せつけた。

レガシィは開発の段階で、明確にWRCの参戦を目標にしていたわけではなかった。ただ、新生レガシィの存在をアピールするための活動は必要と考えられていて、1988年4月にその活動を担うSTI（スバル・テクニカ・インターナショナル）が設立され、まずレガシィ発売直前に10万km世界速度記録挑戦を行なって見事それを達成した。その後、F1へのエンジン供給と、WRCへの参戦が計画された。F1のエンジンはイタリアのモトーリ・モデルニ社に開発が依頼され、フラット12エンジンがつくられた。スバルが門外漢のカテゴリーだけれども、レガシィで新規に水平対向エンジンを開発していたので、水平対向の究極の形を世にアピールしようということで、F1挑戦が選ばれた。このF1の計画を率いたのはレオーネでサファリ5位入賞など、ドライバーとして実績のある宣伝部所属の高岡祥郎だったが、ちょうど当時はホンダがF1で大活躍しており、銀行出身の幹部が多かったスバル社内でもF1は受けがよいようだった。けれども、やはりというべきか、この計画は失敗に終わった。それに対し、WRC挑戦は大成功となった。どちらもバブル期の勢いもあって始まった計画といえるが、WRC参戦はいうなればスバル車として必然性のある展開だったから成功し、持続できたのだろう。

レガシィは社運をかけた新型車であり、それまでスバルにはスポーツイメージが欠けていたので、レガシィの性能をアピールするためにも、スポーツ分野でのPRが必要と考えられていた。当初はパリ-ダカール・ラリーへの挑戦も検討されたが、経験がないこともあって結果的にはWRCが選ばれた。高出力型2リッター・ターボエンジンに、4WD技術を組み合わせたレガシィは、当時のグループA規定ラリーカーにまさに最適なベース車両だった。

WRCの前に、レガシィ発表直前の1989年1月に10万km速度記録を達成したが、速度記録達成は一回きりのイベントなのでPR効果としては不十分で、続いてWRC参戦へ向けて動き始めた。記録達成後の3月にはSTI初代社長の久世隆一郎がWRCのサファリラリーを視察に行き、ラリー活動の拠点はヨーロッパに置きたいと考えていたところ、そこでイギリスのプロドライブを紹介された。プロドライブはラリーのナビゲーターとして1981年にアリ・バタネンに世界チャンピオンをとらせた実績を持つデビッド・リチャーズが設立したファクトリーで、その後F1分野にも進出することになる新進気鋭の工房だった。

プロドライブとスバルはすぐに意気投合した。プロドライブは、縦置き水平対向のレガシィがラリーカーのベースとして完璧なレイアウトで、最適なクルマづくりをしていることを見抜いていた。縦置きエンジンのクロスメンバーの配置がフロントサスペンションの横剛性を高めて、優れた操縦性をもたらしているということも評価していた（19頁参照）。彼らは縦置きエンジンにこだわっていた。彼らが当時ラリーで使っていたBMW M3も縦置きだったが2WDのFRだったので、勝つために4WDカーを切望しており、縦置きエンジンの4WD車を求めて世界中を探し、日産のスカイラインからアメリカのAMCやオフロードタイプカーまで検討していたという。WRCで勝利したいプロドライブにとって、レガシィはまさに渡りに船の存在だった。

一流の存在がやることは早いもので、レガシィは早速1990年からWRC参戦を開始。WRC通算19勝という当時歴代最強の実績をもっていたマルク・アレンのドライブで、最初から全開にして攻め、勝てる速さのあるマシンであることをすぐに証明した。

日本アルペンラリーでの1300G。スバル1000発売年から参加し、小関典幸らが活躍していた。1970年には久世隆一郎らのff-1 1300Gが総合2位、1974年にはレオーネRXが総合優勝している。

1970年代のアクロポリスラリーと思しき国際ラリーを走る初代レオーネ。レオーネでは海外ラリーの参戦も増えていった。

港に集合した2代目レオーネのラリーカー。サファリラリー参戦の前のスナップと思われる。1980年4月のサファリでは4WD乗用車として初めてWRCを走った。

1985年サファリの船積みの前と思われるスナップ。この年からレオーネの3代目にスイッチした。セダンが主体で、アルシオーネも1台入っている。2代目からは大所帯での参戦になっており、この頃には白地に青や黄をあしらう定番のカラーリングもできていた。1985年にはグループBの下位のクラスだったとはいえ、グループAで優勝している。

モトーリ・モデルニ社が開発したフラット12エンジン。同社のカルロ・キティはアルファロメオF1のフラット12を設計した経験を持つ。このエンジンはF1では巨大で重すぎ、剛性不足だったともいわれる。

フラット12エンジン開発のもうひとつの背景として、アパレルのワコールが出資、童夢が車体設計したジオット・キャスピタに積む計画があった。

モトーリ・モデルニ開発のフラット12エンジン。クランクシャフトの形状から、対向する2本ずつのピストンがピストンピンを共用する、180度V型であることがわかる。ベアリング（ジャーナル）は4ヵ所と見られる。バルブは気筒あたり5個。F1が3.5リッターNAの時代だった。F1ではスバルが出資してコローニのシャシーに搭載されたが、当時あった予備予選を一度も通過できず、1990年の半分程度を走っただけでこのエンジンは幕引きになった。

1989年1月21日、発売前のレガシィRSが、223.345km/hの10万km世界速度記録を達成。アリゾナにあるオーバルのテストコースで3台が挑戦し、20日間走りとおして、3台ともが記録を更新した。

1990年にレガシィはサファリでWRCデビュー。これはマルク・アレンの車両でカーナンバーは1。リタイアとはなるが、SS1でいきなりベストタイムを出し、大物であることを予感させた。このときは経験のある小関率いる日本のチームでの参戦で、マシンも日本製だった。

真打プロドライブ製マシンでの初戦、1990年アクロポリスラリーでも、マルク・アレンが最初のSSで1位を獲得。とにかくエンジンの馬力がもっと欲しいと要望したのは有名な話。写真は1992年のアクロポリスでのコリン・マクレー車。レガシィではレオーネ時代とは次元の違う「激走」が可能になった。結果は4位だがベストタイムを連発し、もうこの頃にはトップ争いができるレベルになっていた。

とはいうものの、レガシィは歴戦のライバルマシンよりも当初はパワー不足だった。水平対向エンジンがトルクの出にくいオーバースクエアであることや、水冷インタークーラーなどが原因といわれた。逆にライバルに比べてベース車両の剛性が高いので、ラリーカーとしても軽く仕上がっていた。縦置き水平対向ならではのバランスの良さがあり、長いサスペンションストロークを活かした、いかにもスムーズなドリフトは、ほかのクルマとはあきらかに違うものだった。

## ■インプレッサの誕生

レガシィのあとを継いで、1993年1000湖ラリーでWRCに初登場したインプレッサは、アリ・バタネンのドライブで、デビュー戦からあわや優勝というほどのパフォーマンスを演じた。レガシィで実証された水平対向4WDパッケージを、ひとまわり小さいボディに移植して誕生したインプレッサは、まさにラリーで勝つために生まれたかのようなクルマだった。

もちろんインプレッサには、レガシィと軽自動車のあいだを埋める「中間車種」、Cセグメントの一車種という世界戦略車の役割があった。初代レガシィ開発のところで述べたように、一時は直列4気筒横置きで開発が進んだ「中間車種」という役割である(77頁参照)。

インプレッサは、レガシィのプラットフォームを活かしていながら、ひとまわり小さい1.5リッターからのエンジンを積んだ。同じプラットフォームを使うのはその後のスバルでも同じで、FRのBRZ以外は、基本としては同じものをベースにしている。大衆車クラスのインプレッサに、元来レガシィ用の水平対向エンジンを使う高価なメカニズムはぜいたくであり、それに見合うよう、走りも内外装もクラスの水準を超える必要があった。

走りについてはレガシィ譲りなので、良くて当然だった。ただ、レガシィと違って小さなエンジンも積むので、ボディが軽くなるよう配慮された。開発費も時間も限られていたので、当初は4ドアセダン1種のみの計画だったが、あとから、セダンのトランク上の部分に上屋を追加したようなボディの、スポーツワゴンが追加された。並み居るライバルに対してスバルとしての特徴を出したいという思惑があり、セダンと同じ全長で積載能力は多少限られはしたが、スタイリッシュなデザインはワゴンブームにも乗って女性にも受け入れられ、インプレッサの看板モデルのひとつになった。

このワゴンには、レガシィのアウトバックと同じようにSUV風に仕立てたグラベルEX(135頁参照)も限定仕様として加えられたが、定着はしなかった。インプレッサのワゴンボディは、レガシィほどの図抜けた存在感はなく、そのためか北米ではアウトバックも追加されたが、あまり盛り上がらなかった。SUV的な兄弟モデルのフォレスターが別モデルとして追加されたこともあってか、インプレッサそのものは、あくまでオンロードカーに軸足を置き続けた。その意味では純粋に乗用車だったかつてのスバル1000に立ち返ったようだったといえなくもない。ただし、世の中のSUVブームの広がりに押されて、4代目モデルからは、XVというSUV仕立てのモデルが大人気となるわけである。

インプレッサがスバル1000と大きく違うのは、4WDターボのWRXの存在だった。レガシィがWRCに投入されたのはインプレッサの登場2年前のことで、レガシィは勝てるマシンだったものの、WRCのトレンドはもうひとまわり小さいクルマをベースにする方向に向かっていて、実戦を担うプロドライブ

インプレッサに替わる直前、ようやく訪れた優勝。1993年第8戦ニュージーランド。この年から555カラーが採用された。経営危機で撤退も検討されながら、新生スバルの「走り」をPRする手段としてWRC参戦は継続され、資金不足を補うためにスポンサーを募ったのだった。

1993年第9戦1000湖ラリーで、インプレッサはアリ・バタネンのマシンが優勝争いを演じ、結果は惜しくも2位だったが、鮮烈なデビューとなった。レガシィをそのまま小型化した成り立ちの、クイックなハンドリングで、WRCを席巻する。

インプレッサWRXは1992年10月初頭に、ドイツのニュルブルクリンクでタイムアタックを行なった。ジャーナリストでレーシングドライバーの清水和夫がウェット気味のコンディションで8分28秒93のタイムを記録。その後、スバルはニュルブルクリンクでのテストを開発時に行なうようになる。

インプレッサのデザインスケッチ。デザインのテーマはハクチョウなどの水鳥が飛ぶ姿だという。当時アメリカなどでも流行したボディ表面が滑らかな造形で、グリルレスというべきフロントマスクはあまりスバルらしくない印象。ノーズの低さも目立つ。

開発時のワゴンの模型。セダンと同じ全長で後席ドアの後方だけ改変する形がいろいろ検討された。これは最終段階の対抗案のようで市販型に近いが、これだとふつうのワゴンに見え、「スポーツワゴン」を名乗るにはインパクトが足りないようにも思える。

登場時のWRX。中身共通の兄弟ながら、レガシィとはまったく異なるデザイン。ホイールベースはレガシィより60mmだけ短い2520mm、全長は170mm短い4340mm。ただし前後トレッドや1690mmの全幅はレガシィと同じで、走りの安定感を十二分に感じさせた。

WRXでない通常モデルも、ボディは基本的に同じ。フロントマスクはグリルレスに近いイメージ。スポーツワゴンの全長はわずかに長い4350mm。セダンの正式名称は「ハードトップセダン」。

スポーツワゴンはセダンと共通ボディの後部にガラス面の広い箱を足したイメージ。積載能力はわりきってスタイルを重視。Cピラーもボディ同色としたことで、後部の「継ぎ足し感」があるいっぽう、スタイリッシュな雰囲気を醸し出した。ワゴンとセダンの中間のようであると同時に、ワゴンとハッチバックの中間ともいえ、3代目からはハッチバックに転換される。

ワゴンにもWRXがあり、STIバージョンも設定され、それなりの存在感を示した。近年のレヴォーグに先立つニッチなスポーツワゴンだったが、次の2代目ではやや存在感が薄れる。これは1994年のスノーボード国際大会のオフィシャルカー。

内装も外観と同様のテーマでスムーズなカーブで構成された。シンプルに徹したある意味ストイックなデザイン。これは1992年登場時のWRXで、ステアリングはナルディ。

も、もっと小さいクルマがあったらいいと考えていた。スバルはWRXについては試作段階から、プロドライブのスタッフやドライバーのコリン・マクレーに試乗させて意見を聞くなどし、実際に要望がこと細かに市販車にとりいれられた。

WRXの設定は早くから決まっていたものの、開発中にラリーが好きなスタッフにそれが知られると、本来のベースモデルのつくりがそちらに引っ張られてしまうので、途中までそれが伏せられていたという逸話もあった。これはまさにインプレッサのその後の進み方を暗示するようでもある。スバル1000の頃よりも、社内ではモータースポーツ好きが多く目立つようになっていたといい、久世、小関、高岡、辰巳などはその象徴的存在だった。

レガシィと変わったのは、インタークーラーが水冷から空冷になったことで、これは、ラリーの実戦部隊からも要請されていた。また、インプレッサはレガシィよりもよく「曲がる」クルマに仕立てられていた。単純に小さくなったせいでもあるし、市販車では4WDカーの常識を超えるべく意図的に俊敏に仕立てられた面もあったようだけれども、同じ頃に発売された宿命のライバルのランサー・エボリューションの初代モデルは、「曲がらない」といわれていた。直列4気筒を横置きしたランサーも、その後よく「曲がる」ようになるけれども、それは4WD機構の進化のおかげともいえた。素の状態で、シンプルにつくれば、縦置き水平対向レイアウトのバランスの良さは際立っていた。

### ▩WRCでの活躍、競技への挑戦で進化

インプレッサは1995年からWRCで3年連続マニュファクチャラーズ・チャンピオンを獲得する。はじめからWRCチャンピオンを狙える成り立ちだったといえ、実戦で経験を積んでいたレガシィのメカニズムをそのまま受け継いで、すぐに実力を発揮できたのも大きかった。水平対向の縦置き4WDというパッケージを続ける宿命で、モデルチェンジする場合に必然的に前モデルの正常進化になり、それはたとえば同じ水平対向でRRのポルシェ911と同じだった。基本パッケージを変えずに改良を続けて、ときに応じてエンジン搭載位置をわずかに前後させたり、サスペンション形式などを抜本的に改変したりするのが、モータースポーツにおける、インプレッサの生きる道になった。

競技ベース車の役目を負ったインプレッサの改良・強化の手法や度合いは、レガシィ以上のものがあった。レガシィと同様に競技ベース車のWRXタイプRAは登場当初から設定されていたが、さらにその後STIバージョンも登場。初代インプレッサではSTIバージョンが競技ベースの最高峰を担うことになった。ただし、競技ベースといってもWRCのトップカテゴリーは、1997年にグループAから改造自由度の大きいWRカーに変更されて、2WDのNAエンジン車がベースでも4WDターボカーが仕立てられるようになったので、STIバージョンの進化はWRCのトップカテゴリーのためではなく、改造範囲の少ないグループNクラスや、ジムカーナ、ラリーなどの国内競技で勝つための改良という面が大きかった。

インプレッサの進化は、事実上、ライバルの三菱ランサー・エボリューションとの競争による成果といえる。ランサーの場合は、グループAの公認に必要な最低生産台数2500台が完売できる実績があったので、改良を加えたエボリューションモデルを次々に投入し、WRCも2001年までグループAで戦い続けていた。ランサーと競合することで、インプレッサの性能が上がって、カリスマ的な迫力を身につける

ようになった。ただそのいっぽうで、マニアックな世界に偏ってしまうことにもなるのだった。

### ■初代インプレッサ、STIモデルの登場

初代インプレッサの進化について、エンジンを中心に主だったものを追ってみると、登場時の2リッターと1.8リッターはレガシィ用を改良したもので、4バルブSOHCの1.5、1.6リッターが新設計されていた。もちろんすべてEJ型であり、低出力エンジンであっても5ベアリングの基本骨格は踏襲されている。

WRXの2リッター・ターボEJ20G型はレガシィRSのもので、インタークーラーが空冷に替えられ、レガシィより20ps高い240psを誇っていた。1994年9月の大きな改変では、ターボの過給圧アップなどで260psに向上。WRX-RAではレヴリミットが7500rpmまで高回転化され、最大トルク31.5kg-mを5500rpmで発生した。初期のインプレッサWRXは、オーバースクエアエンジンということもあるが、はっきりと高回転型エンジンだった。

そのいっぽうで、1994年1月に初めて限定のSTIモデルが発売された。STIが仕立てたコンプリートカーは、1989年11月にレガシィRSに設定されたタイプRAが最初だったが、インプレッサでは最初のWRX STIのあと、1994年11月にWRX タイプRA STIが登場。ここから競技ベースに徹したインプレッサ STIモデルの伝統が始まった。最初のタイプRA STIのエンジンは、コンピューター、鍛造ピストン、ナトリウム封入排気バルブなど多岐にわたって改良されて、プラス15psの275psを誇った。

1996年9月の大規模な改変で、EJ20はレガシィと同様にボクサー・マスター4に進化した。STIバージョン（III）ではバルブリフターが軽量なインナーシムタイプとなり、スカート部の短いピストンを採用して軽量化、低フリクション化に努め、まさに競技エンジンというべき機構が多く見られるようになった。バルブ挟み角は41度まで狭められ、EJ20K型の最大出力はついに、当時のいわゆる自主規制の上限の280psに達した。

1998年3月には、WRカーのイメージを取り入れたワイドボディの限定車22Bが発売された。22Bは専用の2.2リッターエンジンを搭載したが、あくまでレプリカ的なモデルなので、競技向きではなかった。ただ細部までこだわり抜いて仕立てたプレミアム性も備えており、STI特別モデルのひとつの方向性を示すものでもあった。STIは、スバルのモータースポーツ活動を支える組織であるいっぽう、ビジネスとしても採算を考えていく必要があり、パーツの販売とともに積極的にコンプリートカーを開発した。

22Bは2ドアだったが、その前の1997年からSTIバージョンには2ドアも設定されていた。2ドアはアメリカ市場の需要に応えて設定されていたリトナをベースとしたもので、当時のアメリカでは、そういったライトな感覚の2ドアクーペの需要が一定数あった。とはいえインプレッサは4ドアセダン、という図式は、基本的には変わらなかった。

1998年にはまた大幅改良を施してフェーズIIに進化し、高出力エンジンがEJ207型、ノーマルターボがEJ205型となった。シリンダーブロックの冷却水路の浅底化、バルブのハイリフト化、吸気ポート形状変更などが行なわれた。

公道を走るWRCでは、最大出力を300ps程度に抑えるために、吸気量を物理的に制限する吸気リストリクターの装着が義務付けられていて、1995年からその径が38mmから34mmへと大幅に小さくなった。吸気量を制限されると、高回転域では最大出力が頭打ちになるので、低中速域のトルクを太らせる

WRCでは1997年からWRカーが導入された。スバルはすぐに従来のグループAに見切りをつけ、インプレッサWRCを初戦から投入。プロドライブの提案で2ドアボディが選ばれ、著名レーシングカーデザイナーのピーター・スティーブンスが車体をデザインした。冷却効率向上のため、インタークーラーを市販車とは異なる最前部に移動しており、ボンネットのエアスクープは市販WRXと同じにしておくためスバルの要望であえて残したという。

登場当初のWRX タイプRA。インタークーラーウォータースプレーやクロスミッションなどを装備。WRXはもともと1200kgと軽いが、さらに30kg軽く1100kg台に収まっていた。このあとSTIバージョンも登場する。

宿命のライバルだったランサー・エボリューション。これはエボⅢで、戦闘力向上のため前面開口部の大型化などが目立つ。

EJ15エンジン。EJ16とともに初の導入。SOHCの4バルブを採用。EJ15、16、18とも、最高出力発生回転数はEJ20ターボと同じ6000rpmで、それぞれ97ps、100ps、115psだった。

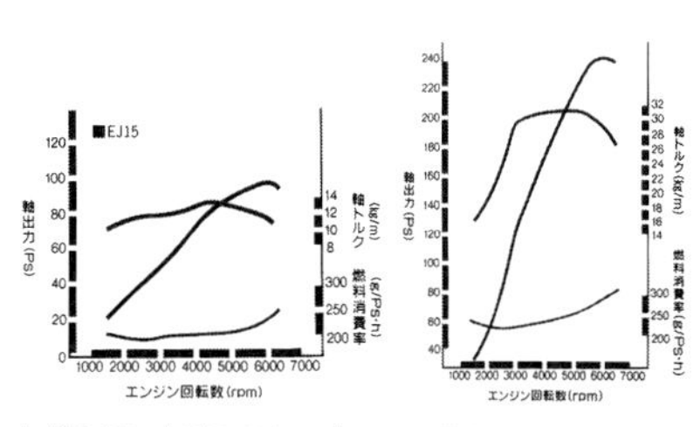


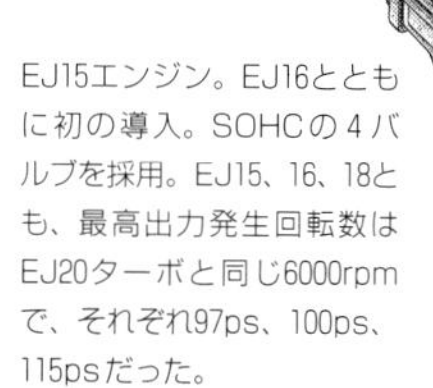


左がEJ15、右がEJ20ターボ。EJ15が低速からフラットトルクなのに対し、EJ20ターボは3000rpmより下は急激に落ち込んでいる。メーター上のレッドゾーンは7000rpmで、1996年9月のボクサー・マスター4からは、通常のセダンWRXでは7500rpm、STIでは7900rpmへと引き上げられた。

1994年、競技ベースのWRXタイプRA STIで導入され、WRX STIモデルの伝統となったDCCD(ドライバーズ・コントロール・センター・デフ)。遊星ギア式センターデフと、電磁制御多板クラッチのLSDで構成される。基本は前35:後65の配分。デフのロック率を運転席で調整でき、さらにサイドブレーキ使用時にはデフロックが解除され、クラッチを切らずにサイドターンができる。

競技向けのWRXタイプRAでは、冷却性能強化のため、当初より空冷インタークーラーに手動の水噴射装置を付けていたが、1996年9月発売の280psに強化されたSTIバージョンⅢでは自動噴射になった。

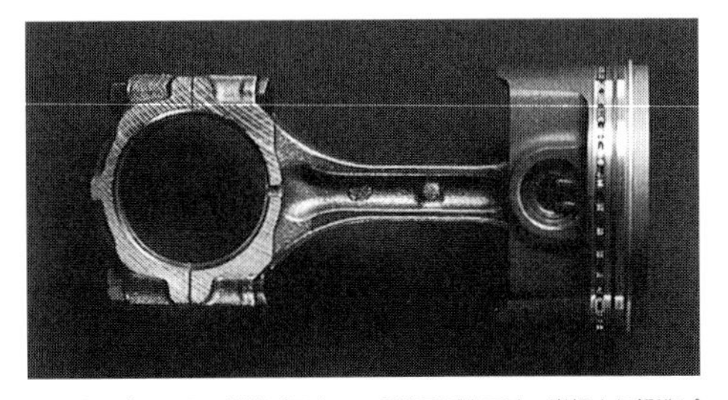

STIバージョンⅢの鍛造ピストン。STIモデルでは、当初より鍛造ピストン、専用ターボなどのチューニングで、エンジンを強化していた。

1996年9月の改変では、外観も変更を受けて、グリルが大きくなった。これはWRXのカタログにも使われた写真。同年8月の1000湖ラリーの開始直前に撮影されたと思われる。前年にマクレーが王座を獲得、初のチャンピオンはダブルタイトルとなった。

1998年11月に発売されたSTIバージョンV。前年から2ドアクーペのWRX（STIバージョン）も登場。STIバージョンは1995年のバージョンIIから、限定車とはいえ正規のカタログモデルとなった。

前年までのWRC 3連覇を記念して、こだわり抜いて仕立てられたSTIバージョンの一種、22B。1998年3月に登場。これは英国仕様。

インプレッサWRC97のEJ20エンジン。市販車よりひとあし早く等長等爆の排気を採用。またWRカー規定によりショートストロークの弱みが解消されたといわれる。EJ20はこのあとも競技用エンジンとして進化し続ける。

ことが重要になり、オーバースクエアなために低速トルクの出にくい水平対向エンジンはこの点では不利で、当時はランサーの4G63ユニットがロングストロークで、最強エンジンとみなされていた。

その後の1997年からのWRカー規定では、ベースエンジンのボアを変えることなども許されて、フォードのようにロングストロークに切り替えたマシンもあったものの、スバルではそうしたエンジンはつくられなかった。ポルシェのフラット6は、ボア・ストロークのバリエーションがたくさんあるけれども、スバルにはそれがなかったし、また結局その必要はあまりなかったようで、徹底的な改良を続けて、低速から力の出るトルクフルなエンジンに進化していった。

### ▩WRX重視が目立った2代目インプレッサ

2000年8月に、8年ぶりにインプレッサはモデルチェンジ。2代目は先代よりピュアスポーツらしさを強めた。新たに、セダンとワゴンでボディ全幅を異なるものにして差別化。女性に人気のあったワゴンはフェンダーのふくらみのないナローボディであるが、セダンはすべてWRXというサブネームが付き、WRカーのような派手なブリスターフェンダーが目立つワイドボディとなった。先代モデルはソフトなスマートさもあったのが、2代目のセダンは角ばっていかつい印象になった。外観で特徴的なのは丸型ヘッドランプの採用で、いかついボディを少しファニーな感じに見せているようだった。ただこのランプ採用の大きな理由としては、インプレッサのメインテーマであるスポーティさを表現するねらいがあったとされる。

メカニズムは先代の進化版でセダンの全幅は1730mmとなり、格上のレガシィに先がけて3ナンバー枠になった。幅広の225サイズのタイヤを履くためであり、横幅の広い水平対向エンジンでは、もともとサスペンションの取り付けに余裕がないので、タイヤを外側に逃がした形だった。

この2代目のWRXは、見るからに迫力あるボディになったのはいいが、車重がSTIバージョンで比較して約150kg増加していた。ボディ剛性が飛躍的に上がって衝突安全性能が向上し、正確さを増したハンドリングが評価されたものの、スポーティモデルでこれだけの重量増はつらく、サーキットのタイムで宿敵ランサーの後塵を拝することになった。

WRXの真打というべきSTIバージョンには、初めて6速MTが採用され、エンジンもかなり大がかりな改良が施された。ハイパワーターボのEJ207型では、オープンデッキのスリーブ部分とブロックのあいだに接合部分を追加してセミクローズドデッキとし、ブロック剛性を向上させた。ピストンの軽量化や、コンロッドの強度アップなども図られ、動弁系ではバルブクリアランスの調整を不要にするシムレスリフターが採用された。ターボやインタークーラーも大型化され、最大トルクは38kg-mになり、燃費も向上した。ちなみに初代レガシィ登場時のEJ20のトルクは27.5kg-mだった。

重くなってランサーの後塵を拝したことは当然看過できないことで、登場の翌2001年12月には、90kgもの大幅軽量化とエンジン強化をしたSTIタイプRAスペックCを投入。このエンジンは、ボールベアリングターボの採用などで最大トルクは39.2kg-mに向上した。

### ▩「丸目」「涙目」「スプレッドウィングスグリル」

2代目インプレッサは2002年に大幅なマイナーチェンジをして、特徴的な丸目のヘッドランプが通称

丸型ライトを採用して登場した２代目インプレッサ。丸型２灯はスバル1000や２代目レオーネなどでも印象的だった。ライトと離してデザインされた台形グリルも、スバルらしさを示そうとするものだった。２代目はWRXを重視して計画された感があった。これは2001年頃の左ハンドル仕様車。

スポーツワゴンにもターボは搭載されたが、セダンのようなブリスターフェンダーがないナローボディのみで、当初はWRXの名称も使われなかった。これは北米仕様。

スポーツワゴンの仕立て方は初代と同様とはいえ、セダンと外板パネルが共通なのは、ボンネットとフロントドアのみ。全高はセダンより高められ、セダン自体も箱型になったとはいえ、先代ほどのスマートさはない印象だった。とはいえ価格の安さもあり、販売面ではセダンよりこちらが多数を占めた。

引き続きシンプルながら、グレードアップした印象の内装。エアコン吹き出し口は、フロントマスクの丸型ライト、台形グリルを反復したもの。これは2000年のSTIタイプRA。

2000年10月発売のSTIから、セミクローズドデッキが採用された。初代インプレッサ当初はクローズドデッキ、その後冷却効果を高めたオープンデッキになっていたが、剛性を高めるためオープンデッキをもとに、１気筒で２ヵ所のブリッジを追加したセミクローズドデッキとなった。

2代目インプレッサのフロント部分。左が進行方向。左右を渡す分厚いクロスメンバーが見える。2代目インプレッサでは、新たに下側にサブフレームを設け、ファイアウォール付近からノーズまで走る2本のサイドフレーム（図には描かれていない）とで強固にクロスメンバーを上下から支える構造にした。

2000年発売のSTIで新開発の6速MTが採用された。スポーツドライビングが目的なので、当然ながらギア比がクロスしたクロスミッションとなっていた。

2002年11月のマイナーチェンジで「涙目」へと変わった。ボンネットからのプレスラインなどライト以外も大がかりに手直しされたが、台形グリルはまだしっかり維持されていた。これは2005年の英国仕様STI。ボンネットのエアスクープが大きい。

ニュルブルクリンク付近の公道での走行風景。後ろの偽装した1台はバンパー形状から見て、「涙目」のテスト車両に思えるが、ボンネット形状は市販型と異なる。

2代目インプレッサWRXは、登場時の寸法で、ホイールベースが初代＋5mmの2525mmながら、全長は+55mmの4405mmと長くなっていた。もともと縦置きエンジンのためにフロントオーバーハングは長めだが、2度のマイナーチェンジの増改築のためもあるのか、スプレッドウィングスグリルの「鷹の目」ではフロントがややオーバーな感じもあった。ただこのフロントマスクは、走りへの意志が強く感じられた。これはリチャード・バーンズの2005年の逝去後につくられた英国のメモリアル限定モデル、インプレッサRB320。開口部がメッシュとなっている。

「涙目」と呼ばれる形状に変わった。丸目のデザインは登場当初から賛否両論の反響があり、スバルとしては反対の声が目立つのを気にした面はあったようで、また別に、WRCマシンで照度アップと空力性能向上が求められている事情もあった。新しいフロントマスクのデザインには、WRカーのデザイナーであるピーター・スティーブンスによる提案が反映されたといわれる。

いっぽう4WD機構では、以前からあったドライバーズ・コントロール・センター・デフ（DCCD）が進化して、オートモードが設定された。

エンジンも大幅に手が入れられ、STIモデルでは、EJ20で初めて等長等爆の排気レイアウトが採用された。これは1997年のWRカーで先に採用されていたもので、ツインスクロールターボと組み合わされて、中低速トルクが目覚しく向上し、最大トルクは40.2kg-mと、初めて40の大台を超えた。エンジン内部も強化され、ピストンは従来の鍛造から、ディーゼルエンジンにも使われる高強度のアルミ鋳造製に変えて、冠面を理想的なフラットな形状にした。クランクシャフトは従来WRCマシンで使われていたタフトライドと呼ばれる窒化処理加工を施して、強度アップを図った。可変バルブタイミング機構、シリンダーヘッドのウォータージャケット、吸気系なども改良された。

2005年にはターボの過給圧を上げるなどして、最大トルクが43.0kg-mとさらに大幅に向上した。

STI以外では、2003年からセダンにも1.5リッターを積むようになり、これは従来ワゴンだけに設定されていたナロートレッドのボディだった。2006年には、同じ1.5リッターながらロングストロークでDOHCの新ユニットEL15を投入し、ハイパワーではないモデルの強化を図った。

いっぽう外観デザインも物議をかもす変更があった。2005年のマイナーチェンジでは、フロントマスクが再び変わって、スプレッドウィングスグリルと呼ぶ3分割式グリルが採用された。4代目レガシィのところで述べたように、スバルはこの頃、BMWやアルファロメオのようにひと目でスバルとわかるデザインをものにしようと試みたのだが、なかなか定着しなかった（97頁参照）。あまり語られないが、「丸目」や「涙目」の台形グリルもスバルらしさを示す意図で採用されていたもので、3代目レガシィなどほかのスバル車も台形グリルで統一され始めていた。ただそれではまだアピールが足りないということだったのだろう、スプレッドウィングスグリルが欧州人デザイナーとの連携もするなかで形になり、鳴り物入りで採用された。

レガシィは、モデルチェンジのタイミングもあったせいか、スプレッドウィングスグリルを一度も採用しなかった。先鋭的なスポーツであるべきインプレッサは、この新しい目立つグリルがすぐに必要と判断されたのかもしれない。実際のところこの新しいフロントマスクは、ねらいどおり精悍なデザインとなったが、途中で修正した顔だったこともあって、違和感がよけいに出てしまった面もあったと思われる。販売当初から組み込まれて比較的バランスのよかったR-1やR-2でさえ、唐突さから生じる抵抗感をユーザーが感じていたくらいだから、明白に「後付け」のグリルであるインプレッサでは、ある種作為的にも感じられた。そもそも2代目インプレッサは、フロントオーバーハングが長いような印象があり、そんな見られ方を助長したようにも思える。

## ■WRCで水平対向の優位性がそがれる

この新しい顔は、WRカーでも早速2006年シーズ

2000年10月発売のSTIの鍛造ピストン。ピストンサイドはモリブデンコーティングで摩擦抵抗軽減。コンロッド大端部ボルト締め付けのナットを廃止し真円度を高めた。

40.2kg-mのトルクに耐えるべく、アルミ鋳造となった2002年マイナーチェンジ後のSTIのピストン。冠面形状も変化している。

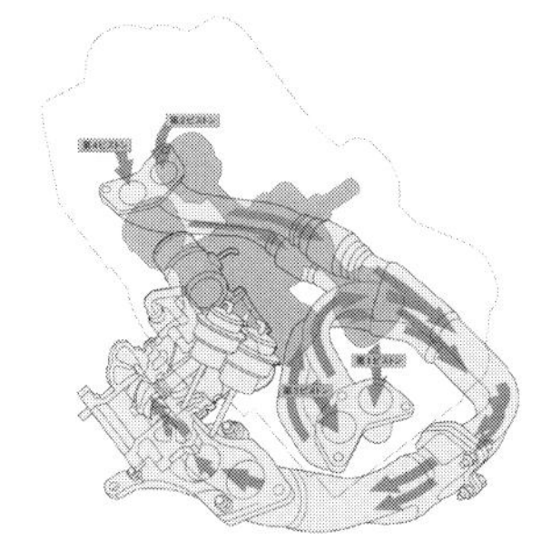

2002年のSTIで初採用された4-2集合の等長エキゾースト。排気は1と2番、3と4番が集合し、左手前のツインスクロールターボへ向かう。

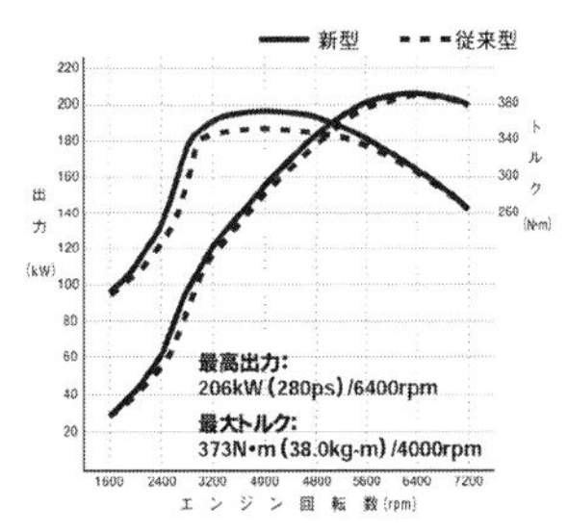


2000年10月発売STIの性能曲線。前型（破線）と比べ、低速トルクを厚くしている。初代インプレッサのモデル期間中も低速トルクを太らせつつあったが、2代目ではだいぶ厚くなった。

2002年のSTIでまたスペックは強化された。最大出力が当時はまだ280psで打ち止めだったとはいえ、さらにまた中低速トルクが増強されている。280ps（206kW）/6000rpm、40.2kg-m/4400rpm。

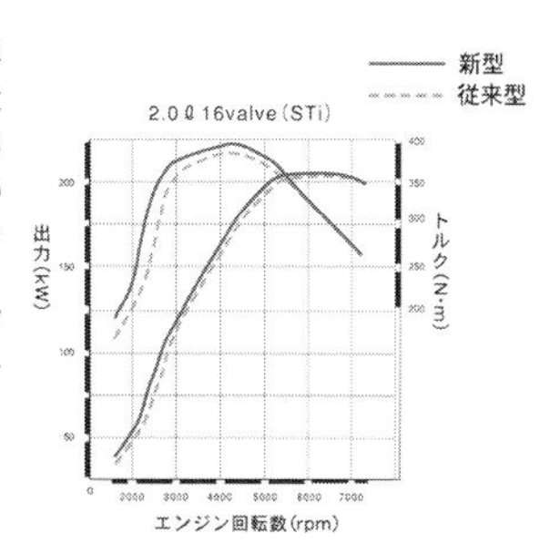


「丸目」の初年度2001年サンレモを走るペター・ソルベルグのマシン。もともとWRX市販車はWRカーのイメージに近づけてブリスターフェンダーを採用していたが、WRカーはさらに車幅が広い。

2003年ドイツでのソルベルグ車。この年ドライバー王座を獲得した。「涙目」のデザインで、それなりに台形グリルの存在感はあるが、初期型と比べて台形は丸みがかっている。

2006～2007年に走ったスプレッドウィングスグリルのWRカー。2006年ツールドフランスのこれもソルベルグ車。この年は肝入りの3分割グリルの、3分の2は塞がれていた。

ンから採用された。WRCで戦い続けるという役回りがあったから、インプレッサはレガシィよりも、気負いがあって、欧州ブランド的な強い顔を持つことになったのかもしれない。ただこの頃のWRCでは苦戦するようになっており、結局2006、2007年とこの顔のマシンは1勝もすることがなかった。こういうブランドの顔には「伝説」や「神話」が必要だとすると、その点は残念であった。1990年代からのWRCでの大活躍があったからこそ生まれた精悍なグリルだったと思うが、形になったのがやや遅すぎたというべきかもしれない。結局、スプレッドウィングスグリルはその後の展開がなく、3代目インプレッサでは廃止されることになる。

WRCでは2代目インプレッサが2001年から投入されており、メーカータイトルは獲れなかったが、2001年にリチャード・バーンズ、2003年にペター・ソルベルグがドライバーズチャンピオンを獲得した。2代目インプレッサは、基本的には中身は従来のものをそのまま引き継いでいたが、もちろんライバルとの戦いの中で、年ごとにさまざまに改変が施されていた。

その頃WRCでは、フォードやプジョーなどが横置きエンジンに縦置きギアボックスを組み合わせる手法を採用し始めていた（256頁参照）。これは、WRカー規定で許されたことで、主に前後重量配分の改善が目的だった。駆動の方向を90度変えるので、ギアの構造が複雑で駆動力ロスや重量増が当初は不安視されたが、熟成されると優位性が発揮されるようになった。スバルはもとからギアボックスが縦置きであり、横置きエンジン車がオーバーハングにエンジンとともにギアボックスを並列に置いていたのと比べて、重量配分は有利なはずで、それがスバルのバランスの良い理由のひとつだった。ところがWRカーで横置きエンジンでもギアボックス縦置きが許されると、スバルの優位性が薄れた。しかもWRカーはエンジン位置を少しずらすことも認められたので、横置きエンジン車はエンジンを後方に倒したりしていろいろ改善したが、スバルの縦置きユニットはほとんど動かしようがなかった。WRカーでは、縦置き水平対向も直列4気筒横置きも重量配分ではあまり変わらなくなったといわれる。

この当時、WRカーでは低重心化に加えて、重量物をできるだけ車両中心に近づける、いわゆるZ軸まわりモーメントの軽減化が、流行していた。エンジン駆動系とは別に、インプレッサのWRカーも、初導入から3年たった2000年に、重量配分改善のために各パーツの搭載位置を徹底的に見直した。ただ、この頃のWRCでは、ベース車両そのものをコンパクトサイズにするのが主流になり、プジョー206など全長4000mmという規定ぎりぎりのマシンが優位性を発揮した。規則こそがそれを導いたといえるのだが、そのトレンドはスバルに適さないものになっていた。

とはいえWRCのEJ20は、2002年に公称60kg-mと大幅トルクアップを果たして、最強エンジンのひとつになった。この頃は市販車ベースのグループNで戦う一般ユーザーに近いクラスのPCWRC（PWRC）でも、スバルはメーカーとして力を入れ始めて強さを発揮していた。この当時のグループNは、数年前のグループAマシンよりも性能が上がったといわれていたが、それはもっぱらインプレッサがランサーとともに改良を重ねてきた成果でもあった。

### ■"反省"して欧州車的になった3代目インプレッサ

2007年6月に登場した3代目インプレッサは、大変身を遂げた。北米市場向けに4ドアセダンも存続したものの、主力となったのはWRXの名を外された

5ドアハッチバックだった。とくに2代目インプレッサで、販売が見込めるおとなしいベーシックモデルを後まわしにしてしまったことの反省が、3代目モデルにあらわれた。新たに主役に据えられたベーシックモデルは、それまでの硬派なWRX系セダンからは一転して、本来インプレッサが担っているCセグメントの世界戦略車として、あるべき姿に立ち返らせた形だった。さらにいえば、かつて初代インプレッサの使命だった「中間車構想」の原点にかえるものともいえた。

これは、コアなスバルファンにとってはそれまでの一貫性が断ち切られたように見え、いわゆるブランド戦略として心配という声も聞かれた。このことはこのあと出る5代目レガシィのときも、日本では強くいわれた。

メーカーとしては、先代インプレッサがWRX系のピュアスポーツに特化しているイメージが強すぎて、一般ユーザーには少し近づきがたいクルマになっていたのを危惧していた。日本市場では、スポーツワゴンのほうがWRX系よりも販売台数はずっと多く、WRX系セダンの派生モデルのような中途半端なワゴンよりは、はじめからハッチバックとして仕立ててしまったほうがよいと考えられた。

インプレッサは、硬派なWRX系と女性ユーザーにも人気のスポーツワゴンに二極化していて、それを両立させるのが重要なことだった。そのために、まず従来のスポーツワゴンに相当するベースモデルの方の基本をかためたうえで、高性能モデルを仕立てることになった。

高性能モデルはWRX-STIという名で、WRカーとほとんど同じ専用のワイドボディをまとって後から登場することになった。そしてWRX-STIも、硬派であるだけでなく、プレミアムスポーツとして大人向けの洗練を与えるようにしたのが新しいことで、これはその後のWRXやSTIモデルが目指す方向性ともなっている。

ハッチバックになった3代目インプレッサは、小型車として素直に優等生という印象で、デザインも洗練された。「欧州的なクルマづくり」という意味で、スバル1000の“伝統”に返ったようでもあった。同クラスの欧州のライバルにはVWゴルフやBMW 1シリーズなどの実力派・個性派が揃っているので、それらに対抗するために、シェアの大きくない水平対向エンジン車として、もっと個性があってもよいのではないかという声も発表後に聞かれ、たしかにそれは一理あったが、やはり“迷走”した先代が一種のガラパゴス的なクルマづくりで、新型のほうが世界の潮流に沿う“まっとうな”クルマづくりになったというべきなのだろう。

実際3代目を開発する前に、開発リーダーらが社長に命じられて欧州を視察して、現地のライバルの状況をじっくり観察したという。この頃のインプレッサはWRCの本場での人気ということもあり、ヨーロッパが重要な市場ととらえられていたのだった。

外観デザインは、欧州的な雰囲気が感じられるが、東京・三鷹の先行デザイン部門でチーフを務めていたアンドレアス・ザパティナスの下で開発が進み、ドイツ人デザイナーの原案が採用された。統括は、2代目インプレッサや、次の4代目も担当し、後にデザイン部長としてDYNAMIC×SOLIDを策定する石井守だった。

WRXと分けたとはいえ基本ボディは共通であるので、WRCマシンのベース車両という役割も依然として重要で、WRCの流行がロングホイールベースになったのに対応する形で、ホイールベースが旧型のSTIスペックCが2540mmだったところから、+80mm

ワゴンをやめてハッチバックボディとなった3代目インプレッサ。2代目とは一転、スペース効率の良さを感じさせるボディ形状になったが、ボディの曲面は繊細で、優美な雰囲気も漂わせた。2代目よりもスタイリングとしてまとまりのよさが感じられ、ノーズの低さも目立つ。

英国仕様では、ノーマルボディでもWRXと称するモデルがあった。3代目の顔つきはどこか欧州車的なエキゾチックさも漂う。

インテリアもそれまでのインプレッサとは大きく異なり、カーブした加飾プレートでダッシュボードを飾るなど、デザインに対する意識の変化が内装にも感じられる。これはWRX-STI。

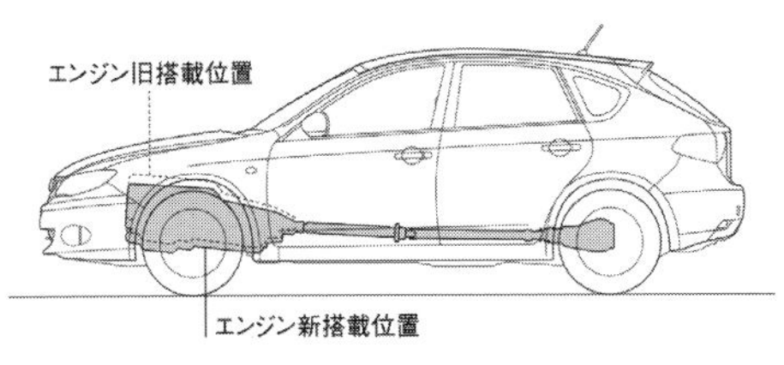


4代目レガシィに続き、水平対向パワーユニット搭載位置を下げて、走りの安定性と気持ちよさを高めた。エンジンはフロントデフ中央部で10mm、エンジン前端部で22mm低くなった。

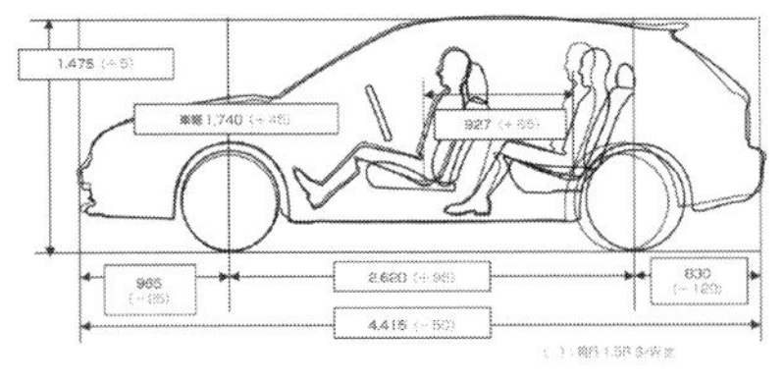


先代ツーリングワゴンと比べた側面図。分類上“ハッチバック”になったといえ、側面からの基本的シルエットはほとんど変わらない。ホイールベースが延びたことで後席スペースが拡大した。

3代目インプレッサは途中までスプレッドウィングスグリルを採用する予定だったとも噂される。採用されれば、2代目インプレッサのときよりは、ボディに溶け込んでデザインされただろうと思われる。市販型ではウィング状のモチーフがグリル内に残され、これがとりあえずその後のスバルの「顔」として受け継がれている。このWRX STIではそのウィング状デザインが通常モデルよりも目立っている。

2005年の東京ショーに出品されたショーカーのB5-TPH。動力はハイブリッド。B5-TPHは3代目インプレッサの、市販型採用案の対抗馬だったデザイン案を基にしている。スプレッドウィングスグリルといってよいグリルを付けているのが注目で、2003年のB11S（97頁参照）のものよりさらに進化したものだといえそうである。

の2620mmまで延長された。旧型の通常モデルでは2525mmだったので、それをベースに考えると+95mmの延長となる。

これはもちろん室内スペースの拡大にも貢献していた。開発では室内の広さが大きなテーマで、先代モデルでライバルに対して劣っていた頭上スペースの拡大も重視された。室内スペースについてはこの頃のスバルがとくに重視していたことで、次の5代目レガシィでは車体寸法そのものも劇的に大型化される。

ホイールベースが大きく延長されながら、ハッチバックなので全長は逆に短く抑えられ、スペース効率は大幅に改善された。全長が短いことは、もちろんラリーでも有利だった。リアサスペンションに初めてダブルウィッシュボーンを採用したのは、ハッチバックの荷室を広くするためもあるが、当然走りも洗練された。このほかエンジン搭載位置は4代目レガシィと同じように低められた。

### ▩4ドアセダンを追加

エンジンは、シングルターボに戻されたレガシィの4気筒と共通する部分が多くなって、全車が等長等爆の排気になった。ふつうの2リッター・ターボはレガシィ用を10psデチューンしたもので、250ps／34.0kg-mという最大の数値は先代WRXと同じだったが、最大トルク発生回転数が大幅に低められた。それはトップモデルのSTIも同じで、2400rpmで最大トルクの90%を発して、それまでもバージョンの進化ごとに改善が図られてきたものの、ここへきて明らかに低速トルク重視型になった。またいっぽうWRX-STIの最大出力は日本の280psの自主規制解除もあって、308psに達した。そのほか、インタークーラー容量の増加や、従来、吸気側のみ採用されていた可変バルブタイミング（AVCS）を、吸排気とも採用するなどしている。

2リッターNAもレガシィと同じで、デビュー時点ではSOHCのみとなっている。1.5リッターも充実し、先代のモデル末期に登場したDOHCで新設計のEL15は、85×65.8mmだった旧EJ15に対して77×79mmのロングストロークで、これも低速からの扱いやすさに力を入れていた。16バルブ、等長等爆、吸気側のAVCSなどのほかに、さらに燃焼室や吸気ポート形状などの改良を加えて、1498cc、圧縮比10.1で、110ps/6400rpm、14.7kg-m/3200rpmを得ている。1.5リッタークラスに、水平対向エンジンや競技対応の高剛性ボディやサスペンションはぜいたくとはいえ、それが活かされた結果、とくにFFでは軽いぶんハンドリングなどは4WDターボモデルなどよりも良いという声も聞かれた。2WDでも水平対向パッケージの良さを活かせるという好例であった。

3代目インプレッサは、登場後、いくつか大きな改変があった。発表から1年あまりたった2008年10月には、3ボックスの4ドアセダンボディのアネシスを追加。日本でもセダンの要望があったというが、そもそもセダンの人気が高いのは北米であった。北米でのインプレッサは、2代目まではターボモデルが売られていなかったが、この3代目から導入された。WRCのイメージが浸透していた欧州市場と違い、北米でのスバルは、従来はもっぱらクロスオーバーSUVを売りにしていたが、ハイパワーモデルでも売る戦略にこの頃転換しており、レガシィでもそれが実践された。

ただしレガシィはアウトバックや実用車のほうが主流であり、6代目レガシィではターボが廃止されることになる。ところがインプレッサのWRXはアメリカで支持されて、その後5代目モデルの頃には販

WRX STIは、WRカーに近づけたデザインを採用。この頃はWRカーのスタイリングもスバル自ら手がけるようになっていた。ただ、ノーマルボディも、WRXを念頭にデザインされているという。これはイギリスで発売された限定モデルのコスワース・インプレッサSTI CS400。海外のWRXが積むEJ25をベースに、コスワースがチューンした400psのエンジンを積む。

3代目WRX-STI用EJ20ターボのブロック。308psに増えたパワーに対応して各部が強化された。セミクローズドデッキの基本は変わらないが、シリンダーライナーの厚みが先代よりも増している。

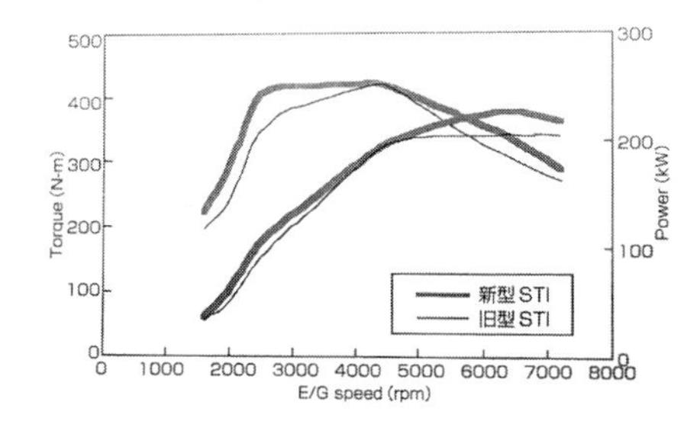


先代と比べた3代目WRX-STIの性能曲線。最大出力は308ps（227kW）へと向上。最大トルクは43.0kg-mのままながら、とくに低速トルクがさらに大幅に厚くなった。次の4代目登場時は基本的数値には変化がなく、EJ20もここへきてしかるべく熟成したという印象。

2010年に導入されたセダンのWRX STI。初期型とはグリル形状が変わり、逆台形の“伝統的なスバル・スタイル”になったが、グリル内のウィング状モチーフは継続。4ドアボディはハッチバックの派生形のようでややアンバランス感があったが、アメリカを中心にセダンのほうが需要が多く、このあと次期WRXでは4ドアセダンのみになる。これは2011年モデルの北米仕様。この世代のWRXは流麗さを意識したといわれているが、光の加減で、その迫力はまるで筋肉増強剤を大量投与したかのよう。

2008年10月のパリ・サロンで展示されたWRカー。この2008年途中から実戦投入されていたが、その年かぎりでWRC撤退が決まり、惜しくも真価を発揮できなかった。市販型WRXと異なり、ボンネットエアスクープはない。

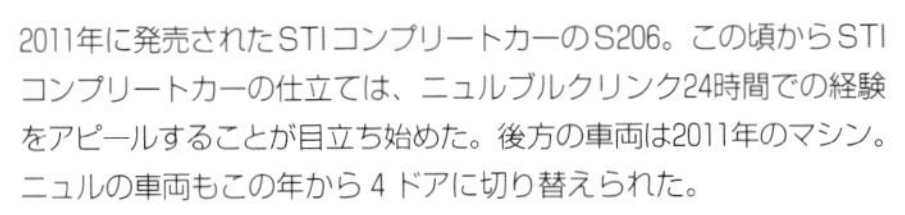

2011年に発売されたSTIコンプリートカーのS206。この頃からSTIコンプリートカーの仕立ては、ニュルブルクリンク24時間での経験をアピールすることが目立ち始めた。後方の車両は2011年のマシン。ニュルの車両もこの年から4ドアに切り替えられた。

売台数が日本を大きくしのぐようになる。当初は欧州志向だったインプレッサ／WRXが、だんだんと北米にも軸足を置くようになっていく。

2009年には、WRX-STIを初めてAT仕様としたWRX STI A-Lineが投入される。エンジンは2.5リッター・ターボを積んでおり、2.5リッターも元来、北米向けのエンジンであった。販売的にはこのA-LineがWRXで大勢を占めるようになり、これが次期型のWRX S4に受け継がれる。

2010年にはついに4ドアセダンにもWRXを設定。この頃にはWRCを撤退しており、ラリーのイメージや、また適性を考える必要も前ほどはなくなった。そしてアメリカ市場の動向もあって、結局次期型ではWRXはセダンのみになる。この2010年には、広告物などのうえでは静かにWRXからインプレッサの名が外された。次期型でWRXが独立モデルとなる布石が打たれた形である。ちなみに次期インプレッサの発表は2011年で、WRXは次期型が発表される2014年まで現行モデルのまま継続した。

WRCでは、この3代目インプレッサWRXは、勝利を挙げることがないまま、2008年をもって撤退することになる。撤退は経営上の理由からではあったが、レギュレーションの変更によりスバルが相対的に不利になっていることも背景にはあった。2代目の終盤から不振が続き、この3代目WRXは、前にも増して勝利のために市販車の段階からWRカー対策を盛り込んで鋭意開発されていたというので、残念なことであった。WRC撤退はもちろんスバルのブランドにとって影響を与えるものだが、それを担う存在であるインプレッサ（WRX）にとっても大きなことだった。

## 3-4　フォレスター、SUVモデルの展開

### ■クロスオーバーSUVの元祖

レガシィ、インプレッサに続いて、1997年にSUVのフォレスターが誕生する。今日では、SUVはスバルにとって、重要なものとなっている。ここでフォレスターについて見る前に、SUVがスバルの柱に育つまでの経緯を、ふりかえっておきたい。

スバルは今日、世界で隆盛を極めている乗用車ベースSUVのパイオニアメーカーといえる。1971年に東北電力の要請で、ff-1をベースにつくった4WD車（63頁参照）は、まさに乗用車とジープタイプ車の特徴を兼ねそなえた、真の意味でのクロスオーバーSUVだった。ただ、時代が早すぎて、当初はスバルとしても4WDをどう売ればいいかわからなかった。

レオーネのとくに初期の時代には、アメリカ向けにはピックアップのブラッドや、オフロード車的装備を設定するなど、いろいろ展開していたが、限られたユーザー向けの遊びグルマという印象が強かった。3代目レオーネの時代には7割ぐらいが4WDになっていたが、まだSUVを正面きって考える状況ではなく、むしろこの頃には、初代や2代目レオーネのときよりも、4WDでもオンロード志向を強めていた。

SUV人気はこのあと30年以上、拡大し続け、SUVは世界の自動車のあり方を変えてしまうほど普及する。2020年代の今ではセダンは風前のともし火で、2ボックスボディのSUV系モデルが乗用車の主流とさえいえるほどになっており、ワゴンなどもSUVにとってかわられたような状況になっている。ほかでもないレガシィの「ワゴン」が、今ではアウトバックだけになっている。

SUVブームは、戦後アメリカでじわじわ広がって

初代以来、レオーネ 4WD は全米スキーチームのオフィシャルカーとして使われた。ちなみに全日本スキーチームもそれは同じであり、スバルのスキーユーザーからの支持は絶大なものになってゆく。こういった需要を見て、2 代目レオーネでツーリングワゴンが登場する。

米国市場からの声に応えて1977年にブラットを投入。レオーネ 4WD をピックアップとしたモデルで、関税対策のため荷台に後ろ向き簡易シートを設置して乗用車扱いとした。いかにもアメリカ的レジャービークルの仕立てとなっている。

ウッドパネル仕立ての初代レオーネ 4WD。1960年代に登場したクロスカントリー乗用 4WD のジープ・ワゴニアなどと似た世界観が感じられる。

ブラットは 2 代目レオーネまで設定された。BRAT とは Bi-drive Recreational All-terrain Transporter の略。欧州にも MV BRAT として輸出されたが、この広報写真はレジャーというより仕事用のイメージで撮られている。

いったもので、1970年頃にはビッグスリーも参入していたが、まだ、ジープタイプというべきクロスカントリー車が主体だった。乗用車ベースの今日的なクロスオーバーSUVというべき4WDカーは、スバルのほかに、アメリカではジープを傘下に収めたAMCが、1970年代終わりに導入して注目されたが、まだニッチにすぎなかった。初代レガシィが生まれた頃は、そのような状況だった。

そのため1980年代終わりに誕生したレガシィは、4WDを活かす道として、SUV系ではなく、もっぱら"アウディ・クワトロ系"の、高速オンロード4WDカーとしてのクルマづくりを重視していた。この時点では、SUVブームよりも、4WDターボ・ラリーカーに象徴されるスポーツ4WDブームのほうが切実で、スバルももろにその影響をうけた。レガシィのワゴンは、グランドツーリングワゴンとして、走り志向に特化して商品開発された。ただ、レオーネから始まったツーリングワゴンはもともと4WDを売りにしており、スキーなどのアウトドア・ユーザーを意識して生まれたものだったので、RV車的な性格は伝統的に持ち合わせていた。

### ■アメリカが望んだアウトバックとフォレスター

しかし、あたかもレオーネの初期の時代に逆戻りするかのように、2代目レガシィのときに、地上高を高めてSUV風仕立てにしたアウトバックが、派生モデルとして誕生する。初代レガシィの発売後、SUVブームがどんどん広がりを見せていたのだった。

鳴りもの入りで誕生した初代レガシィは、米国市場では人気が今ひとつ伸びなかった。そんな状況で、スバルとしては4WDであることを強調すべきだと考えて、2代目レガシィの途中で、FFモデルを切り捨てて全車4WDにするという英断に出た。それと同時に、オフロードトラックのイメージのある「4WD」という表現をやめて、「AWD」と呼ぶようにした。

アウトバック誕生をうながしたのは、米国の販売店からの要望だった。当時アメリカ市場でのスバルは、撤退もささやかれるほどの深刻な状況で、売れる車種を切望する現地販売店は、市場で人気が高まるいっぽうだったSUV車の導入を強く求めたのだった。直接その声が上層部を動かしたのは、1993年2月に開かれた全米ディーラー大会だった。そのあと、すぐにでも市場投入できるモデルということで、レガシィをベースに、地上高を高めるなどしてSUV風に仕立てたアウトバックが急いで開発され、1995年8月に発売された。米国のユーザーはすぐにこれにとびつき、アウトバックは、あっという間にレガシィの米国での販売の半数以上を占めるようになる。

さらに、はじめからSUV的な車型として企画されたフォレスターが加わる。フォレスターは、専用の車型とはいえ、この頃人気が出ていたフォード・エクスプローラーのようなラダーフレーム式ではなく、モノコックボディの乗用車ベースで、文字どおりクロスオーバーの存在だった。米国販売店からは、本格的SUVを求める声もあったというが、スバルがそれを開発するのは現実的ではなかった。結局、クロスオーバーSUVのカテゴリーは、その後SUVの主流として大躍進することになり、本格的なクロカンSUVは少数派になっていくから、スバルの進む方向には繁栄が待っていたといえる。より乗用車に近いアウトバックとともに、フォレスターはスバルSUVの屋台骨を支える中心的車種に育つことになる。

メーカーとして早くから4WDを売りとしていたために必然の展開だったともいえるが、SUVブームの中心地アメリカで商売をしていたことで、スバルはその動向をうまくキャッチアップして、成長することになった。そして質実剛健さが求められるSUVの分野で、機能性や性能をしっかり追求するスバルの資質が活かされた。

ちなみにクロスオーバーSUVという用語は、近年では、XVのように、乗用車のボディをSUV風に仕立てたクルマというニュアンスもあるが、初代フォレスターが誕生した頃は、乗用車のモノコックボディのシャシーをベースにして、SUV風の車体にしたものをクロスオーバーSUVというのがふつうだった。

## ■フォレスターの開発、RVからSUVへ

フォレスターは1997年に導入された。初代レガシィのところで述べたように、もともとEJ型エンジンは3車種に積む方針であり、その3番目の車種として誕生した。アウトバックのときと同様に、やはりアメリカからのSUVを望む声が高まったことから、2代目インプレッサの計画を変更して、先にフォレスターが開発されたという経緯があった。

構想の当初は「ライトなマルチパーパス」がイメージされていたが、新生スバルの強味である「走り」、「4WD」、「ワゴン」ということを活かして、「乗用車進化型のSUV」というコンセプトに転換された。

スバルは4WDを売りとしていたので、上述のとおり、ブームになっているSUVをつくってほしいという要望が、アメリカから上がってきていた。しかしスバルにはラダーフレームの本格クロスカントリーのSUVになるシャシーはないし、それを新たに仕立てるつもりも、そもそも余裕もないことから、SUVカテゴリーに踏み出さないでいた。ただ、SUVブームがどんどん進行したことで、結局それをこの機会につくることになった。

新世代水平対向のプラットフォームを使う第三の車種は、レガシィともインプレッサとも重ならない車種にする必要があり、重ならないかぎり、極論すればなんでもよかったともいえる。そこで自由にコンセプトを考えて、結果的に落としどころが、フォレスターという形になったわけである。

当時はアメリカを震源地とするSUVブームが、トラックベースから、乗用車ベースのクロスオーバーSUVへと展開し始めており、フォレスターの開発中には、日本車では、ホンダからCR-V、トヨタからRAV4が発売されていた。

SUVブームの前には、アメリカでは1980年代からミニバンの流行に圧倒的な勢いがあり、ひとくくりにRV（レクリエーショナル・ビークル）ブームと呼ばれた。やがてSUVの人気が勢いづき、中身はミニバンで、外側だけSUV風に仕立てたような「クロスオーバー」がつくられるようになった。「クロスオーバー」は、ミニバンとSUVと乗用車など、複数のジャンルをミックスしたもので、その配合はいろいろあったが、しばしばスペシャルティカーの要素も加わり、見るからに新種のクルマのような、独特なデザインのものも多数登場し、バラエティに富んでいた。

実はフォレスターも、当初はもっとスペースユーティリティを重視したマルチパーパス・ビークル的なものが検討されていた。その後自社の得意分野も考えてSUVに照準を合わせたが、市販型にも当初からの要素は残されており、四角いボディはその名残りである。

フォレスター開発の頃に、とくにアメリカでは、スペース効率重視のミニバンの人気に頭打ちが見え始め、人気の中心がクロスオーバーSUVへと移り、変革が起こっていた。RVやSUVは新しく生まれたカテゴリーなので、状況はめまぐるしく変わり、開発中の初代フォレスターや、デビュー後の歴代フォレスターが、代を重ねながらその変化を体現すること

「4WD」を「AWD」に名称変更した当時（1994年）のアメリカでの広告。「4WD」のフォード・エクスプローラーの泥だらけの写真と、スバルの「AWD」ラインナップを並べ、「AWD」が「4WD」に比べ、スマートで安全で優れていると、違いを説明している。

1995年東京モーターショーで展示されたコンセプトカーのストリーガ。2年後に市販されるフォレスターの基本形がすでにできあがっているが、ブリスターフェンダーではなく、おとなしく見える。

市販型フォレスター。ワゴンとSUVの中間であると同時に、スバルがこだわる走りの要素が伝わるよう力強いブリスターフェンダーがデザインされ、急増するクロスオーバーSUVの中で独自の存在感を示した。フロントマスクはオーソドックスながら、いかにもスバルらしい顔に見える。登場時は全車250psターボだったが、すぐにノンターボ車も追加された。

スバルが得意とするワゴン形状をとりつつ、走りを重視し、かつSUVとして走破性も確保するために、全高などを熟考して決定。そのパッケージングが、フォレスターの要だった。全高1580mm、全長4450mm。地上高は200mm。

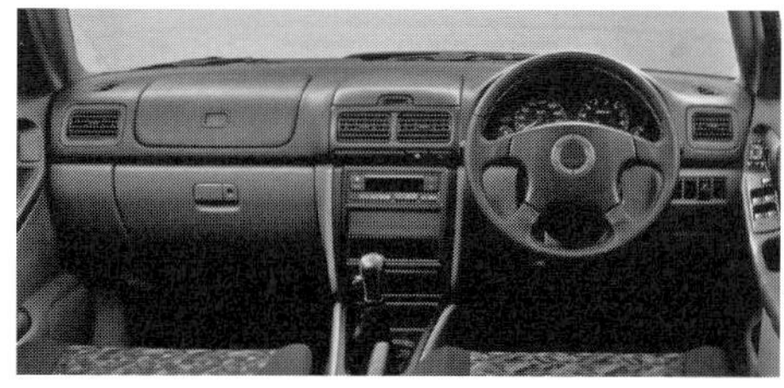

登場当初のフォレスターの内装。かなり乗用車的ではあるが、近年と違ってインプレッサとは別のデザインとなっていた。

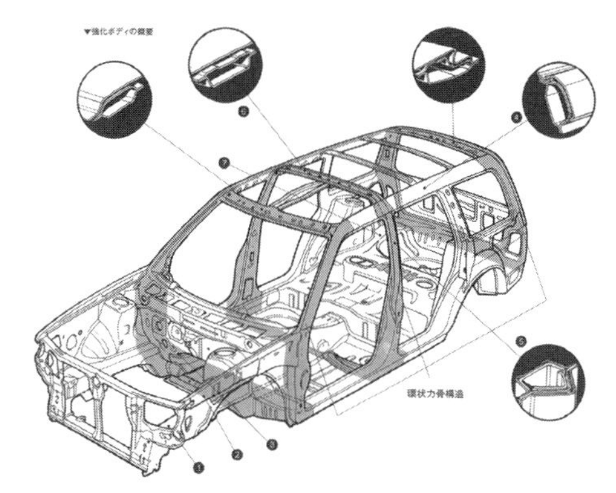


スバルでは環状力骨構造と名づけた安全ボディ構造が、フォレスターで初めて採用された。翌1998年には新環状力骨構造ボディと名称を変え、以来進化を続けている。名前のとおり、環状に強化した骨格構造を、ボディの前部、中部、後部に持つもので、当初は1998年から導入される新法規に対応するのが目的だった。そもそも当時クロカン4WDが多い中でのモノコックボディの採用であるうえ、パートタイム4WDでなく、フルタイム4WDを採用したフォレスターは、SUVとして走りの点で有利だった。

になる。ちなみにフォレスター誕生時の日本版カタログなどでは「RVが、スポーツの走りを手に入れた。」など、RVの文字がコピーのなかで多用されていた。

### ■走りのよいSUV

今でもそうだといえるが、初期の頃のクロスオーバーSUVは、まさに流行商品だった。しかしこの新しいフォレスターを開発するとき、スバルとしてなにをつくるべきかというのは、しっかり考えられていた。

結果的には、SUVとワゴンの中間のようなクルマとして仕立てて、そのうえでとくに、走りのよいクルマにすることにした。当時はラダーフレーム式のSUVはもちろん、クロスオーバーSUVも、オンロードでの走りがいかにも苦手そうなクルマばかりだったので、走りのよさは特長となると考えられた。中身はインプレッサであり、元をただせば走りに賭けて開発されたレガシィだから、メカニズムの点からもブランド戦略的な観点からも、それは当然の展開といえた。

サイズは比較的コンパクトとされたが、走りを重視することから、開発途中でトレッドが拡大されて、視覚的にも走りのよさを訴えられるよう、ブリスターフェンダーが追加でデザインされた。

当時は流行の新しいカテゴリーということもあり、ホンダCR-VやトヨタRAV4など、ライト感覚のクロスオーバーSUVが目立っていたが、フルラインナップの巨大メーカーと違って、スバルはあまり気軽にはそういうクルマをつくってみる余裕はなく、3本柱を支える1車種にすべく、真剣につくらなければならなかった。

もちろん今までにないクルマをつくるということで、手探りで開発をする不安もあったという。当時のクルマ好きにとってのフォレスターは、いかにもニッチなクルマがまた出てきたなという感覚があったと思うが、結果的にフォレスターはユーザーに受け入れられて、成功することになる。

フォレスター登場時の開発リーダーのインタビューを見ると、「21世紀の乗用車はこれだ」と自信を持っていたというが、実際に今日、21世紀の乗用車の状況は、そのようになっている。ちなみに同じ1997年には、世界初のハイブリッドカー、トヨタ・プリウスが、「21世紀に間に合いました」というコピーとともに、誕生していた。

当時すでに、SUVの将来性がある程度見とおされていたのかもしれないが、スバル開発陣はそこで自分たちがつくるべきクルマを、しっかりつくった。スバルはマーケティングが不得意だとよくいわれるが、アメリカで以前からクルマを売っており、なおかつ4WD車を売っていたので、その分野についてはとくに見る目があったのだろう。

### ■全車250psターボで登場

フォレスターのプラットフォームは、レガシィではなく小さいインプレッサのものを流用しており、ホイールベースもほぼ同じだった。エンジンも、インプレッサのターボユニットのうち、マイルドなWRXのAT仕様の240psのものを、手を入れたうえに調整し、250psとして搭載した。当初のエンジンはこれ一種で、思いきったことに全車ターボという英断に出て、走りの良さを強調した。車体の幅を無理に広げながらブリスターフェンダーを付けて、しかも全車ターボでスタート、という背景には、WRCで大躍進している状況があった。このあとインプレッサの2代目モデルは、後に問題視されるくらい、走

フォレスターは、オンロードで速いクルマであるところに主張があった。これは1999年東京ショーで展示されたエアロスペックII。SUVであることは脇に置いた、チューニングカー仕立てとなっていた。

初代フォレスターは、初代レガシィと同様に、規模はやや小さいが、発売前に速度記録に挑戦。「走りのクルマ」であることをアピールした。この広告冊子では「RVは走らない、という人にこそ乗って欲しい」と書かれている。

重量バランスのよい水平対向パワーユニットを活かして、SUV でも走りのよさを追求。ややわかりにくいが、このメーカー写真では、左側が舗装路、右側が未舗装路となっている。初代フォレスターは当初は 2 リッターだったが、後に2.5リッターも搭載された。

2 代目フォレスターは2002年に登場。キープコンセプトながら、初代よりも洗練された印象。フロントの造形は 2 代目レガシィなどとも少し共通性がある。台形グリルも目立っている。

2 代目フォレスターのデザインスケッチの一例。スケッチでは市販型よりもSUVらしさが感じられる。バンパーもタフなデザインとなっている。

フェンダーの造形は初代と変わり、クロスオーバーSUVとしては比較的オーソドックス。これはマイナーチェンジ後のもの。

りに特化しすぎたモデルになってしまい、セダンモデルはすべてWRXで、しかもフォレスターと同じように派手なブリスターフェンダーを付けていた。フォレスターの場合は、やり過ぎの感はなく、むしろ個性的でよかったように思うが、その後3代目フォレスターから、この“思いきり走り重視のSUV”というコンセプトは修正されることになる。

ちなみにデビューにあたって、「SUVでも走れる」ということをアピールするため、初代レガシィと同様に速度記録挑戦を行なっている。いっぽうデビューから5ヵ月後にはNAエンジンも追加されている。

車高は、ワゴンとしては高めでも、SUVとしては低いという、1580mmに決定された。走りを重視するので、走行安定性のためにあまり上げられないが、SUVらしさも必要なので、地上高もある程度は高くしたかった。フォレスター開発のときには、栃木のテストコース内にラフロードが新設されて、活用された。ちなみに報道向け資料では、道でないオフロードの走行は範疇外として、「走行シーンはあくまでも“道”」で、「道である限りどこまでも走り続けられる」ようにチューニングしたと説明していた。

インプレッサがベースなので、走りはよいものになったが、もとをただせば水平対向プラットフォームの良さが活きているともいえる。SUVとして縦置き水平対向レイアウトのメリットは、やはりオンロードでの洗練された走りに活きているといえるだろう。たとえば2002年に出たポルシェ初のSUVであるカイエンは、V型エンジンをドライサンプ化していた。いっぽう1999年に登場したBMW最初のSUVであるX5は、フロントアクスルのハーフシャフトがオイルサンプ内を貫通していて、どちらもエンジンの重心を下げる工夫がされていた。スポーツを標榜するブランドのSUVは、そのような設計を採用していたわけであり、SUVでもオンロードの走りを重視するならば、水平対向パッケージは有利に違いなかった。サスペンションのストロークが長いことも、さまざまに貢献していると思われる。

### ■正常進化の2代目、SUV路線に転向した3代目

初代フォレスター開発時は、これでよいのかという不安感もあったが、無事成功を収めたことで、2002年登場の2代目モデルは、正常進化型モデルチェンジとなった。

開発のキーワードは、「Best Of Both World」で、元来は乗用車とSUVの両方でベストということだが、オンロードとオフロード、フォーマルとカジュアルなどいろいろな意味に広がり、ようするにクロスオーバーSUVなのであった。

正常進化的とはいえ、ターボエンジンの出力を落として街中で扱えるようにするなど、SUVにターボをつけてあっといわせようとした第一作よりは、より実際的なクルマづくりになっていた。

見た目は、誰の目からもキープコンセプトなものだったが、やや頑強さを強調していた。守備よく成功したフォレスターは勢いにのっており、またスバル自体の勢いもあった。この頃WRCでは2代目インプレッサWRXが、ドライバーズチャンピオンを獲得するなど、破竹の進撃を続けていた。スバル=走りの路線は加熱しており、フォレスターもそうであって当然、のような感じだったのだろう。

こうして、初代も2代目もユーザーに順調に受け入れられた。ところが2007年12月に登場した3代目モデルは方向転換を図った。従来よりも、SUVのほうへと舵を切ったのだ。

初代や2代目は、大型ワゴンやSUVをホットロッドにしたような感じがあり、クルマ好きがおもしろ

2005年に新設定されたSTIバージョン。通常モデルが２リッターのところ、265ps の2.5リッター・ターボを搭載。大径18インチタイヤやブレンボ製ブレーキ、６速MTなどを採用。地上高は30mm低められて170mm。まさにホットロッド的SUV。車高を低めたオンロード向け仕立てでは、ほかにクロススポーツも設定された。

２代目フォレスターの内装は、同時期の２代目インプレッサと近似性を強めた印象だが、まだ独自のデザインだった。

四角い箱型的ボディ形状ではなくなり、スラントノーズでスマートになった３代目フォレスター。フェンダーのふくらみもアーチ型になっている。ダッシュボードデザインは、初めてインプレッサ（３代目）と基本的に共通のデザインになっている。

全長は＋75mmの4560mm、ホイールベースは＋90mmの2615mmとなり、居住性を向上。いっぽう最低地上高はNAで215mm、ターボでは225mmまで高められ、悪路走破性を強化。

３代目フォレスター開発初期のスケッチの一例。SUVの進化を模索するなかで、オーバーフェンダー形状も新しい形をいろいろ試みていたようだが、2019年に発表されたヴィジヴ・アドレナリン・コンセプトに少し似ている。

いと感じる、独特の魅力があった。そのうえでレジャーにも使えるクルマなので、日本でも人気はあった。ところが世の中にSUVがますます増えて、とくに本場アメリカのユーザーがもっとしっかりSUVらしいクルマを望んでいるという状況があきらかになり、フォレスターも方向を修正することになったのだった。今や市場でクロスオーバーSUVもひとつの定型として、基本の形が定まりつつあったのだろう。フォレスターも、その基本の形に収束していくことで、その後、順調にスバルの主力車種の一角になるほど育つことになる。

## ■スマートさを増した3代目フォレスター

2代目フォレスターは、高出力なターボの比率が1割程度になっており、とくに北米ではさらにその半分ぐらいしかなかったという。オンロードでの"ホットロッドぶり"を強調しても、実際にそれを買うユーザーはほんの一握りしかいなかったわけだ。3代目になり、まっとうな大人のクルマづくり、SUVの仕立てになったといえた。こうした大人の判断は、同年にひと足先に出た3代目インプレッサでも、同じようにくだされており、この頃は、新生スバル・ブランドのいわば成熟期なのだった。

実際の改変としては、まずボディ外寸が大きくなり、SUVらしくなった。ホイールベースは90mm延長され、インプレッサの場合と同じだが、とくにアメリカで不評だった後席の狭さを改善するために、全長が伸びたぶんのほとんどが後席に配分された。後席の居住性改善は、インプレッサに加え、なにより2009年発売の大型化された5代目レガシィでも実践されている。このほか後輪がダブルウィッシュボーンになるなど、インプレッサと同様の改変で、全体に上質な乗り味を目指していた。

ことに大きく変わったのはスタイリングであり、フロントマスクはスラントノーズになった。デザインのキーワードは「スーツの似合うモダンなSUV」で、ほかの多くのSUVと似たような売り文句にも思えるが、この頃のインプレッサ（4代目）やレガシィ（4代目）もスマートさを強調する方向だったので、これもやはりブランド全体の傾向だったといえそうだ。

サイドビューも従来と異なるものになり、それまでの独特の四角いワゴン型ボディをやめ、SUVらしさを強調した造形となった。トレードマークのブリスターフェンダーもなくなり、多くのSUVと似た感じのホイールアーチ形状になった。ある意味ふつうのSUVになったといえた。もっともその後4代目、5代目と、さらにSUVらしいタフさを強調するようになるので、それを知ったうえで見ると、3代目はまだずいぶん乗用車らしかったとも感じられる。

3代目フォレスターは、2010年に水平対向の新世代エンジンであるFB型を、スバル車として初めて搭載する。これについては、4代目インプレッサのところで述べたい。

## ■インプレッサにもあったアウトバック

乗用モデルベースのクロスオーバーについても、まとめて経緯を追っておきたい。

前述のように、2代目レガシィのときに、地上高を高めてSUV風に仕立てたアウトバックが1995年8月にアメリカで発売され、これがおおいに人気を呼んだ。アウトバックはすぐにレガシィの米国販売の半数以上を占めるようになるほど好評で、当時苦戦していたスバルのアメリカ市場での業績を回復させた。4代目モデルの頃にはアメリカで売られるレガシィの8割がアウトバックとなり、その後6代目で

アウトバックは当初日本ではグランドワゴンとして導入。全幅はツーリングワゴンより20mm広い1715mmあるが、フェンダーには樹脂プロテクターはなく、2トーンカラーの塗装で表現されていた。地上高の高さやタフなバンパーがSUV的雰囲気を醸し出していた。格子状グリルは、米国仕様フォレスターにも採用された。

3代目レガシィの英国仕様アウトバック。3代目はフェンダーにプロテクターが付き、全幅は日本仕様のランカスターでも標準レガシィより50mm広い1745mm。2000年5月にはいち早く6気筒のEZ30が搭載されて、日本ではランカスター6と呼ばれた。

3代目レガシィのアウトバック・セダン。北米では2代目のときからセダンにもアウトバックが設定されていた。北米では標準レガシィも全幅が広いので、アウトバックはフェンダープロテクターを追加していなかった。

SOA（米国スバル）が主導して開発されたバハ。アウトバックをベースに、かつてレオーネにあったような、アメリカ市場で普及するピックアップトラック風に仕立てた。名称が語るように耐久バギーレースのイメージで、いろいろ架装されている。

はついに５ドアワゴンはアウトバックのみになる。

アウトバックは日本ではグランドワゴンという名で1995年に導入され、1997年にランカスターと名称を変更。2003年の４代目レガシィからアメリカと同じアウトバックと称するようになった。ただ、アメリカでは常に単にアウトバックと呼ぶのに対し、日本では４代目レガシィの途中から、再びレガシィ・アウトバックと呼称が変更されている。

2002年登場の３代目レガシィでは、米国市場向けに、アウトバックをベースに、ピックアップトラック仕様としたバハも市販された。かつてレオーネに設定されていたコンセプトである。ただ、これは一代かぎりで終わった。

インプレッサでも、「アウトバック」は実はアメリカで売られており、初代から３代目まで設定されていた。インプレッサの場合はアウトバック・スポーツと称し、レガシィのアウトバックと同時期に登場。アウトバックワゴンとか、アウトバック・スポーツワゴンなどとも呼ばれていた。

インプレッサ・アウトバック・スポーツは、最初は機構的にはインプレッサ・スポーツワゴンと変わらず、フェンダーや前後バンパーなどを２トーンで塗り分けてSUVルックにしただけのもので、実はこの仕立て方は、レガシィのアウトバックもいちばん最初は同じだった。レガシィのアウトバックは、1996年から地上高を高めるなど、より手が込んだ仕立てになり、３代目レガシィのときに樹脂製オーバーフェンダーも追加されていた。インプッサのアウトバックも初代モデルの後期には、地上高を高めた。

インプレッサは、これとは別に、初代モデルに、グラベルEXという特別仕様車が、やはりレガシィ・アウトバック発売の２ヵ月後の1995年10月に日本で設定された。地上高を少し高めたうえに、スペアタイヤキャリアやフロントプロテクターなどの大がかりなSUV的装備をまとい、それでいながら220psターボのWRXをベースとしていた。これは、なんでもありのショーカーのような仕立てであり、販売台数も少なかった。

SUVの本命というべきフォレスターが発売されたことで、インプレッサはその後SUV的モデルの設定が上述のアウトバック・スポーツだけになるが、2007年発売の３代目モデルの末期、2010年にインプレッサXVが投入された。これは樹脂製オーバーフェンダーで装ってはいるものの、地上高はそのままという簡易仕立てのモデルで、翌2011年に登場する４代目インプレッサの兄弟車XVにつなげる予告編のような存在だった。XVは、典型的なクロスオーバーSUVだが、フォレスター、アウトバックと並ぶ、スバルSUVの三本柱のモデルに成長することになる。

## ■アメリカ向けの大型のSUVモデル

このほかSUVとしては、アメリカでは、６気筒を積む上級SUVのB9トライベッカが2005年に導入された。レガシィをしのぐフラッグシップモデルをSUVとしてつくったわけだが、当時スバルが進めていたプレミアム・ブランド戦略に沿うモデルであり、スプレッドウィングスグリルに加えて個性的なヘッドランプ・デザインを採用し、「スバルの顔」を主張した。エンジンは当初は３リッターのEZ30で、後に3.6リッターのEZ36に拡大された。

このモデルは当時同じGMグループ内にあったサーブへも、同じプラットフォームでOEM供給される予定だったが、トライベッカを発売した年にGMとの提携が解消され、計画は流れた。スバルのプレミアムブランド戦略も壁にあたって、デザイン改革も仕切り直しになり、トライベッカは2007年に大きく

初代インプレッサ・スポーツワゴンに設定されたグラベルEX。地上高を185mmに高めたうえ、スペアタイヤキャリアやフロントプロテクターでSUV的雰囲気を演出した。

インプレッサのアウトバック・スポーツ。これは2代目だが、初代のときにレガシィのアウトバックとだいたい同じ時期に導入された。レガシィ版よりはライトな仕立てで、最低地上高はわずかだけ高められている。

3代目インプレッサに設定されたインプレッサXV。これはジュネーヴショーでの展示。ボディ各部はSUV風に装っているが、地上高は通常モデルと変わらなかった。

2005年にアメリカで発売されたB9トライベッカ。インプレッサの「鷹の目」とほぼ同時期の導入で、スプレッドウィングスグリルが車幅いっぱいに羽を広げる。ヘッドランプが高い位置にあり、ポルシェのSUVといっても通じそうな出で立ち。スバル最大サイズの3列シート車で、全長4820mm、全幅1880mm、全高1685mm、ホイールベース2750mm。

2007年に改変を受けて単なるトライベッカと改名し、スプレッドウィングスグリルは短命に終わり、その後のほかのスバル車と同様のオーソドックスなグリル、ヘッドランプになった。サイドのウィンドウグラフィックも修正され、SUVの最大公約数的スタイルに近づいた。

3代目インプレッサ／フォレスターと似たデザインながら、上質な空間を演出しているB9トライベッカのデビュー当初の内装。

顔を変えた。トライベッカは、日本以外の多くの国にアメリカから輸出されている。

大型SUVとしては、その後トライベッカの後継として、4年の空白を置いて2018年にアセントがアメリカで導入されている。新世代プラットフォームのSGPを用いて、ちょうど同世代のフォレスターの兄貴分のような外観デザインで、3列シートの大きなボディを持つ。

## ■エクシーガ、やっと出たミニバン

もうひとつ忘れてはいけない“クロスオーバー的”モデルとして、エクシーガがある。エクシーガは当初はミニバンとして誕生したが、その後宗旨替えをして、エクシーガ・クロスオーバー7となり、文字どおりクロスオーバーSUVの仲間入りを果たす。

エクシーガは、2008年6月に水平対向エンジンを搭載する新しい車種として発売された。レガシィ・ツーリングワゴンから他社のミニバンに乗り換えるユーザーを引き留める役を担うために誕生したといえる。GMグループ時代には、オペルから供給される標準的なミニバンのザフィーラを、スバル・トラヴィックとして販売していたが、2005年にGMと提携解消してそれがなくなっていたので、エクシーガはその穴を埋めることにもなった。

ミニバンは、SUVよりも先に1980年代後半から大流行が始まっており、スバルとしてもそのジャンルでクルマを売りたいのはやまやまであった。前述のように初代フォレスターも3列シートのミニバンとは違うが、RVとして当初は企画されており、ミニバンのようにルーミーなボディ形状で誕生していた。

エクシーガは全車2リッターで、4WDとFFがあり、4WDにだけターボ車が設定された。他のスバル車と部品を共通化していることもあって、価格設定は抑えたものになり、当時プレミアム路線を強めていたレガシィとは異なるファミリー路線のクルマとして登場した。アピールポイントは快適な空間に7人がゆったり乗れることで、それもあってか、水平対向エンジン搭載ということはとくには強調されていなかった。とはいえ、最新のインプレッサとも共通のサスペンションが採用されるなど、縦置き水平対向エンジンのプラットフォームを使った必然性で、走りがよいということはやはり期待される部分であった。スタイリングは3列シートのミニバンとしては、流麗なデザインだった。

エクシーガはその後2015年に、エクシーガ・クロスオーバー7となった。事実上は大幅マイナーチェンジだが、それまでのミニバンからSUVへと路線変更し、車名も変えた。基本ボディは変わらず、地上高を上げて樹脂製オーバーフェンダーを付けるなどしてSUV風仕立てにしており、レガシィのアウトバックと同じ手法だった。ただ地上高は180mmと、それほどは上げられていない。2010年にXVも加わって、SUV重視へと舵をきったスバルの経営戦略の中で、エクシーガ・クロスオーバー7はそれなりに、うまく収まっているように思えた。とはいえ、SUV化という“延命処置”の後、2018年でフェイドアウトとなり、後継車はつくられなかった。

## ■水平対向パワートレーンの前後長を詰める

もともとエクシーガは、日本向けモデルとして企画されており、一時は輸出もされていたが、台数は多くはなかった。2010年代にもなると、ミニバンブームは下火になっていた。3列シートのSUVとするとそれなりに希少価値もあり、北米では3列シートのピープルムーバーの需要があるので、スバルはアセントでそれに応えていた。しかし日本市場には、

トライベッカにかわって2018年に登場したアセント。アメリカのSUVの本流になるべくさらに大型化。全長4998mm、全幅1930mm、全高1819mm、ホイールベース2890mm。スタイリングは同時期の5代目フォレスターなどと似ているが、さらなるSUVの王道を行っている印象。エンジンは最新の4気筒（FA24）を積む。

2008年に発売されたエクシーガ。導入時にはミニバンではなく、「ツーリング7シーター」と謳っていた。4代目レガシィと同世代で、共通性が感じられる。当初はEJ20のNA、ターボを搭載。

3列シートのエクシーガは全長4740mm、ホイールベース2750mm、全高1660mm。全長は4代目レガシィ・アウトバックとほぼ同じで、ホイールベースは70mm長い。よくも悪くもミニバンとしてはノーズが長い印象。

エクシーガの内装。1年前に発売された3代目インプレッサや3代目フォレスターと共通性が感じられる。

エクシーガ・クロスオーバー7。レガシィが5代目の時代に登場した。アウトバックと同じようにグリルを大きくしたうえ、SUV風に仕立てている。樹脂製フェンダープロテクターなどはXVとも同じ手法。

2001年に発売されたトラヴィック。足回りはスバルのチューニングとアピールされた。ベースのオペル・ザフィーラは典型的な欧州ミニバンで、GM各ブランドに兄弟車が設定された。直列4気筒2.2リッター搭載、全長4315mm。

あえて大きな3列シートSUVを導入するメリットは、少なくともスバル・ブランドでは、必要ないと判断されるようになったのだろう。

ふりかえると、スバルは早くからミニバンの提案をしており、コンセプトカーとして東京モーターショーに出展していた。1989年にはSRD-1、1993年にはその発展版のようなサグレスを展示。さらに1995年にはα-エクシーガ、1997年にはエクシーガを出展している。

とくにα-エクシーガとエクシーガは、水平対向エンジン駆動系のユニットを、前後方向に短縮させたことが注目である。

水平対向縦置きのレイアウトは、直列4気筒縦置きよりは短いとはいえ、横置きエンジンよりはやはり全長が長く、ノーズが長くなる。前後方向のスペース効率を最大にして、客室全長を確保したいミニバンでは、そこはなんとかしたいところである。鍵となるのはフロントデフの位置であり、そこでスバルはレイアウトを工夫して、デフの位置を前進させたユニットを設計した。

スバルはこの研究開発を続けていたようだが、結局は実用化されなかった。そして、このようにして時間をかけたためもあってか、市販型エクシーガの発売はミニバンブームがだいぶ落ち着いた頃で、やや遅きに失した感があった。市販されたエクシーガは従来のパワーユニットのままで、流麗なデザインにしたので違和感がそれほどはないが、やはりミニバンにしてはノーズが長い印象がある。

縦置きエンジンの4WD（FF）は、エンジンの搭載位置がデフによって決定されているため、前後方向のスペース効率については、場合によってはFRよりも不利といえる。もともとミニバンが1980年代に誕生したのは、スペース効率に優れる横置きエンジンFFが実用化されたことで、それを活かして、全長の短い車体でもスペースの広い「バン」が可能になったからであった。エンジン全長の短い水平対向とは

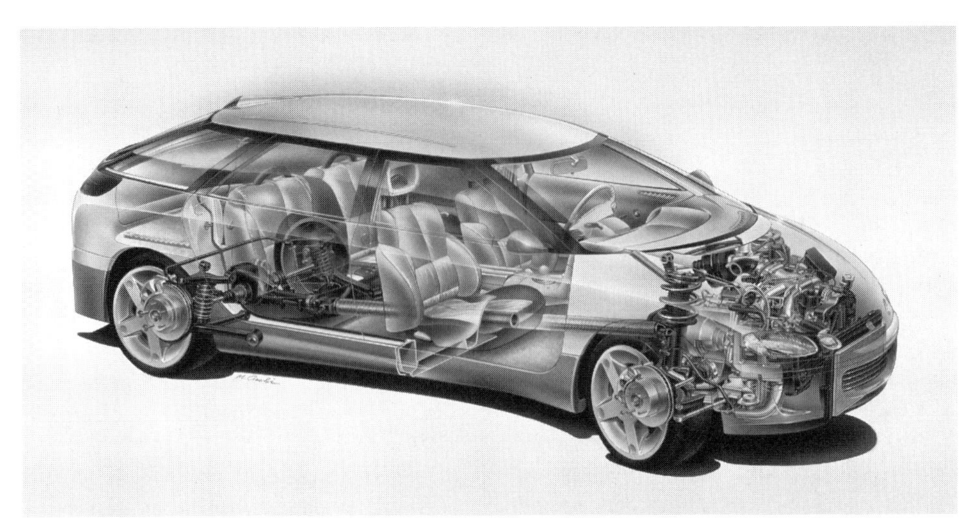

1993年東京ショーに展示されたサグレス。1989年のSRD-1と同じくSRDによるデザインで、SRD-1の発展版と見受けられる。サグレスは2列シートのワゴンだが、SRD-1同様にノーズが極端に短く、全長4330mm、ホイールベース2770mmと、かなり短い。4気筒エンジンの搭載位置は市販車と変わらないようだが、変速機全長が短いことが室内長に貢献しているようにも見える。

1989年のSRD-1。「1990年代のワゴン」がテーマのコンセプトカーだが、1990年2月のシカゴショー展示のときは同じボディ形状で8人乗り仕様だった。水平対向6気筒搭載で、全長は4510mm、ホイールベース2905mm。全高は1310mmしかない。SRDとはカリフォルニアに1986年に設立された先進デザインの拠点。

左頁のサグレスのパワーユニット。2リッター可変動弁機構付き4カム16バルブで、縦置きHT-CVTと称してハイトルクに耐えるCVTを採用。CVTケースは上下に厚みがあるが、全長が短い。

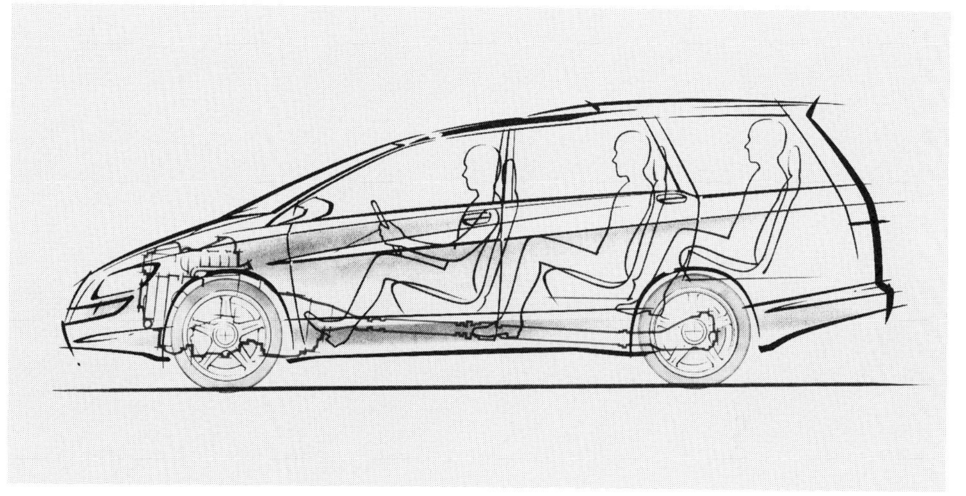

α-エクシーガは水平対向6気筒3リッターを搭載。透視イラストを見ると、1997年のエクシーガと同様にデフがエンジン下にあり、前輪位置が通常のスバル車よりも前進している。パワーユニット前後長は短縮されている。リアサスはマルチリンクだが、3列目着座位置が高い。

1995年のα-エクシーガ。当時ツーリングワゴンが大ヒット中のためか「スーパーワゴン」と称しているが、3列シートを採用。全長4670mm、ホイールベース2700mm。

1997年のエクシーガ。このときは「ニューコンセプトワゴン」と称して、ユーティリティに優れた3列シートのワゴンであることを強調。全高は1590mm。

1997年のエクシーガはα-エクシーガよりわずかに長い、全長4700mm、ホイールベース2720mm。デフの位置やパワーユニット前後長はα-エクシーガと同じに見えるが、ペダル（乗員足元）位置が前進しているように見える。

1997年のエクシーガのパワーユニット。デフから伸びるジョイントがエンジン左下に見えている。2.5リッター４気筒エンジンは、直噴式を採用。

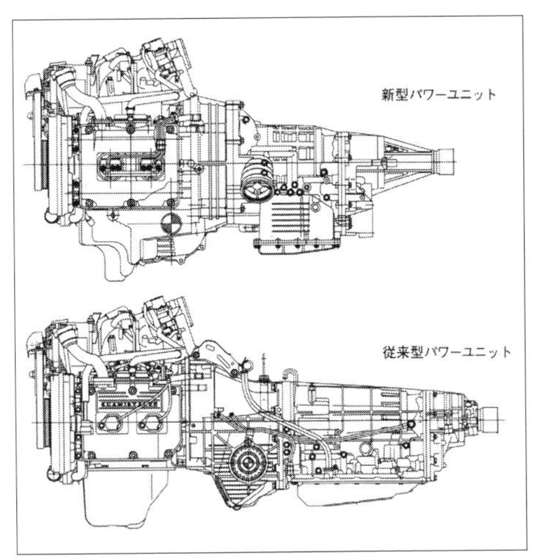


1997年のエクシーガのパワーユニット（上）は、エンジンブロック下にデフ位置を前進させせることで、パワーユニットの全長を短くしている。前輪位置が前進して室内スペースが拡大されることに加え、パワーユニット搭載位置が車体中心に近づくことで走行安定性を高めると、当時の資料ではアピールしていた。

2001年のWX-01。５＋２の７人乗りを実現したマルチ・パッセンジャーカーとアピール。ミニバンではなくあくまでワゴンとしたのは、乗員数、積載量の増減に左右されず、走りを愉しめることがスバルのこだわりだからと、資料では説明していた。

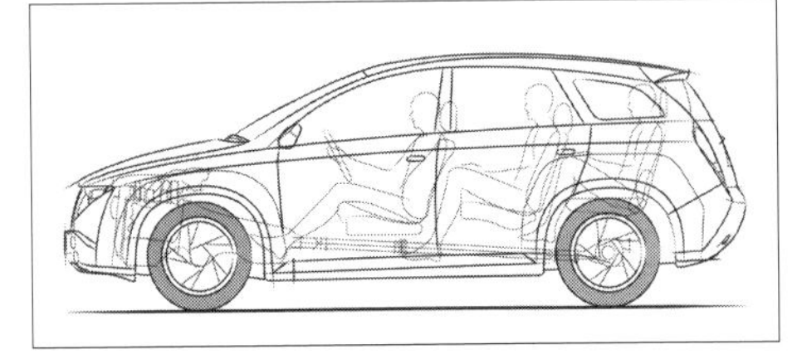

WX-01のデフの位置は通常のものになっており、そのためエンジンの前側のオーバーハングはエクシーガやα-エクシーガよりも長くなっている。全長4795mm、ホイールベース2750mm、全高1630mmで、市販型エクシーガと近い数値。エンジンは６気筒３リッター。

いえ、やはり縦置きエンジンで3列シートのミニバンをつくるのは、あまり合理的ではない。トライベッカやアセントはノーズの長さが目立たないが、全長約5mものサイズがあるから、バランスが保たれているのだろう。

ミニバンではないが、スバルと同じ縦置きエンジンFF／4WDを使うアウディは、近年、エンジン駆動系レイアウトを工夫して、フロントデフの位置を前進させる技術を導入している。これは、居住スペースの拡大もさることながら、フロントオーバーハングを短くして、ライバルのメルセデスやBMWのFR車と遜色ないスタイリングをとろうとした面がある。アウディはV型エンジンを使うが、4気筒は直列なので、オーバーハングの長さはスバル以上に長くなりやすい。

### ▩水平対向ディーゼル

SUVやミニバンとは関係はないが、水平対向エンジンの大きなできごととして、2008年には水平対向ディーゼルエンジンが登場したので、ここで見ておきたい。まずレガシィに搭載されて、欧州市場で発売された。ディーゼルの水平対向は、かつてビートルの時代にフォルクスワーゲンが試作したこともあるが、量産したのはスバルが初めてで、注目を集めた。スバルの水平対向エンジンの新しい展開としても、期待が寄せられた。

開発期間はわずか3年で、ディーゼル技術としてはオーソドックスなコモンレール方式である。燃焼圧力が高く振動の多いディーゼルエンジンでは、水平対向の素性の良さがフルに活かされている。他社のディーゼルでもこの頃には十分静かになってきていたとはいえ、乗用車用ではバランサーシャフトなどを付けていた。それに対し水平対向ディーゼルは、バランサーもないうえ、シンプルで軽量なつくりでも剛性を確保できて、振動が少なく、ひときわスムーズなエンジンとなっていた。

2リッター・ターボユニットは、ガソリンのEZ型6気筒とボアピッチが同じ98.4mmで共通部分が多く、全長は同じ4気筒のEJ20よりも50mm以上短い。（287頁の表を参照）ガソリンユニットよりもストロークを伸ばしてボアを小さくしているので、シリンダー壁を厚くできたいっぽうで、エンジン全幅を抑える工夫がされている。

$CO_2$削減の要請が厳しくなるなかで、欧州乗用車市場はこの頃には、ディーゼルエンジンのシェアが非常に高くなっていた。そのため欧州でクルマを売るのに必須ということで、スバルも開発したのだが、並み居るディーゼルエンジンの中でも、スムーズで優れた水平対向ディーゼルは、スバルが唯一であった。ディーゼルユニットは、ガソリンユニット以上に水平対向の魅力をアピールできるエンジンとして、期待された。

その後ディーゼルはインプレッサやフォレスターにも搭載され、欧州で年間1万5000台程度売るほどになった。しかし2017年にスバルは、ディーゼルから2020年頃に撤退することを決定した。背景としては2015年に起きた、フォルクスワーゲンのディーゼル排ガス不正問題による社会的影響もあり、ヨーロッパメーカーもディーゼルから撤退する動きが出て、環境対策技術としては電動化へのシフトが加速することになった。欧州はディーゼルのより厳しい排ガス規制の導入を進めており、スバルとしては、それに対応する技術の開発には巨額のコストがかかるということで、ディーゼルから撤退し、電動化に集中することになった。

水平対向ディーゼルは「BOXER DIESEL」としてヨーロッパ市場に売り込まれた。これは英国での販促用デモカー。「THE REVOLUTIONARY（革命的）～」の枕詞をつけている。

EE20ディーゼルエンジン。ボア×ストローク＝86.0×86.0mmの1998cc。2008年に導入したときのスペックは150ps/3600rpm、35.7kg-m/1800rpm。IHI製可変ターボと大きな排出ガス浄化装置を、エンジン前下に配置して低重心に配慮。コンロッドは斜め割り式にしてオイルパン面から組み付けることでサービス用の穴を廃止し、エンジン横幅を抑えた。燃料供給はコモンレール式。EGRも採用している。

ブロックは剛性確保のためセミクローズドデッキ。クランク支持部分は鉄鋳込みジャーナル。ピストン冠面に燃焼室が彫られている。

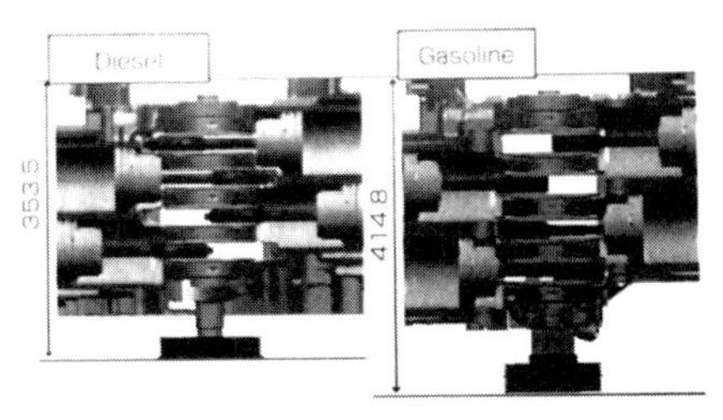


ボアピッチはEJ20の113mmに対して98.4mmと狭いが、ボアはEJ20より6mm小さい86.0mmで、同じボアピッチでボアが89.2mmのEZ30よりもシリンダー壁の厚みを確保。全長はEJ20より61.3mm短い。横幅は、クランク中心からカム中心までの距離で、ガソリンが327.6mmに対し、330.7mmと、同等に抑えている。

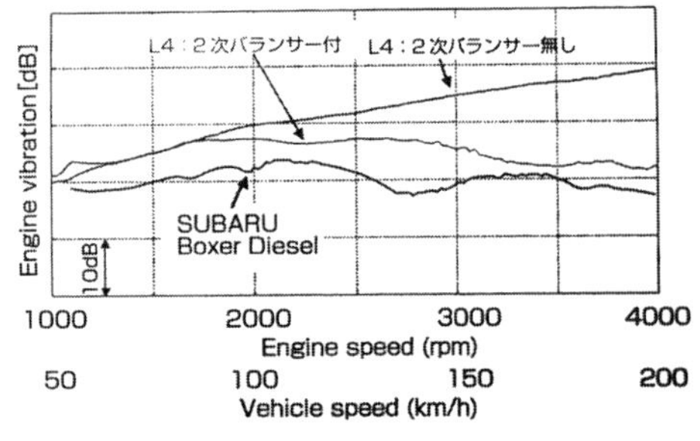


直列4気筒（L4）と水平対向の、ディーゼルエンジンの2次振動の比較。水平対向はバランサーシャフトなしでも振動が少ない。

# 第4章

# 第3世代水平対向エンジン、そしてBRZの登場

## 4-1 「プレミアム化」から「実質重視」へ

### ■スバルの大きな変化、トヨタとの提携まで

1989年に水平対向エンジンを新調して、初代レガシィが誕生して以来、スバルは成長を続けてきた。しかし約20年を経て2009年に誕生した5代目レガシィは、それまで4世代のレガシィから大きくさま変わりした。

新型レガシィは北米市場のニーズに合わせて、ボディサイズを拡大した。スバルはこの頃、グローバル視点での販売戦略、商品開発を掲げており、先に登場した3代目フォレスター、3代目インプレッサでも抜本的に改変していたが、5代目レガシィの変化・大型化は顕著だった。

5代目レガシィの変化の背景には、経営環境の変化もあった。ここでこの頃のスバルをとりまく背景について、ふり返って見ておきたい。

この頃の大きな変化といえば、トヨタとの提携である。経営規模の小さなスバルは、大メーカーと資本提携して経営を成り立たせるのが常となっている。最初は1966年に、規模の小さないすゞと、対等の関係で提携した。しかし取引先銀行の都合でこの提携はすぐに解消され、1968年に日産から資本参加を受けることになった。その関係は長く続いたが、日産が経営不振のために1999年にルノーと資本提携することになり、スバルは日産との関係を2000年付けで解消、新しい相手としてGMを選んだ。GMはスバルの株を約20%保有し、スバルは巨大GMグループの一員になった。GM傘下でスバルはグループ内他社からOEM供給を受けたり、逆にグループ内のサーブに水平対向エンジンモデルをOEM供給もした。だが、その後GMが経営危機に陥ったため2005年に関係を解消。新たにトヨタと提携することになった。

トヨタは最初2005年10月にスバルの株の8.7%を取得し、さらに2008年には16.5%まで増資した。トヨタとの提携でも、スバルは経営の独自性を維持することができたが、トヨタは資本を請け負う以上、スバルの事業内容にしかるべき変化を促した。スバルとしては、トヨタの影響で自社が活性化されることや、技術開発の分野でのシナジー効果などが期待された。

軽自動車の生産が、トヨタのグループ内のダイハツに一本化されることになり、スバルは360以来の軽自動車開発の歴史を終えた。そのいっぽう、トヨタが1997年の初代プリウス以来、進化させてきたハイブリッド技術が、スバルに供給されることになった。また、この当時、生産能力に余裕が生じていたスバルの北米工場で、トヨタ車を受託生産することも決まった。インディアナ州のスバル工場（SIA）において、2007年4月にトヨタの北米での重要車種カムリの生産が開始された。さらに、スバルの水平対向エンジンを搭載するFRスポーツカーを共同開発することも決定される。

経営面がしたたかで強いといわれるトヨタなので、提携の内容は確実にトヨタにメリットのあるものだったが、もちろんスバルにとっても良い面があった。歴史ある軽自動車から撤退するのは残念なことでも、それによってスバルは水平対向エンジン車に特化するメーカーになり、ブランドの明確化を目指していたスバルにとって、意義があったといえるだろう。

もしもスバルが経営的に厳しい状況に陥れば、トヨタからの“しめ上げ”が強まるだろうという見方もある。しかしむしろトヨタと提携したことで、スバルは独自の価値をいっそう磨かざるをえなくなり、少なくとも提携後の10数年間、スバルは良い方向へ成長を続ける。

トヨタとの共同開発で、水平対向エンジンを使うFR車が加わるというのが、スバル水平対向エンジンとしては、最大の変化である。軽自動車から撤退したことも、水平対向エンジン車の商品展開に変化をもたらすことになる。たとえば当時2006年の世界販売57万台のうち、国内販売は23万台で、そのうち13万台が軽自動車だった。軽は事実上、国内専用だったから、国内市場をごく単純化して考えれば、13万台軽が減る分を、新たに水平対向エンジン搭載モデルで補うことになる図式である。もっとも実際は、ダイハツからのOEMなどを加えてもスバル車の国内販売台数はその後減ることになり、水平対向エンジン車の国内販売台数は2010年代後半には、10〜13万台程度になっていた。

軽自動車撤退のあと新しい車種、レヴォーグやXVといったモデルが誕生し、水平対向エンジン車のラインナップが増えてゆく。水平対向エンジン車（つまりスバル車）の開発・販売戦略があらためて練り直されて、レガシィが北米市場向けにサイズ拡大されることにもつながってくる。

### ■グローバルなプレミアムブランドを目指す

5代目レガシィが変化した背景を別の面からふり返ると、2002年にスバルは竹中恭二社長の時代に、「FDR-1」と名付けた中期経営計画で、「プレミアムブランドを持つグローバルプレイヤー」というブランド戦略を掲げた（95頁参照）。背景には国内市場の伸びが頭打ちという状況もあった。

グローバル市場としては北米が圧倒的に重要で、事実上、北米重視へ舵を切る経営転換といえた。北米での販売は当時20万台程度だったが、まずそれを30万台越えへとボリュームを増やすことを目標とした。そのためには従来から4WDが支持されていた北部の雪が多い地域であるスノーベルトだけでなく、南側のサンベルトでのシェアを1％まで、2倍以上拡大する目標が掲げられた。さらに北米専用のフラッグシップのSUV投入も計画され、それはトライベッカとして2005年に発売される。ヨーロッパ市場も、スバル・ブランドを磨く場として強化する方針が打ち出されていたが、その後WRC撤退の影響などもあり、ヨーロッパでは伸び悩むことになる。そして、大型化した5代目レガシィこそが、北米重視の姿勢が顕著に現れたモデルであり、この5代目レガシィの成功もあって、スバルの北米重視の舵取りは目論見どおり結果を出す。北米での販売はその後も驚異的に伸びて、30万台をはるかに超えることになる。

いっぽう「プレミアムブランド」というのは、前述のように1989年発表の初代レガシィ開発のときから意識されていたもので、特別な水平対向エンジンを使う中規模生産のメーカーにふさわしい道として選ばれたのだった。その方針は少なくとも最上級車種のレガシィには生き続け、2代目、3代目、4代目とレガシィは代を重ねながら、ヨーロッパ流プレミアム・スポーティ・セダン／ワゴンという方向性

1968年に日産と提携。当時スバルの販売成績は悪化しており、ff-1のライバル車であるサニーの受託生産を1969年から始め、その台数は1976年に50万台に達した。この提携で、スバルは優れた生産技術を学ぶことができた。

インディアナ州の工場SIAは、1989年８月に竣工。これは10月の開所セレモニーの光景で、生産されたレガシィが見えている。いすゞ側ではピックアップトラックを生産した。I（suzu）よりS（ubaru）が先にきているが、スバルの出資率は51%だった。いすゞが2002年に株式を売却し、SIAは富士重工の完全子会社化された。

1999年12月、提携調印式での田中毅社長と、GMのリチャード・ワゴナー会長。スバルは乗用車の4WD技術をGMに提供することなどが、提携内容としてあった。GMグループ内で地位を築くために、スバルは自らを「プレミアムブランドを持つグローバルプレイヤー」として成長する戦略を打ち出した。

2005年にトヨタとの提携が決まり、2007年４月にはSIAでトヨタの米国市場におけるドル箱車種カムリの受託生産が始まった。このカムリは５代目レガシィと同世代となる2006年登場のモデル。

2004年７月に矢島工場でラインオフしたサーブ9-2X。インプレッサ・ワゴンの前後をサーブらしく改変したモデル。北米に輸出されたが、翌年スバルがGMと提携解消したので短期間で生産終了。スウェ　デンのサーブはスバル同様に航空機製造が母体で、独特の設計哲学が評価されたが、GM傘下でこのようにバッジエンジニアリングであしらわれ、その後名前が消滅してしまった。

で育っていた。1990年代後半から2000年前後の時期は、「プレミアムブランド」という言葉が、世界の自動車業界でブームのようになっており、欧米の大手フルラインメーカーが、ヨーロッパの名門高級車ブランドを競って買収し、傘下に収める動きが活発化していた。BMWのロールスロイス、VWグループのベントレー、ランボルギーニというのが欧州メーカーの動向で、アメリカではフォードがジャガー、ランドローバー、ボルボを収め、GMはスウェーデンのサーブ、そしてスバルを配下に収めていた。GMグループ内では、スバルは他ブランドとの住み分けの必要もあるし、スバルらしい存在感を示す必要性が意識された。GMからも要請があったのかどうか、スバルはこの時代にプレミアムブランドの流行にのるように、経営指針としてプレミアム化の推進を強調し、明言化していたのだった。

第3章で見たように、このときクルマづくりにおいて、いかにも「プレミアム化」を感じさせたのが、2003年のR2や、2004年のR1という個性派の軽自動車の開発と、スプレッドウィングスグリルの採用だった。デザインスタディのコンセプトカーとしては、B9、B11という高級スポーツカーも発表された（97頁参照）。そしてレガシィではこの時代に、4代目が開発されている。4代目レガシィはスプレッドウィングスグリルこそ採用されなかったが、今まで以上に洗練された印象があった。

## ■プレミアム化の座礁、北米での躍進

ところが「FDR-1」は途中で修正を迫られ、2005年の段階で「修正FDR-1」が新たに掲げられる。直接的には販売不振が要因であり、原材料の極端な高騰も影響が大きかったが、新型車が目論見どおりに売れなかった。日本国内では、軽自動車のR2、R1が、その独特なデザインが当初は注目されたものの、高い価格も響いて思うような成績を出せずに終わった。スプレッドウィングスグリルも疑問符がつけられ、R2、R1のマイナーチェンジの段階で、早々にそれが修正され、「ブランド戦略の顔」はお蔵入りとなった。スプレッドウィングスグリルをモデルライフ途中で採用した2代目インプレッサも、3代目ではそれを引き継がなかった。

「修正FDR-1」では、コスト削減をはじめとして、引きしめが徹底された。ひき続きスバルらしさを追求することは変わらないとしたものの、実質的なクルマづくりを重視するような方向性が打ち出される。さらに、2006年に社長が竹中恭二から森郁夫へと交代、翌2007年に新しい中期経営計画が設定されたが、その中で目立つキーワードは「全てはお客様のために」で、実質重視の方針がいよいよ強化された。

「FDR-1」はGMグループ内の時代であるが、スプレッドウィングスグリルの件が象徴するように、ブランド強化を急ぎすぎて、市場から拒否反応が出てしまった面があった。スバルのいろいろな態勢が整っていないまま突き進もうとしたようにも思われる。このあとも、シェアの小さい中規模メーカーという自覚から、ブランド強化の方向性は変わらないのだが、このときの反省で、印象としてはプレミアム化よりも実質重視のほうが、しばらく目立つようになる。5代目レガシィもその典型例といえる。

クルマづくりにおいては、初代レガシィ以降エスカレートしていた走り一辺倒のクルマに偏ることなく、後席も広く使える実用的なクルマを顧客に提供することを第一に考えるようになった。マーケット重視の姿勢が打ち出され、まさに「全てはお客様のために」なのであった。

こういった改革は、成果を上げげた。2008年のリー

2004年アニュアルレポートの、フロントマスクに航空機のシルエットを重ねた画像。富士重工が航空機メーカーをルーツにし、今でも航空機製造を続けている唯一の自動車メーカーだと説明していた。この4代目レガシィ自体はスプレッドウィングスグリルは採用しなかったが、グリル内にはウィングのような意匠がデザインされており、これはその後も残った。また六角形のグリル形状は、後にヘキサゴングリルとして、「スバルの顔」に認定される。

2代目インプレッサWRカー2006年モデルで、新たにスプレッドウィングスグリルを採用したときのデザインスケッチ。実車よりも、自然にボディに溶け込んでいる印象だが、スバルの存在感を強くしたいというこのグリルデザインのねらいがよくわかる。

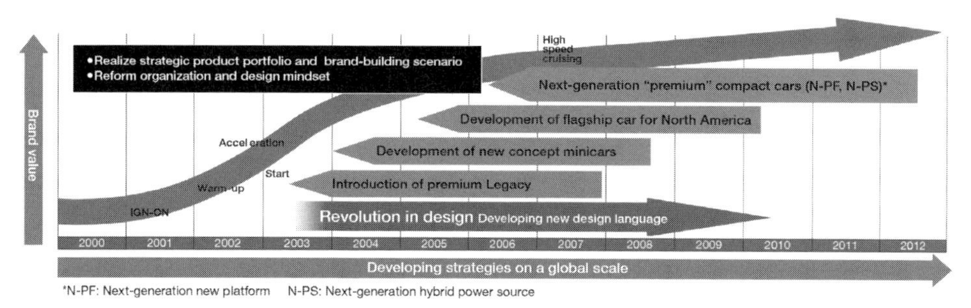


2003年当時の商品戦略シナリオ。モデル投入計画とともに、2003〜2009年頃にかけて、デザイン革新（Revolution in design）をするという「矢印」が示されている。縦軸の「ブランドバリュー」も2003年頃からぐっと高めていくイメージの曲線になっている。

マンショック後に、軒並み世界の自動車メーカーは赤字を計上したが、スバルはひとり業績を伸ばした。スバルは大きくテコ入れして投入していた新型車の3代目フォレスター、3代目インプレッサと、それに続く5代目レガシィがよく売れ、好調を保った。スバルはリーマンショック直前に、堅実路線へと舵をきっていたのだった。

これ以後、スバルのアメリカ市場での異例な好調は続いて、躍進することになる。アメリカではリーマンショック後の2009年に販売台数約19万台だったのが、2016年には60万台を超えており、ほとんど10年もの間、右肩上がりで拡大を続ける。日本では5代目レガシィはとくに導入当初疑問視する声が多かったが、経営的見地からいえば、グローバル市場重視、実質重視、顧客重視という、スバルの新しい方針を掲げたクルマづくりは成功した。

このほかスバルは、この時期にWRCから撤退している。2008年のリーマンショック後、経営危機のために日本の自動車メーカーのモータースポーツ活動はどこも影響を受けたが、スバルも例外ではなく、WRC事業から撤退することになった。WRCでの活躍は、インプレッサのWRXにとってはもちろん、スバルブランド全体にとって活力になっていたので、これは残念なことだった。

いっぽう、技術面でのこの時期の進化では、なによりも本書が注目すべきこととして、FB型およびFA型という、それまでのEJ型に替わる第3世代の水平対向エンジンが登場する。これは2010年のフォレスターのマイナーチェンジで初搭載され、順次各モデルに搭載されることになる。これに加えトランスミッションもCVTのリニアトロニックが開発され、スバル各車に搭載されていく。

また従来からスバルが開発していた先進安全支援技術も飛躍し、2008年にアイサイトが投入される。アイサイトはいわゆる「自動ブレーキ」を実用化し、「ぶつからないクルマ」というキャッチコピーで、市場で話題になった。これはスバルのブランドイメージを大きく変えて、「安全」がスバル・ブランドの中核のひとつに据えられるようになる。

このほか重要な変化として、SUV重視のメーカーへといよいよ軸足を移しつつあった。また、引き続きのことではあるが、デザイン改革にも力を注ぐことになる。この時代、スバルは大きく変わろうとしていたのだった。

## 4-2　大型化した5代目レガシィ

### ■アメリカを重視して大型化したレガシィ

5代目レガシィは2009年3月の北米ニューヨーク・ショーで発表され、日本では5月に発売された。

5代目レガシィはなにより大型化したが、見た目の雰囲気も変わって、それまでのスポーティなセダン＆ワゴンのイメージが弱まった。後席を含めた乗員スペースの拡大が、新型レガシィの最大のテーマであり、同じようなことは3代目インプレッサでも先に実践されていたが、5代目レガシィの大型化は段違いだった。

サイズは、先代の全長4635×全幅1730×全高1425mmに対し、4730×1780×1505mm（日本仕様のB4）で、95×50×80mm、大きくなった。サイズ拡大のもっぱらの理由は、前述のようにアメリカ市場のニーズに合わせたことだった。第2次大戦後に極端に大型化した歴史を持つアメリカの乗用車は、広い室内スペースが要求される。たとえばアメリカ市場の乗用車で当時ベストセラーを争っていたトヨタ・カムリ（1980年初登場）やホンダ・アコード（1976年初登場）は、登場当初からスペース効率に有利な横置きエンジンFF方式を採用してそれを最大限活かし、広い室内を実現している。この2車と競っていたフォード・トーラスも同様であり、これら3車がアメリカ乗用車のこの頃のスタンダードだった。初代レガシィは元来アコードやカムリと肩を並べるクルマとして誕生したが、縦置きエンジンや4WDは、横置きエンジンFFよりも室内スペースが狭くなる。また、そもそもレガシィのボディサイズはアメリカ市場では十分な大きさとはいえず、室内が広くないことが弱みになっていた。レガシィは北米では高く支持するユーザー層があったが、小さめなクルマであり、水平対向の4WDを採用する、ちょっとニッチなクルマと見られる傾向がまだあった。

検証すると、1989年の初代レガシィはセダンの全長が約4.5mで、当時はカムリやアコードも4.5～4.6m程度と、ほぼ同サイズだったが、全米乗用車1位、2位を争うカムリ、アコードはその後に大きくサイズを拡大した。2009年頃の段階でカムリ、アコードは、同世代のこの5代目レガシィよりもさらにもうひとまわり大きく4.8mを超えており、その後約4.9mまで成長している。レガシィも誕生以来サイズアップしてきてはいたが、日本国内市場を尊重して5ナンバーサイズに抑える制約などもあり、北米市場の動向を十分キャッチアップしたとはいえない状況だった。万人向けの量販車種であるカムリやアコードと単純には比較できないが、レガシィもより幅広いニーズに応えるのであれば、一番売れる北米市場の「スタンダード」サイズに適応させるのは当然のことといえた。

ちなみに米国で「スタンダード」と呼ばれるこのクラスは、かつて「フルサイズ」と呼ばれた巨大なセダンタイプの乗用車と同義語だった。「スタンダード」である「フルサイズ」が巨大化しすぎたので、その下に「インターミディエート」やさらに「コンパクト」が1960〜70年代に追加されたが、「コンパクト」でも日本のトヨタ・クラウンくらいあった。「フルサイズ＝スタンダード」は1970年代半ばには最大で5.9mにも達していたが、1970年代の石油ショック後に燃費節約の国策もあって、いっせいにダウンサイズを強いられて、5m程度、場合によっては5m以下にまで縮められた。しかしながら、巨大な“恐竜時代”に採用していたFRをやめて、スペース効率に優れる横置きFFへと、設計を抜本的に変更することで、従来と同じ室内寸法を保ったまま外寸をダウンサイズできたのだった。フォード・トーラスやアコード、カムリは、最初からFFで、このクラスに属していた。蛇足ながらこの「ダウンサイジング」で乗用車が“みじめな小ささ”になった結果、それと入れ替わるように、巨大なライトトラックやSUVがアメリカで増殖するようになった。

アメリカ市場でいちばん重要なスバル車はレガシィだったので、レガシィがことさら北米のニーズを重視するのは当然だった。もともと初代レガシィの開発でも、北米市場での販売を重視して、レオーネより大型化された経緯があった。当時輸出されていたレオーネは、「コンパクト」よりもさらに下の「スモール」ということになり、おまけに当時まだ特殊な存在の4WDが売りだったから、ある意味、日本における軽自動車以上にニッチ的な存在といえた。

4代目レガシィの時代にはすでにレガシィの生産台数の半分は北米で売られるようになっており、北米重視を前面に打ち出した5代目ではさらに多く北米での伸びが目論まれた。ちなみに北米向けレガシィはすべて現地で生産された。

1975年型ビュイック・エレクトラ。全長5.9mを超える巨体だった。こういった米国「フルサイズ」セダンがその後、技術革新（FF化）で小型化されて今のアコードやカムリなどが系譜を継いでおり、5代目レガシィはそこに合流したという見方ができる。

1986年に登場したフォード・トーラス。FFを採用してスペース効率を最大限追求、アメリカの新たなスタンダードカーとなった。全長約4.8mは5代目レガシィと同じ程度。デザインは初代レガシィと同じ時代性が感じられる。

全米ベストセラー常連のホンダ・アコード。これは5代目レガシィと同時期の8代目で、日本ではインスパイアとして売られた。全長約4950mmあり、5代目レガシィよりなお200mm以上大きかったが、先代アコードより100mm程度拡大されていた。

## ■「プレミアム化」をあきらめた？

というようなことで、５代目レガシィは、まず第一に室内スペース拡大を前提に設計された。

さらに、クルマとしての性格も修正が図られた。初代レガシィ以来、スバルの「走り」が評価されているのはたしかだが、大多数のユーザーは、もっと実用性など、大人としてクルマを考えているはずだと反省されたのだった。経済状況や地球温暖化問題の影響などから、燃費の悪いスポーツモデルは好かれなくなり、かわってSUVやミニバンなどが台頭する状況になっていた。クルマのあり方が変わり、メーカー戦略も変わることが求められる時代だった。

５代目レガシィの変化は、先にモデルチェンジした３代目インプレッサの場合と同じ路線変更だった。新型レガシィは室内スペースを拡大して、乗員全員がゆったり乗れるようにした。これはファミリーカーとしてはあたり前のことだが、スバルは、ドライバーだけでなく、乗員全員が楽しめるクルマに変わったと説明した。

先述のように、この頃スバルは「脱プレミアム」の雰囲気が目立った。2007年に新しい2010年までの中期経営計画が導入され、「全てはお客様のために」という標語が掲げられた。まるで接客業の標語のようだが、この期間の2009年に登場するのが５代目レガシィである。

「全てはお客様のために」の下でも、実際のところは、水平対向エンジンの4WDを活かすことや、スバルらしさの追求も継続されており、スバルの目指すところが変わるわけではなかった。スバルらしさの追求は、むしろより深く考えられたともいえる。ようするに2002年の「FDR-1」で無理をしたことを反省して、現実的な地に足のついた経営、商品開発に徹したわけだった。顧客重視ということはマーケティング重視であり、スバルは元来、技術重視、作り手の理想重視のクルマづくりこそが特徴といえるが、苦手なマーケット重視のクルマづくりがしっかりできなければいけないという危機感が以前からあり、それがこのとき徹底された。

スバルらしさを活かせる道が定まったら、その中で顧客が望むものを徹底的に市場調査して理解し、それに応えるクルマをつくることが意識された。これが、５代目レガシィだけでなく、以後のスバルのクルマづくりで重視されることになる。

この「全てはお客様のために」の中期経営計画のあと、順当に次の「Motion V」と呼ばれる中期経営計画が2011年に設定された。これは2015年までの目標だったが、前倒しで目標達成されたために、2014年にクルマ好きの視点からも意欲的な印象のある「際立とう2020」が設定される。この間スバルは大躍進を遂げるのだが、その契機となったのは「全てはお客様のために」の経営であり、正しい采配だったというしかない。ただ、スバル特有の「プロダクトアウト」、つまり作り手の情熱・理想を形にしたクルマづくりが、前面に出なかったということも、少なくとも日本人の第一印象としては、５代目レガシィに関してはあった。

この時期スバルは、プレミアムをあきらめて、大衆的なブランドだと自覚してしまったかのような雰囲気も感じられた。長かった“地味な”クルマづくりの時代、レオーネの時代に戻ってしまうかのような印象である。

５代目レガシィ開発では、プレミアムよりもむしろ逆を考えたというのが、開発責任者の日月丈志の当時のインタビューでのコメントにもあり、プレミアム化などおこがましいという考えを持っていたという。

もちろん、スバルとしての定評のある走りの良さなどは重視して、クルマの中身としてはよいものになっていた。とはいえ、ヨーロッパの高性能スポーツセダンの向こうを張るような存在として登場した初代レガシィ以来の、精悍な雰囲気は影をひそめてしまった。時代の流れであり、米国のみならず、日本でも売れるクルマの種類が以前とは変わってしまう状況なので、それはしかたのないことかもしれないが、よくいわれた「日本のアウディ」のような感じなどは、どこかに行ってしまったようだった。

### ▩スタイリングでも物議を醸す

日本の多くのスバルファンが、新しいレガシィに落胆した。実際には少なからぬオーナーが日本にも出現するわけではあるが、登場時の雑誌などの記事では、複雑な心境、ブランドとして心配、というような論調が目立った。

日本のユーザーにとって、大きくなったことは購入の障がいとなることもあり、日本の道路や車庫事情に対していささか大きいし、スポーティセダンにしては大柄になった。

北米重視に舵をきったのだから、日本ばなれが起きても当然である。日本市場では、セダン／ワゴンの需要が大きく減っており、この先も成長が見込めない状況だった。そもそもレガシィの販売台数は当時すでに半分が米国となっていたのに、4代目までは開発の軸足が日本に置かれており、米国からみれば、不合理な状況といえた。セダンばなれ、ワゴンばなれは米国でも著しいが、日本では自動車の市場自体が縮小して、ミニバンや軽自動車ばかりが売れるようになり始めていた。海外優先で開発するのは、悲しいことにレガシィだけでなく、近年の日本メーカーの（ミニバンと軽自動車以外の）ほとんどの車種にいえる状況になってきている。

ただ、問題は大きさだけでなく、クルマの持つ雰囲気が変わったことも、日本では不評を買った。今までのレガシィにあった欧州スポーティ車のような魅力に欠けるという印象である。これは中身よりもスタイリングの問題といえた。後にスバルは市場調査をして、車体が大きいことは、実際は必ずしもマイナスの評価とはかぎらず、むしろスタイリングが不評だったという結論を得たとして、やや大がかりなマイナーチェンジで手直しを行なうことになる。

5代目レガシィは、室内寸法の拡大を第一に優先したために、スマートなボディ形状にすることが難しくなったという面があったかもしれない。ボディ側面は平面的であるし、車高も旧型より高くなっていた。ボディ側面が平面的なのは、日本向けモデルとして仕立てたためでもあった。北米仕様では日本のようには幅を気にする必要がないので全幅が1820mmあり、前後フェンダーフレアの厚みを十分にとっていた。それに対し、1780mmの日本仕様はフェンダーフレアを薄くしたので、側面から見ると平面的でやせて見えた。新型レガシィのデビュー当時、筆者は、新型がアウトバックでちょうどよいようデザインされたと思えて、アウトバック優先の開発なのかと憶測した記憶がある。実際のところ北米仕様は、すべて幅広フェンダーに揃えられており、同じSIA工場で現地生産された。北米にはアウトバックとB4しかないが、ワイドフェンダーは従来からアウトバックのトレードマークだった。量的には北米で売るアウトバックが、レガシィファミリーのなかで世界で一番多いはずだから、それが5代目レガシィの“標準形”と考えても、あながち間違いではなさそうである。

## ■ねらいどおり北米で大成功する

フェンダーの問題だけでなく、全体のプロポーションも、定評あるレガシィとしてはややスマートさに欠ける印象があった。ヘッドランプが車体に対して大きく、大顔に見えた。北米では、大きなライトトラックなどが走り回るので、乗用車も負けないよう押し出しの強さ（顔の大きさ）が必要だともいわれるが、直接的な理由としては、先代レガシィのデザインがスマートすぎて小顔に見えて、それがアメリカで不評を買った反省から、5代目は車体寸法だけでなく「顔」を大きくしたのだった。

室内寸法確保のために車高も高められており、セダンのB4などはルーフラインが、ややレガシィらしい精悍さに欠ける印象があった。ただし大きな顔については、アウトバックでは、比較的違和感なく収まっているようでもあった。どうもこの5代目レガシィは、クロスオーバーSUVのアウトバックでちょうどよいデザインのような印象がある。この頃、クロスオーバーSUVが他メーカーからも投入されるようになって、先駆者のアウトバックは苦戦をしいられていた。アウトバックは乗用車のレガシィとボディが共用なので、その縛りが今までアウトバックに不利に働いていた面もあったのかもしれない。

このように、日本人的目線ではうらめしい思いもあったが、アメリカでは非常によく売れたので、スタイリングも含めてモデルチェンジは成功ということになるのだろう。5代目レガシィは、ヨーロッパ調スポーティセダン／ワゴンの雰囲気は影をひそめたが、実用的なセダン／ワゴンとしては、大柄で力強くなったこともあり、いかにも自動車の本場のアメリカ車のような、おおらかな、乗用車としてのある種の本物感を持ち合わせているようにも見えた。スバルのレガシィがそれでいいのかという議論はあるにしても、まずはアメリカでの市民権を勝ちとることに成功した。有言実行の大モデルチェンジであった。

走りについては、乗り心地などを重視してフレーム構造を変えたりしており、快適な乗り味を実現し、スバルのねらいは見事実現されているようだった。新生レガシィは中身としてはしっかり良いものになっており、スバルらしさは健在で、進化していた。

がっかりさせた日本のユーザーに対しては、その後、新車種のレヴォーグを提供することになり、初代レガシィ以来確立したブランドイメージに沿うものも継続させている。5代目レガシィ自体も、その後のマイナーチェンジで、フロントマスクを改変するなどして、多少とはいえ、失ったように見えたスポーツマインドを回復させるような修正が盛り込まれた（180頁参照）。

## ■クレードルフレームを採用

ここからは5代目レガシィの設計で、注目すべきところを見ていきたい。

まずはボディが大きくなったことの詳細について。前述したようにドライバーだけでなく、乗る人すべてが快適な移動を愉しめることを目指したと、スバルでは説明していたが、国際的にファミリーカーとして文句なく通用するスペースを確保しつつ、従来同様にレガシィのスポーティなグランドツーリングカーらしさを維持するために、全体のプロポーションを保って相似形のまま拡大された。そのうえパッケージングをゼロから見直し、前後のシートのレイアウトやポジションまで見直すことになった。

乗員ひとりあたりのスペースが拡大され、前後シート間隔では68mm拡大、シートそのものの大きさも拡大された。

デビュー当初の日本仕様のB4。近年の自動車デザインの傾向とはいえ、大きなヘッドランプユニットが目立つ。ボディサイドは平面的で、足腰を強く見せるはずのフェンダーフレアの張り出しが、北米以外の仕様では薄かった。グリルも北米仕様よりは繊細な印象。

北米仕様のB4は、前後フェンダーの張り出しに厚みがあり、全幅はアウトバックと同じ1820mm。北米仕様のフロントグリルは日本とは異なり、グリルの外形がアウトバックと同様になっている。5代目レガシィは、とくに北米仕様を見ると全体に気どりがなく、おおらかなアメリカ車的な雰囲気も漂う。先代レガシィとは大きく変わり、ベルトラインが直線的に伸びているのも目につく。

B4のアメリカ仕様。フェンダーが張り出しているため、足腰が強く見える。ルーフはアーチ型をしている。レオーネ以来スバルがこだわってきたサッシュレスドアもついにやめることになった。

北米にはないツーリングワゴンと、北米以外のB4は、全幅1780mmだった。これは英国仕様。先代までとは様子が変わったが、実用的で大きく、ロングツーリングでよく走りそうな雰囲気もあり、国籍を超えたワゴン車の王道のような感じが漂う。

アウトバックの堂々たる佇まい。サッシュレスドアに加えて、ワゴンボディでは、レガシィ伝統のDピラーレスもやめた。クロスオーバーSUVとしては、違和感のないスタイリングだと感じられる。これは英国仕様で、2リッター・ディーゼルを積んでいる。

「パッセンジャーズファン」を重視したこともあり、コックピットのデザインは、GTカー的だった従来からは大きく変わった。カーナビのパネルを中央にどんと据えているのが目立つ。

B4の室内。室内寸法は先代よりも、長さは+290mm、幅は+100mm、高さは+50mmと大幅に拡大された。5代目レガシィでは、「ドライバーズファン」だけでなく「パッセンジャーズファン」も重視された。

アウトバックは日本のB4やワゴンとは顔つきがだいぶ異なり、グリルが大きいのでライトの大きさが目だたず、バランスがよく見える。これは北米仕様。

北米サイズそのままのアウトバックを除く、日本仕様の各部の寸法を見ていくと、全長はツーリングワゴン／B4とも先代比＋95mmで、B4が4730mm、ワゴンが4775mmとなった。全幅は＋50mmで、1780mm。全高はワゴンが＋65mmで1535mm、B4では＋80mmで1505mmとなった。ホイールベースは＋80mmの2750mmである。

いっぽう拡大の目的であった室内の寸法については、室内長は2190mmで、これはワゴンの場合では従来より＋350mmの拡大になる。室内幅は＋100mmの1545mm、室内高はワゴンでは1230mmで＋40mmの拡大、B4では1215mmで、＋50mmの拡大になった。

ボディ構造は、新環状力骨構造によって、軽量・高剛性化を図っており、高張力鋼板の使用を従来よりもやや少なくしながら、向上を果たした。衝突安全性能も当然、強化している。

エンジン駆動系ユニットを支えるのに、クレードル構造マウントを採用した。クレードルとはゆりかごのことで、通常のサイドメンバーだけでなく、エンジン前方まで囲むクレードルフレームで支える構造である。水平対向エンジンのマウント方法としては、スバル1000以来初の変更となる。大きなねらいは、振動と騒音を低減して乗り心地を向上させることと、衝突安全性能の向上である。エンジンのマウント位置を変更することで、柔らかいマウントの使用が可能になり、振動を伝わりにくくした。さらにフロントサスペンションや、新たに採用された電動パワーステアリングもこのフレームに取り付けられるために、ボディには直接路面からの振動や騒音が伝わりにくく、快適性が向上した。また、フロントサスペンションがこのフレームに取り付けられて剛性が向上するため、ステアリングの応答性が高まるというメリットもあった。リアサスペンションは、サスペンションとサブフレームの間、さらにサブフレームと車体の間に、二重にブッシュを介するようにしたため、路面からの振動・騒音が軽減された。

## ■EJ型とEZ型エンジンの改良

エンジンについても、手が入れられた。5代目レガシィは、マイナーチェンジ後に新世代エンジンのFA型が搭載されることになるが、それについては4代目インプレッサのところで見ることにする。

5代目レガシィは登場当初、EJ型4気筒のターボ、NA、そしてEZ型6気筒の、3種のエンジンが搭載された。ボディが大きくなったのに合わせるように、いずれも排気量が拡大され、それぞれキャラクターを強調するように仕上げられた。

4気筒NAは、2.5リッターに拡大。構成部品の90%が新設計されたが、新しく採用されるCVTとのマッチングのために中低速トルクを重視し、ドライバビリティを向上させた。このエンジンの外形寸法は2リッターの従来型とほぼ変わらず、約3kg軽量化を果たしている。目立つところでは、軽量化と出力特性変更に貢献する新形状の樹脂製インテークマニフォールドの採用がある。また排気システムは、フロントエキゾーストシステムに消音チャンバーを追加し、シングルマフラーを採用して、静粛性を向上させつつ、システムで約6kgの軽量化を実現。ピストン形状変更をはじめとして各部にわたるフリクション低減や、カムプロフィールの変更、吸気効率を高めるi-AVLS（可変バルブリフト機構）の採用などによって、性能向上、燃費性能向上を図っている。燃費は、モード燃費では従来の2リッター車と同じながら、実用燃費は向上させたことが謳われた。

4気筒ターボも2.5リッターに拡大され、最大トルク

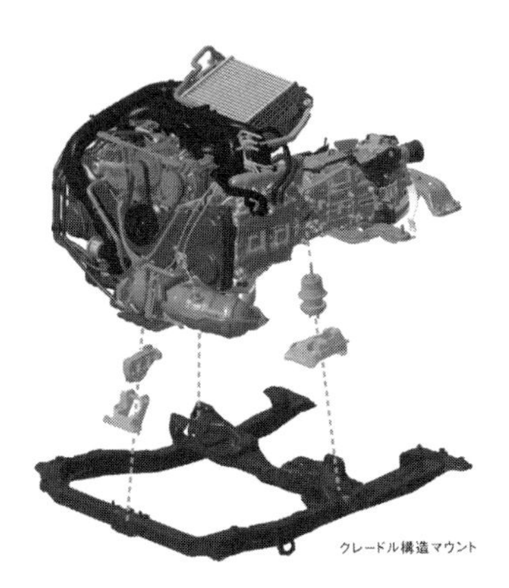


エンジンを支えるサブフレームとしてクレードル状のフレームを採用。トランスミッション最後部のほか、図の3ヵ所にマウントを配置。これによりターボをエンジン直下（図ではエンジン前方下）に置くことできた。図は2.5リッター・ターボ搭載車。

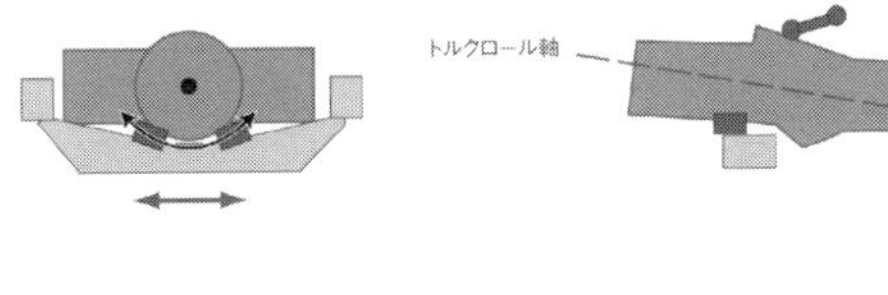


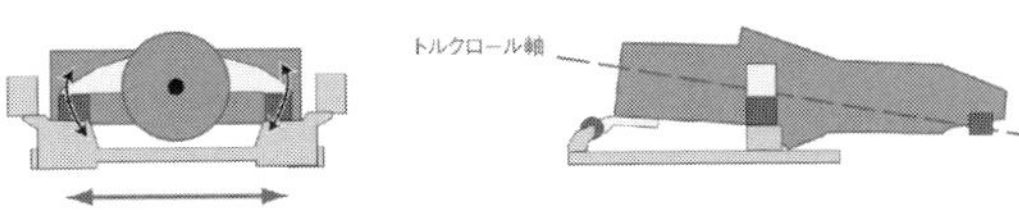


上が従来型、下が新型。マウント支持箇所を変えて、間隔を左右、前後とも広げたことで、エンジンの振動が抑制された。とくにロール方向での効果が大きい。

衝突時、クレードルフレームが折れ曲がってパワーユニットは下がりつつ後退するので、メインフレームが担う衝撃吸収の効果が向上した。

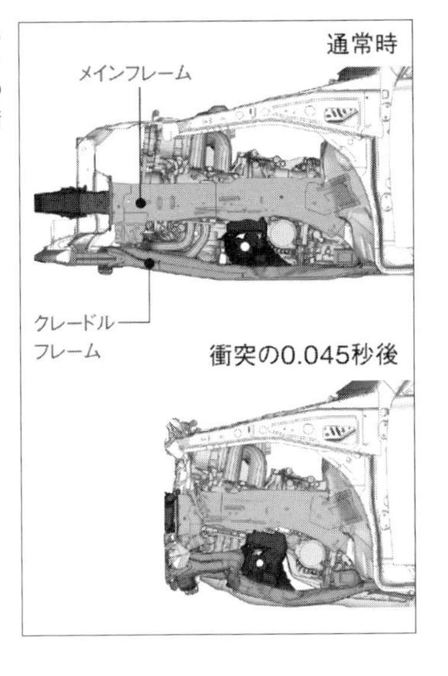


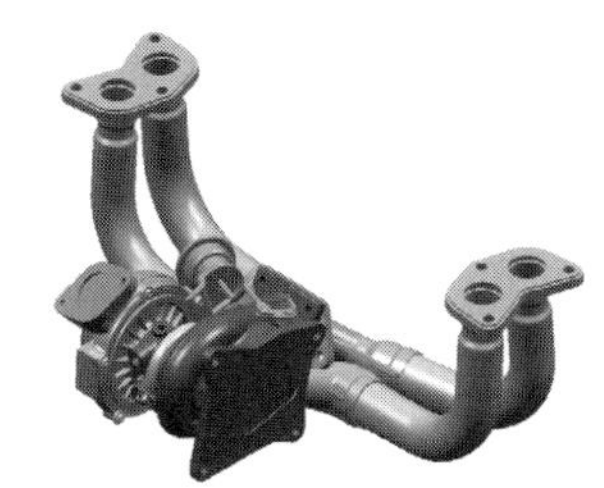

2.5リッター・ターボの排気マニホールドと、ターボチャージャー。このターボのすぐ下流（右側）に触媒が置かれる。従来の2リッター・ターボ（MT車）の280ps/6000rpm、35.0kg-m/2400rpmから、285ps/6000rpm、35.7kg-m/2000～5600rpmへと進化し、全域で厚いフラットトルクの特性を実現した。

3.6リッターに拡大されたEZ36エンジン。これは2007年にトライベッカがマイナーチェンジしてEZ36を搭載したときの写真。外形寸法はEZ30とほとんど変わらないながら、ボア・ストロークは89.2×80.0mmから92.0×91.0mmへと拡大した。

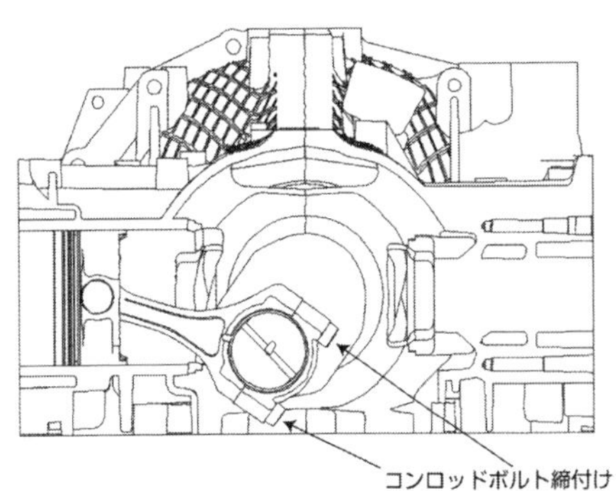


EZ36の組み立て時のコンロッドボルト締め付けを示す図。コンロッド大端部を斜めかち割り型に変更したことで、エンジン全幅を拡げずにストロークを拡大。組み付け精度も向上した。

は35.7kg-mとわずか0.7kg-mの向上ながら、それを2000～5600rpmの広範囲で発生。見事なフラットトルク特性で、低回転域の力強さと高回転域の気持ちよさを両立させた。モード燃費では従来の２リッター車よりもやや悪化したものの、これも実用燃費の良さは強調された。

ターボは、新たに排気ポート直後に配置された。エンジン直下となるそこに配置できたのは、クレードルフレームを採用したためで、排気エネルギーを効率的に使うことができ、またターボ下流の触媒も温度上昇が早まるために、排ガス浄化の性能も向上。また、重いタービンと付随する排気管などをエンジン下にコンパクトに収めたため、低重心化、軽量化にも貢献した。シリンダーブロックはセミクローズドデッキを採用し、剛性を向上させている。

６気筒も排気量が3.6リッターに拡大された。やはりエンジン外寸はほぼ変わらないままであり、６気筒ならではのスムーズさを活かしながら低速トルクを充実させた。エンジン本体は比較的大がかりに骨格から改変。ボアとストロークはともに拡大され、ボアはシリンダーライナーを2.5mmから1.5mmまで薄肉化することで拡大。ストロークの拡大は斜めかち割りコンロッドを採用してデッキハイト不変のまま実現しており、製造時の組み付け方法は変更されている。いっぽう、従来は可変バルブタイミング機構（AVCS）は吸気だけで、排気は可変バルブリフトだけだったのが、吸排気ともAVCSとなり、排気量拡大と合わせて低中速トルクの向上を実現した。排気系では、等長等爆エキゾーストシステムの左右独立部の長さを延長し、排気効率を向上させて低中速トルクの大幅向上に貢献した。

また冷却回路の見直しによりノッキング限界を向上させ、レギュラーガソリンに対応させた。

### ▩リニアトロニックの採用

トランスミッションには、新たに「リニアトロニック」と名付けられたチェーン式のCVTが採用された。最初は2.5リッターNA車のみに採用されたが、これはこの後スバルのほとんどのモデルに採用されることになる。

リニアトロニックは、4WDとしては世界初のチェーン式CVTとなった。チェーンは通常のベルトよりも屈曲半径を小さくできるので、CVTのプーリー径を小さくして、ふたつあるプーリーの芯間距離を縮められる。これによってふたつのプーリーを上下に配置できるようになり、CVTユニットの横幅を抑えられたことがポイントである。またプーリー径を小さくできることで、変速レシオも大きくすることが可能になった。このほか、伝達効率もベルト式より優れており、オーバードライブ領域では約５％高い。ATと比べても、4ATとでは10%、5ATとでは６～８％燃費が向上するという試算がある。チェーンは耐久性の面でも優れており、高出力にも対応している。

スバルにはCVTの長い実績がある。1987年にジャスティで初採用し、その後軽自動車にも採用を拡げた。無段階変速で燃費も優れるCVTを、スバルとしては上位車種にも使いたいと考え、早くから開発を試みていたが実用化には至らなかった。大きな問題はCVTユニットの大きさだった。水平対向を使うスバルは縦置きエンジンなので、トランスミッションも縦置きになり、CVTユニットが大きいと室内スペースを侵食してしまう。ところがチェーン式CVTが実用化されたことで、CVTユニットの小型化に道筋がつき、上位車種に搭載する道が開けたのだった。

技術的に難しいこのチェーンを開発したのは、ドイツの変速機を得意とするサプライヤー、シェフラ

2.5リッターNAエンジンとCVTのパワーユニット。無段変速するCVTの2個のプーリーが、上下に並んでいるのがわかる。

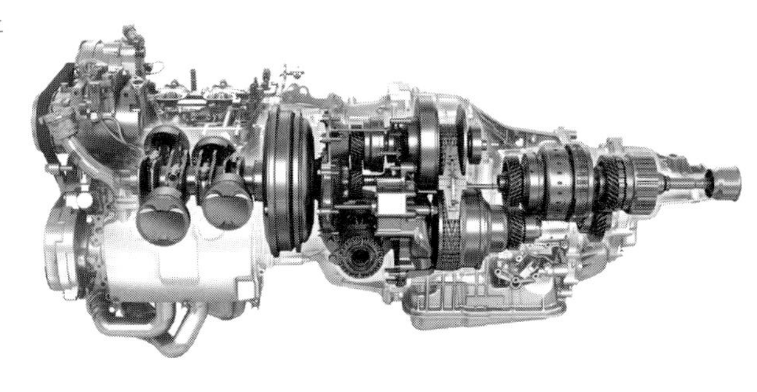

リニアトロニックのプーリーとチェーン。CVT本体はスバル内製であり、チェーンのみルーク(Luk)社製を使っている。

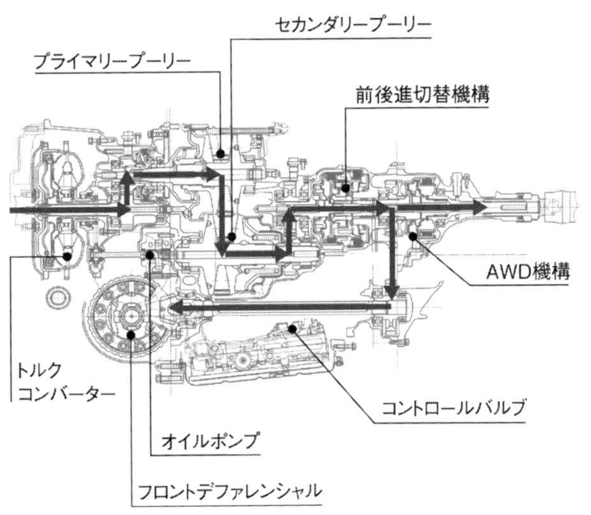


CVTの構造と、トルクの伝達経路を示す図。チェーン式の特性を活かして、変速比幅は6.3と十分確保されている。

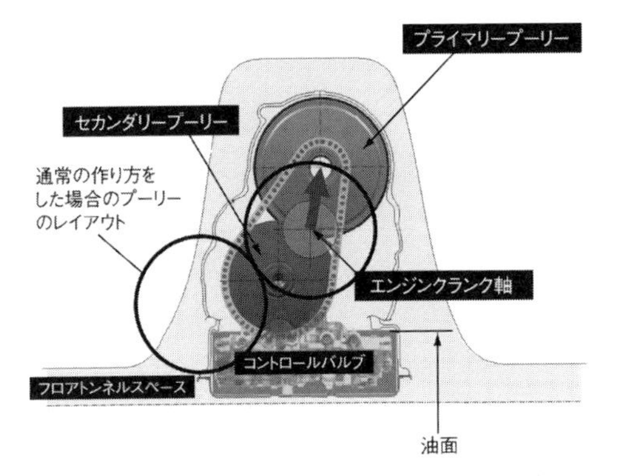


通常のベルト式CVTでは、図が示すように、2個のプーリーが横に並ぶため全幅が広くなり、縦置きエンジン式だと前席足元スペースをじゃましてしまう。リニアトロニックはチェーン式で小型化したのでプーリーを上下に並べることができた。潤滑オイルの油面に接触しないので、エネルギーロスも抑えられている。

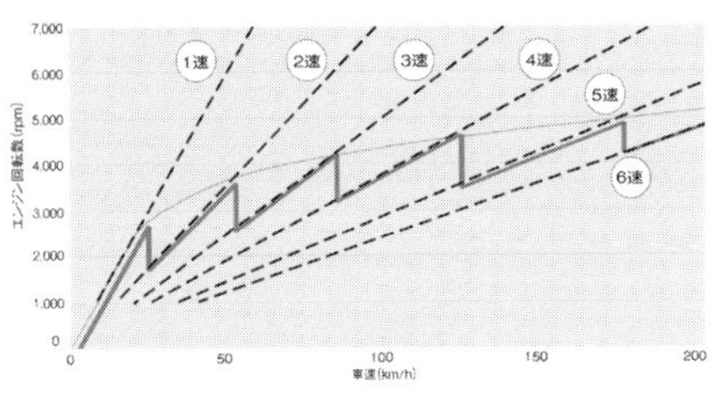


リニアトロニックでは、6速マニュアルモードを設定。ステアリングパドルの操作により、6速MT車のようにリズムよく変速してスポーティに走れるようにした。ハードなスポーツ走行には向かないが、変速時間は0.1秒以下を実現している。

ーグループ傘下にあるルーク社である。CVTユニット自体はスバルの内製であり、チェーンと組み合わされるプーリーもスバルが開発した。

リニアトロニックには、CVTの実績のあるスバルが蓄積した技術力も活かされている。チェーン式の変速レシオの広さや、緻密な電子制御のおかげもあって、伝達ロスが少なくスムーズで高効率の走りを実現している。

ステアリングのパドルによりMTのように手動でステップ式のシフトもできるように設定され、その際の変速スピードは0.1秒しかない。これは欧州車で普及が始まったツインクラッチ式2ペダルMTのDCTよりも速いといわれた。

組み合わされるエンジンを中低速トルク重視にチューニングしたこともあり、リニアトロニックによる走りは、従来とは異なるものになった。エンジンの回転が一定のまま速度のみが上昇していくという、まさにリニアな加速感を味わうことができた。CVTは加速よりもエンジン回転ばかりが先に上昇する、いわゆるラバーバンドフィールのイメージが強いが、リニアトロニックはエンジンの低速トルクが太いこともあり、その傾向が控えめである。リニアトロニックは新感覚の走りになり、スバル車に新たな魅力を加えた。

ただ、ラバーバンドフィールが控えめとはいっても、やはりCVT特有のいざというときのレスポンスの遅さ、もどかしさは、追い越し加速などでアクセルペダルを強く踏み込んだときなどには、感じられる。追い込んだスポーツ走行などでは、MTモードでシフトができても、やはり本物のMTのようなダイレクト感は味わえない。スバルが高性能CVTの実用化を長年待っている間に、ATも進化してきているし、DCTも普及した。高速クルージングのような運転では非常に快適だが、WRXで求められるような、連続するハードなスポーツ走行には、レスポンスの問題に加えて油温上昇の問題もあり、硬派なWRX STIではMTが据え置かれた。しかし2021年に出る新型WRXでは、CVTが「スバルパフォーマンストランスミッション」に進化し、レスポンスが向上して、スポーツ走行に対応したものになる。

## 4-3 オールニューの4代目インプレッサ

### ■WRXと分離してふつうのクルマへ

2011年には4代目インプレッサが登場。3代目に続いて大がかりなモデルチェンジとなった。インプレッサはこのあとの5代目もプラットフォームを刷新し、大規模なテコ入れが続くことになる。

4代目インプレッサの改変は、2009年の5代目レガシィのときと同じ方向性だった。グローバル市場重視の方針の下で、乗用車らしい実質を重んじた設計となり、室内空間を拡大して、燃費性能にも力を入れた。

外観デザインも5代目レガシィと似た印象である。ただしこのインプレッサでは初めて、スバルの新しい顔となるヘキサゴングリルが採用された。4代目インプレッサは、外部デザイナーだった難波治を2008年にデザイントップに招いてから、最初に開発されたモデルだった。スバルは、前項で述べた竹中社長の「FDR-1」の時代に、デザイン改革に力を入れるようになった。

この当時、デザインの悪さのために売れないというデータも上がってきたといい、デザイン強化の必要性が経営レベルで課題となっていた。外国人デザイナーのアンドレアス・ザパティナスを招聘し、スプレッドウィングスグリルも採用されたりした。その後2004年に技術系出身の平川良夫がデザイン部長に就任。理工系的な論理的評価方法などをデザイン決定に取り入れるようになった。その前から、外国人デザイナーの招聘や、国内外デザイナーへのコンサルティング依頼が目立っていたスバルだが、コンサルティングでの業務のあとに社内に招かれた難波は、スバルデザインの改革をブランド戦略に沿ってさらに進展させることが期待された。ブランドの新たな顔となるヘキサゴングリルの採用もその代表的な仕事だった。

4代目インプレッサの大きなニュースは、新世代の水平対向エンジンを搭載したことである。このエンジンはひとあし先にフォレスターのマイナーチェンジ時に登場していたが、インプレッサでは新車導入時から全車に搭載され、新世代化がはっきり感じられた。これに加えてリニアトロニックや、アイサイトも搭載され、新しいスバルの技術がひとまず出そろった。

5代目レガシィと同じく、4代目インプレッサもスポーティさが鳴りをひそめて、ファミリーカー的な堅実さが目立った。クルマとしてやや地味になったのは、初めてWRXと分離されて開発されたことが大きい。先代インプレッサでも、WRXよりも通常モデルを重視する方針があったが、今回ついにWRXを完全別モデルにすることで、よりいっそう“ふつうのクルマ”に徹することになった。エンジンもターボは積まずに、NAのみが搭載された。

4代目インプレッサの堅実さの背景には、「全てはお客様のために」を掲げた新しい経営体制もあった。また、その開発の時期にリーマンショックという経済危機があった。発表時のプレス資料冒頭には、リーマンショックの経済危機、原油価格高騰、地球温暖化意識の高まり、さらに2011年3月の東日本大震災のことなどが述べられ、クルマに求められる「価値」の実質性が厳しく問われるようになったと書かれていた。

5代目レガシィのときと同様に、より地に足のついたクルマづくりの必要性が自覚された。流行を追ったり、逆に特定の性能向上にばかりこだわるクルマづくりではだめだという意識を持って開発された。これは、今までもスバル内で、とくにWRC重視に傾きがちなインプレッサにおいて、繰り返し反省されていたことだが、スバルは、よりいっそう冷静なクルマづくりをするべく成長し、大人になったようだった。初代レガシィの開発以来生じていた、“ハイパフォーマンス・バブル”の状況が、ようやく落ち着いた。既にWRCからも撤退していた。

ただ、経済危機という背景がありながら、必ずしも商品の低価格化には向かわず、4代目インプレッサは、むしろ上級化を視野に入れて開発したとメーカーでは言っており、上級車種からダウンサイズしてくるユーザーの受け入れを想定していた。これは、とくに日本国内において、大きくなったレガシィからの乗り換えの受け皿役もあったかもしれない。ただ、少なくともツーリングワゴンに関しては、このあと登場するレヴォーグのほうがその役にふさわしいものになる。

### ▩室内を拡大、セダンを重視

各部の設計を見ていくと、まず車体としては、従来同様に5ドアハッチバックと4ドアセダンが設定された。とはいえ先代は、当初はハッチバックを主体に開発されて、北米市場のためにあとから4ドアセダンが追加されたので、4ドアセダンはややぎこちないプロポーションになっていた。ところが4代目はセダンもバランスのとれたデザインになり、はじめからセダンが重視されていたことが理解できる。

スタイリングは先代からだいぶ印象が変わり、これはひとあし先のレガシィの場合と似た面もあった。インプレッサの場合は、北米のスタンダードサイズに拡大する必要があったレガシィと違って、コンパクトカーの枠にとどまるので、ボディ外寸は全長、全幅とも据え置きとなったが、室内寸法をできるだけ広くするという方針はレガシィと同じだった。これは3代目インプレッサでもテーマだったことで、近年のスバルが取り組み続けていることである。外寸を抑えて室内を広げる方針のためか、5代目レガシィと同じようにやはりサイドが平面的なデザインになり、これに丸いフェンダーフレアのふくらみを追加したスタイルになった。ただしインプレッサはレガシィと違って、北米仕様でもフェンダーフレアの厚みは同じだった。フェンダーにプロテクターを付けたクロスオーバーのXVで見た目がちょうどよく見えるようなのは、レガシィのアウトバックのときと同様である。

ただ、先ほども述べたように、このインプレッサからは、デザイン開発姿勢にまで及ぶ大きなテコ入れがあり、従来から変わった部分も多い。技術的に継続しているものもあるので、すぐにデザインが全面的に変えられるわけではなく、このとき望まれたデザイン改革がぜんぶ実現できたわけではなかったようだが、それでも従来のスバル・デザインでは手出しできなかったような、車体の根幹に関わるところにも、改変の手が及んだ。

### ■プロポーションの是正

大きな改変は、室内のパッケージングを見直したうえに、プロポーションを是正するためにAピラーの下部を200mm前方に出し、ノーズの長さを目立たなくしたことである（165頁参照）。水平対向エンジンは全長が短いとはいえ、縦置きであるため、FF系レイアウトのクルマのなかでも、スバルのノーズの長さは目立っていた。それはなによりフロントオーバーハングの長さなのだが、近年のクルマはノーズが短い傾向があり、とくにFR車では、フロントオーバーハングを短く見せることで精悍さを強調するデザインが流行している。先代インプレッサはそんななかでノーズの長さがいやがおうにも目立つ感じがあり、4代目はそこを是正してきた。

この改変は、単にノーズを縮めるのではなく、クルマとしてのプロポーション、スタンスを適正なものにするねらいがあった。適正とは、ほかのクルマとの違和感をなくすということである。この頃スバルは、世界の売れているクルマの横からのプロポーションを平均化して「標準モデル」なるものをつくり、それにスバル車のシルエットを近づけるということを実践し始めていた。この「標準モデル」は、技術系出身の平川前デザイン部長が、デザインの客観的評価法を取り入れたことから導入されたものだった。

プロポーションの是正は、スバル車にとっては難易度が高い。まず第一に、今述べた縦置き水平対向FF（4WDも同じだが）というエンジン形状と搭載位置の問題がある。そのうえに、スバル社内に視界確保に対する厳しい設計基準があり、それがAピラーの前出しを阻んでいた。

スバル車に乗ると視界が広いことに感銘を受ける。それはスバルが厳しい基準を設定しているためである。ただし、そのためにほかのクルマのスタイルと乖離していると、難波をはじめデザイン部門では考えていた。そこでAピラーの前出しのために、技術部門と交渉した。スバルは、技術部門が強く、こだわりを持っているので、デザインのために設計

2010年11月にロサンゼルス・ショーで発表されたインプレッサ・コンセプト。レガシィに続いてインプレッサも、先に北米で披露され、しかもそれはセダンボディだった。セダンでもクーペ的なルーフラインにしてスポーティさを強調するのは、このあとのレガシィ、インプレッサ、WRXのコンセプトカーで定番的になる。

インプレッサの英国仕様。5代目レガシィと同様に、ボディサイドが平面的でショルダーラインがまっすぐ伸びて、フェンダーフレアもデザインされている。ヘキサゴングリルはひと昔前のスバル車のグリルより大きめで、スラントノーズになっている。

アメリカ仕様のインプレッサ・セダン。セダンはリアオーバーハングが長いので、前後のバランスとしては安定感があるように見える。兄貴分のレガシィとは今まで以上に似ていることが、とくにアメリカ仕様で比べると、感じられる。

基準を変えるよう説得するのは大変だったという。ただ、デザインのせいでクルマが売れないという評価も実際になされている状況で、デザイン改革に対して上層部から指令も出ていたはずで、結果的にスバル秘伝の視界確保に対する設計要件が再考されて、Aピラーの前出しが実現した。世界的にデザイン重視の傾向が強まっており、スバルでもデザインの改善が、経営戦略のテーマのひとつになっていた。

これによって、先代インプレッサに比べれば、ノーズの長さがあまり目立たなくなった。見た目の印象だけでなく、Aピラーが寝たことは空力的にも有利で、また室内空間の広がりにも貢献した。いっぽう、視界の確保についてはあらためて一から検証され、後述するように、必ずしも前より悪くなっているわけではない。

Aピラーが前出しされたとはいえ、水平対向エンジンと前車軸の位置関係は変わらず、フロントオーバーハング自体のあり方は基本的に変わっていない。また、たとえばハッチバック車の場合、この4代目は荷室を使いやすくするためにルーフを後ろまで伸ばしており、ボディの見た目の重心がやや後寄りになった感もある。リアのオーバーハング部分がすぱっと切られているので、それと対比してノーズが依然として長く見えるようでもある。4代目はまだ改革の道半ばで、プロポーションやスタンスは、次の5代目で、さらに改善される。

## ▩乾いたデザインの4代目

いっぽう先代のデザインが、曲面の味わいが表現されて、どこかヨーロッパ車的で比較的エレガントな雰囲気があったのに対し、4代目は印象を変えた。あえて平板的な印象にして、気どりのない乾いたストレートなデザインとして見せようとしたという。これによって、平面的で演出の少ないやや無機質なデザインになり、場合によっては低価格実用車のような印象もあったが、スバルの目指すところである精悍さもたしかに感じられた。また、たまたまのことかもしれないが、SUV版のXVで無骨なタフさが活きるようなデザインにも思える。

先代はアンドレアス・ザパティナスの影響下でドイツ人デザイナーも入ってデザインされ、ヨーロッパ車を意識して開発された結果、ヨーロッパ的な、豊かでスマートなものになっていたが、この4代目は、よくも悪くも日本的になった印象がある。とはいえシンプルに徹することで、スバルらしさ、日本らしさを表現しようというのが、このときのスバル・デザインの目指すところだったようである。ちなみにデザイン主査は、3代目も4代目も、次のデザイン部長になる石井守であった。

スバルは、乗ってみても、一見ただの大衆車のようでありながら、少し走りこんでみると、実は走りにもこだわっていることがわかる。デザインも同じで、WRXを切り離して一見実用車的になった4代目インプレッサも、よく観察すると、ある種の趣向性が込められているのが理解できる。スバルらしさを常に意識しながらデザインされているようである。

## ▩ヘキサゴングリルの導入

外観では、ヘキサゴングリルの採用が、スバル・ブランドの確立ということでは大きなトピックスだった。スバルは前述のように2000年代半ばにスプレッドウィングスグリルで、看板となるグリルデザインを確立しようと試みたが、定着できなかった（96、113頁参照）。しかし今回導入されたヘキサゴングリルは、まずは定番化に成功する。

これは新しく迎えられた難波の管轄下で、導入が

米国仕様の5ドア。ルーフレールを付けている。リアエンドは包丁で切り削いだような造形で、全体にプレスラインは直線的なうえエッジが立っていて、硬い感じのボディに見える。

先代のセダン（アネシス）は、あとから追加されたこともあり、ややアンバランスなプロポーションで、あきらかにノーズが長く見えた。下の写真の4代目セダン（G4）は、先代よりもAピラー下部が前進しているのがわかる。それにしても後継モデルとは思えないくらい、デザインが一変している。

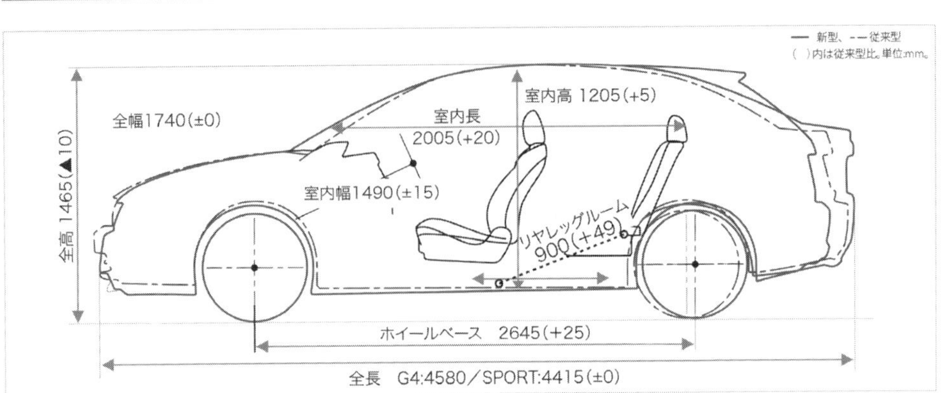


新旧インプレッサの寸法比較図。破線の旧型はセダンのみが描かれている。ホイールベースを25mm延長しながら、全長はセダンもハッチバックも不変で、新型はノーズ先端部を縮め、テールを伸ばしている。視覚的にもフロントのバンパー位置を低め、セダンのリアデッキ部分を伸ばすことで、ボンネットを短く、リアデッキを長く見せて、プロポーションを是正。それにはAピラーの前出しも貢献した。Aピラー下部は先代より200mm前方に出ている。ボンネット先端位置はほとんど変わっておらず、中身のハードウェアの配置に変化ないのが理解できる。

決まった。スプレッドウィングスグリルも、「スバルらしさ」とはなにかを検証していたはずだが、やはりスバル車の造形としては唐突感があった。今回のヘキサゴングリルは、ブランド確立の重要性をあらためて戦略的にとらえて、「スバルらしさ」がなんであるかを慎重に考えたうえで、デザインの方向性を定め、グリルが選択された。グリルの意匠としては直接的には、デザイン的印象が良かった４代目レガシィ（99、147頁参照）で採用されていた六角形グリルから、引用された。

ブランドの顔であるグリルを決めるのは、スバルのスプレッドウィングスグリルに限らず、失敗するケースが多い。近年のよく知られる例として、フォルクワーゲンがある。2003年発表の５代目ゴルフの頃にワッペングリルと呼ぶ盾型グリルを採用したが、物議を醸した。そしてその次の2008年の６代目ゴルフで、水平基調のシンプルな横長グリルを打ち出して、これが現代のフォルクスワーゲンらしいということでその後定着する。これを決めたのは、当時新しくデザイントップに就任したワルター・デ・シルヴァで、そのモチーフは、歴史的傑作とされる初代ゴルフだった。

スバルの今回のヘキサゴングリルも、過去のブランドの象徴的モデルとして４代目レガシィに白羽の矢を立てたのだった。４代目レガシィは、スバルのなかでそれほどの求心力があるモデルではないが、シンプルでスマート、スポーティでスバルらしい印象があるモデルで、デザイン面で定評があった。前述のように、４代目レガシィで六角形グリルのフロントマスクを提案したのは、ピニンファリーナやランチアで実績のあるエンリコ・フミアだったという。

ヘキサゴングリルは、「スバルらしさ」の顔として、素直に受け入れられやすいものだった。直接の出どころとなった４代目レガシィにかぎらず、歴代のスバル車と比べて違和感がない。ほかのブランドでも似たようなグリルのクルマは少なくないので、ややふつうすぎるきらいはあるが、近年レクサスが採用した鼓形のスピンドルグリルのように、あまり凝りすぎるのもスバルらしくなく、やはりスバルはシンプルであるべきなのだろう。

実際のところヘキサゴン（六角形）と言ってはいるが、言われなければ台形（逆台形）とも思えるくらいの形で、とくに当初は、モデルによっては、ほぼ台形に見えるようなグリルもデザインされている。台形（逆台形）グリルは、３代目レオーネ以降、近年のスバル水平対向エンジン車のほとんどが採用していた。初代インプレッサの初期型は小さな長方形だったが、それにしても台形の一種といえそうだ。台形グリルについて明文化されたのは、前にも述べたように２代目レガシィのときで、そのモチーフとしては往年のスバル1100が選ばれていた。この２代目レガシィのあとは、グリルの存在を強調しようという意識もあったようで、各モデルはっきりと台形（逆台形）がデザインされるようになった。台形でなかったのは“問題の”スプレッドウィングスグリルを付けたときだけなのである。実際、スプレッドウィングスグリルを導入したとき、メーカーとしては、「従来の台形グリルを特徴としていたフロントデザインを刷新」と説明していたのだった。

## ■視界の良さと広さを感じさせる室内

内装は、従来のスバルよりこだわった面もあるが、依然として実直なデザインだった。Ａピラーを前に出したことなどと合わせて、室内が広々と見えるようなデザインが意図され、先代から一転して水平基調のデザインが採用されてシンプルになった。ただ、

4代目インプレッサ登場時のスバル各モデル。WRX-STIは、当初は2007年に登場した旧型が存続していた。左から3台目のそのWRX（3代目インプレッサ）と右端の3代目フォレスターは、途中までスプレッドウィングスグリルで開発されていた可能性がある。それ以外のモデルは、グリルがヘッドランプと切り離されて台形が強調され、新しいデザインになっている。ただ5代目レガシィだけは、スプレッドウィングスグリルとヘキサゴングリルの間の過渡期のようなフロントの造形であり、アウトバック以外は、グリル下辺がカーブしている。とはいえ、どのモデルも基本は台形グリルで、グリル内には翼をイメージした意匠が入る。

アメリカの路上でのインプレッサ。まわりには巨大なフロントマスクのSUVが多く、小型のスバルも強い顔を持っていないと圧倒されてしまう。

インプレッサ・コンセプト発表の1年前、2009年秋の東京モーターショーで出展されたハイブリッド・ツアラー・コンセプト。ショルダーラインの入れ方などインプレッサに似ている。注目はヘキサゴングリルの採用で、それを世にアピールするねらいがあった。

Aピラーを前出ししても、ピラーが細く、ミラーの位置も変更したため、視界の良さは保たれていた。ダッシュボードのデザインはオーソドックス。頻繁に操作するエアコン調整スイッチは、操作しやすいダイヤル式が採用され、加飾も施された。

３つ並んだエアコンのダイヤルにやや凝った加飾を施すなど、質感にはこだわっていた。

内装ではやはり視界の広さが際立つ。視界の広さはスバルが伝統的にこだわる部分で、今までＡピラーを前に出さずにいたのは、前方視界を妨げないためだった。今回、スタイルのために前に出したが、ピラーを細くするなどの対策を施し、あまり前方視界を妨げることはなかった。サイドミラーをドアパネルからピラーが生えるタイプに変更したことも効いていた。また、サイドのウィンドウの見切り線も昨今のクルマとしてはかなり低く、開放感があった。インパネも低くなっているが、それはエアコンダクトやヒーターユニットのコンパクト化などの工夫・努力で実現された。

室内のパッケージングを見直した結果、室内幅は15mm、室内長は20mm拡大された。ドアは内部構造を工夫して、肩や肘の部分のスペースを拡大している。ホイールベースは25mm延長されているが、それは後席スペースにあてられ、後席レッグルームは49mm拡大された。荷室スペースも広くなり、使いやすいように各部の設計を見直している。室内スペースに関する改良は、スバルの実直さが感じられる部分である。

## ■基本設計のしっかりしたシャシー

車体・足回りも進化している。2007年の３代目インプレッサ以来のSI-シャシーをさらに進化させ、「進化型SI-シャシー」を標榜した。

ボディは高張力鋼板の使用や骨格の見直しなどによって、剛性を高めたうえに約20kg軽量化された。ボディを強化したことで、サスペンションも正確に動くようになり、サスペンション自体も新設計されて剛性を高め、操縦安定性を高めた。シャシーの強化によって不快な振動を抑えるなどして、快適性も向上。また重心高は従来車より15mm下げ、安定性向上に貢献している。

WRXと分けたことで、インプレッサのシャシー性能は、基本的に街乗りでの快適性重視になったはずだが、操安性能もしっかりしたシャシーになっていた。依然としてWRXがインプレッサと基本設計が共通なのは変わらず、WRXにも耐える骨太の基本設計がインプレッサにもひき続きある程度与えられて、その恩恵をこうむっていたようだった。実用車然としている４代目インプレッサだが、ただの大衆車とは走りに対する基本的な作り込みがやはり違うようだった。

４代目インプレッサは、少なくとも日本市場では、登場当初、FFモデルを重視した展開だった。上に述べたように、実質重視のクルマづくりの方針とか、さらにリーマンショックの影響などもあって、燃費志向、経済志向へと、クルマづくりの方向性が向いていた。ただしその後、ブランド戦略の見直し、強化の方針のせいか、日本でも4WD主体に転換されていく。

## ■第３世代の水平対向エンジンの登場

４代目インプレッサは、新世代の水平対向エンジンを搭載した。これはスバル水平対向として３世代目であり、EJ型以来、21年を経ての新型エンジン誕生である。ひとあし先に2010年に３代目フォレスターがマイナーチェンジしたときに初めて搭載されたが、そのときは２リッターのみで、従来のEJ型も併用されていた。４代目インプレッサでは、２リッターに加えて1.6リッターも搭載し、全面的に新世代ユニットに移行した。

新世代エンジンはFB型と称し、２リッターが

FB20、1.6リッターがFB16である。ただし、その後FA型も加わることになる。

EJ型開発のときと同じで、このFB／FA型もこのあと長くスバル各車種に使われることになるため、直噴化やハイブリッド化など、近い将来採用される新技術への対応が設計に織り込まれた。最初に登場したエンジンは比較的低出力のNAだけであり、できるかぎりシンプルに設計されていたが、新世代エンジンの基本設計としては、将来的に現状のスバル・エンジンの虎の子であるEJ20ターボと同等の出力に対応できるよう考慮されたという。

新世代エンジンの開発で重視されたのは、環境性能の実現と、原価低減である。環境性能は、世界的な要請がいっそう増していた。低燃費化と排ガスクリーン化の、どちらのためにも燃焼を最適化するのが課題であり、新エンジン設計の基本的要件として、最適な燃焼のために必要なロングストロークの実現がテーマとなった。

従来のEJ型は水平対向エンジンの宿命ゆえにショートストロークであり、そのためにスバル車の燃費の悪さは、2000年代に経済危機やガソリン価格の高騰でユーザーの燃費意識が厳しくなると、いっそう目立つようになり、改善が求められていた。

水平対向でロングストロークを実現するのは容易ではなく、そのためにゼロからエンジンを新設計する以外になかった。ショートストロークであることを除けば、EJ型はまだまだ現代の状況に対応できる基本的素性があるはずだと、スバルのエンジン技術者から聞いたこともあるが、もちろん時代の要請に最大限応えるならば、すべてを新設計したほうがよいわけで、燃焼室形状とそれに関わるヘッドまわりの設計、吸気ポートの形状など、最適化すべきことは多々あった。それも含めて、エンジン設計技術の20年間の進歩を反映する設計がなされた。

ちなみに開発スタッフの話では、第３世代水平対向エンジンの開発に際して、第２世代のEJ型開発のときのように、水平対向以外の形式を検討することはなく、はじめから水平対向しか眼中になかったようである。EJ型水平対向エンジンは、エンジン単体としてはもちろん、縦置き配置の水平対向エンジンを軸にしたスバルの車両開発、ブランド戦略としても見事に成功し、使命を全うしたといえるのだろう。もっとも、EJ型エンジンは４代目インプレッサのあとも、しばらくは活躍し続けることになる。

### ▩EJ型との違い

初代レガシィ導入時に開発したEJ型エンジンは、構造的にエンジンの剛性面で盤石にしたことが特徴で、ショートストロークということもあいまって、高出力化に優れたエンジンだった。大出力にも耐える剛性や、高回転まで回る特性を実現していた。当時も燃費や排ガス性能に対する要請はあったが、21世紀の現代ほどの深刻さがなく、なによりも当時世界的トレンドになっていた4WDターボ車の高出力化の波に乗ることが焦点になっていた。

時代が変わり、今回の新エンジンは、燃焼効率を最大限高めることが重要だった。資源の浪費を抑え、$CO_2$排出量を最少にすることが、地球上の全自動車の課題となる時代に突入した。スポーツカー分野に近いところに軸足を置くスバルといえども、それは変わらない。

新エンジンは、基本的形状、寸法を、燃焼効率を主眼にして決められており、それがロングストロークである。

基本形状を最適にしたうえで、さらに、燃費向上のデバイスを各部に採用した。もちろん、スバル水

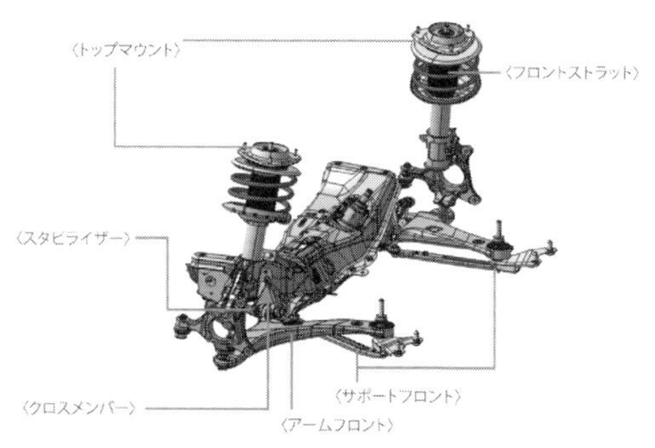


フロントサスペンションは、クロスメンバーの強化などによって、トレッド剛性が高められ、走行安定性や操舵のフィーリングが向上。スタビライザー径も太くなっている。

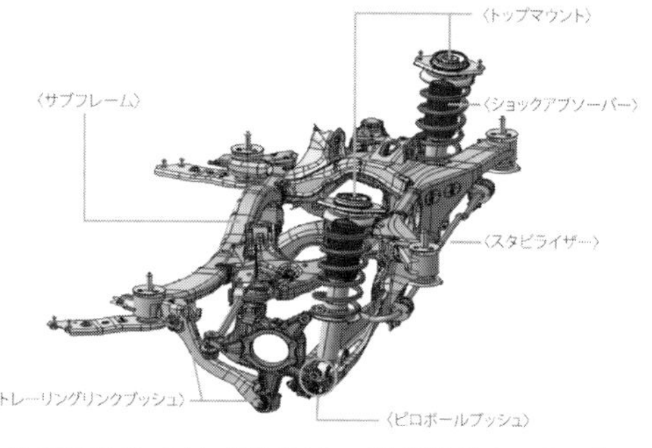


リアサスペンションは、先代インプレッサ以来ダブルウィッシュボーンが採用されている。２リッターモデルでは、リアにもスタビライザーを装着した。

FB20エンジン。DOHCながらヘッドの厚みはEJ型より薄くなっている。従来のEJ20の140ps/5600rpm、19.6kg-m/4400rpmに対し、150ps/6200rpm、20.0kg-m/4200rpmのスペック。モード燃費は4WDモデルで14.0から17.0へと大幅に向上した。エンジンオイルの量は少なくなっている。

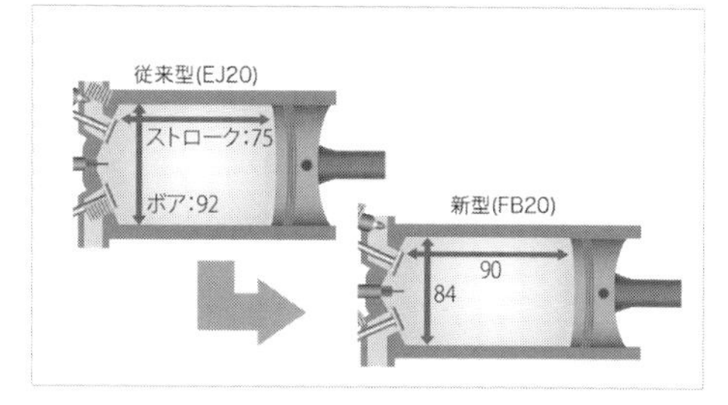


EJ20は極端なショートストロークだったが、FB20はロングストロークになった。ボアを縮めるのは簡単だが、ストロークを15mm伸ばしたのは画期的。ちなみにFB16は78.8×82.0mmで、ストロークにまだ余裕があるはずのFB16のほうが、FB20よりスクエアに近い。

FB型のカットモデル。FB16でもFB20でも、ボア拡大の余裕はあり、EJ20よりもシリンダー間の壁が厚い。カムシャフトのスプロケット部分にはデュアルAVCSが組み込まれ、吸排気両方のバルブタイミングを可変としている。

平対向ならではの気持ちよさのあるエンジン特性などは失ってはならないが、EJ型のような高回転で真価が発揮されるようなタイプではなく、中低速から十分なトルクが発生する乗りやすいエンジン特性を最初から目指すことになり、それはロングストロークということにも合致している。これは、現代のエンジン設計のトレンドであり、スバルもようやくその潮流に乗ったことになる。

EJ型は、ブロックをできるだけ肉厚にして設計されていた。それゆえにその後の高出力化にも対応する余裕があり、息の長いエンジンになったが、今度の新エンジンは、「ぜいたくな設計」は許されない時代になっており、解析技術やシュミレーション技術の進化もあって、できるだけ無駄な肉を削った、コンパクトで効率的な構造で設計されたように見える。

ちなみに、このあとに投入される高出力仕様のFA型では、より強度を持たせるために、ストロークを短くしている。今回の最初のFB型はノンターボで低出力型であり、強度を必要最小限に抑えてコンパクト化、ロングストローク化の方向に徹したわけである。その点はEJ型は、排気量が同じかぎり300ps超のエンジンまで共通骨格で設計されたという見方ができる。

従来のEJ型の生産ラインは、大量生産によるコストダウンの追求が念頭にあったので、エンジンの仕様変更がむずかしかったが、第3世代水平対向エンジンのための新しい生産ラインは、「変種・変量・短生産」をテーマに、時代のニーズに合わせて仕様変更がしやすいように構築された。

## ■工夫を重ねてロングストローク化

新しいFB型は、EJ型と同じとなるボアピッチ113mmが採用され、これは基本が同じFA型も共通である。EJ型と共通部品はまったくないが、EJ系とは当面は同じ生産ラインで混流でつくられることもあって、既存の生産設備などの都合から同じピッチを継承したようである。ちなみにエンジニアの感想として、新エンジンはボアも小さいから、ボアピッチはもっと小さくてもよいかもしれないという話は聞いたことがある。

新エンジンの設計の主眼は、まずロングストロークを実現することだったが、上述のようにロングストロークは、近年のエンジン設計のトレンドとなっている。ロングストロークは、燃焼室が球形に近くコンパクトになるので、まんべんなくガソリンと空気が燃焼室内に行きわたり、最適な燃焼が実現できる。燃焼が早いとノッキングが発生しにくく、また燃焼室が小さいと燃焼室内の表面積が小さくなり、熱損失も低減される。ロングストロークでは、低回転からトルクが出るということも、燃費向上のみならず運転のしやすさにつながる。

一般的にこのくらいの排気量では、近年では100mmのストロークが最適ともいわれるようだが、FB型は90mmにとどまる。エンジンルーム内の横幅スペースがぎりぎりになる水平対向では、このときはそれが限界だったということになる。現行プラットフォームに搭載する現実的な制約があっただろうし、EJ型と当面は併用になるので、新エンジンの外寸はEJ型と同程度に収められた。とはいえ、EJ型よりも大幅なロングストローク化が達成された。

ロングストローク化を可能にしたのは、まずコンロッドを斜め割りにして、下死点位置を引き下げたことである。斜め割りコンロッドは、工作行程の変更にも関連しており、従来はクランクシャフトに組み込んでからシリンダーを組んでいたのが、FB型ではヘッド側から挿入するようになっている。斜め割りコンロッドは、すでにディーゼルやEZ36などで採用されていた（142、156頁参照）。

いっぽうカム駆動をベルトから新たにチェーンにしたことも、エンジン幅を抑えるのに貢献している。チェーンはベルトより小さく曲げられるので、スプロケット径を小さくできた。

ストロークの延長に加えて、燃焼室そのもののコンパクト化も追求された。タイミングチェーンの採用によって、DOHCのふたつのカムの距離を短縮し、さらにEJ型で直打ち式だったバルブ駆動をローラーロッカーアーム式に変更したことで、バルブ挟み角をEJ型の41度から27度へと縮小し、燃焼室はコンパクト化された。さらにピストン上面にキャビティ（くぼみ）を設けて、燃焼室中央付近の燃焼室高さを稼いで、ロングストローク化したのと同じように、燃焼室形状を理想に近づけた。燃焼室内では、理想的なタンブル流を発生、維持することが重要で、これらはそれに貢献するものである。

### ▩多岐にわたる燃費改善技術

バルブのローラーロッカーを介した駆動は、フリクションの低減にもつながっている。燃費向上にはフリクション低減もテーマである。ロングストローク化によってピストンの摺動フリクションは増加するが、ピストン、コンロッドという主運動系部品の軽量化でそれに対応した。ピストンはEJ型と比べて約20%軽量化され、コンロッドも今回のFB20がNA専用ということで、やはり約20%軽量化された。EJ型ではNAでもターボと部品を共用しており、不必要に重く頑丈になっていたのだった。

シリンダーライナーの真円度も向上し、上下するピストンの摺動摩擦を低減している。真円度が増したために、ピストンリングを低張力化でき、これもまたフリクション低減に貢献した。

冷却システムもフリクション低減に貢献している。シリンダーブロックとシリンダーヘッドで、冷却回路を分離し、ブロック側のシリンダーライナー部分は温度を高く保ってピストン摺動のフリクションを低減。いっぽうヘッド側は点火プラグ周辺の冷却を強化してノックの限界を上げて、レギュラーガソリンながら高い圧縮比を実現し、燃費を改善した。ヘッドへは冷却水の８割が分配される。

そのほかに、クランクシャフトとカムシャフトのジャーナル部の構造を従来のエンジンから変更し、いわゆる軸受け部分の加工精度、新円度、同軸度を改善して、フリクション低減を図った。フリクション低減はこのようにエンジン各所で図られて、燃費向上に貢献している。

いっぽう、燃焼の最適化という基本テーマについては、ロングストローク化と良好な燃焼室の実現に加えて、燃費改善デバイスの採用でさらに低燃費化や排ガス浄化を図っている。採用されたデバイスは、EGRとAVCS（可変バルブタイミング機構）、そしてTGV（タンブルジェネレーションバルブ）である。EGRはクーラーを付けてEGR率を高めることで、吸入ガス温度を下げてノッキングを抑制でき、燃費向上につながった。

低負荷時にはEGRクーラーの効果で温度が下がりすぎて燃焼状態が悪化するので、それを補うために、AVCSを採用して低負荷時をミラーサイクル（希薄燃焼）化し、燃費を改善した。EGR率の増大とミラーサイクル化が可能になったのは、TGV採用によって筒内ガス流動が強化されて燃焼速度が速められたからである。ちなみにTGVとは、吸気ポート上流に設けたバルブによる可変吸気システムであり、運転状況に応じてバルブを閉じてポート径を狭めること

FB型ではカム駆動にチェーンを採用、スプロケット径を小型化して、エンジン全幅を抑えるのに貢献。いっぽうロングストローク化にともない、クランクピンとメインジャーナルのオーバーラップ量を確保するため（9ページ参照）、メインジャーナル径を大きくしている。

コンロッドは斜め割り式を採用。これによって、クランク半径（ストロークに比例）を大きくとりつつ、コンロッド長を短くすることを可能にし、水平対向エンジンとしての全幅を抑えている。

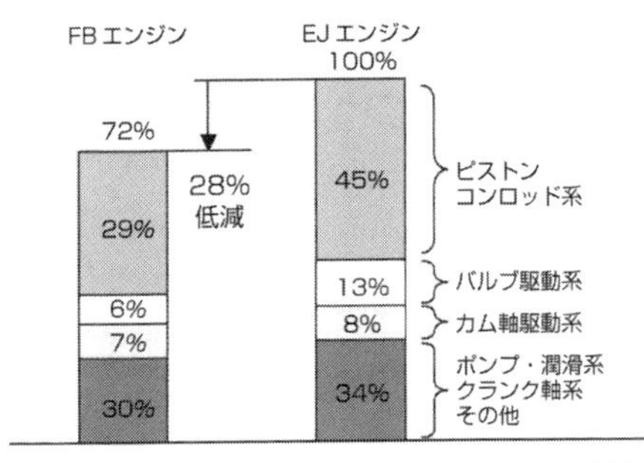


FB型エンジンは、燃費向上のために多岐にわたって摩擦損失低減に取り組み、EJ型と比べて約28%のフリクション低減を実現。それには軽量化も含まれており、発進時のレスポンス向上に大きく貢献しているという。

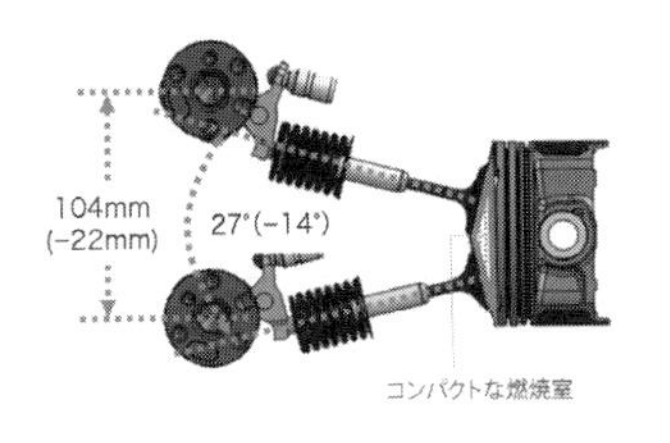


燃焼室コンパクト化のためにバルブ挟み角をEJ型よりも小さくした。バルブは直打タペットをやめて、EJ型の初期と同じようにローラーロッカーアームを介する駆動とし、フリクションを低減させた。

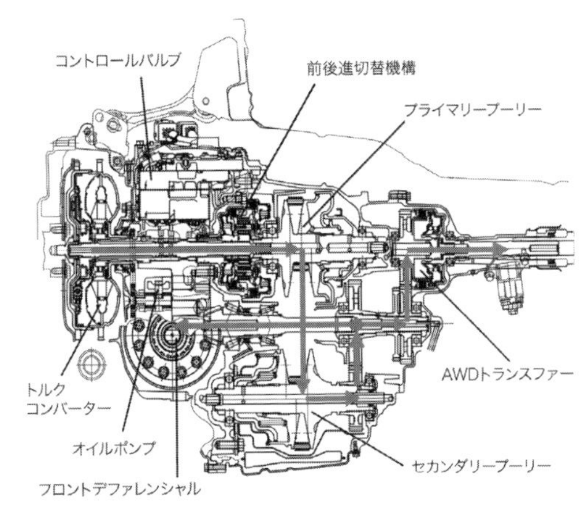


インプレッサ用に新開発されたリニアトロニックCVT。トルクの伝達経路が見直され、レガシィ用（158頁参照）と比べ、大幅にコンパクト化されている。またハイブリッド用パワートレーン（178頁参照）と比べると、モーターや出力クラッチ以外はほとんど同じ配置なのがわかるが、上部にあるフロアトンネルの壁との間にはまだ空間が残されている。

で吸気速度を速める。EJ型でも採用されていた。

排気に関しては、等長等爆の排気管レイアウトによって、等長率を上げたうえ排気抵抗を減らし、出力性能を向上させた。また、排気管集合部の形状を最適化して触媒へ届くまでの排気温度低下を抑えるなどしており、基本的な燃焼の改善とあわせた効果で、排ガス浄化性能を向上しつつ、触媒金属の使用量は30%低減した。

このように、EJ型開発時よりも高度な燃費改善技術が、多岐にわたって採用されている。

### ■コンパクトなCVT

燃費向上にはCVTも寄与している。CVTは、インプレッサとしては初めて導入された。このリニアトロニックはレガシィのものとは異なる新設計ユニットで、コンパクトで軽量であった。インプレッサではFFも存在するので、同じ基本構造でFFに流用可能な設計になっている。

スバルのリニアトロニック特有の、曲率の小さいチェーン駆動によるワイドなギア比などによって、低燃費化に貢献。チェーンはレガシィのものよりもショートピッチ化され、走行時の静粛性を高めた。また、トルクコンバーターはロックアップ領域を拡大して、燃費向上を図っている。

2リッター車のリニアトロニックは、レガシィ同様に6速マニュアルモードも選択可能で、シフト操作はステアリングのパドルでも行なうことができる。また全車Sモードが設定され、スイッチひとつでスポーティなモードに切り替え可能となっている。導入時、1.6リッターの4WDモデルにだけ、5速MTが残された。リニアトロニックは運転の楽しさを感じやすいCVTであるが、運転好きにとってはやはりMTがよいという声もあった。

## 4-4　次代を担う、XVとハイブリッド

### ■独立モデルとなり、重要度を増すXV

日本では4代目インプレッサ発売の翌年、2012年10月に、XVが追加で登場した。今回のXVはインプレッサの名が消えて、車名のうえでは独立車種となった。海外ではXVのほうが先に導入された市場もあり、事実上はインプレッサの派生車種であっても、インプレッサを凌ぐ存在になり、グローバルの台数はXVがインプレッサを上回ることになる。

開発としては、まだ基本的にインプレッサが先にあり、それにアレンジを加えてXVとして仕上げられた。ただ、先代のインプレッサXVが、インプレッサをフェンダープロテクターなどでSUVらしく表面的に飾り立てものだったのに対し、今回はXVも並行してデザイン開発などがされていたという。

XVが属するクロスオーバーSUVは世界的に流行しているが、XVも時代感覚を重視して、デザインに力を入れ、見た目がなんというか非常に〝イケてる〟感じのクルマとして仕上がった感がある。

スバルには、SUVとしては既にアウトバック、フォレスターがあり、XVは新たな3つ目のモデルとなるので、従来の2車とは立ち位置が重ならないように、ねらいが定められた。キーワードは「スポカジ」で、アウドドアなどのスポーツギアを日常で使うのが一般化している今の時代の感覚を、クルマに活かしたのがXVであるという。デザインとしては、本物のタフギアの雰囲気と機能を備えつつ、街中でスタイリッシュに見えるよう、センスが発揮された。クルマのあり方としては、ボディは通常のハッチバック車そのままで気軽な乗りやすさがありながら、遊びのフィールドや雪国の生活で、しっかり高い走破性と使い勝手を発揮できるというのが、スバルなら

ではのこだわりどころだった。

実際のところは、インプレッサの地上高を高めて、大径タイヤを履かせ、各部を強化して、XVとして完成させている。地上高は200mmあり、この種の乗用車派生型クロスオーバーSUVとしては高めで、これが、実際の悪路走破性にしても、見た目の「スポカジ感」にしても、XVの要となっている。

車高を高めただけのようなクロスオーバーSUVは、各メーカーがつくっている。各車お約束の樹脂製フェンダー・プロテクターや大型バンパーなどを付けているが、ベースの乗用車にそういったアイテムをただとってつけただけの感のクルマも多い。スバルも、先代インプレッサXVではそうだったが、この分野のパイオニアの意地というべきか、新型XVはクロスオーバーSUVとしてこだわって仕上げられた。アウトバックでの経験なども活かされているのだろう。

## ■インプレッサとの違い

デザイン面を具体的に見ると、まずホイールアーチの樹脂製プロテクター形状が、考えてデザインされている。ほとんどのクロスオーバーSUV車は、ホイールアーチの円に沿って、均一幅のプロテクターを取り付けているが、XVは一部を切り欠いてある。プロテクターの機能として必要な部分を基本にして、タフに見えるようにデザインされており、結果として１台のクルマとして軽快感があるうえ、タフギアとしての本物的な雰囲気もうまく醸し出した。

そのほか、ボディ前後左右の下部付近には、樹脂製プロテクターなどで、SUVらしいタフさを示すデザインが施されている。

細かいところでは、フロントのバンパーデザインが、インプレッサと異なる。XVのバンパーはグリルよりやや前に出ており、そのぶんインプレッサより全長も伸びている。インプレッサでは全長に対する制約からフラットなバンパーになったが、XVではバンパーらしい形状が表現されている。グリルのデザインもインプレッサとは少し異なる。地上高が高いことも要因だと思うが、XVのほうが、この大きなグリルが違和感なく収まっているように見える。インプレッサ／XVのこのグリルは、先述のように初のヘキサゴングリルであり、グリルの存在感、押し出し感が後のモデルより少し強いようだが、それが地上高を上げてフェンダーを張り出した骨太なXVのボディでちょうどバランスよく見えるようでもある。この点は、フェンダーが強調されたボディサイドなど、ボディ全体のデザインでも同じ印象であり、車体デザイン決定の際、XVが重視されていたのかもしれない。５代目レガシィとアウトバックの場合と同じような印象である。

シャシーに関しては、基本的にはインプレッサをベースに、一部を強化している。ただしSUVに必要な強度を、インプレッサにも共通で与えるというようなこともあったという。地上高が高まって余裕が出たのを活かして、リアサスペンションのアッパーアームを変更するなど、各部に入念に手を入れられている。車高が上がると目立つロールを抑えるために、スタビライザーやダンパーを強化しており、インプレッサに比べてやや締め上げられた足になった。スバルらしく、足回りも走りにこだわって仕上げられたが、やはり乗用車用プラットフォームがベースでは限界もあり、この点は次世代プラットフォームを使う次期型XVでの進化を待つことになる。

## ■XVハイブリッド

2013年６月には、XVにハイブリッドが追加された。スバルとして事実上初となるハイブリッド車で

アメリカ仕様のXV（クロストレック）。スバルが時代の空気をたくみに読んだのか、時代がスバルに追いついたのか、いかにも時代の気分にあったクルマとなっていた。スバルはレオーネの時代から、クロスオーバー的4WD車をつくり続けてきた。フロントバンパー形状はインプレッサよりも前に張り出しており、全長は35mm長く4450mmある。全高は85mm高い1550mm、全幅は40mm広い1780mm。

地上高はインプレッサより55mm高く、200mmあり、悪路で心強い。フェンダーのプロテクターは、機能的に必要な部分は残しながら、一部を切り欠いており、SUV系であっても軽快でスポーティに見せている。これは英国仕様のXV。ちなみにアメリカ市場では、このボディの導入当初の車名はXVクロストレックで、モデルライフ途中にXVが外れてクロストレックとなった。

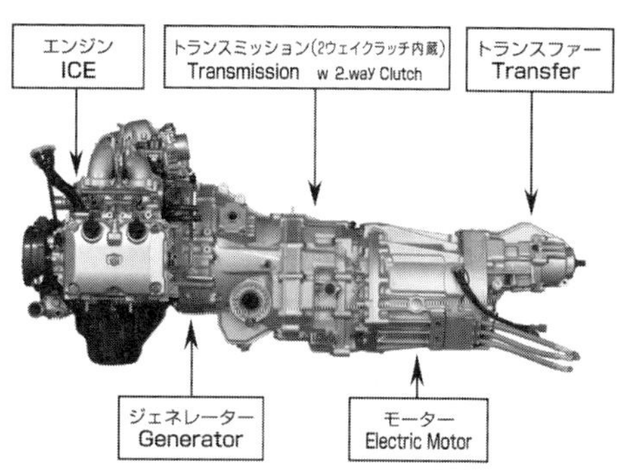


2003年東京モーターショーで展示されたB9スクランブラー（97頁参照）のパワーユニット。SSHEVと名付けた2モーター式のハイブリッド・システム。発電機（ジェネレーター）は通常のクラッチの位置、駆動用モーターはトランスミッション後方に配置され、システムとしては大がかりな印象。シンメトリカルAWDの特性を活かしたことがアピールされていた。車両搭載時には、ドライブシャフトを前傾させて、前輪位置をかなり前側に出していた。

2005年東京ショーで展示されたB5-TPH（120頁参照）のパワーユニット。TPHとは「ターボ・パラレル・ハイブリッド」の略で、シンメトリカルAWDの発展形のひとつとして開発に取り組んでいた。1モーター式の軽微なアシストという印象で、ATトランスミッションのトルクコンバーターとエンジンの間に、薄型モーターを設置。このあと開発されるXVハイブリッドよりも、一般的なレイアウトのパラレル式ハイブリッドといえるが、やはりシンメトリカルAWDを活かすことが強調されていた。エンジンはミラーサイクルにターボを組み合わせていた。

ある。

1997年にトヨタ・プリウスが世に現れたが、2010年代にもなると、各メーカーがハイブリッド車をラインナップに多数揃えるようになり、日本では、ハイブリッドがないとダメというくらいのムードになった。そんな中で、軽自動車を除くと、スバルは日本のなかでマツダとともにハイブリッド導入に遅れたメーカーとしてあった。

ともにメーカー規模が大きくないので、巨額を要する次世代車、ハイブリッド車開発に投資するのがなかなか難しいという事情がある。スバルの場合、特別な水平対向エンジンを使っていながら、その存在感を減ずるようなモーター駆動を加えるのは、あまりおもしろくないことだともいえる。

とはいえ電動化、つまりハイブリッド導入は、世界的に避けられない状況になりつつあった。将来的には完全電動のEVに移行せざるをえないと、多くの自動車メーカーが想定している。国際情勢の変化などで原油価格が高騰すれば、低燃費のハイブリッドの必要性が、一夜にしてさらに高まる事態もありうる。技術面でも、実際の生産・販売面でも、実績を積んでいかないと、今後の対応に遅れることになる。

ということで、ようやく世に出されたのが、XVハイブリッドだった。ちなみにスバルは、必ずしも「電動化」が遅れていたわけではなく、軽自動車のステラのEV仕様として、プラグイン・ステラを2009年に発売していた。三菱のi-MiEVとほぼ同時期の発売で、当時まだあまり多くなかったリチウムイオン電池をいちはやく搭載し、話題にもなった。スバルのほうは販売台数がごく少なく、商業ベースにのるものではなかったが、スバルはこの頃、EVに力を入れる姿勢を見せており、150万円台のEVを2010年代半ばには年間数万台売るというようなロードマップを公表したりしていた。

その前には、ハイブリッドの動力を持つコンセプトカーを、東京モーターショーでたびたび展示しており、ハイブリッドの研究・開発は進められていた。ただステラのEV開発が優先され、その後ようやく、XVハイブリッドが実現された。

### ■水平対向縦置きを活かすハイブリッド

XVのハイブリッド・システムは、それまでのコンセプトカーとはまったく違うものになっていた。ただ、シンメトリカルAWDを活かしたレイアウトにすることは、常に重要視されていた。

スバルとしては、スバルらしさ、すなわち「Fun To Drive」を実感できるハイブリッドということを売り文句にしている。この当時、プリウス（3代目）を筆頭に、まだ巷のハイブリッドは、「燃費」というアピールポイントを追求するだけで、「走り」については二の次の傾向があった。プリウスがシャシーの良さを強調するようになるのは、プラットフォームを刷新する2015年の4代目モデルからである。

XVハイブリッドは、もともとXVが持っている、走りの楽しい、クロスオーバーSUVというキャラクターを壊すことなく、むしろ伸ばすものとして、ハイブリッド機構を活かした。ハイブリッド・システムを、シンメトリカルAWDのパワートレーンおよびシャシーの、バランスの良さを崩さないような形でデザインした。縦置き水平対向エンジンの持ち味が、ハイブリッドにしても変わらないことが大事だといえる。

これはつまり、電動モーターもバッテリーも、控えめにとどめるということでもあるのだが、ハイブリッド後発のメーカーとして、無理をしない現実的なハイブリッドの導入という印象である。無理をしては、スバルの少なくとも現在の存在理由である水平対向縦置き4WDの意義がなくなって、ブランドが崩壊しかねない。とはいえ、かといって世の電動化の流れを無視したら会社に未来はないというプレッシャーもあり、メーカーとしてむずかしいかじ取りといえる。

## ■ハイブリッド・システムの構成

XVハイブリッドのパワートレーンは、比較的アシストの軽いワンモーター式ハイブリッドで、シンプルだが、やや個性的なシステム構成ともいえる。スターターモーターなどの周辺機構がやや冗長というか、多重装備的に思えるところがあり、スバル車らしさを実現するために、あれこれ考えて設計したことが推察される。

ハイブリッドの要部分の設計は、モーター1個と、容量の小さめのバッテリーを、シンメトリカルAWDシャシーの構成の中に、うまく組み込んでいる。開発にあたって、パワートレーン開発チームは、モーターを1個にするのか2個にするのか、どこに置くのかも含めて、システム全体の構成について、あらゆる選択肢を考えたという。動力ユニットとしての特性を、スバルらしいものにすることも意識されただろうが、シンメトリカルAWDのレイアウトを活かす必要もあった。

走りの動的バランスを失わないことがもちろん重要だが、それ以前に、シンメトリカルAWDのパッケージングの枠内、つまり現行プラットフォームに収めないと、コストもかかる。このハイブリッド・システムは、提携関係にあるトヨタの技術支援はなく、スバル独自開発であった。ちなみにやはりトヨタと提携関係にあるマツダの場合、2013年にアクセラにハイブリッドを導入したが、その際トヨタのTHSシステムを流用した。走りに関してはマツダ独自に熟成を行ない、マツダ流に洗練させたハイブリッドのチューニングに、トヨタ側の技術者が感心したという逸話もあるようだが、トヨタのシステムがそのまま流用できたのは、直列4気筒横置き式FFであるからだった。それに対して縦置きFFベースのスバルは、独自のユニットが必要である。

ハイブリッド・システムの詳細は、次頁の図版のとおりだが、パワーユニットは、基本的にはXV（インプレッサ）のCVTに小型のモーター1個を追加したものといえる。バッテリーや制御装置はリアに搭載されているが、バッテリーが比較的小型なので、リアの荷室をそれほど侵食せずに収まっている。

パワーユニットとして特徴的なのは、クラッチを2つと、トルクコンバーターも備えていることで、やや大げさであるが、これはSUVとしての耐久性などのために、こだわった結果だった。

さらに、エンジンスターター装置も2つ持つ。通常のセルモーター・スターターとISGの2つである。イグニッション・オン時以外のエンジン再始動には、ISGを使う。ISGとは(Integrated Starter Generator)の略で、一般的にはマイルドハイブリッド車のモーター／ジェネレーターとして用いられることが多く、日産のミニバンやスズキの軽自動車／小型車のほか、その後メルセデスのような欧州高級車でも用いるようになった。ISGはエンジンスターターの役を果たすが、冷間始動時のために別にセルモーターを備えるのは珍しいことではない。スバルの場合は、走行中は頻繁にエンジン始動するので、通常のスターターモーターでは耐久性に欠けるために、ISGを搭載した。ISGはスムーズなエンジン再始動にも役立つ。ただスバルのISGは、エンジンの再始動用にのみ使っているようで、回生の発電には専用のモーター／

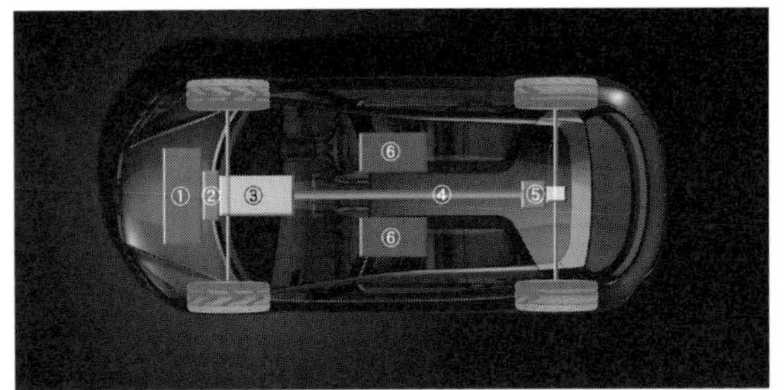


2009年東京ショーに出品されたヴィジヴ・ハイブリッド・ツアラー・コンセプト（166頁参照）のパワートレーンレイアウト図。モーター/ジェネレーターは、175頁のB5-TPHと同じような配置で、さらにリアにもモーターを配置。バッテリーは前席下に置き、全体でやはりシンメトリカルAWDを維持している。

①2.0ℓ水平対向直噴ターボエンジン
②モータージェネレーター
③リニアトロニック
④プロペラシャフト
⑤リヤモーター
⑥リチウムイオンバッテリー

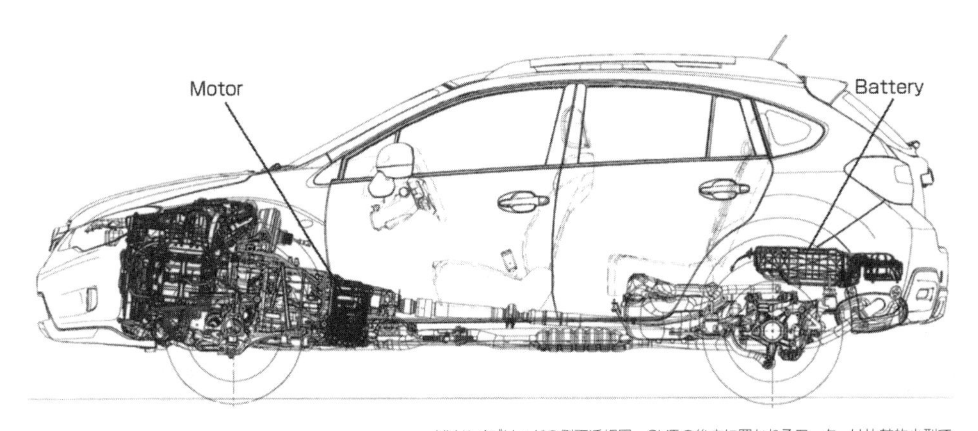


XVハイブリッドの側面透視図。CVTの後方に置かれるモーターは比較的小型で、室内スペースに影響が少ない。リアのバッテリーも大きくないので、スペアタイヤを廃して制御機器類とともにそのスペースに収容しており、荷室の床面は心持ち高くなっただけ。荷室容積は通常のXVの380リッターに対して344リッターと、わずかな減少にとどまる。

XVハイブリッドのパワーユニット。基本はノンハイブリッド車のCVT（172頁参照）と同じで、それにモーターや出力クラッチを追加している。上部にあるフロアトンネルの壁との間は、通常モデルよりも余裕がない。灰色の矢印はエンジンのみでの走行時のトルクフローで、通常のCVTと同じ。黒の矢印はモーターアシスト走行時のトルクフローで、プライマリープーリー部分でエンジンからの駆動力と合流する。EV走行時は（前後進切替の）クラッチが切られ、エンジンは切り離される。いっぽう出力クラッチを切れば、1モーターながらも車両停止中でもエンジンで発電して充電できる。CVT前方に、通常のエンジン車同様にクラッチ（前後進切替）とトルクコンバーターを両方備える。通常モデルのメカを流用してコストダウンしたようにも思えるし、逆に過剰な装備とも感じられるが、クラッチがあることで、EV走行時やエネルギー回生時に、止まっているエンジンを引き回さないので効率としては有利であり、トルクコンバーターは、悪路や急坂発進などで安定して発進できるようにあえて残された。トルクコンバーターは、アクセル踏み増し時のすばやいトルクの立ち上がりにも役立っている。

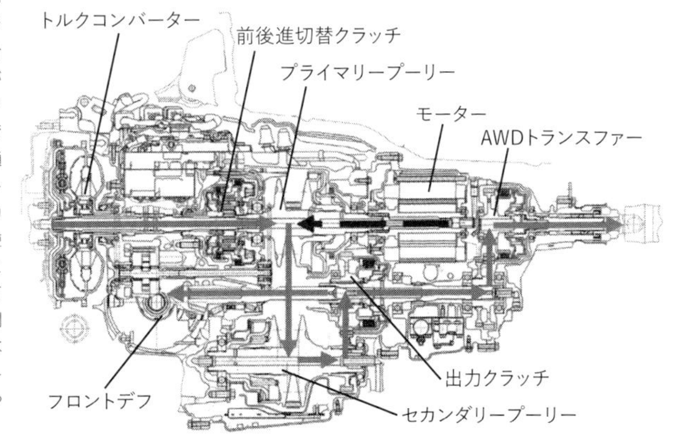

XVハイブリッド。2013年3月にニューヨーク・ショーで初公開された。XVはアメリカではいちはやくクロストレックと称していた。ハイブリッドでも外観は基本的には変わらず、特別なボディカラーのほか、ランプ類にクリアブルーのアクセントを入れたり、ホイールデザインを変えたりしている。

XVハイブリッドのパワートレーンは「シンメトリカル」を維持している。リアのユニットは左側がバッテリーで、右側がインバーターとDCDCコンバーターなどの制御機器。車両の前後左右の重量配分や重心高は、ガソリン仕様と同等になっているという。

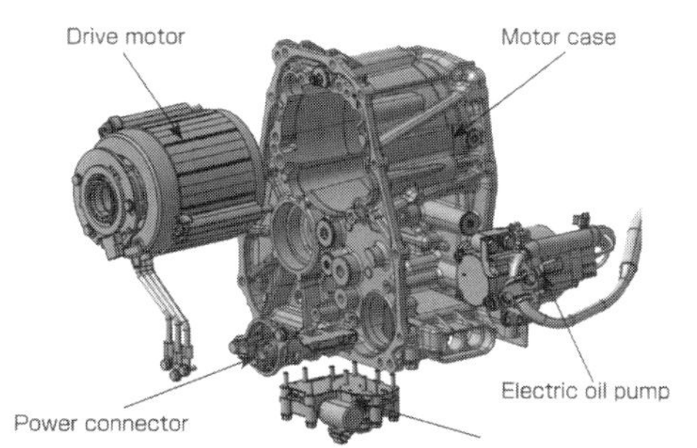


ハイブリッドの駆動用モーター（ジェネレーター）。図の左が前側で、CVT本体につながる。横置きエンジン車のハイブリッドだと、パワーユニットの全長を抑えるために薄型で大径のモーターを使うが、縦置きエンジン車は全長方向には余裕があるので、モーターを厚く（円筒形を長く）でき、そのぶん小径にできた。

スターターとジェネレーターを兼ねるISG。通常のオルタネーターと同じようにエンジンブロック真上付近に置かれている。ギアを噛み合わせる通常のスターターと違ってベルトでクランクを回すので、スムーズにエンジン始動できる。

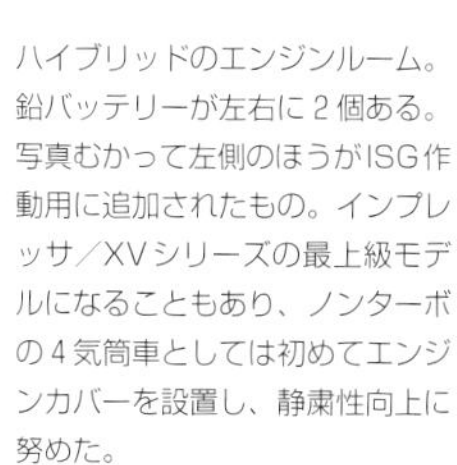

ハイブリッドのエンジンルーム。鉛バッテリーが左右に2個ある。写真むかって左側のほうがISG作動用に追加されたもの。インプレッサ／XVシリーズの最上級モデルになることもあり、ノンターボの4気筒車としては初めてエンジンカバーを設置し、静粛性向上に努めた。

ジェネレーターのみを用いるので、ISGの使い方としてはもったいないともいえる。いっぽう、ISGだけを使う方式のマイルドハイブリッドと違って、スバルは別にメインのモーター／ジェネレーターがあるのに、それはモーター出力が小さいので、エンジン始動用には使えない。

さらに加えて、このISGによるエンジン再始動のために、12ボルトの鉛バッテリーが専用に用意されており、ほかの補機類用のものと合わせ、12ボルトバッテリーがエンジンルーム内に2個置かれる。さすがにこれは冗長なシステムという印象はある。

モーター出力は10kW（13.6ps）で、バッテリー容量は5.5Ahであり、マイルドハイブリッドというほどは簡易的ではないが、プリウスのようなストロングハイブリッドと比べれば、ライトなハイブリッドである。この当時ホンダの第一世代ハイブリッドとして主力だったIMAと似たような出力、容量だが、そのホンダIMA各車よりは大きめなXVの車格や、4WDということも考えると、相対的にはむしろより軽めのアシストという印象である。

モーターによるアシストで、ときにはあたかもターボ過給のように力強さを加え、それでいてモーターならではの低回転からの瞬時のトルクの立ち上がりや、スムーズさがあり、しかも燃費はよくなっているというのが売りである。実際の走行ではあまりハイブリッドということが意識されないくらいだが、ごく短距離とはいえEV走行も可能である。

エンジンはFB20をベースに、フリクション低減などによって、高効率化をより追求したものになっている。圧縮比は10.5から10.8へと上がっている。

XVハイブリッドは、XVのトップグレードに位置付けられた。価格が高くなるから必然でもあるが、それにふさわしいよう、乗り心地や静粛性も向上させるべく、車体やシャシーにも手を入れられた。

その後インプレッサにもハイブリッドが追加された。このXVとインプレッサのハイブリッドは、モデルチェンジによって一度カタログから消えるが、バッテリーを高性能化するなどしたうえ、名称をe-BOXERと変えて、5代目フォレスターをかわきりに復活することになる。

## 4-5　FA20の登場

### ■5代目レガシィのビッグマイナーチェンジ

FB型エンジンに続いて、2012年にFA型エンジンが世に送り出された。FA型は、新型スポーツモデルのBRZと、ビッグマイナーチェンジを施した5代目レガシィに搭載されたが、両車のエンジンは同じFA型でも、ほぼ別物といえるほど異なる。

先に世に出たのはBRZだったが、先にここで5代目レガシィのビッグマイナーチェンジについて見ていきたい。

ちなみにスバルは、欧州メーカーでよくあるような毎年の年次改良を行なっており、モデル期間中にクルマの改良・熟成が進んでいる。モデルライフ半ばではビッグマイナーチェンジも実施され、5代目レガシィでは3年目の2012年にそれが行なわれた。スバルの場合、登場初年度をA型、年次改良ごとにB、C、D型と呼び、このときビッグマイナーチェンジしたモデルはD型ということになる。

D型の最大の変化は、新世代水平対向エンジンを搭載したことだが、新しい300psエンジンに組み合わせるトランスミッションとして、CVTが採用されたのも注目点である。

5代目レガシィは登場時に、大きくなってスポーツマインドを失ったと不評を買ったが、このビッグ

改良後のレガシィ。日本仕様では、初期型で盾型だったグリルを新たに逆台形（厳密にはヘキサゴン＝六角形）にした。面積が大きく立派になり、グリル内の翼型オーナメントも骨太のものに変わった。バンパーはこれまではグリルの下部分が一段へこんでいたのが面一になったことで15mm前に出て、バンパーとしての存在感を強めた。

北米仕様の後期型アウトバック。下写真の北米仕様レガシィと同様にグリルを拡大したうえ、グリルの横バーは太い2本になった。バンパー下部のブラックのプロテクター部分が拡大され、スバルのいう「ラギットさ」が強調された。

日本仕様のアウトバック。アウトバックは初期型では日米の違いがそれほどは目立たなかったが、後期型ではバンパーのプレスラインの入り方がまったく違うものになった。日米のレガシィ／アウトバックは、初期型のときからボンネット形状も異なっていた。

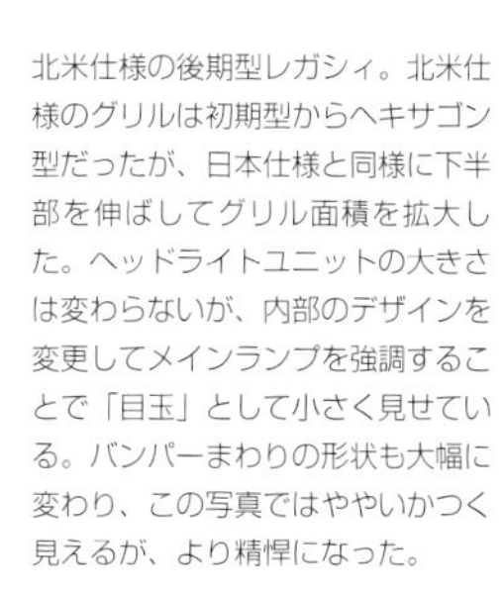
北米仕様の後期型レガシィ。北米仕様のグリルは初期型からヘキサゴン型だったが、日本仕様と同様に下半部を伸ばしてグリル面積を拡大した。ヘッドライトユニットの大きさは変わらないが、内部のデザインを変更してメインランプを強調することで「目玉」として小さく見せている。バンパーまわりの形状も大幅に変わり、この写真ではややいかつく見えるが、より精悍になった。

マイナーチェンジでは、よりスポーティなレガシィらしさ、スバルらしさの回復が意識された。とくに走りに磨きをかけたことと、フロントデザインを修正したことが目立った。

走りについては、フロントのクレードルフレームを強化するなどして、基本的剛性の向上から手をつけ、乗り味をより洗練させた。デザインについては、とくにフロントマスクを修正した。デザインテーマは「アップグレード感」と「スポーティさ」で、これはやはり初登場時に“欠けていた”ものを取り戻したり、強化するねらいがあるようだった。

フロントマスクの変化としては、インプレッサで採用されたヘキサゴングリルがレガシィにも採用された。とはいえ、ヘキサゴンの六角形というよりは逆台形の四角というべきだが、それはボンネット形状が前期型と変わっていないからである。また、ヘッドランプ内のデザインに、４代目インプレッサ以来の新しいコの字型の意匠が取り入れられ、初期型で目玉が大きく見えるのが不評だったのが、わずかながら緩和された。

## ■高出力ターボのFA20 DIT

注目のエンジンは、ターボユニットはFA20 DIT、NAエンジンはFB25で、ともに第３世代水平対向エンジンであり、今回のレガシィが初搭載となる。FA20のDITはDirect Injection Turboの略。FB25は、フォレスターやインプレッサに搭載されたFB20の排気量拡大版である。

FA20 DITは、BRZのFA20 D4-Sと同じ型式を名乗るが、中身は別物であり、部品を共用するのはクランクシャフトなどごく一部で、約９割が別設計とされる。ボア・ストロークは86×86mmで、BRZのFA20 D4-Sと共通であり、FB20のようなロングストロークではないが、従来のEJ25の99.5×79.0mmのような極端なショートストロークではなくなった。FB20（84.0×90.0mm）よりストロークが短いのは、エンジン全幅に制限のある水平対向エンジンでロングストローク化すると、ターボ化にともなう大出力に構造上耐えられないからである。再三の説明になるが、水平対向エンジンでは、強度確保のためにクランクピンの円とメインジャーナルの円が十分オーバーラップしている必要があり（９頁参照）、そのためにFA20ではボアストローク比が見直された。

ちなみにボアピッチは113mmで、FB型と同じであり、つまりEJ型から変わっていない。

BRZのFA20 D4-Sの直噴システムはトヨタ開発だが、FA20 DITはスバルオリジナルのもので、同じ直噴でも、燃焼の考え方が基本的に異なる。FA20 DITは、型式こそ違うがFB20と同じ考え方でつくられており、それを直噴化したものといえる。FB20が比較的低出力の自然吸気の実用エンジンであるのに対し、FA20 DITは、300psを発する高出力ターボエンジンとして開発されたが、やはりFB型と同様に、環境性能が求められる時代のエンジンであり、高出力と環境性能を両立するのが基本的テーマだった。

５代目レガシィは登場時、大型化したのにともない、EJ20ターボを拡大したEJ25ターボを搭載するようになっていたが、それを置き換えるFA20 DITは、再び２リッターに戻った。しかし性能のすべての面で従来のEJ25を凌駕していた。当時ヨーロッパで流行が始まっていた直噴ダウンサイジングターボは、ディーゼルエンジン並に低速トルクが太く、1500rpm以下から最大トルクを発生するものもあったが、FA20 DITの最大トルク発生領域は2000rpmからと、従来のEJ25ターボと同じで、やや高めである。とはいえ、最高出力300ps／最大トルク400Nm（40.8kg-m）の

FA20 DITのブロック内部が見えている画像。ツインスクロールターボの位置はEJ25ターボ同様にエンジン直下となり、スロットルレスポンスを向上。この配置はエキゾーストマニホールドの軽量・コンパクト化にもつながり、さらには触媒昇温性能も向上させて排ガス浄化性能向上に寄与している。

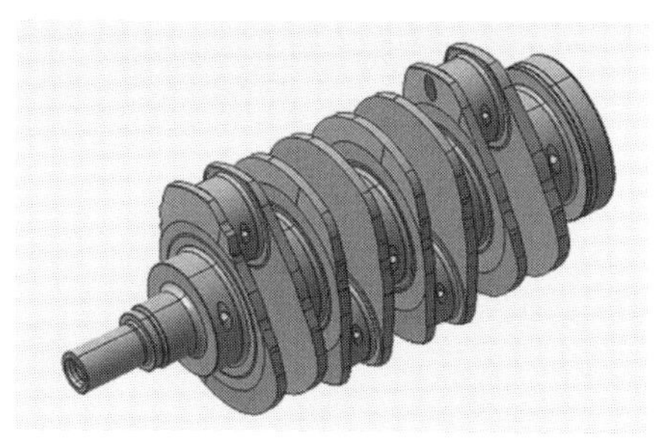

FA20 DITのクランクシャフト。FB型をベースにしながら、ストローク（クランクピンとメインジャーナル間の距離）を縮めたうえに、クランクピン直径を48mmから50mmに拡大してオーバーラップ部分を十分にとり、剛性を強化（9頁参照）。高回転化に対応させた。

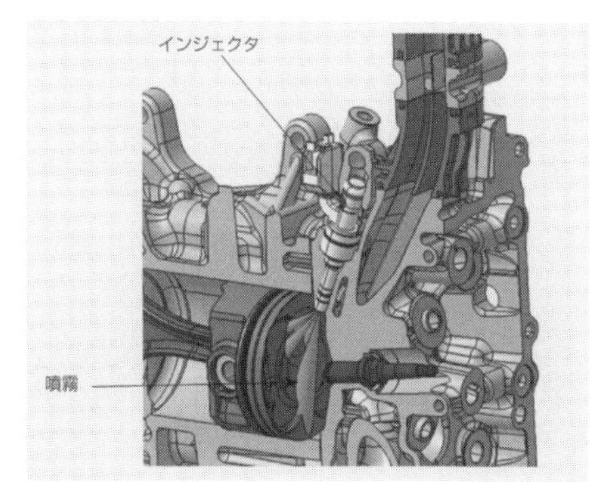


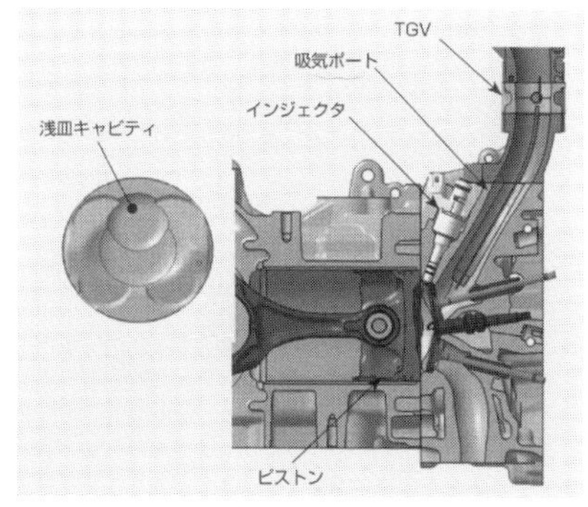


FA20 DITのインジェクターは燃焼室内のピストン冠面に向けて直接噴霧する。噴射の制御は左図に描かれているように3パターンある。TGV（タンブル・ジェネレーション・バルブ）で勢いをつけた気流が燃焼室内でタンブル流を発生させるが、それを保持するための最適な形状として、冠面のキャビティが2段に掘られている。

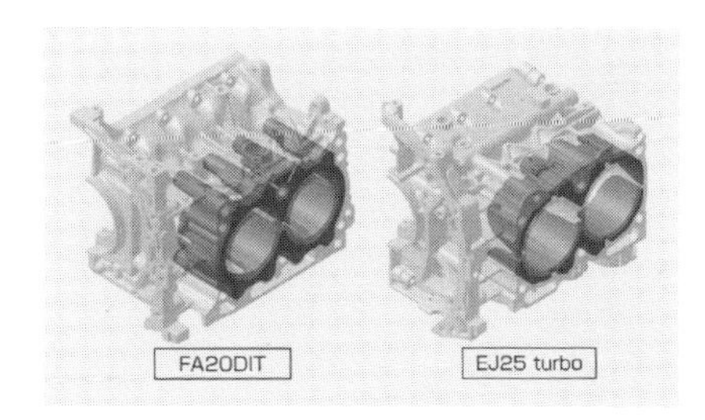


EJ25ではシリンダーとブロックの間にブリッジを持つセミクローズドデッキだったが、FA20 DITでは、冷却性能を高める必要があり、オープンデッキが採用された。ボア・ストロークはEJ25の99.5×79.0mmから、86.0×86.0mmのスクエアに変わった。

FA20 DITと高トルク対応型リニアトロニック。基本構成は初期型レガシィ2.5リッターのリニアトロニックと大きくは変わらない。センターデフにはリニアトロニックとして初めて、遊星歯車＋電子制御多板式のVTD-AWDを採用している。

ハイパフォーマンスエンジンということを考えると、妥当といえた。しかもCVTと組み合わされるために、発進加速時には瞬時にエンジン回転を効率のよい領域まで高められるので、その不利を補った。

EJ25ターボの285ps／350Nm（35.7kg-m）と比べて、最大出力、最大トルクで上回りながら、燃費性能も大幅に改善して、なおかつ排ガス浄化性能も向上しており、ゼロから見直された新世代エンジンの面目躍如だった。

ちなみに、このD型レガシィでは、従来からのEJ25ターボも継続してラインナップされ、そちらは5ATと組み合わされて、やや“ジェントル”なグレードのエンジンという位置付けになった。

FA20 DITは、このあとWRXにも搭載されるが、WRXでは一般向けグレードのS4にのみに搭載され、硬派モデルのSTIにはEJ20ターボが搭載された。数値的な実力はほぼ同等だが、まずはモータースポーツなどで実績のあるEJ20ターボが、引き続き競技系モデルでは使われることになる。

## ■エンジン各部の設計

FA20 DITは、FB20を直噴化し、高出力ターボ化した成り立ちである。FB型と同じように、燃焼室内のタンブル流を発生・維持することで、最適な燃焼を実現しようとしている。FB20と比べてボア・ストロークがスクエアになったことは、タンブル流の維持には不利なので、タンブル流を強化するようなポート形状、ピストン冠面、燃焼室形状、可変吸気機構TGVの採用、さらに強化されたクーラー付きEGRでそれを補い、高い燃焼効率を実現した。もちろん直接燃料噴射も燃焼効率を向上させており、これらの設計は直噴に適したものになっている。

TGVやクールドEGRを採用するのはFB型と同様だが、TGVは直噴に適したタンブル流が発生するように設計された。EGRの流路は、FB型ではEGRガス冷却のパイプを冷却水路内に通していたが、高出力ターボエンジンに対応して、その経路を独立させて冷却性能を高め、EGR導入率を大幅に向上させた。これは金属に比べて耐熱性能が低い、樹脂製の軽量インテークマニフォールドへの対策にもなっている。

フリクション低減もFB型と同様に図られているが、FA20 DITでは、ピストンスカートのコーティングを2層化して、摺動抵抗を大幅に軽減した。

高出力追求のための部分としては、ノックセンサーを左右バンクに計2個配置してノック検出の精度を高めており、ノック限界ぎりぎりまで攻めた燃焼ができるようにすることで、全開出力性能を向上させた。ちなみに圧縮比は10.6である。

ターボは、最高出力の追求と、低速域でのターボラグ回避を両立するため、排気側タービンをツインスクロールとし、吸気側タービンはより大型のものを採用した。

シリンダーブロックは、EJ25ターボがセミクローズドデッキだったのに対し、より冷却性能の高いオープンデッキ構造を採用。立体の強度解析の技術が進化して、オープンデッキでも高出力化が可能になったのだが、直噴エンジンでは温度管理がより厳しくなり、ヘッド付近はオープンデッキでないとつらくなっているという事情もある。セミクローズドのブリッジがあるだけでも、ヘッドの温度にむらができてしまうという。オープンデッキの十分な冷却により、ノック限界は高められた。いっぽうで、シリンダー側は摩擦低減のためにも冷やしすぎるのはよくなく、強度確保のためもあってウォータージャケットの底を浅くしている。

クランクシャフトやコンロッドなどは当然、高出力に対応した設計になっているが、このほか、高性能エンジンにおなじみのナトリウム封入バルブなども採用されている。

燃費は、従来のEJ25ターボ搭載車がJC08モードで10.2km/Lだったのに対し、12.4km/Lと、300psの高出力エンジンの4WD車としては優秀な数値を実現した。

FA20 DITは、高回転までドラマチックに回るEJ20ターボと比べると、拍子抜けするほどふつうに乗れるエンジンという印象で、スムーズに走れる。ある種もの足りなさも感じられるほどだが、やはり世代が新しいゆえの洗練がある。馬力、トルクともに、事実上はEJ20ターボと同等の内容を実現しており、低速でのレスポンスも早い。

このあとも第3世代水平対向エンジンはファミリーを増やしていくが、当初から、実用的エンジンから高性能エンジンまで、環境対応、燃費性能を含めて、今後の展開に必要なものを織り込んで設計されたようである。

### ■300ps対応のCVT

トランスミッションは、新たに300psのターボエンジンモデルにまでCVTのリニアトロニックを採用した。一般的なベルト式のCVTは大トルクへの耐久性が不足し、高出力の市販車で採用するのは、耐久性の面できびしいと考えられている。しかしチェーン式は耐久性が飛躍的に向上するので、スバルは300psの高出力スポーツモデルにまでリニアトロニックを採用することになった。

FA20 DITと組み合わされるリニアトロニックは、300ps、400Nmの大出力に対応するために、チェーン・ピッチを短縮しており、そのほか、トランスミッションケースを強化して剛性を上げたり、ベアリングの強化、オイルポンプの振動をケースに伝えないための制振プレートの追加、暖機を早めるCVTフルードウォーマーの新設などを行なっている。

さらにドライブモードとして、従来のIモード、Sモードに加えて、運転を楽しむモードとして、S#モードを設定。S#モードは、擬似的な8段変速の設定となっており、S#モード時には通常のいわゆるDレンジのATモードを選んでも、ステップATのように8段階の変速を行なう。マニュアルモードを選ぶと8速MTのように変速するが、変速時間が短いしレスポンスも早く、スポーティな走りが可能になる。

FB25の2.5リッターNAモデルでは、先に出たインプレッサ用のリニアトロニックを2.5リッターエンジンに合わせてチューニングを施し、静粛性を向上するなど小改良を施した。

## 4-6　さらに成長した4代目フォレスター

### ■3代目の路線を踏襲

2012年11月には、フォレスターがモデルチェンジして4代目となった。3代目で立ち位置を少し変えて、ふつうのSUVらしくなったが、4代目もその路線を踏襲。インプレッサと多くを共有するのは、初代フォレスターから変わらないが、外観デザインは、3代目以上にタフなSUVらしさを感じさせるものになった。

オールラウンダーとして、オンロードとオフロードを両方充実するというあり方は、3代目から継承された。オンロード性能の向上については、ターボモデルが280psの高出力を与えられたのが象徴的だが、舗装路で活きる静粛性や上質な乗り味にこだわって開発された。いっぽうオフロードの走破性能については、新たにX-MODEと称する、悪路を走ると

4代目フォレスターは、3代目よりも少しいかつい顔になり、SUVらしさが増した。これはアメリカ仕様のターボ搭載車で、インタークーラー用の吸気口がボンネット上から消えた。フロントバンパーはNA車とは異なるダイナミックな形状だが、両サイドの開口部に見える部分は単なるデザイン。FA20 DITはターボをフロント下部に設置したため、ターボ車はアルミ製アンダーガードを装備。ちなみにボンネットもアルミ製。

NAエンジン車では、フロントマスクはすっきりしている。ボディ側面のデザインは、3代目からそれほどは変わっていない印象。北米のNA車ではFB25が搭載された。

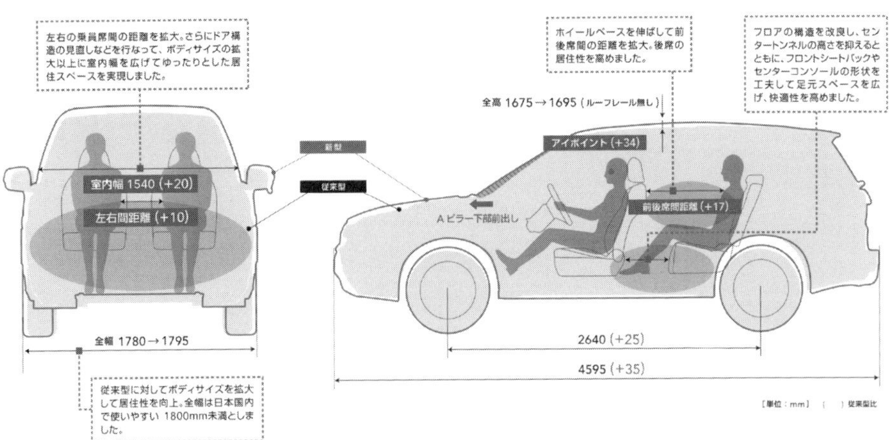


ほかの同時期のスバル車と同様に室内スペース拡大を推進。インプレッサと同じようにAピラー下部の前出しも行なっている。全幅は拡大されたが、狭い林道での走りやすさなども考慮して、+15mmの1795mmにとどめた。

きに最適なモードをワンタッチで設定できるスイッチが、センターコンソール上に設置された。

SUVの本分の実現を目指し、走る愉しさと同時に、使う愉しさも重視された。アウトドアで使われるSUVとして、道具の搭載性など荷室の使い勝手には目を配った。リアゲートの開口部を広くしたのもそのひとつである。

SUVとしてのタフさが今まで以上に重視されたのは、スバルのラインナップのSUV系モデルが、フォレスター、レガシィ・アウトバックに、新たにXVも加わって、3本の柱が成立したという事情もある。もともとフォレスターは、初代レガシィが開発されたあと、新型水平対向エンジンを使う3車種のひとつとして、その頃注目され始めていたクロスオーバーSUV分野を担うモデルとして企画されたのだが、世にSUVが普及し、今やスバルもSUV系の主要モデルだけで3つのモデルが揃うようになった。

このうちもちろん、いちばんオフロード寄りのモデルがフォレスターである。フォレスターは誕生後15年の間に、SUVブームの中で成長を続け、モノコックボディのSUVの中では正統派的存在になった。

各社のSUVは、自らのブランドイメージにも基づきながら、それぞれ、都会寄りかアウトドア寄りかの立ち位置があるが、スバルのフォレスターはアウトドア派に近いといえる。ただ、縦置き水平対向エンジンを搭載し、高出力モデルも擁するなど、軽快な走りも得意としており、それがスバルSUVの存在価値になっている。しいていえばアウトドアスポーツ派という感じになるだろうか。

SUVの人気拡大に加えて、スバルの北米での好調の波にものって、フォレスターは4代目でさらに飛躍的に販売台数を伸ばし、モデルライフ後期にはレガシィ、インプレッサ／XVと肩を並べるほどになり、年度によってはスバルの中で販売台数1位の座を占めることもあった。

### ▩280psターボを搭載

クルマの成り立ちとしては、今まで同様、インプレッサのシャシーをベースに、専用設計のボディを載せている。内装を見るとインプレッサがベースであることがすぐわかり、ホイールベースも事実上同じといってよい2640mmである。

エンジンは、NAは、先代のマイナーチェンジ時に初めて世に出た新世代のFB20を引き続き搭載。ターボエンジンは、レガシィと同じFA20 DITを新たに搭載した。先代のマイナーチェンジ時に追加されたEJ25ターボ搭載車は263psの高出力だったが、FA20 DITはそれを上回る280psを発生した。フォレスターはSUVでありながら全車ターボ搭載のハイパワーSUVとして世に現れたが、2代目以降で、WRXより出力を抑えたり、SUV王道路線に舵を切ったりしていた。それがここへきてまた出力を大幅に高めて“伝統”を復活させた。とはいえ、結局このターボ車も販売比率があまり多くなく、次期型の5代目ではターボそのものが消滅することになる。

FA20 DITはレガシィの300psよりもやや出力が低いが、これはインプレッサベースのシャシーのフレームがじゃまをして、エンジンの排気管形状に制約があることと、インタークーラーの冷却効率が低いことが要因だという。また最大トルクもやや低い35.7kg-mとなっており、SUVらしく低速での発進加速性能を重視している。

インタークーラーは引き続きエンジン上部にあるが、その冷却は、従来のボンネット上のエアスクープを廃止して、フロントグリルから空気を取り入れるようになった。スバル・ターボ車のトレードマー

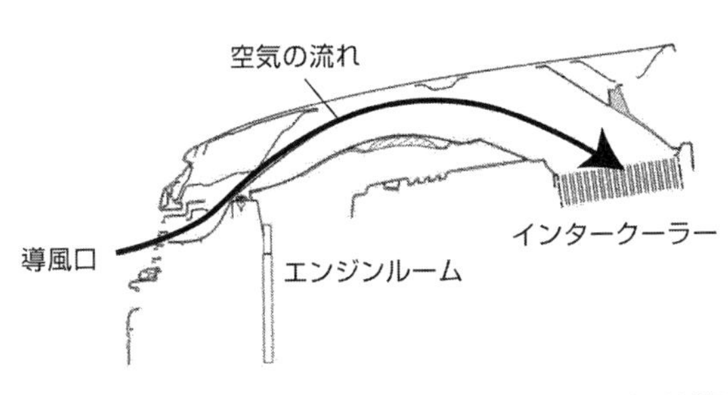

インタークーラーはFA型エンジンでも上部に設置されるが、フォレスターは吸気口をボンネットに設けず、吸気ダクトを前に伸ばした。これによって空力性能も向上したという。

X-MODEは、低μ路でタイヤが空転しやすいときに初心者でもしっかり走れるよう、エンジン、CVT、センターデフ、VDCなどを総合的に制御して運転をアシストする。アクティブトルクスプリットAWDのCVT車に搭載された。

FA20 DIT。183頁の写真と同じ角度から通常の外観の写真。インタークーラーはエンジン上部で寝かされている。ターボはフロント下部に配置。

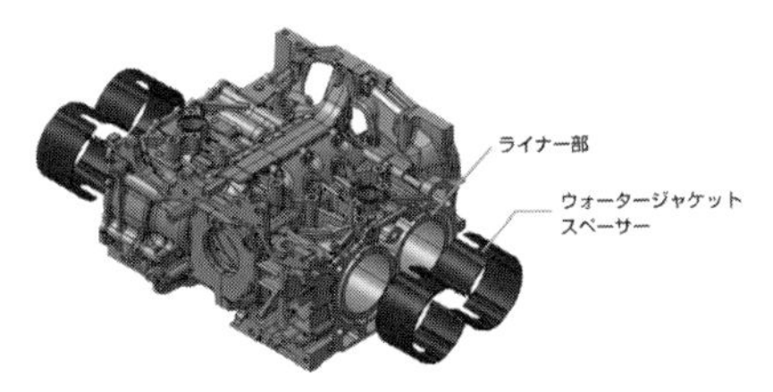


FB20は先代フォレスター初搭載時から少し進化し、燃費向上のための改良が加えられた。シリンダーのボアを水が冷やすと温度が均一でなくなってピストン摺動の摩擦が増えるので、ウォータージャケットスペーサーを挿入した。

クともいえるボンネットのエアスクープを廃止したわけである。スバルは、これによって外観デザインをすっきりさせ、前方視界を改善したと説明しているが、これと関係しているのかどうか、ボンネット前端の高さが上がってフロントマスクの厚みが増し、SUVらしい重厚感のあるデザインが得られている。

## 4-7 BRZ、スポーツモデルの新展開

### ■新たなスポーツモデル

近年のスバルは、レガシィRS、インプレッサWRXに、フォレスターのターボ搭載モデルも加えて、スポーティモデルのラインナップを拡大・進化させてきた。

2010年代には、さらにラインナップを増やすことになり、インプレッサから独立したWRXに加え、そのワゴン版というべきレヴォーグ、そしてピュアスポーツカーのBRZの3車種が、新たなスバルのスポーツ車として揃った。

新しく揃った3車種の中でもBRZは、スバルにとって異端的といってもよいクルマで、2ドアクーペの純スポーツカーであるうえに、FRである。とくにFRというのは、それまでのスバル車のアイデンティティから外れる。合理的なFFと4WDを是とするのがスバルだと、今まで思われていたし、スバル自身もそのように説明してきたわけだった。

### ■スバルにとってまったく新しい設計

BRZはトヨタ86の兄弟車である。共同開発ではあっても、どちらかというとトヨタが主導してつくったクルマというイメージがある。とはいえ市販化されたBRZは、新たにスバルのアイデンティティの一部になり、スバルのクルマとして進化を始めている。その成り立ちについて、やはり詳しく理解しておきたいところである。

この共同開発が始まった当初、スバルの社内で、FRスポーツカーがスバルにそぐわないという意見は、当然あったようである。ただいっぽうで、肯定的な意見もあった。もちろん経営的観点からの判断もあった。「スポーツ」はすでにスバルのアイデンティティになっており、BRZはスバルの持ち味を発揮できる新たな車種であると受け止められ、共同開発に進むことになった。

BRZは、技術的に興味ぶかいものがある。第一に、スバルの水平対向エンジン車としては、初めて従来とまったく違う設計を採用した。そして水平対向エンジンがなければ実現できなかったクルマである。スポーツカーのひとつの形を、合目的的にこだわって設計・開発しており、そこで水平対向エンジンの資質が活かされている。BRZは、FRスポーツカーとして空間パッケージを徹底的に追求しており、その点ではスバル360と1000での、空間効率にこだわった開発にも通じるものがある。

BRZは、スバルとはなんであるかを、あらためて考えさせてくれる。昔からのスバルを知る年代の人にとっては、「スバル≒4WD＆FF」という感覚があるが、よく考えればそもそもそれは「＝」ではない。スバルはFFや4WDをつくるために自動車づくりを始めたのではなく、時代の流れや技術の進歩に従った結果、FFや4WDをつくるようになったのだった。

純スポーツカーのBRZができたことによって、スバル・ブランドの特徴のひとつ、走りの愉しさの面が強化されることになった。今まで4WDで追求してきた走りと、FRの走りは、異なる面があるが、FRのBRZを新たに手にしたことで、スバルの走りに広がりや深みができるかもしれない。

スバル側で開発責任者を務めた増田年男は、2012年の年次報告書でこのように語っている。「共同開発を進めるからには、我々自身もこのプロジェクトを梃子（てこ）に飛躍することを目指しました。AWDが特長のメーカーなのでFRモデルを開発する中で、自分たちがつくったテクニカル・スタンダードを越えるいくつものチャレンジがありました。時に既存の発想を捨て、開発にあたるケースもありましたが、最終的にトヨタ、スバル双方で良いものを持ち出し合い、１つの大きな成果へ結びつけたことで、スバルエンジニアとしても、クルマづくりに対し１つの壁を越えることができたと思っています」。

## ■FRスポーツカー復権の動き

実はスバルも、FRを今までにまったく検討していないわけではない。古くは乗用車第一号として開発されたP-1があり、スバルとしてもBRZ導入時に、P-1の存在をアピールしていた。ただしBRZはP-1とはまったく別のタイプのクルマである。

FRのスポーツカーとしては、スバルはGMグループ時代に、FRを検討したことがあるといわれる。

スバルは、水平対向エンジンを使った駆動系レイアウトについて、今までさまざまに研究してきている。フロントオーバーハングを短くする研究などは、過去に発表されている（140頁参照）。ただ実際には、オーバーハング縦置きのFFと4WDという駆動系レイアウトを、基本的には変更しないまま来ていた。スバルのような生産規模では、新たなプラットフォームを新設するのは、ハードルが高い。それが新たな展開になったのは、ひとえにトヨタと提携したからである。

いっぽうで、トヨタがFRにこだわった背景には、後述するように、近年のトヨタが推進するファントゥドライブ志向がある。また遠因としては、この頃目立っていたFR回帰ブームや、ドリフトブームもあると見られる。FRは、かつては大半の乗用車が採用する標準的設計だったが、1970年代の石油危機での燃費削減の必要もあり、1980年前後に世界のメーカーのほとんどがFFに転換。1990年代にもなるとFR乗用車は珍しい存在になった。かつてスバル1000をつくった頃とは逆に、FRのほうがユニークな存在になった。ただその後2000年代に、一部のスポーツモデルや高級車で、FRが再考されるようになった。とくに根強いFRスポーツカー信仰が目立つのはアメリカで、86／BRZが企画された頃には、ダッジ・チャレンジャーがリバイバルするなど、古典的なFRマッスルカーの原点回帰が続いていた。

「ドリフト」は後述するように日本で1990年代ぐらいに一種のブームになり、その後それがアメリカにも飛び火した。

トヨタが86を企画したのは、アメリカ市場向けだけのためではなく、スポーツカーにまだ憧れがあるといわれる新興国の市場も想定していたようで、そもそも米国メーカーでFRスポーツカーが復権したのもそのためもあると見られる。トヨタは、売れ筋のカテゴリーが市場で盛り上がったら、すかさずそこに新型車を投入すると、言われることも多い。たとえばかつてレガシィ・ツーリングワゴンが大ヒットになったとき、そこに対応してカルディナを投入したというのはよく知られる逸話で、どの企業でも当然そういう動きはするが、ある種臆面もなくともいわれかねないくらいストレートにそういう車種を開発する、開発できるのがトヨタの特徴でもある。ただ、86に関しては、もっと強い思いでスポーツカーを企画・開発したわけであった。

## ■BRZ／86の構想

BRZ／86の企画は、トヨタとスバルが提携したことで具体化した。2005年10月に提携が発表された後、共同開発事業として新型車をスバルが開発受託することなどが模索検討された。そして、2008年４月にトヨタとの提携強化が発表されたときには、FRスポーツカーを共同開発することが明確化されていた。開発受託の共同開発車を検討するとき、スバルとしてどんなクルマができるかをトヨタに提案したが、そのリストのひとつにFRスポーツカーがあった。ただ、逆にトヨタ側からスバルにFRスポーツカーをつくることを打診されたときに、スバル側には素直には快諾しない向きもあったという。

トヨタ側としては、FRスポーツカーにこだわりがあった。スバルと提携した時点で、トヨタは２座スポーツカーのMR-S（次頁参照）をラインナップに持っていたが、MR-Sは2007年に生産終了して、トヨタから純粋のスポーツカーが消えてしまうことになった。トヨタは当時、生産台数拡大に邁進しており、台数が売れないクルマを切り捨てる傾向にあった。しかし、その状況を憂える意見もトヨタ内にはあり、スポーツカーの企画がたびたび検討されては、見送られていたのだという。

それが商品化に動き始めたのは、スバルとの提携で共同開発の可能性が浮上したからだった。また、当時副社長だった豊田章男の意向があったともいわれる。よく知られるとおり、その後社長になる豊田章男は、自らドライビング技術を習得して、レースにも参加しながら、「もっといいクルマを」という合言葉のもとに、WRC参戦を決めたり、スポーティカーの積極的な製品化を進めたりしている。

86はそんな章男社長の肝いりの“ファントゥドライブ”のクルマであり、市販化後には、86のワンメイクラリーに章男社長自ら参戦して、シリーズチャンピオンを獲得したりもしている。

よく知られるように86は、1983年デビューのカローラ・レビン／スプリンター・トレノの型式名、AE86から名前をとっている。1990年代にはドリフトが一種の社会現象にもなっており、それを描いたマンガ『イニシャルD（頭文字D）』でもAE86は話題になり、実際中古のAE86が「峠の走り屋」から絶大に支持されていた。

このAE86の存在も念頭に置きながら、コンパクトでパワーを抑えめにした、高価格でないFR車として、86は企画された。86はトヨタに当時あったミドシップスポーツカーのMR-Sの後継に相当するが、MR-SのようなMRでなくFRにこだわったのは、運転しやすいクルマにするためで、ありていにいえば、ドリフトが比較的誰でもコントロールしやすいというのが理由といえる。もちろん商品企画にあたって、世界の市場を調査して、世界のクルマ好き、いわゆる走り屋の動向を調べ、そのユーザーの希望に応えるようなものとして、クルマの全体像がつくられた。実際、ショートサーキットなどでスポーツ走行するような、根っからの走り屋にとって、まさにうってつけのクルマになっており、トヨタのマーケティング力が発揮されているというべきなのだろう。

## ■水平対向エンジンが必要

BRZ／86の開発に至る経緯を時系列で整理すると、スバルとトヨタが提携を発表したのは、2005年10月のことだった。2006年３月に、提携における共同事業の三骨子を発表。スバルの北米工場SIAでカムリを委託生産すること、トヨタのハイブリッド技術をスバルに供与すること、そしてトヨタ車をスバルに開発委託することが示された。

長年の間、FFと4WDでスポーツドライビングを追求してきたスバルに、新たにFRスポーツカーが加わった。北米仕様の2018年型のBRZ tSとWRXタイプRA。

アメリカでの広報写真。後輪から白煙をあげながら定常円旋回のいわゆるドーナツをする図柄。日本の初代BRZはドリフトで売るイメージはほとんどなかったが、アメリカでのスバルのPR活動はダイナミック。

2004年発売の5代目フォード・マスタング。マスタングはかつてFF化されそうになったこともあったが、FRを堅持し続けた。5代目は原点回帰でスポーツカーらしさを強調。一時は年間15万台以上も売られた。シボレー・カマロ、ダッジ・チャレンジャーといったFRスポーツカーもこの頃、復権していた。

1999年から2007年までつくられていたトヨタMR-S。1980年代に登場したMR-2の系譜を継ぐが、スタイリングなどはスポーツカーらしさを抑えたものとなっていた。ミドシップは回頭性は優れているが、テールスライドをコントロールして走るのは難しい。

1983年から87年まで販売されたAE86型カローラ・レビン。基本の成り立ちは大衆車で、FRのシャシーは旧型カローラ/スプリンターのものを受け継いでいた。エンジンだけは新開発のDOHC1.6リッター、4A-GEUを搭載していた。全長は4200mmだった。

この時点では共同開発車について具体的に言及されていなかったが、2008年4月に提携関係を強化してトヨタの株式保有率を8.7%から16.5%へと倍増するとともに、市販車開発・生産に関して三つの共同事業を発表。そこで、トヨタからスバルへコンパクトカーをOEM供給すること、トヨタ・グループのダイハツからスバルへ軽自動車をOEM供給することとともに、小型FRスポーティカーをトヨタとスバルで共同開発することが発表された。

この前から、スバルでもトヨタでも、FR車が検討されていたのは、先に述べたとおりだが、トヨタのほうがFRスポーツカーを強く欲していた。提携関係を進めようとするなかで、このFRスポーツカーに水平対向エンジンを使う案が、浮上してきていた。トヨタでは2007年にMR-Sが生産終了となり、その年に、新しいスポーツカーの生産化へ向かう断がくだされた。その開発リーダーとして任命されたのは、スポーツカー好きとしてその後よく知られることになる多田哲哉で、86のあとにBMWと共同開発するスープラでも開発リーダーとなる。

トヨタのなかで、市場調査などを経て固められた新型スポーツカーの基本コンセプトは、かつてのAE86のような、運転を楽しめる、コンパクトで低価格なスポーツ車で、サーキット走行も楽しむような人たちを満足させられるクルマであった。駆動方式はMRではなく、コントロールが容易なFRであり、運転の楽しさを極めたいので重心は低く、スタイリングもスポーツカーらしくするためにボンネットを低くしたいと考えた。

この低い重心、低いボンネットをFRで実現するのに、水平対向エンジンが必要なのだった。ロータリー・エンジンも水平対向以上にコンパクトなので、それに応えることが可能だが、環境性能の点で不適切と認識していたという。低いボンネットというのは、歩行者衝突安全のために、ボンネット下部に空間を設ける必要があるため、現代の乗用車ではなかなか難しくなっている。

そんなところに、水平対向エンジンを持つスバルと提携したことで、共同開発の話が持ち上がってきたわけである。スバルの水平対向エンジンを使って、そのスポーツカーをなんとしても実現しようということになった。

最初はスバルからエンジンだけもらって、あとは自前で設計することも考えたというが、結局スバルに開発全体が委託されることになる。ただ契約としては対等の共同開発ということで、トヨタも自前の技術を拠出することになる。企画とデザイン、そしてパッケージングの基本コンセプトは、トヨタが担った。つまりクルマの大枠を決めるのは、トヨタだった。このクルマは一から新規設計されるので、トヨタの理想の形を追求することが可能であった。

86が商品企画の拠り所にした、1983年登場のAE86カローラ・レビン／スプリンター・トレノは、当時の最多量販車種であるカローラ／スプリンターのコンポーネンツをそのまま活かして、スポーツバージョンに仕立てたクルマだった。ただし、この世代のカローラは、主力のセダンはカローラとして初めてFF化されており、クーペだけが世代交代のつなぎの処置として旧モデルのFRの機構を引き継いでいた。当時はFFがいよいよほとんどの大衆車に普及するという頃で、FRが希少な存在になり始めていた。だからこそAE86は、その後の1990年代に、ドリフトできるクルマとして峠の走り屋に熱烈に支持されたのだった。AE86はたしかに4A-G型DOHCエンジンをはじめ、走りに適した資質をもっていた。ただあくまでベースは大衆セダンなので低価格であり、それゆえお金のない若い走り屋が買えるクルマとなったのだった。しかもブームになったのは、AE86が中古車になった時代だった。AE86は国内では1987年で販売終了している。

## ■パッケージングを追求するトヨタ

新しい86のように、低くかまえたクーペボディのほうが、走りも見た目も、走り屋の心には響くだろうが、専用設計にして一から開発するのは、コストがかかりぜいたくともいえる。かつて1960年代頃まで英国にたくさんあったFRの小型スポーツカーなども、市販車のコンポーネンツを流用したから比較的安く手軽につくれたのだった。

ところがそこにニーズがありそうだとなれば、ほぼゼロベースでもつくってしまうのが、トヨタというメーカーのおもしろいところで、その際には、合目的的な設計をいとわず、ときには今までにないラジカルな設計方式も採用する姿勢がある。トヨタは、マーケティングも強いが、技術オリエンテッドでもある。もちろんトヨタも商品企画の要のひとつである低価格を実現するために苦労しており、だからこそスバルと共同開発になっているわけだった。

86と同じようにパッケージングにこだわって、独自設計を採用した例としては、iQや、エスティマ、ターセル／コルサ（195～196頁参照）などがある。2008年のiQは、ダイムラーのスマートのような$CO_2$規制時代の究極的なダウンサイズカーを専用設計でつくったもので、トヨタは今までにないFF方式を採用して、常識を超える短い全長で4座シート車を実現した。1990年のエスティマは床下ミドシップエンジンのミニバンだし、1978年のターセル／コルサは、石油危機時代のトヨタ初のFFとして、他メーカーと違う縦置きFF方式をゼロから開発してみせた。

大半のメーカーは、まったくの新機構をもつ新型車はめったに開発しないが、トヨタは企業規模が大きく、採算のこともある程度余裕があるので、そういう試みができるのだろう。実際、今あげた3車種は、iQは一代だけの少数生産に終わり、エスティマは2000年登場の2代目で通常のフロントエンジンFFに変更され、ターセル／コルサは、カローラⅡという兄弟を増やして量産されたが、1986年の3代目はほかと同じ、一般的なジアコーザ式横置きFFに変わっている。

86の場合も、トヨタ単独での開発が可能ならばそうしていたかもしれないが、低重心、低ボンネットを実現するためには、手持ちにない水平対向エンジンが必要だった。スバルがあって初めて実現できるのだった。さすがに水平対向エンジンを、このご時世に新規で開発することはトヨタでもしないということである。またスポーツカーは生産台数が少ないので、やはり共同開発が望ましい。86の次に出るスープラもBMWとの共同開発だし、マツダ・ロードスターとフィアット124など、近年世界的に共同開発が目立っている。かつての大衆車は皆FRだったので、少しホイールベースを短くして格好の良いボディを被せれば、簡単にFRスポーツカーがつくれたが、今はそうでないので、難易度が高くなっているという事情がある。

トヨタは、スバルとの提携がなかったら、このクルマをあきらめたかもしれない。いっぽうで、スバルも単独でFRスポーツカーをつくることはけっしてなかっただろう。それが、共同開発ということで、商品化できることになった。

## ■スバルの資質を活かせる商品

ではスバルはどう対応したのか。やはり最初はFR

アメリカでのBRZ広報写真。サーキットでカウンターステアをあてながら、ドリフトするシーンが演出されている。ステアリング操作とアクセル操作で姿勢をコントロールするのがFRのドライビングの醍醐味。

2012年 3 月、群馬製作所本工場のラインオフ式典で、吉永泰之社長とトヨタの豊田章男社長が握手。BRZと86の外観の差はほとんどないが、BRZのアンダーグリルがヘキサゴンの逆台形なのに対し、86は富士山型の台形で、それぞれブランドがテーマとする意匠が与えられている。

2009年東京モーターショーに出展されたFT-86。市販型よりもキャビンが相対的に大きく見えるが、ホイールベース2570mmは同じで、全長が4160mmと80mm短い。見た目はずんぐりしているが、スペース効率は市販型よりもさらに優れていたかもしれない。

1978年発売のターセル／コルサ。石油危機後に経済的小型車が求められるなか、300台以上試作車を製作して開発。すでに普及していた横置き式FFではなく、トヨタのよしとする小型車を実現するため、独自の縦置き式FFを採用。デフを下に置く 2 階建式にすることで、 4 気筒縦置きでも全長を短くできた。

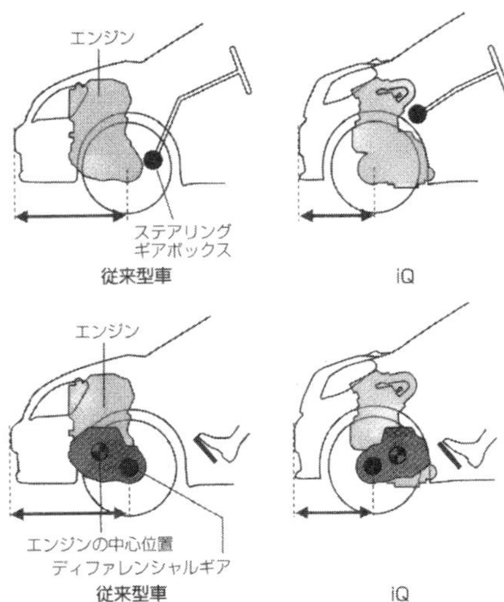

1990年発売のエスティマは、1980年代半ばに誕生したミニバンカテゴリーに向けて、7年かけて開発された。ミニバンは元来FFの実用化で誕生したが、エスティマはあえて専用設計によって、直列4気筒を水平（75度）に傾けて水平対向エンジンの片バンクのような状態にしてミドシップに縦置きに搭載。車体全長にわたってフラットなフロアと、良好な操縦性を実現した。2代目モデルは、ほかのミニバンと同じ横置き式FFに転換された。

ミニマムカーが注目されるなかでトヨタが開発したiQ。ジアコーザ式横置きFFの駆動系配置に改変を加えたうえで、ステアリングギアボックスの位置を通常より上に移動することで、エンジン駆動系ユニットを後退させてオーバーハングを詰め、3000mmの全長で法規上の4人乗りを実現した。

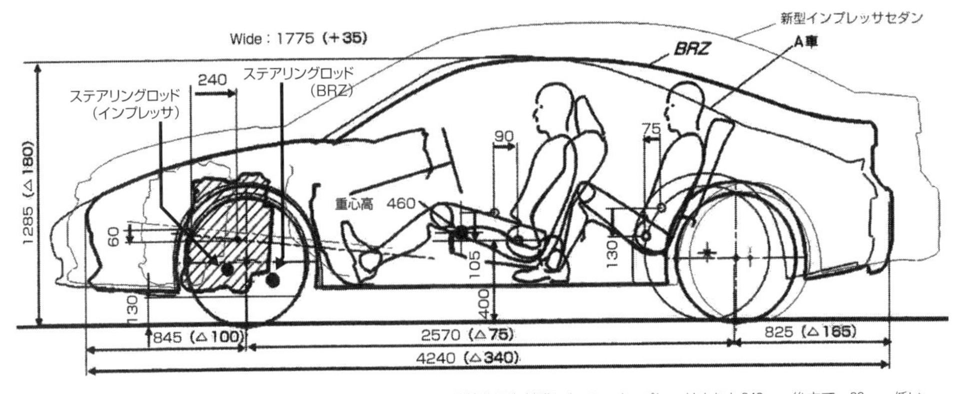


BRZのパッケージングを示した図面。注目のエンジン搭載位置は、前輪位置を基準にして、インプレッサよりも240mm後方で、60mm低い。エンジン右下の角にステアリングロッドが通っており、これ以上エンジンは後退できない。240mmの幅は、ステアリングロッド「前引き」（インプレッサ）と「後引き」（BRZ）の差と同じである。ドライバー着座位置やペダル位置は、インプレッサよりもかなり低い。A車とあるのはポルシェ・ボクスターと思われる。

のスポーツカーということを、素直には受け入れられないようだった。そもそもFFと4WDを信条としてきたスバルのアイデンティティに反する。また、比較的低出力のスポーツカーというのも、スバルには感心できない部分があったという。仮にもドリフトで遊べるクルマなどというのは、まじめなスバルには合わないだろうし、航空機設計をルーツに持ち、WRCでのシビアな走りに向きあってきた技術者が受け入れられなかったとしても無理はない。そもそもスバルはたとえスポーツモデルであっても、安定性を重視するのが哲学である。

とはいえ、もちろん経営的な判断もあり、FRのスポーツカーは、スバルの資質を活かせる商品であるという判断から、共同開発、受託開発に進むことになる。

プロジェクトが始まってからも、FRスポーツカーだけでは採算をとるのも厳しいだろうという見方から、自身の得意とする4WDバージョンも仕立てられる設計にしてトヨタ側に提出したりもしたようである。ただしそこはトヨタ側が許さず、当初の企画どおりのFRスポーツカーに徹した設計が貫かれた。

BRZは、スバルとして、苦渋を飲んだところもあったかもしれないが、とはいえ、トヨタが徹底してコンパクトな低重心FRスポーツというコンセプトにこだわったことで、しっかりしたスポーツカーが実現でき、スバルにとっても新たな「レガシィ」（遺産）になったというべきなのだろう。

手始めにレガシィをベースにショートホイールベースのFR車をスバルの手でつくってみたところ、これが非常によい走りをするので、それ以降は現場のスタッフも前向きになったという。

エンジンについては、トヨタは秘蔵の新技術だった直噴のD-4SをBRZ／86に投入することになり、スバルのほうはちょうど新しく開発されていたFB型では出力が足りないために、ブロックから新設計となるFA20を新たに開発することになった。トヨタとしてはフィーリングのよいNAエンジンが希望で、しかるべき馬力を得るために、専用エンジンが開発されたのである。

BRZ／86は、車両コンセプトについてはトヨタが大きな部分を決めているが、実際の開発はスバルが担った。スバル開発陣は、ノウハウと情熱を注ぎ込んでこれを開発。トヨタの経験が活かされた面も多々あるが、スバルだからこそ仕上げることができたスポーツカーだともいえる。共同開発をとおして、両社は互いに多くを学んだという。

2009年10月の東京モーターショーでは、FT-86という名のコンセプトカーがトヨタブースに展示された。いっぽうスバルは、透明なボディに水平対向FRのエンジン駆動系やサスを組んだ展示モデルを2011年3月のジュネーヴ・ショーで展示した。そして2012年にスバルからBRZ、トヨタから86として、発売された。

## ■ほかに選択肢がないエンジン搭載位置

BRZの設計の実際について、見ていきたい。

BRZ／86の設計で、注目したいのはそのパッケージングである。上述のとおりトヨタは、水平対向でなければ、意中のスポーツカーが実現できないと考えたが、その水平対向エンジンをどのように置いて、そのパッケージングを可能にしたのかが見どころである。

筆者はBRZ／86が発表された当時、パッケージングを統括したスバルの担当者に話を聞くことができた。新型スポーツモデルを世に送り出した直後の新鮮な熱い想いも目の当たりにしたが、なぜもっとエンジンを後方に置いて、フロントミドシップにしていないのかという素朴な疑問について聞いたところ、ステアリングロッドの位置関係から、この位置以外にないということだった。

どういうことかというと、つまりスバルのほかのFF／4WDモデルと、エンジンとステアリングロッドの位置関係は同じであるが、ただし、そのロッドをタイヤの前側でなく、後側に置いたことで、そのぶんだけエンジン搭載位置を後退させたということである。

ステアリングロッドは、ホイールハブの前側か後側に付くもので、それぞれ「前引き」、「後引き」と呼ばれる。一般的には、エンジンをオーバーハングに置くFF車（4WD車）は「前引き」にして、その後方にデフ／ドライブシャフトが来る。FF／4WDの場合、駆動用のデフがあるために、エンジンを車軸より前側に置かざるをえない。けれどもFR車の場合デフがないので、エンジンを自由に配置できる。ただし、エンジンを低く搭載したりするとやはり、ステアリングロッド／ステアリングギアボックスを避ける必要があるので、ロッドを「前引き」か「後引き」にするかして避けることになる。そのためエンジンをできるだけ車体中心近くに置きたいスポーツカーの場合は、ステアリングロッドを「前引き」にして、その後方にエンジンを置く。

86／BRZも本当はそうしたいところだろうが、ところが水平対向エンジンは横幅が広いために、ステアリングシャフトを通すスペースがないので、エンジンの前側にステアリングギアボックスを置くことができない。そのためエンジンとステアリングロッドの位置関係は従来のスバルFF／4WD車と同じにするしかなく、ただし、デフがないためエンジンを後退させられるので、ステアリングロッドを「前引き」から「後引き」にするぶんだけ後退させた。それしか選択肢がないということなのである。

完全なフロントミドシップにしたほうが、前後重量配分はスポーツカーとして理想的な数字が得られる。BRZは2名乗車時で53：47なので、路面状況のよいサーキットでひたすらタイムを追求することを理想とするなら、これはやや前寄りぎみである。ただトヨタが念頭に置いた、誰でもドリフトコントロールをしやすいクルマということだと、一般的には重量バランスはある程度前寄りでもよい。この重量配分は、ことによるとコンセプトに対して理想的なのかもしれない。そもそも単純に速く走るためであれば、MRのほうが理想的なのに、それをトヨタは拒んだわけだった。

■水平対向エンジンが可能にしたパッケージング

エンジン搭載位置については、別の見方もある。全長が短い水平対向エンジンは、走りだけでなく室内スペースの点でも大きな貢献をしており、この車両コンセプトは、水平対向エンジンでなければ実現できなかった。86は全長が短く車高の低いFRスポーツカーでありながら、4座のスペースを確保している。日常にも使えるスポーツカーがコンセプトだったので、その室内スペースは必須のものだった。トヨタとしては、サーキット走行を気軽に楽しめるよう、タイヤを4本積めることにこだわっていた。

実は縦置きエンジンの場合は、車体全長の方向だけで見れば、FRはFFよりもスペース効率が優れている。FF（4WD）では、デフがあるためエンジンをオーバーハングに置かなくてはならず、そのいっぽう居住スペース始まりの指標となるペダルの位置は、タイヤハウスがじゃまするのであまり前には寄せられない。それに対しFRは、車両の横から見て、タイ

発売前年の2011年にスバルが披露したスケルトンモデル。市販車とはパーツ類がやや異なるが、基本的配置は同じと見られる。全長の短い水平対向エンジンはほぼ左右タイヤの間に収まっている。フロントサスペンションのスペースは、FF／4WDモデルよりは余裕がない。

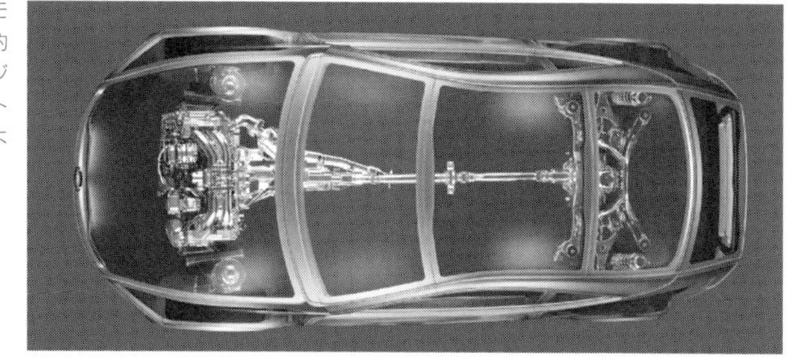

BRZのエンジンルーム。マツダ・ロードスターなどFRスポーツカーの多くはバルクヘッドの壁ぎりぎりまでエンジンを後退させているが、BRZはそこまでにはなっていない。吸気ダクトは前側にまっすぐ伸びている。エンジン上面にはTOYOTA D-4Sの文字も刻まれている。

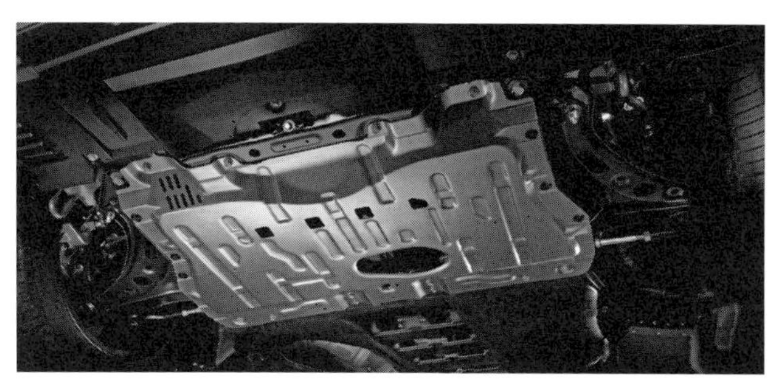

エンジン下部はアンダーカバーに覆われているが、左右ステアリングロッドがロワーアームのすぐ後方（写真では下側）を通っているのが見える。ロッドは前車軸中心より後方側（後引き）を通っており、対してL字型ロワーアームは車体前方側に伸びている。

BRZのステアリングシステム。ステアリングギアボックスが「後引き」で前車軸よりも後方に置かれ、両端にステアリングロッドが接続される。パワーステアリングは、エンジンが後退しているために油圧式だとポンプの置き場所がないので、電動式を採用した。

BRZの室内。法規上４人乗りでも、実際上は後席はいわゆる＋２の緊急用といった趣だが、荷物置き場に使えるこのスペースが室内にあるかないかで、実用性が大きく変わる。シートバックを倒してこの部分に２本を積むことで、タイヤ計４本の搭積が可能。

ヤハウスと重なる位置にエンジンを収められるので、オーバーハングを短くし、かつ、キャビンも前進させられる。だから直列4気筒のFRでも、エンジンを前進させればある程度室内長はとれるはずなのだが、重量バランスもクリアしながら室内スペースを確保するには、やはり全長が短い水平対向エンジンでなくてはらなかった。これによって、4240mmの比較的短い全長のなかで、優れたパッケージングを実現できている。

実際のBRZ／86は、ほかのFR車よりペダルまわりの足元スペースが広いようで、ペダルをまだ前に出す余地があると思われる。着座位置も、スポーツカーとして低重心化のためにも可能なかぎり低くしており、もしも実用車のようにアップライトに座らせれば、同じ全長で現実的な4名もしくは5名乗車も可能かもしれない。

ステアリングロッドは、パッケージングを考えるときに、ひとつの要になるもので、トヨタは究極のコンパクトカーのiQを開発するときに、ステアリンクギアボックスの位置を動かして、エンジン位置を後退させて車体全長を切りつめた経験がある（196頁参照）。スバルが図面をひいてトヨタに見せるとき、4WD版の追加を可能にしたレイアウトを見せたら、トヨタがダメ出しをしたそうだが、そういったこともトヨタはよくわかっていたに違いない。

4WD版をつくるとすると、エンジン搭載位置を高くしてエンジン直下にデフやドライブシャフトを置くか、エンジンをほかのスバル4WD車と同じようにフロントオーバーハングに置くことになるはずだが、実際のBRZでは、エンジン搭載位置は極限まで低く、また車体中心に寄せられている。4WD仕様を考慮していたら、トヨタの目指すスポーツカーのコンセプトが成り立たなくなってしまうわけだ。

スバルは今まで、4WD／FF車の水平対向エンジンを、比較的高い位置に置いていた。低める努力はしていたが、デフを間に挟んで、エンジン、トランスミッション、プロペラシャフトとまっすぐ伸ばすために、エンジン位置は少し高めになっていた。室内側に来るトランスミッションを、やはり低く配置したいからである。地上高自体も、4WDモデルゆえに、ふつうのクルマよりも路面干渉を避けたいため、一部の限定車などを除けば標準的な地上高を保っていた。このBRZ／86では経験のない130mmという低さに設定されたが、それはトヨタのクルマづくりの指標に従って決められた。

BRZ／86は、パッケージングにこそこだわって開発された。前後重量配分ももちろんこだわったが、前を軽くすることを極端に重視はしていない。いっぽう低重心についてはこだわりぬいており、水平対向エンジンを使うことで、ポルシェのような本格的ピュアスポーツカーと同等の低さをものにし、操縦性を楽しむスポーツカーとして成り立たせている。重心が低いことは、むやみに足回りを硬くして姿勢変化を抑えこまなくても、運動性能が悪くならないので、日常ユースでも快適な乗り心地を保つことができる。

ピュアスポーツカーとして成り立たせながら、実用性もものにしているのは、さすがに専用設計ならではのことである。

### ■スペース効率を考えたサスペンション設計

サスペンションは、ほかの4WD系のスバル車と、前後ともほぼ似たような設計だが、単純に流用したということではない。

まずフロントについては、幅広な水平対向エンジンの搭載位置がFF／4WD系車よりも後退したので、フロントサスペンションとちょうど重なる位置に来ており、サスペンションのためのスペースは限られている。また、ボンネット全高をできるだけ低くするという要請もある。そのため、マクファーソンストラットが採用された。

本来スポーツカーならダブルウィッシュボーンが理想的で、エンジンルームがタイトなクルマの場合アッパーアームをハイマウントにした変形ダブルウィッシュボーンを採用する例も珍しくないが、レイアウトが複雑で重量増やストローク減少の影響もあるため、BRZではシンプルなストラットが採用された。たとえばポルシェもスペース効率のためにストラットを採用している。

ストラットはストローク量を確保しやすいが、BRZはボンネットが低いので、アッパーマウントの位置が低く、そのためコイルスプリングを通常より低めの配置にした。

いっぽう前述のように、ステアリングロッドがほかのスバルのFF／4WD系車とは逆に、後引きになったため、それに応じてL字型ロワーアームは、4WD系車では後側に伸びていたのを、それを前側に反転させた。

ステアリングギアボックスは後方配置となったので、クロスメンバー内ではなく外に置かれることになり、クロスメンバーの剛性は閉断面構造にするなどして高められた。

ロワーアームは、従来のスバル車以上に剛性を高めながらも軽量化されており、スタビライザーも低重心の恩恵で径が細くなり、軽量化されている。

リアサスペンションは、基本形は従来のスバル4WD車と同様のダブルウィッシュボーンだが、サブフレームごと専用設計のものとなっている。WRX STIで培ったノウハウをベースにしたと謳っており、低重心のFRスポーツ車に最適化するために各部の構成を見直した。

ギアボックスは、MTはアイシンAI製、ATはアイシンAW製を採用する。6MTは既存のものの流用だが、現存のFR車用のものはどれも大きいので、生産終了して久しいトヨタ・アルテッツァやニッサン・シルビア用のものを改良して使っている。クルマの生産終了後も15年は部品供給義務があるため、ギアボックスは継続生産されていたのだった。そのシフトフィールを改善し、フリクション低減や軽量化などの、時代に即した改良も施された。

車体設計も、スバルの最新のボディ設計ノウハウを活かしつつ、独自に車体を前後とキャビン部分の3ゾーンに分けて構成し、前後についてはダイレクトでリニアな操縦特性を得るために、剛性バランスを最適化した。低重心を極めるために、車体設計も工夫している。着座位置を下げるためフロアを低くする必要があるが、衝突安全性を確保しなければならないので、フロア構造を工夫している。また、ルーフなど高い位置では超高張力鋼板を使って薄板化するなどして軽量化を徹底。とにかく、基本的運動性能の向上に努めている。

### ▩FB型エンジンでは所定の性能を満たせない

エンジンは、まさにスバルとトヨタの「合作」といえる。

水平対向エンジン本体はスバルのものだが、ヘッド部分はトヨタの当時最新の技術だったD-4Sの直噴を採用した。ゼロからのエンジン開発としては開発期間が非常に短く、両メーカーが虎の子の最新技術を互いに開示して、実現にたどりついた。

水平対向FRスポーツの企画が始まった当初、スバルもトヨタも、既存の水平対向エンジンをそのまま使うイメージでいたという。ちょうどFB型エンジンが開発段階だったので、それを多少アレンジすればよさそうだった。ところがトヨタは、高回転まで気持ちよく回る自然吸気エンジンで、排気量は2リッター、出力はリッター100馬力となる200psということにこだわり、FB型エンジンではそれは無理だった。

自然吸気のまま高出力を得るには回転数を上げるしかないが、FB型はロングストロークなのでそれは得意ではなかった。しかも200ps出すには、FB型の小さいボアではバルブ面積が不足だった。

いっぽうで、高出力化と環境性能を両立させるには、高回転でも低回転でも燃焼効率のよいトヨタの直噴技術D-4Sが必要だった。D-4Sは、ポート噴射と筒内直噴のふたつのインジェクターを持つ、当時のトヨタの直噴システムの次世代版で、2005年に初めてレクサスGS350で採用された。

しかし86／BRZに使ったのは、そのD-4Sのさらに次の世代というべきもので、まだ市販車には搭載されていない開発中のものだった。その未発表の最新技術情報を、他社に丸ごと開示することに、トヨタ内部でも慎重意見があったが、目的達成のために共同開発作業へ進むことになる。

トヨタから基本的な技術的アドバイスを受けつつ、スバルが試作した1号機がいきなりベンチでほぼ200psをクリアし、このことで、互いの技術力に対する尊敬の念が生まれ、開発は順調に進むことになったという。

スバルにとっては、そもそも水平対向エンジンは看板技術である。いっぽうトヨタも秘伝のD-4S技術をこのエンジンに載せたことで、堂々とトヨタ印のエンジンだと胸をはれるようになった感がある。周知のとおり、86のフェンダー部分のロゴには水平対向エンジンの図案が使われている。トヨタとしては、過去に空冷2気筒水平対向を搭載した、トヨタ・スポーツ800の系譜を継いでいるというアピールもしている。

ちなみに、ここで採用された次世代型D-4Sが実際に世に出るのは、この86／BRZと、同月に発売されたレクサスGS450hが初である。レクサスはトヨタの上級ブランドであり、コストのかかる最新技術をトヨタ車よりも先行して採用することが多い。GSはクラウンとほぼ同サイズの上級セダンで、GS450hはそのハイブリッドバージョンであるが、プリウスのような単なる低燃費仕様ではなく、大パワーのスポーティモデルという設定だった。それがこの2012年のモデルチェンジで、次世代型D-4Sを搭載したエンジンにより劇的に燃費性能を改善したのだった。次世代型D-4Sは、簡単にいえば、筒内直噴とポート内噴射のふたつのインジェクターをもつD-4Sの、そのインジェクター性能と制御能力を高めて、燃焼効率をさらに改善するものだった。燃料噴射の圧力も、高められている。86／BRZで、高出力とともに高い燃費性能を実現するために、そのトヨタの最新の秘蔵技術が投入された。ちょうど86の開発時に、欧州での$CO_2$規制が劇的に厳しくなるということが決定され、そういった状況が開発に影響したようである。

### ■FA20エンジンを新開発

スバル側の受け持ちであるエンジン本体も、しかるべきバルブ径を確保し、ロングストロークを解消するために、86×86mmのボア・ストロークを持つブロックが新設計された。新型スポーツカーのNAエンジンという希望をかなえるために、ラインナップにないエンジンが新規開発されたことになる。ちなみに前述のとおり、WRXやレガシィなどに積まれ

フロントサスペンションはスペースの制約から、スバルの4WD車と同様マクファーソンストラットを採用したが、インプレッサとくらべてストラットの頂部を大幅に低くした。コイルスプリングを小径にしてタイヤと干渉しないようにしている。

レクサスGS450h。D-4Sを搭載したエンジンはアトキンソンサイクルで13.0という高圧縮比の3.5リッターV型8気筒。エンジン単体で295ps、ハイブリッドのシステム全体で348psという最高出力で、走りを売りにした。

BRZのFA20 D-4S。FB20などほかのエンジンと異なり、エンジン全高を下げてボンネットを低くするために、吸気ダクトはエンジン前側に伸ばしたので、エンジン上部の補機類の様相が異なる。同じ理由で吸気マニホールド形状は上下に薄く形成している。

FA20 D-4Sのクランクシャフト、コンロッドとピストン。FB20を基本にしながら、7000rpm超の高回転に耐えるよう、ピストンピン径を48mmから50mmに拡大している。

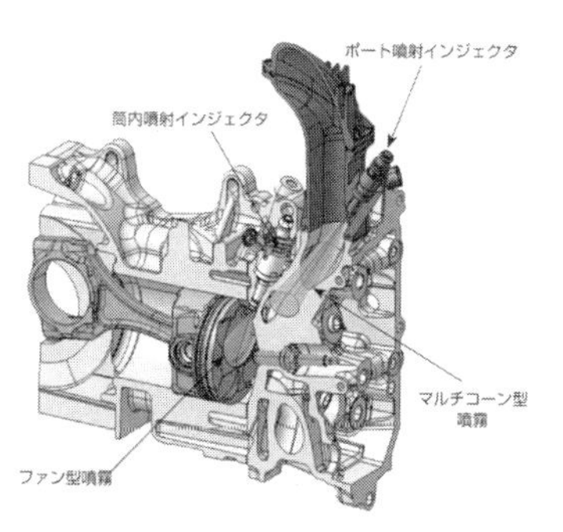


D-4Sでは、ポート噴射と筒内直噴のふたつのインジェクターを持ち、このふたつを緻密に制御することで、常に最適な燃焼を実現している。

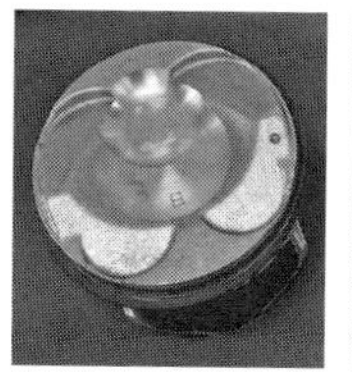

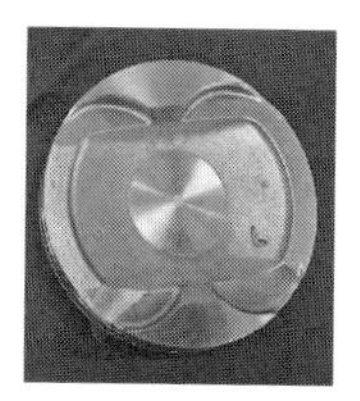

新世代エンジンの3種類のピストン。右が自然吸気のFB20、中がFA20 D-4S、左がFA20 DIT。冠面はどれも4個のバルブとの干渉を避けるためのバルブリセスが彫られているが、それとは別に燃料の噴霧を最適な形で受けるために、それぞれ固有の形状に彫られている。

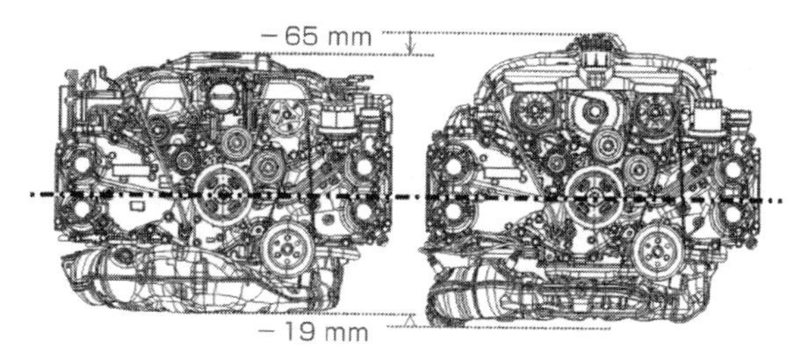


低重心化と低いボンネット実現のため、エンジン上方のインテークマニホールドを薄く作り直して、インプレッサのFB20より65mm高さを詰め、エンジン下方でも排気系の形状を工夫して19mm詰めた。従来のスバルFF／4WD車では必要性がなかったことである。

フレンチアルプスと思しき山岳路で撮影された、北米向けBRZ。こういった右左のコーナーが続くようなルートでは、低く構えた車体が効果を発揮し、状況しだいでは後輪駆動の滑る楽しさも味わえる。

2016年型のアメリカ仕様の内装。BRZのコクピットは、「走り屋の用途」に的確に応えるデザインで、低い着座位置はスポーツカーそのもの。足元スペースに余裕あるのがわかる。

2015年ニューヨークショーに参考出品された「BRZ STIパフォーマンス・コンセプト」。STIのアメリカ進出発表に際して披露された。トレッドを広げるなどした高性能化モデルで、EJ20ターボの搭載が想定されたが、市販車にターボの搭載は難しいというのがおおかたの見方。

2020年11月に発表された新型BRZ。基本ボディを維持しながら、シャシー剛性など大幅に強化され、外観も大きく手を入れられた。各部強化による重量増を抑えるため、ルーフ、フード、フロントフェンダーにアルミを採用し、重心はさらに低められた。2.4リッターとなったFA24は引き続きD-4Sを採用。235ps/7000rpm、25.5kg-m/3700rpmへとスペックが向上した。

るFA20 DITエンジンとは、同じボア・ストロークであり、クランクシャフトだけとはいえ共有している。

もともと新設計されたばかりのFB型も素性はよく、それをもとにボアが広く、ある程度高出力まで耐える設計に変えた。

ボア拡大の指標になったのはバルブサイズで、FB20が吸気バルブ34mm／排気バルブ28mmだったのを、吸気35mm／排気29mmに拡大した。バルブリフト量も吸排気とも11mm拡大している。さらにミラーサイクルを採用し、低燃費化を追求している。

一般的に直噴化すると、噴射による冷却効果から空気の密度が高まって流入量が増えるので、過給器なしのNAでも出力アップが望める。さらにD-4Sの場合、直噴の弱点である低回転域での燃焼を安定させるために、吸気ポート内のインジェクターも追加しているので、高回転でも低回転でも理想的な燃焼となり、高出力かつ低燃費のエンジンが実現できる。FB型にはあったTGVは、流入空気の抵抗になるため廃止しているが、直噴では、優れた噴霧のために、タンブル流にたよらずに理想的な燃焼ができる。当然、ピストン冠面形状もFB型と異なるものになっている。直噴化にともなって、圧縮比もFB型の10.5から12.5へと高められ、燃焼効率を向上させた。

ヘッドまわりが直噴技術に合わせて設計されたいっぽう、ブロックやクランク周りもしかるべき設計が採用された。とくに高出力、高回転に耐えるような改変が、FB型から新たに施された。クランクピンの直径は48mmから50mmへと拡大。これによって、クランクピンとメインジャーナルのオーバーラップ部分の面積を拡大し、高回転に耐える剛性を確保した。

また、FB型では斜め割コンロッドを採用しているが、これも斜めに割っているがゆえに、その合わせ目部分（クランクシャフトから遠いほう）に強度的に負荷がかかってしまうため、しかるべき強化を施し、さらに負荷を減らすためピストンとコンロッドも軽量化している。

BRZ／86の要である車体パッケージングのためにも、エンジンが少しでも適した外形になるよう工夫が施された。まず低重心化と低ボンネット化のためにエンジン全高を低くし、さらにエンジン搭載位置を後方にするため、スバルとしては初となる前方側吸気ダクトのレイアウトを採用した。

そのほか、高い旋回Gにさらされることを考慮して、オイルの偏りが出ないような設計変更もされている。

### ▩NAエンジン１本のまま進化

BRZ／86は、スバルとトヨタの提携による鳴り物入りのスポーツカーとして、発売前から注目されていた。発売後は順調にセールスを伸ばし、北米にも多く輸出された。

販売台数はトヨタのほうが多いが、スバルもBRZに対する期待はあり、発売前からスーパーGTのGT300クラスのレーシングカー（262頁参照）を、スバルのデザイナーの手でデザインして開発、BRZデビュー時の東京モーターショーのスバルブースに展示するなど、スバルなりに喜びをもってスバル車の一員として迎えた。

スタイリングはトヨタが主導したが、価格を抑える必要があるので、BRZと86との差は最小限にとどまる。走りについては、やはりセッティングの範囲内のわずかとはいえ両メーカーの違いを出す余地はあり、トヨタのほうがドリフトにもちこみやすいなど姿勢変化を起こしやすい仕立てにしたのに対し、スバルは、スタビリティを重視するスバルの哲学に従ったアプローチで仕立てていた。スバル技術者には、遊びでドリフトを楽しむためのような仕立ては抵抗感があったようで、それはやはりまっとうな考え方だろうが、さすが300psオーバーの4WD車でもっぱらシビアな走りを追求してきたメーカーだけのことはある。ただ、タイヤのグリップが向上した近年は限界をひたすら高めるだけがスポーツではないという考え方も説得力があり、より多くのユーザーが愉しめるということを、スバルも考える意義はあるかもしれない。

その後、2016年にマイナーチェンジして、エンジンパワーを7psだけとはいえ向上させた。操縦特性を両者とも少し練り直し、同じ方向に近づいたという評価がある。スバルではSTIスポーツと呼ぶ新しいグレードも設定され、足回りは強化している。ただエンジンに関しては、大きな変更はなかった。ちなみにBRZ／86は、ターボユニットも積めるように設計されているといわれているが、それはおそらくチューニング市場の活性化のための配慮で、メーカーの市販車として求められる耐久性としては、ターボ化の熱に耐えるだけの空間的余地がないという見方もされている。スバルなら4WD仕様をつくりたいところだろうが、その余地がない設計なのは今まで述べたとおり。余談ながら、トヨタのWRC参戦を請け負うトミーマキネンレーシングが、86のボディだけ使って4WDのシャシーをはめ込んだマシンをワンオフで製作している。

生産台数が多くないスポーツカーは、長く生産することが多く、BRZ／86もそうなるだろうことは予想できた。2020年夏に販売を終了し、11月に新型BRZがまずはアメリカ仕様として公開されたが、「新型」とはいえ、大幅マイナーチェンジといってもよいくらいで、基本的な車体は維持している。エンジンを2.4リッターに拡大し、ボディ剛性を向上させたのが大きな変更点である。

## 4-8　WRXとレヴォーグ

### ■インプレッサから独立

BRZが新しく加わったいっぽうで、スバル本流のスポーツモデルであるWRXが、2014年にモデルチェンジした。

日本では、事実上の姉妹車であるレヴォーグが先に発売されたが、グローバルではWRXの発表のほうが早く、開発もWRXが先にあったので、ここでもWRXから先に見ていくことにする。

WRXは、今回また成り立ちが少し変わった。3代目登場時までのWRXはインプレッサの1グレードで、インプレッサのボディをワイド化するなどして強化した成り立ちだった。3代目の途中で車名がWRXとして独立したが、今回の4代目はインプレッサとの分離をさらに進めて、別モデルとして開発された。実際のところインプレッサのシャシーや骨格を流用しているのは、ボディサイズや内装を見てもあきらかだが、もろもろの都合で流用しただけで、インプレッサのことは気にせず、WRXとして強化すべきところを強化して、高出力スポーツモデルとして万全の車体になった。

インプレッサと別れたかわりに、新たに“パートナー”となったのがレヴォーグである。レヴォーグは、大きくなったレガシィの穴を埋める日本向けサイズのワゴンとして企画されたモデルで、インプレッサよりも上級で高性能が求められることから、WRXと“兄弟化”された。別の性格を持つモデルとして開発されたが、ボディ骨格などを共用することで、WRXとしても量産効果でコストダウンできる。高性能モデルであるWRXの販売台数は限られており、レヴォーグの新設によって、WRXがインプレッサから無理なく自立できたという図式だ。レヴォーグとしても、WRXとコンビを組めたことで、無理なく誕生できたわけなのだろう。かつて初代レガシィを開発したとき、水平対向エンジンを載せるひとつの車台で、いかに車種展開できるかということで、インプレッサとフォレスターが誕生したが、水平対向ファミリーはうまい具合に車種を増やし続けてきている。

ほかに変わった点としては、新型WRXは4ドアセダンだけになった。先代では発売当初はハッチバックのみで、あとから4ドアセダンが追加されていた。ハッチバックボディのWRXがあったのはその3代目だけで、それはベースのインプレッサの都合もあるが、WRCのトレンドに従った結果でもあった。その前の初代、2代目もWRCを念頭に置いて開発されたが、今回の4代目はもはやWRCは関係なくなり、ハッチバックである必要はなくなった。

4ドアセダンなのは、アメリカ市場でセダンが好まれることが大きな理由としてある。先代で4ドアセダンが追加されたのはアメリカ市場の要望があったからで、実際その後アメリカではセダンのほうが多く売られた。ただ、4代目でセダンだけにしたら、アメリカから「やっぱりハッチバックも欲しい」という要望はあったそうである。ハッチバックのハイパフォーマンスカーが近年アメリカ市場でも増えて、そのカテゴリーが盛り上がっているのだという。とはいえ、実際はセダンに比べてシェアが低いのでまずはセダンだけに徹することになった。5ドアワゴンのレヴォーグと車体構造をうまく共用化できるということもあるかもしれない。

競技車両を考えると、全長が短いハッチバックのほうがタイトコーナーの多いラリーでは有利だが、サーキットであればセダンでもとくに不利ではなく、むしろ安定して良い面もある。新型は全日本ラリーをはじめ、引き続きラリーでも走ることにはなるが、日本のスバルワークスとしてはニュルブルクリンク24時間レースが唯一の大きな活動になる。WRXの名前は「WRC」を想起させるもので、WRCこそがそのバックグラウンドだったが、WRXはここへきて、新たな時代を迎えることになった。

### ▒ファミリーカーとして通用する4ドアセダン

新型WRXには、新たに「S4」が加わった。先代のモデル名は（インプレッサ）WRX STIだったが、今回はモデル名がWRXとなり、WRX STIとWRX S4が並存することになった。

S4は、ATを搭載した先代のWRX STI A-Lineに相当するモデルで、より一般的なユーザー向けのモデルである。S4はリニアトロニックのCVTを搭載し、乗りやすいことが特徴だが、販売台数は先代のWRX STI A-Lineのときから、STIよりもずっと多かった。少なくとも数のうえでのWRXの主流はこのS4である。WRXは先代のときから、単なる過激モデルではなく、洗練されたプレミアム化を目指すことが公言されていたが、今回の新型WRXはそういった路線をさらに進化させた。もちろん引き続きSTIは、WRXの、そしてスバルの大きな看板的モデルであるのは変わらない。

S4とSTIは、エンジンも別のものを搭載している。従来からの秘伝のEJ20ターボを積むのがSTIで、S4は新世代のFA20 DITを積んだ。どちらもほぼ同じ300ps程度のパワーだが、高回転型で刺激的なEJ20ターボに対し、FA20 DITは洗練されてスムーズさが目立つ。

4代目WRXが3代目と大きく違うのは、車体である。エンジンは従来型や他モデルのものと大きく違わない。

車体はWRX専用に開発したとはいえ、基本ボディシェルは4代目インプレッサの4ドアセダン（G4）を流用している。ボディ外板はほとんど独自デザインなので印象は大きく異なるが、シルエットはG4とほぼ同じで、ホイールベース・全長もわずかしか違わない。ある意味そこがWRXとしての制約になっている感があり、車高が1475mm、ルーフアンテナを除いても1465mmあるので、一般的な実用的セダンとしても標準かやや高めの部類になりそうだ。見る角度によってはキャビンが大きめでずんぐり見えることもあり、300ps超のスポーツモデルならば、できればBMW3シリーズくらいのプロポーションであってほしいところではある。ただ3シリーズの全長はレガシィと同程度ある。

ずんぐりしたかわりに、室内の乗員配置はインプレッサG4と同じであり、居住性は確保されている。開発段階ではもっとルーフを低くしたデザインが有力だったようだが、実用性を重んじるスバルらしさが堅持されて居住性優先となった。とくにS4は実用車だから、そこは妥協するわけにいかないのだろう。

もともとは「ラリーカー系」のクルマだから、箱型の4ドア車でも独特の美学が成り立つのかもしれないが、かつて初代WRXに設定された2ドアボディ仕様などがあってよいようにも思える。とはいえ大人4人がしっかり乗れ、どんな路面環境でも高速移動できるところに、このクルマの存在価値がある。とくにS4は乗り心地もしなやかで、ファミリーカーとして通用するレベルである。価格も高性能車としては割安で、家族の理解も得られやすいと思われる。まさにこれがスバルらしいクルマづくりなのに違いない。BRZというクルマをつくってしまった今、WRXももう少し居住性重視よりスポーツに特化したクルマであってよい気もするが、むしろBRZの存在があったからこそ、WRXは4ドアセダンに徹しているのかもしれない。

### ▩アグレッシブさと洗練を両立

ボディ外板のデザインは、先代WRXのスタイルの発展版に見える。歴代WRXは、2代目モデル以降、張り出したブリスターフェンダーが外せないトレードマークになった感があるが、これは1997年にWRCで導入されたWRカーのボディワークが背景にあり、3代目ではいっそう明確に、WRカーとイメージが重なるよう市販WRXがデザインされた。今回の4代目はWRカーは関係なくなったが、引き続き同じようなスタイルでデザインされた。ラリー、サーキット問わず、近年の競技専用車両のボディワークがイメージにあると思われる。ただ、先代WRXと違って、ボディ外板はインプレッサをベースにする必要がないこともあり、フェンダー付け足し感のないスタイリングに仕上がった。ワイドボディのワイルドさと洗練がよい塩梅でまとめられ、WRXの新たな方向性が表現されている。

見る角度によっては、前後でフェンダーの面の角度が異なり、やや落ち着かなく見えることもあると感じられる。レヴォーグとの関係性もあって、デザインには試行錯誤があったと推測される。レヴォーグのほうが落ち着いて見られる印象ではある。ただとにかく、別企画ということでWRXらしさを追求している。フェンダーのふくらみはレヴォーグよりワイルドかつワイドで、全幅はレヴォーグが1780mmなのに対し、1795mmある。ちなみにレヴォーグとは、前後フェンダーパネル、リアドアなどが別仕立てで、ボンネットやヘッドランプ、フロントドアが共通である。

4代目WRXは、プレミアムな車格を表現するため、優美さとダイナミックさを両立するように慎重にデザインされた。ややくせを感じるところもあるが、あまりまとまりすぎてはWRXの存在意義もなくなる。筋肉量は十分ありつつ、筋肉増強剤を飲めるだけ飲んだような先代よりは洗練されて、多くのユーザーに受け入れられるものとなった印象がある。派生ではない独立モデルとしては、近年では珍しい派手なボディーワークといえるが、S4もSTIと同じボディなので、そこはやはり洗練も必要なのだろう。欲を言えば、S4とSTIの差別化が外観上にもあってもよかったかもしれない。

日本のWRXユーザーは、ベテラン層が比較的多いが、アメリカをはじめ海外では20～30代の若者が目立つという。それもあって、WRXはアグレッシブさと大人の洗練を、1モデルで対応していかなくてはならない。S4とSTIでもまず住み分けができているが、海外仕様ではエンジン駆動系の設定を変えるなどして、各市場に対応している。

ちなみにこの4代目WRXは発売後、日本では年間7～8000台程度なのに対し、アメリカではおよそ3万台売れている。それはもちろんよいことだが、アメリカ人の好みを意識しすぎて大型化したレガシィのように、WRXが大味でマッチョ過ぎるモデルになったりしないことを祈りたい。

## ■存分に車体を強化

車体は、徹底的に剛性を高めた。引き続きインプレッサのボディシェルを流用するが、先代WRXは、インプレッサからの補強がフロントサスペンションまわりやリアゲート付近などの一部に限られていたのに対し、今回は300ps超のハイパフォーマンスモデルにふさわしいものにすべく、徹底強化された。それは兄弟車にレヴォーグを加えたからであり、この車体の販売台数が、今までより飛躍的に多くなるために、かけられるコストが潤沢になった。また、インプレッサと分けられたことで、存分にハイパフォーマンス対応の車体にできたこともある。インプレッサのほうも逆に今回WRXを分けたことで、通常モデルに最適な設計になり、今までWRXのためにコストをかけていた部分を、新型では削ることができた。インプレッサ、WRXとも、コストをかける部分とそうでない部分の、選択と集中がなされた。

アクティブトルクベクタリングが新たに採用され、限界域での旋回性能が高まっているが、4WDシステムなどには大きな変更がなく、ハイパフォーマンスモデルとしての強化は、なによりボディ剛性の高さとして現れており、それを土台に足回りを仕立て、絶対的な速さの追求と、意のままに俊敏にコントロールできる操縦性を実現した。もちろんサスペンション取り付け部の剛性なども高められた。リアグリップが徹底的に高められており、安定性を増している。さらにフロアパンやトーボードの板厚を増すなど、静粛性対策も力を入れ、上質な乗り味も実現した。

4WDシステムは、STIではモータースポーツにも対応するマルチモードDCCDを継承。いっぽうS4では、旧型のSTI A-Lineで採用していたVTD-AWDを受け継いだ。VTDは比較的スポーティなモデルに採用されてきた4WDシステムで、プラネタリーギアによるセンターデフを持つ。前後駆動配分が基本は45：55のリア寄りという走り志向の設定で、状況に応じて55：45まで電子制御多板クラッチで連続可変制御される。VTD-AWDはレヴォーグの同じエンジンの2リッター仕様にも採用されている。ちなみにレヴォーグの1.6リッターでは、ACT-4（アクティ

4代目WRXは専用ボディとなり、トレードマークのブリスターフェンダーは後付け感のないものになった。全幅1795mmは先代WRXと同じで、インプレッサG4とは、全幅が55mm広い以外はほぼ同じ外寸。Aピラー下端を200mm前に出したのもインプレッサと同じで、全車セダンになっただけありプロポーションは是正された。これはアメリカ仕様のWRX STI（マイナーチェンジ後の2019年型）。

ホイールベース2650mm、全長4595mmは、先代よりそれぞれ25mm、15mm長い。全高はルーフアンテナをのぞくと1465mmで先代より5mmだけ低い。重心高はアルミ製エンジンフード採用などにより先代WRXより約10mm低められた。キャビンスペースが実用車並みに確保されており、フェンダーのふくらみもあって全体にややずんぐり見える。これは2015年型のWRX北米仕様。アメリカのただのWRXは日本のS4に相当。FA20 DITを積むが、CVTだけでなくMT仕様があり、これがSTIの廉価版的存在で走り屋御用達となっていて、一番の売れ筋だという。

WRX STI英国仕様のコクピット。インプレッサを基本にしながら、走りを極めるモデルに相応しく仕立て、加飾などを施して上級化している。

2013年3月のニューヨークショーで公開されたWRXコンセプト。全長4520mm、全幅1890mm、全高1390mmで、市販型よりワイドで低く構えているが、全長はコンパクト。インプレッサ・コンセプト（162頁参照）も全高1430mmで市販型より低かったが、WRXの場合はさらに低い。ほんとうはこれくらいしたいところなのだろう。

ブ・トルク・スプリット）を採用。このACT-4は、電子制御多板クラッチで調整して前後トルク配分をFFとなる100：0から、前後直結の50：50まで連続制御するもので、配分の基本設定は重量配分に応じた60：40となっている。

近年のスバルの4WDはこの3種に加えて、ビスカスLSD付きの機械式センターデフがあるが、これはWRX-STI以外のMT車に用いられており、日本ではMT車とともに風前のともし火の状況となった。

スバル車の主力はACT-4で、アルシオーネや3代目レオーネで初採用されて以来、進化してきたものである。また、今となってはシンプルな機構というべきビスカスLSD付きセンターデフは、初代レガシィで高性能モデル向けとして登場したものだった。VTD-AWDは、アルシオーネSVXで初採用されて以来のもので、電子制御で高性能化したスポーティ志向の4WDシステムである。

パワーステアリングは、S4では電動式を採用したが、電動式はまだダイレクト感に欠けるという、かなりこだわった判断から、STIでは油圧式のままとされた。

### ■2種類の300ps級エンジン

エンジンは、日本向けのSTIが従来からのEJ20ターボで、日本以外のSTIではEJ25ターボを搭載。日本仕様のEJ20はもはや進化の極致というべきか先代からほとんど変わらず、最高出力やトルク特性に変わりはない。ただ、エンジンパワーの制御はやや変更を加えており、ECU制御を緻密化して、環境性能を落とさずに加速時のレスポンスを早めた。SI-DRIVEのどのモードでも、アクセルの踏み込みに対するレスポンスは高められ、ドライバーは車両の動きをよりコントロールしやすくなった。

S4は、新世代のFA20 DITを搭載。S4は従来のSTI A-Lineの後継に相当するので、EJ25ターボからの置き換えということになる。排気量を落としながら出力的には従来とほぼ同じで、なおかつ環境性能を大幅に向上した。

FA20 DITはレガシィに先に搭載されていたが、改良を施して高回転まで回るようになり、WRXにふさわしいスポーティな性格にした。回転数引き上げのために、バルブスプリングの強化、カムチェーンガイドの延長、ブローバイセパレーター形状の変更を施している。レヴリミットは、レガシィ2.0GT DITが6100rpmなのに対し、WRXは日本仕様のリニアトロニック搭載車では6500rpm、海外向けのMT車では6700rpmまで高められた。CVTのセッティングも、S#モード時に、同じ「8速」のステップ変速ながら、レガシィよりもクロスレシオで加速重視となっている。

このほかS4では、液体封入式エンジンマウントを採用してエンジンの振動を抑え、上質な乗り味を実現。硬派な走りを追求するSTIに対し、誰にでも気持ちよく走りが楽しめるのがS4のコンセプトであり、それぞれに適した性格のエンジンになっている。

S4に相当するモデルは海外では単にWRXと呼ばれるが、オクタン価の違いなどもあり、馬力が約270psと低めに設定されている。S4は一般向けであるのに日本で300psも必要なのかという感覚もあるが、日本市場での想定ライバルの現状から考えると300psくらいはやはり必要だという。たとえばフォルクスワーゲン・ゴルフRも、300psを超えるようになっている。

日本の環境では300psを解放できる場面は限られるが、少し踏めばすぐに潤沢なトルクが出るのはふつうに走っていても走りやすく、気持ち良さも感じ

EJ20ターボは、先代からハードウェアに変更はなく、スペックも変化ない。ただしECUのプログラムを変更して制御を緻密に行ない、加速レスポンスを向上させつつ、排ガス浄化性能は維持した。これがEJ20の最終進化型となった。

車体の強化には力が入れられ、先代比でねじり剛性は40%以上、曲げ剛性は30%以上向上した。前後のサスペンション取り付け付近やバルクヘッド付近などの強化で（黒色部分）、操舵応答性や乗り心地などを向上させた。

2015年に発売されたSTIコンプリートカー、S207のEJ20エンジン。バランスどりや専用ターボの採用、吸排気系の改善、ECUチューニングなどによって、328ps、44kg-mを実現した。このあと2017年のS208で、EJ20では最大となる329psに達した。

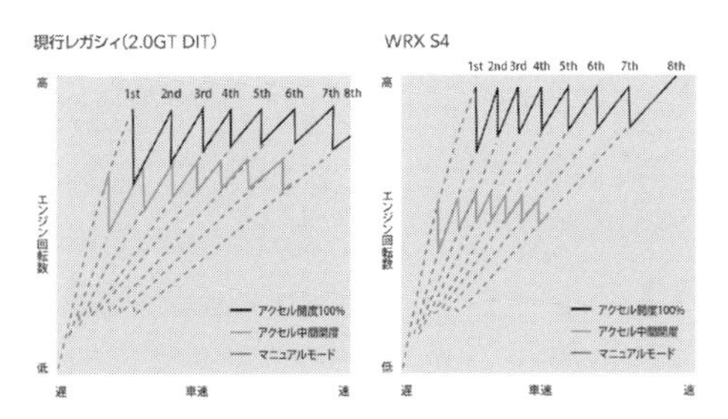


リニアトロニックはレガシィのFA20 DIT搭載車と基本は同じながら、スポーツリニアトロニックの名称を与え、スポーティな特性へと制御を変更。最大回転数も高められた。IとSモードのオート変速時では、おとなしく走ると無段変速、踏んで走るとステップ変速になる。またS#モードのオート変速時は常に8段ステップ変速となり、レガシィよりもクロスレシオ化した。「各ギア比」が自在に変えられるのはCVTならでは。CVTでもだいぶスポーティに走れるようになった。

WRXとして3代目となる新型が2021年9月にアメリカで初公開された。EJ20がついに廃止され、日本ではS4のみの導入となった。S4はFA24を搭載し、変速機はCVTのみだが「スバルパフォーマンストランスミッション」に進化。変速時のレスポンスを早めて、スポーツ走行でもMT車に遜色ない操作感を実現。外観はキープコンセプトながら、アグレッシブさを増した。

られる。300psあるから運転しにくいということはなく、あってマイナスなことはなさそうだ。最大出力を低く抑えれば車体側をコストダウンできるが、STIのほうの300psレベルは譲れないから、であればS4も300psでよいということになるのだろう。レヴォーグも300psである。

STIのEJ20ターボは、308psのまま旧型から据え置きだが、これ以上出すのは、環境性能が重視される時代であるゆえにそう容易ではないらしい。EJ20ターボはこの4代目WRXが最後になると、当初から予想された。

国外のSTIはEJ20ターボではなく、EJ25ターボを積んでいる。名機EJ20でないのは、海外スバリストにとってはやはり残念なことのようだが、馬力の面では有利といえる。アメリカではライバルが強力なこともあって最大出力向上の要望が大きく、当初は308psのEJ20と同程度だったのをその後約315psまで高めたが、それでも足りないということで、340ps超のSTI限定車として、S209が2019年に発売された（270頁参照）。

WRXは2017年の大幅改変でD型になると、STIのDCCDが改良され、従来は機械式LSDを併用していたのが電子制御LSDのみとなり、アクセルオンでも曲がるというコーナリング特性が強化された。D型は、攻撃性の点でも洗練の点でもまた進化がもたらされた。

### ▩STIとS4

S4とSTIは、同じ300ps級で、同じボディワークでありながら、はっきり性格が違うクルマとなっている。

S4は、新世代FA20エンジンのせいもあって、室内は静かで高出力車として物足りないかというほどで、乗り味は上質、スムーズである。コストのかけ方が違うので全て同レベルとはいえないまでも、少なくとも走りの部分ではドイツ製プレミアムブランドなどに匹敵する上質さも感じられる。S4はエンジンの性格の違い以上に、CVTを採用していることで、クルマとしての性格はSTIと明確に差別化されている。リニアトロニックはふつうに走る限りは運転が楽なだけでなく爽快だが、少しつき詰めて走ると、S#モードでもやはりもどかしさが感じられる。変速自体は電光石火の速さとはいえ、操作に対する反応の遅さなど、MTに比べるとやはりさまざまな面でダイレクト感に欠け、変速時のエンジン音の変化も“オートマ”的であまり節度がない。それらはある程度フィーリングの問題なので、リズムを合わせるなどして慣れることもできそうだが、高い負荷をかけ続けるとCVTの油温警告灯が点灯してスローダウンを強いられ、ハードなスポーツ走行をするには制約が生じる。ただ、油温についてはSTIの限定モデルではオイルクーラーが追加されている。

もちろんS4は、ハードに走りたい人向けではなく、それにはMTのSTIがあるわけだが、リニアトロニックが進化してこれらが改善されれば、普段は2ペダルのATで楽をして、週末にサーキット走行もこなすようなこともできる。この点は2021年登場の次期型で大きく進化することになる。

STIでは、グレードによっては大径ハイグリップタイヤの効果も加わり、走り始めた瞬間から巌のような剛性感が感じられ、それでいてしなやかさも備えている。日本の路上で能力を引き出せる機会はごく限られるが、それでも本物のスポーツカーとしての特別感は街中を走っていても常に感じられる。その特別感はEJ20エンジンから来る部分はやはり大きい。

気軽に楽しめるBRZと比べると、WRXのとくに

STIは、スバルスポーツの本流を感じさせ、安定して洗練もされているが、やはり絶対的な速さを追求している。4WDのスタビリティを活かしながら、どんな路面でも安全に速く走れるというスバルのスポーツが追求する哲学を、できうる最高のレベルで実現したような迫力がある。モータースポーツへの挑戦を続けていることが、その支えとなっている。

### ■レヴォーグ、ワゴンのスポーツカー

いっぽうWRXの実質的な兄弟車として、新たに誕生したのがレヴォーグである。車体設計が共通のワゴン版のような存在だが、独自モデルとして企画され、デザイン的にもできるだけ差別化されている。

生まれた目的は、日本市場でかつてのレガシィ・ツーリングワゴンの役を継ぐこと。2009年に5代目レガシィがアメリカ向けに大型化されると、日本市場でちょうどよいサイズだったそれまでのレガシィの存在が、空白になってしまった。当初はいちおう2011年の4代目インプレッサがその役をフォローするともいわれていたが、3代目以来インプレッサのテールゲート付きボディはハッチバックだけになっていたので、レガシィのツーリングワゴンの後継としては役不足だった。またいっぽうレヴォーグは、2代目かぎりでなくなったインプレッサ・スポーツワゴンの役を継いだ面もないとはいえない。

レヴォーグはWRXと同じで、インプレッサ（4代目）の車体を基本にしているが、やはり別モデルといえるほど強化されている。ただ、ホイールベースは5mm長いだけなので、インプレッサのワゴン版を仕立てたのと事実上同じである。

車体構造については、高出力スポーツ車であるWRXのための強化を、そのままいただく恩恵にあずかっている。

当然、インプレッサのワゴン版というより、WRXのワゴン版というのが実態に近い。ただし別モデルとして企画されており、高度な操縦安定性を第一に追求したWRXに対し、レヴォーグはワゴンのツアラーであり、ロングドライブで快適性を体感できるような方向性でまとめられている。とはいえ、WRXもとくにS4では十分に快適であり、セダンボディでバランスがよいぶん、むしろ乗り心地などはWRX S4のほうが有利ともいえる。

レヴォーグは、「ワゴンのスポーツカー」を基本コンセプトとして、謳っている。キャッチコピーは「革新スポーツツアラー」であり、「スポーツカーとユーティリティの融合」をサブコピーとして添えた。カタログや発表時のプレス向け資料には、WRXとの関係性を示唆する記述はないが、年一回発行される「スバル技報」には、レヴォーグの開発の狙いとして、「WRXが持つスポーツカーとしての走りのポテンシャルや操る愉しみとワゴントップブランドで築いたノウハウを全て投入～」と書かれており、WRXとレガシィ・ワゴンを掛け合わせてレヴォーグが誕生したというような図版も掲載されている。

4代目までのレガシィ・ワゴンの役を継ぐと言いつつ、レヴォーグは、スポーツカーの方向性を強めており、レガシィ・ツーリングワゴンとはやや性格が異なる。5代目レガシィ・ワゴンが、スポーティな性格をやや弱めたのを補うように、レヴォーグは4代目までのレガシィ・ワゴンが持っていたスポーツ性を備えたといえるが、実際はさらに上回るスポーツぶりである。

WRXの兄弟という形での開発だからそうなったのか、それともマーケティング上の理由でそうなったのか、どちらが先かはわからないが、とにかくレヴォーグは、今までにない「ワゴンのスポーツカー」

レヴォーグは「25年目のフルモデルチェンジ」というキャッチコピーで、レガシィの系譜を継ぐことを宣言。4代目レガシィ・ワゴンも流線型的傾向はあったが、それが格段に進化した印象で、前後フェンダーも派手に張り出し、スポーツカー的に装っている。全長は4690mm、全高は1490mmで、ルーフアンテナ部分の高さをさしひくと4代目レガシィ・ツーリングワゴンとほぼ同じである。いっぽう全幅は1780mmで4代目のアウトバックとほぼ同じとなっている。

ルーフ後半部分はゆるやかに下降し、かつ左右も絞り込まれてスポーティな軽快感を出しているが、荷室天井のトリム材を薄くしたりホイールハウス張り出しを縮小するなど、各所で工夫して荷室容量を確保。前後フェンダーの張り出しは、WRXと似ているが、よりスムーズな造形。全幅はWRXより15mm狭い。英国の広報写真。

車体前半部分はWRXと共通性が高く、一見区別がつきにくいが、グリルも含めた樹脂一体成型のノーズコーン部分は、より複雑な造形となっている。フラッシュサーフェイスが目立った4代目レガシィと比較すると、彫刻家が参画したかのようなボディになった。

2011年東京モーターショーで展示されたアドバンスドツアラーコンセプト。レヴォーグ市販化を後押ししたコンセプトカー。派手なフェンダーのイメージがレヴォーグに受け継がれた。

というクルマとして企画された。ちなみに、LEVORGの車名は、LEGACY、REVOLUTION、TOURINGからの造語である。

### ▩今までにないスタイリング重視の開発

WRXとレヴォーグの違いは、搭載されるエンジンや、外観デザインなどで演出されている。エンジンは、上級モデルはWRX S4と同一で、300psのFA20 DITが搭載される。いっぽうWRXにないのが、レヴォーグの主力ともいえる下位モデルに載る1.6リッターで、FB16のターボ仕様が新規開発された。

まずは外観デザイン、車体から見ていきたい。デザインについては、レヴォーグの取り組みはスバルとしてユニークで、スバルのデザイン改革が感じられた。デザイナーズカーとでもいえそうなところがあり、「ワゴンのスポーツカー」というコンセプトの設定段階から、デザイン部門が関わっていた。

コンセプトは、スポーツカーをワゴンボディにしたものなので、当然スタイリッシュでなければならない。「スポーツ」をあからさまに強調したのはスバルとしては新しく、同時期に開発されたBRZなどの影響もあったかもしれない。

車体の寸法は、全長でいうと5代目レガシィよりも100mm短い4690mmで、4680mmの4代目レガシィとほぼ同じである。ところが荷室は4代目レガシィよりも大きいうえに、にわかには信じがたいが、5代目レガシィとほぼ同じ容積を確保している。これはつまり、乗員スペースがそのぶん5代目レガシィよりは狭いという計算になる。

レヴォーグは、「スポーツ」を追求したので、当然ながらスポーティな造形にこだわり、ルーフの後半部分をかなり低く下げ、さらに上から見ても後部の左右を相当絞っており、そのうえリアウィンドウをかなり寝かせているので、荷室容積が小さいような印象がある。レヴォーグの開発では、実直なスバルの慣習を破るがごとく、デザイナーの希望をとおしてルーフラインを下げたのだという。しかしそれでも開口部高さは意地でも確保しており、車体設計を工夫してルーフを薄くして対処した。

ワゴンでもスタイル重視なのは、近年の世界的傾向であり、質実剛健でワゴンに定評のある北欧のボルボなどもそうなっている。スバルの改革の表れとして、レヴォーグはデザイン重視で開発されたが、そのいっぽう機能性重視の実直さはスバルの存在理由ともいえるので、妥協はできない。そこで、アブもハチもとることになった。レガシィ・ツーリングワゴンからの買い替えの受け皿となるよう留意された面もあるという。

ボディサイドには、前後ともブリスターフェンダーがデザインされており、WRXと共通性が色濃いが、パネルの立体感はかなり似ていても、共用ではなく、レヴォーグはオリジナルとなっている。WRXのほうはブリスターフェンダーとしての張り出しに加えて、さらにホイール周りをふくらませて迫力を出しているが、レヴォーグのほうはそのような二段仕立てではなく、洗練された印象である。とはいえ今どき、ことにワゴン車では珍しいダイナミックな張り出しである。

フロントデザインは、ボンネットとヘッドランプが共通で、最前部のいわゆるノーズコーンと呼ばれる部分も、中身の基本が同じなのでWRXとよく似ているが同じではなく、レヴォーグのほうが複雑な造形になっている。

2010年代当時、凝った造形が目立っていた日本車のなかで、スバルは素直なデザインという印象を保っていたが、細かいプレスラインがたくさん入る傾向も意外にあった。とくにレヴォーグは、スポーツの表現のための演出が感じられる。レガシィも一時期ブリスターフェンダーを採用していたが、レヴォーグのものはそれよりだいぶ主張が強い。

レヴォーグのスタイリングは、レガシィとはやや流儀が異なる。4代目までのレガシィは、アウトドアフィールドでも映えそうな渋みのある雰囲気があったが、レヴォーグはあくまで舗装路専用のスポーツ車という感じである。水平基調で伸びやかだったレガシィと違い、ウェッジシェイプのレヴォーグは、前へ進む勢いが強調されている。ブリスターフェンダーも、とくにリアは後ろにはね上がっており、演出がかっている。レガシィは実質重視で大人のムードがあったとすれば、レヴォーグは若づくりというべきか。実際の機能は持ち合わせているにしても、「ワゴンのスポーツカー」だけあって、見え方を重視するという、スポーツカーらしいところがある。

結果的にレヴォーグは、スポーツワゴンとしてスタイルで人をふりむかせる魅力を備えたといってよさそうである。

### ■新設計のFB16ターボ

エンジンは、2.0がFA20 DITで、WRX S4と共通になる。車重は95mm全長が短いWRX S4の1540kgに対し、1560kgとほとんど変わらず、CVTの変速比、減速比は同一なので、加速性能は同じと見られ、JC08のモード燃費は両車とも13.2km/Lである。空力性能は不明だが、最高速はワゴンのレヴォーグのほうが伸びるかもしれない。

1.6のほうは、新設計となるFB16のDITが搭載された。レガシィやWRXとの共用となる2.0は、レヴォーグとしてはやや高出力ともいえ、数のうえで主力となるのはこの1.6なので、重要なエンジンである。

この1.6エンジンのねらいは、レガシィの2.5リッター(FB25)と同等の出力を得ながら、優れた環境性能を実現することで、さらに日本国内のレギュラーガソリンに対応させている。自然吸気のFB16をベースにFA20 DITの技術を融合した、直噴ターボエンジンといえるが、上記のねらいをすべてクリアするのはハードルが高く、随所にさらなる進化を施している。

FB16という型式名ではあるが、高出力の直噴ターボ化にともない、ほぼすべてが新設計され、共通パーツはクランクシャフトぐらいだという。

FA/FB型の新世代水平対向エンジンで重要視されているのは、ガス流動を最適化することで、最良のタンブル流の形成に精力が注がれている。精度の高い最新の解析技術を活かして、シミュレーションと実験によって、最適な設計を見つけていくわけで、ピストン冠面の形状などもこれによって決めていく。

吸気ポートの設計も当然重要で、今回の開発ではTGVにちょっとした改善があった。TGVは通常、内側の経路を閉じるが、このエンジンでは外側を閉じて内側を利用し、よりよいタンブル流を得ることができた。あらゆる可能性を試した結果の積み重ねで、燃焼効率向上が実現された。

EGRはFA20 DITよりクーラーの冷却性能を31%向上させて充填効率を高め、EGR率を5%改善した。

このほか、エンジン各部のフリクション低減も、FA20 DITを継承したうえで、さらに項目を増やしている。

燃費の改善は、総力戦で達成しているが、それをレギュラーガソリンでクリアするのは、困難だったという。オクタン価が低いとノッキングを起こしやすいが、ノッキングを防ぐには燃焼室まわりの温度を下げることが有効で、そのためにシリンダーヘッドの冷却経路を改善したほか、高性能のスパークプ

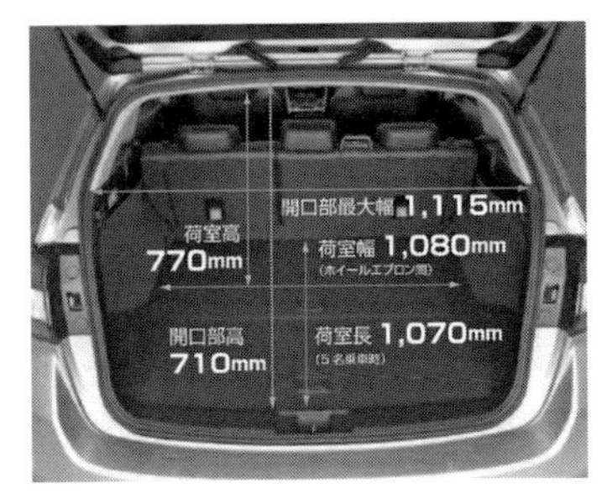


荷室高は5代目レガシィよりも45mm低く、開口部も狭いが、容量は2リッター多い522リッターを確保。ちなみに4代目レガシィは459リッター。スペアタイヤを廃止したので、床下にもスペースがある。

FB16 DITの基本的な構成はFA、FB型エンジン共通のもので、エンジン直下のターボの配置もFA20 DITと同様になっている。

FB16 DITのブロック。冷却性重視で完全なオープンデッキとなっている。ノンターボのFB16とボア・ストロークは同じだが、高出力化のため各部は強化されている。

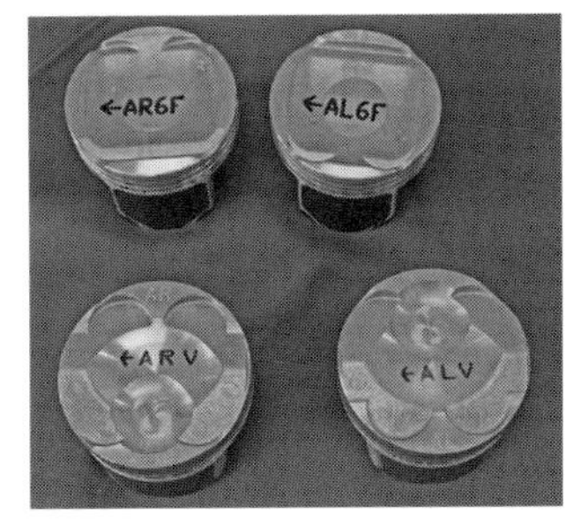


上がFB16、下がFB16 DITのピストン。まったく違うピストン冠面となっており、それぞれガソリン噴霧を効率的に拡散するような形状に彫られている。

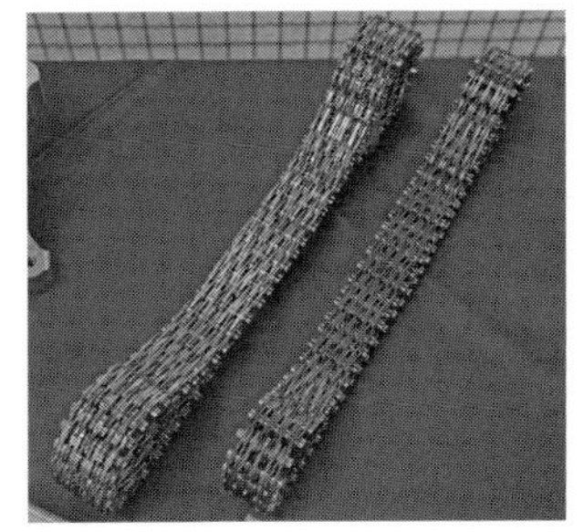

1.6ターボ用のリニアトロニックは、従来の1.6自然吸気用を改良したもの。写真左がFA20 DIT用、右がFB16 DIT用のチェーンで、小型であるうえにピッチが細かい。

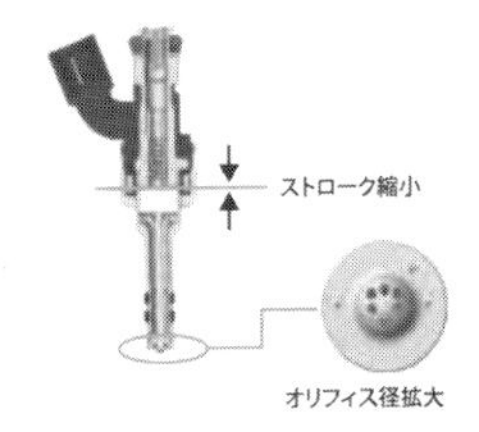


強力な噴射が必要な直噴では、噴射時に作動するプランジャーの衝撃ショックによる騒音が目立つので、FB16 DITの新開発インジェクターではプランジャーのストロークを縮小して、衝撃ショックを低減。噴射するオリフィス部分も径を拡げて、必要な噴射量に対応しつつノイズを低減した。

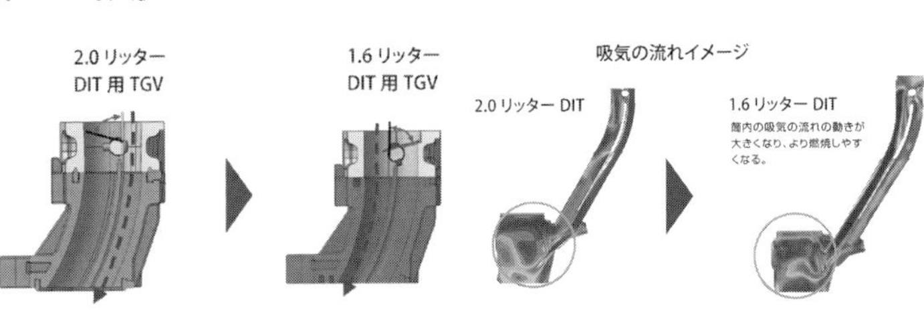


TGVは吸気ポートの経路を二つに分けて、必要なときに片側を閉じて口径を狭くし、吸気の流速を速めてタンブル流を維持するというものだが、FA20 DITは内側を閉じていたのに対し、FB16 DITでは外側を閉じるようにした。内側を流したほうが筒内の流動が強くなり、燃焼室内での混合気の拡散がよくなった。

2019年にヨーロッパで導入されたFA20のノンターボエンジンを積むレヴォーグ2.0i。ボンネットのエアスクープがなく、大人の佇まい。

ラグを採用し、排気バルブにナトリウム封入バルブを採用している。圧縮比は11.0で、FA20 DITの10.6を上回る。圧縮比が高いほうが燃焼効率は高まるがノッキングは起きやすいわけで、それをレギュラーガソリンで実現したのには、拍手を送りたい。

得られた出力は170ps／25.5kg-m（250Nm）で、最大トルクは1800～4800rpmの広範囲で維持しており、最大出力も4800～5600rpmで発生する。このトルク特性によって、スバルが説明する「伸びのある気持ちのよいフィーリング」が味わえるが、エンジン回転一定のまま加速できるリニアトロニックとの組み合わせも、そのフィーリングの一因であり、相乗効果によって得がたい気持ちよさがある。300ps一辺倒のWRXにはないフィーリングであり、トルクが細いノンターボのインプレッサでも味わいにくいものだ。

最大出力は、2.0が300ps、1.6が170psで、だいぶ間が開いている。中間に235psぐらいのモデルがあってもよさそうだが、少ないラインナップで開発コストを抑えるのがスバルの傾向である。300psと比べると170psはいかにも低出力に思えるが、トルクがあるので十分によく走る。逆に300psもワゴンに必要なのかとも思えるが、大出力エンジンをそのまま各モデルに搭載するのも、初代レガシィ誕生以来、スバルがよくやってきたことである。

レヴォーグは今までのスバルからしたら、少なくともデザインの面ではかなり意図的にかっこうよく仕上げられた。近年の自動車界では、ワゴンがSUVに食われて衰退の傾向がある。スバルもその典型例だが、そんななかで、ワゴンの生き方として、新しい方向性を模索した面もあるかもしれない。

レヴォーグはあくまで日本向けに開発されたが、いかにもヨーロッパ好みの、実用的なスポーティ・ツアラーともいえる。レヴォーグは結局ヨーロッパでも導入されることになり、2015年３月ジュネーヴショーで欧州仕様が発表された。当初は1.6リッター・ターボだけだったが、2019年には日本仕様にないFA20のNAエンジンを搭載する仕様も追加された。

## 4-9　スマートになった６代目レガシィ

### ▩「スバルブランドを磨く」

2014年10月にレガシィが６代目へと、モデルチェンジした。この新型レガシィの発表に先立つ５月に、スバルは新中期経営ビジョン「際立とう2020」を発表し、「強い事業構造を創る」とともに、「スバルブランドを磨く」を大きなテーマとして掲げた。

スバルは近年、ブランド確立のためにいろいろと取り組んできたが、必ずしも一貫性のあるブランド戦略を掲げたようには見えず、迷走したときもあった。それがここへきて、明確なブランド戦略が整ってきたような印象である。

「際立とう2020」が制定された2014年頃は、スバルが北米での異例な快進撃を続ける真っ只中だった。計画には新しいスバル・グローバル・プラットフォームの導入など、クルマづくりを大改革する取り組みも含まれており、好業績を背景にして大きな投資をし、スバルが飛躍するための改革をする勢いが感じられた。

スバル・ブランドの中心には、その前の2010年に設定された「Confidence in Motion」でも掲げられていた「安心と愉しさ」が中心に据えられている。「際立とう2020」では、「スバルブランドを磨く６つの取組」として、「総合性能」や「安全」などと並んで、「デザイン」がひとつの項目として掲げられ、「DYNAMIC×SOLID」という新たなスバル・ブランドのデザイン哲学が示された。

近年のスバルは外国人デザイナーに依頼したり、スプレッドウィングスグリルを導入したりもしたが、なかなか確固たるデザイン戦略を確立できなかった。その後外部から招聘された難波治が、デザイン改革をよりいっそう進め、続いて2013年にデザイン部長に就任した石井守が、「DYNAMIC×SOLID」というスバルとして統一のデザイン哲学を掲げることになった。

ただ「DYNAMIC×SOLID」は、6代目レガシィの開発途中に策定されており、本格的に初めてそれが全面的に反映されるのは次に登場する5代目インプレッサからになる。

## ■大人になった6代目レガシィ

新型レガシィのスタイリングは、大きくなったうえにスタイリングそのものにも議論があった5代目レガシィよりも、上級モデルにふさわしい上質さやスマートさでまとめられており、レガシィとしてある種の安心感があった。ただ、やはりかつてのレガシィのような欧州グランドツーリングカー的な趣向はあまりない印象である。

その印象にも関係してくるが、レガシィとして大きな改変は、ターボの廃止である。洗練されたNAエンジンのみになり、初代以来の大パワーターボ車としての歴史を終えた。新たに誕生したレヴォーグにスポーティや大パワーの役割が継がれるいっぽう、レガシィはフラッグシップらしく大人になった。

スバルはこのレガシィの開発にあたり、走行性能や安全性能などの「機能的価値」だけでなく、デザインとか質感などの「情緒的価値」を高めることを目標とした。「情緒的価値」のうち、デザインや細部の仕上げなどを「静的質感」、走りの良さや乗り味の良さを「動的質感」というように分けて、どちらも重視された。フラッグシップカーとして、レガシィが新しい段階に成長したことが印象づけられた。

別の大きな変化としては、ツーリングワゴンが廃止されて、アウトバックとセダン（B4）だけの構成になった。ツーリングワゴンは、日本ではレガシィの看板モデル的存在だったが、アメリカでは先代モデルからアウトバックだけにして、うまくいっていた。ツーリングワゴンはとくに日本では惜しまれる面はあるが、新しいレヴォーグに任せて廃止されることになった。今や看板モデルはアウトバックとなっており、それなら中途半端にせずにそれに徹したほうがよいという判断だった。

## ■6代目レガシィの改良点

ボディサイズはわずかに大きいだけで先代とほぼ変わらず、設計としても先代の改良進化版である。あくまで想像であるが、先代モデルはもっぱら室内を拡大することで手いっぱいだったのが、6代目は設計変更があまりないぶん、スタイリングの均整をとりなおしたり細部を洗練することにじっくり取り組めた、というようなことを考えてしまう。これだけの大きさがあれば、室内スペースは余裕で確保できると思いがちだが、先代はボディサイズをめいっぱい拡大しながら、なおそのうえで工夫して最大限室内スペースをとっていた。その室内スペースを維持しながら、スタイリングを優美に整えるのはそう簡単ではないのかもしれない。

とくにセダンのB4では、車高が他車に対して高めであり、スタイリングのためには低くしたいが、居住性に関わるのでやはり妥協はできない。そこで6代目はリアオーバーハングを伸ばすなどして、全高を5mm下げるだけにとどめながらプロポーション

2013年11月21日、ロサンゼルス・オートショーで公開されたレガシィ・コンセプト。スタイルを批判された先代の雪辱を晴らしたわけではないだろうが、目の覚めるような低く構えたフォルムとなっていた。

レガシィ・セダンの2015年型アメリカ仕様。市販型ではルーフの高さは先代とほぼ変わらないが、格段にスマートになった印象。ただ車体前半部のボリューム感があるようにも見える。

アウトバックはセダンと比較すると、全体のバランスがちょうどよく感じられる。高級車といえるほどではないにしても洗練されたスタイルで、レオーネの頃とは変わって、車体の大きさもアメリカ人にとって"悲壮感"のない十分な大きさになった。アメリカの中産階級の家族がアウトドアを楽しむシーンに、クルマがよく合っている印象。

を整えた。

全幅はアウトバックもB4も、今回は日本市場でも北米向けと同じ1840mmに統一された。これは先代の北米サイズ（日本ではアウトバックのみ）と比べて＋20mmで、先代の日本仕様（B4とツーリングワゴン）と比べると＋60mmの拡大になる。近年とくにこのクラスは、世界的に幅が広いクルマが多くなっており、もはや日本特有の5ナンバー枠の1700mmなどはるか彼方の状況になっている。これによってボディサイドの貧弱な印象はなくなり、4輪がしっかりふんばるような安定感とともに、伸びやかなデザインが実現できた。

ただセダンのB4のスタイリングは、見る角度によっては、前後オーバーハング部分のボリュームが大きく感じられることもある。フロントのオーバーハングが長くなるのは、水平対向を縦置きするレイアウトの宿命で、それに配慮したデザインにはなっているが、たとえばドイツ製セダンのほうが、車体前後を絞り込んで、動的性能を感じさせる引き締まった造形になっている印象はある。

いっぽうアウトバックでは、そういうフロントオーバーハングの大きさ感などは感じられず、力強いクロスオーバーワゴンにちょうどよいボリューム感に見える。基本的にはB4もアウトバックも、車体前半のフロントドアまでは共通である。

ツーリングワゴンが廃止された今、セダンとクロスオーバーSUVワゴンを同じレガシィとしてボディを共用するのは、両者の立ち位置の隔たりがやや大きいといえる。

アウトバック側から見れば、セダンのB4をベース（共用）とすることで、ただのSUVでないクロスオーバーのワゴンということでいい感じの雰囲気が得られているが、B4側にとってはアウトバックと車体を共通化するメリットはなさそうに思える。販売台数のうえでB4単独での開発は難しいので、アウトバックが必要ということだろう。

車体設計に関しては、全体的に改善が施され、動的質感の向上に重点が置かれている。ボディ剛性は、先代との比較で、ねじり剛性がアウトバックで67%、B4で48%向上し、走りの質感を高めた。サスペンションは、フロントは依然マクファーソン・ストラットながら新設計されている。

パワーステアリングは、レガシィで初めて電動式が採用された。緻密なモーター制御が可能になり、電動でも自然で正確な操舵フィーリングを実現している。また、ハブベアリング径を拡大したのを機会に、ホイールのPCDを従来の100mmから114.3mmに変更した。これによって剛性が上がり、操縦安定性や乗り心地の向上に貢献している。

### ■NAだけになったエンジン

エンジンは、日本仕様ではNAの2.5リッターだけになった。このFB25は全世界共通で搭載され、このほかに北米などでは6気筒3.6リッターのEZ36が用意され、中国ではFA20のターボ、欧州などではディーゼルのEE20もラインナップされた。

初代以来レガシィの看板であった高出力ターボ・エンジンが搭載されないのは、時代の流れを感じさせる。レガシィが最も売れる北米で、ターボが求められていないということも背景にあるのだろう。高品質感を掲げる新型レガシィによりふさわしいということで、思いきってNAのみにした。4代目インプレッサやこのあとの5代目フォレスターもターボ搭載をやめており、コストのかけどころを整理して、選択と集中を行なっている。

高出力を求める向きにはレヴォーグかWRXが対応

することになり、それにふさわしく、その2車はスポーティさを全面に出しているが、その要素がそっくり抜けた形のレガシィは、良くも悪くもだが、大人の雰囲気になった。かつてのようなヨーロッパGTカー的な雰囲気は目立たなくなり、アメリカ的な実直さが感じられるようになった。ただやはりスバル・ブランドの前提として走りの良さは必須のもので、レガシィとしても、馬力こそ減ったもののそこを引き続き大事にはしている。レガシィB4は、その走りの良さも特徴であるが、最大の売りはセダンで4WDというところであり、「セダン」も「4WD」も王道を行くクルマは希少な存在といえるので、多少おとなしくなったとしても、十分存在を主張できるのだろう。

2.5リッターのFB25は、今回性能向上のために80%が新設計された。FB25の初登場は、先代レガシィの2012年のマイナーチェンジ時だったので、短期間でブラッシュアップされたことになる。

FB25改良のねらいとしては、さらなる高出力化と、世界各国で要求が厳しくなっている環境性能の向上があり、そのほかに、振動・騒音の低減と、軽量化も追求し、エンジンの質感向上を果たしている。

高出力化といっても、実際のスペックは旧型が173ps/5600rpm、24.0kg-m/4100rpmに対し、新型は175ps/5800rpm、24.0kg-m/4000rpmと、ほとんど差がなく、わざわざ大改造したのは環境性能と質感向上のためと思われる。

新世代水平対向エンジンのテーマでもある燃焼効率向上のために、吸気タンブル流の強化を再び行なっている。まずはTGVの構造を変えて、FB16 DITで先に採用されたのにならい、TGVを閉じたときの吸気通路をエンジン側に変更。また吸気ポートの形状を変えて吸気バルブ径を拡大、吸気流路面積を増やし、タンブル流強化による吸入空気量低減を抑えた。さらに、従来は左右バンクを結ぶ冷却水流路の中にEGR配管を設けて冷やしていたのを、独立した専用のEGRクーラーを設定し、EGRガス導入率を強化した。これらによって燃焼効率を向上させたが、これにともない圧縮比も従来の10.0から10.3へと上がっている。

振動・騒音の低減には、チェーンの振動音を抑える工夫や、ピストンの重心位置とスカート形状を検証して振動の低減を図った。またオルタネーターの固定方法を変更して剛性を高め、補機ベルトシステム全体の共振レベルを低くしている。さらにオルタネーターのプーリー径を小さくし、補機ベルトの作動音を低減させた。そのほか吸気音も減らしている。

CVTについては、CVTウォーマーを装着して暖機を早めたほか、駆動部分がオイルと接触して起きる攪拌抵抗を防ぐ工夫などで、フリクション低減を図り、また振動を抑える工夫もしている。走りの質感については、プログラムの変更などでCVT特有のラバーバンドフィールを抑えており、より低回転で走行するなど、自然な加速感や、静粛性向上に努めている。

その後レガシィは2019年2月に7代目がアメリカで発表された。新世代プラットフォームのSGPを採用し、進化しているが、日本へは2021年秋に、アウトバックのみが導入されることになった。

7代目レガシィは、当初からツーリングワゴンがなくなっていたが、さらにセダンも2025年春で生産終了することが2024年にアナウンスされた。8代目はアウトバックのみとなる可能性がある。世界的にセダンの危機的な状況が続いているが、セダンの名車レガシィの消滅は残念である。

2019年型の米国仕様セダン。居住性重視でルーフの高さはあるが、後半部をファストバック的に寝かせている。これは2.5iスポーツというグレードで、グリルがブラックアウトされている。

ダッシュボードのデザインは、質感を重視しながら、オーソドックスに徹している印象。これはアメリカ向けセダン。

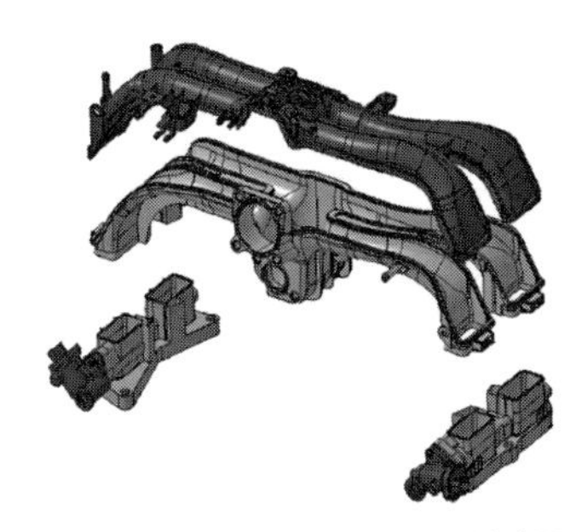

スバルもこれまでインテークマニホールドを金属から樹脂製に変えて軽量化を図ってきたが、新FB25ではさらに従来はアルミ製だったTGVも樹脂製にして、インテークマニホールドと一体構造とした。

2019年２月にシカゴショーで発表された７代目レガシィのセダン。６代目よりも、いっそうしなやかでスマートになった。エンジンはFB25に加えてFA24のターボを搭載、６気筒はなくなった。６代目で廃止されたターボが復活した。全幅は約1840mm。セダンは日本への導入が見送られた。

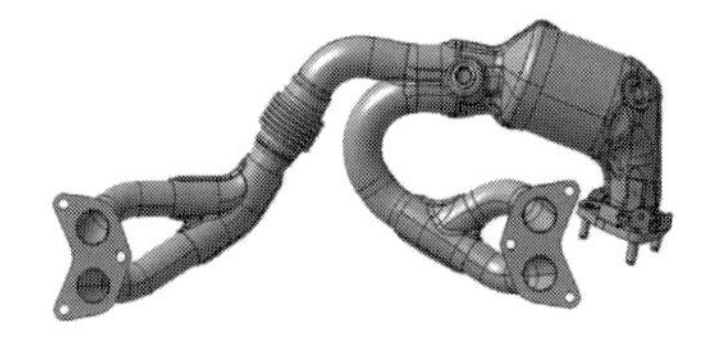

FB25のエキゾーストマニホールドは、従来は４－１の集合だったのを４－２－１に変更。表面積が縮小し、触媒の昇温性能を向上したうえ、軽量化も実現。排気振動も低減されている。

７代目北米仕様のアウトバック。アウトバックとしては６世代目になる。サイドのウィンドウグラフィックがシャープになった。ホイールアーチの樹脂製の縁取りが、日本仕様よりもシンプルで控えめ。全幅は約1855mm。７代目は日本でもツーリングワゴンは廃止された。

北米で2021年に追加されたアウトバック・ウィルダネス。地上高を約240mmに高めて樹脂製プロテクター類を重厚にし、オールテレーンタイヤを履く。全幅は約1895mm。オフロード志向だった初期のレオーネの４WDモデルを思い出させる。

# 第5章

# 電動化も視野に入れた新プラットフォーム

## 5-1　5代目インプレッサとXV

### ■スバルのフルモデルチェンジ

新中期経営戦略の「際立とう2020」が2014年に策定されたが（219頁参照）、2016年10月に発表された5代目インプレッサは、開発のはじめからその取り組みが盛り込まれた最初のモデルだった。

最も重要なのは、新しいプラットフォームの導入である。これは「スバル・グローバル・プラットフォーム（SGP）」と称し、以後のスバル車に随時採用されることになった。4代目レガシィのときに大幅改良されたSIシャシーが投入されてはいたが、全面新設計は初代レガシィ以来となる。この頃フォルクスワーゲンのMQB、トヨタのTNGAなど、各メーカーが新世代プラットフォームをアピールする例が目立っていたが、スバルのSGPも、新世代スバルを印象づけた。スバルの場合、BRZ以外の4WD車系は基本的にはひとつのプラットフォームなので、スバル車そのものの世代交代ということになり、ことさら重要である。

SGPには、「際立とう2020」の意欲的なクルマづくりの思想が反映されて、従来のプラットフォームの改善ではできなかったこと、やりきれなかったことが一から盛り込まれた。安心安全の設計、走りの面での感動質感の追求、さらに電動化への対応などが、10年先を見据えて組み込まれた。

新型インプレッサ発表に際しては、「スバルのフルモデルチェンジ」とか「次世代スバルの幕開け」などの言葉が並んだ。プレス資料の冒頭では、「スバルがお客様に提供する価値である“安心と愉しさ”を改善レベルではなく改革的に進化させる」ことを開発の指針とした、と述べられていた。好調の中にあったスバルの持てるものを盛り込んで、飛躍する意気込みで開発されたようだった。

### ■「DYNAMIC×SOLID」

まずはデザインから見てみたい。1～4代目までの、毎回の変わりようから考えれば、ぱっと見た印象では、今回のインプレッサはあきらかに“正常進化”的モデルチェンジであり、かつてのレガシィのようなモデルチェンジともいえる。これからのスバル車が、ドイツ・ブランドのような“正常進化”型のモデルチェンジをするようになるのかと、予感させた。グリルデザインを決めたのをはじめ、ブランドの継承を重視するようになってきている。

とはいえ、この5代目インプレッサのデザインは、先代モデルから飛躍しているところがある。6代目レガシィのときに発表されていた、「DYNAMIC×SOLID」というスバルの新しいデザイン哲学が、初めて一から盛り込まれた。

ここまで述べてきたように、長年、スバルはデザインの改善や改革に取り組んできたが、ブランドとしての系統だったデザイン戦略が明確化されるまでには至らなかった。

「DYNAMIC×SOLID」では、スバルらしさの表現として、水平対向エンジンをフロントマスクのデザインで暗示することにした。ポジションランプのコの字型は、水平対向エンジンのピストンを暗示している。言われなければ水平対向エンジンの表現だと気づかれないかもしれないが、クルマの特性・メカニズムと外観デザインには、やはりつながりがあるのが望ましい。これは「DYNAMIC×SOLID」を最初に実践したコンセプトカーのVIZIV 2。

2018年時点の水平対向スバル車のラインナップ。コの字型のデイタイムランニングランプ（ポジションランプ）やヘキサゴングリルを各車採用している。ドイツプレミアムブランドのように、金太郎飴的に同じようなフロントマスクではなく、モデルごとにデザインを変えているが、どれもスバルらしさを感じさせる。

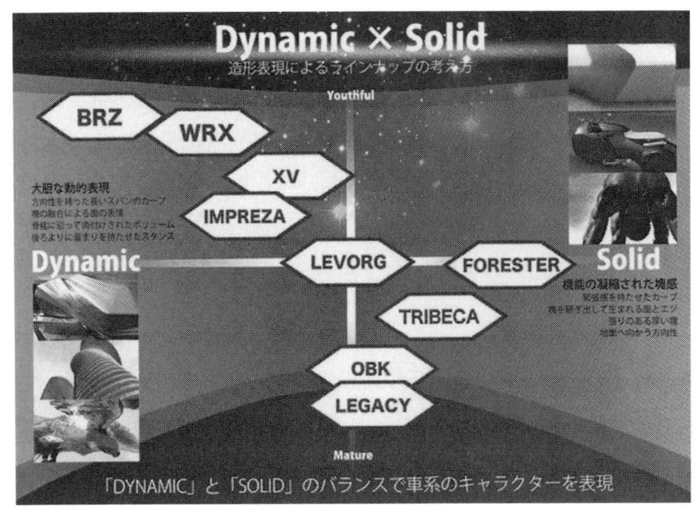


「DYNAMIC×SOLID」では統一的なデザイン戦略が明文化されたが、一律同じデザインではなく、モデルのキャラクターに合わせて「DYNAMIC」と「SOLID」の配分を変えている。この図ではYouthful（若さ）とMature（成熟）のバランスも示されている。インプレッサがレヴォーグよりも若く、ダイナミックというのは、意外にも思える。

「DYNAMIC×SOLID」は、2014年5月に発表された新中期経営計画の「際立とう2020」における、デザイン分野での取り組みとして考えられた。「際立とう2020」はスバルの経営方針の中に初めて明確にデザインをとりあげたもので、「DYNAMIC×SOLID」は、それまでのスバル・デザイン、あるいはスバル・デザイン改革の集大成のようなものといえる。スバル・デザインとはなんであるか、どうあるべきかを、基本の理念から、具体的なデザイン手法に至るまで、客観的に明文化してまとめている。経営幹部やデザイン部長などが変わったとしても、一貫して「スバルらしい」デザインが実現していけることを意図したものだという。

デザインとはそのブランドを表現したものであり、デザインを見れば、そのブランドが目指しているものがわかる。「DYNAMIC×SOLID」には、今のスバルがスバル自身をどう考えているかが言葉で示されているので、興味深い。

「DYNAMIC×SOLID」を日本語にすると、「躍動感と塊感の融合」ということになる。これは「安心と愉しさ」に呼応したものでもあり、躍動感（DYNAMIC）が「愉しさ」、塊感（SOLID）が「安心」に相当する。ちなみに「DYNAMIC」と「SOLID」は、車種によって配分が変わり、インプレッサの場合、「DYNAMIC」と「SOLID」の比率が7：3で、SUVのフォレスターは逆にそれが3：7となり、アウトバックでは5：5だという。

「DYNAMIC×SOLID」は、一目見てスバルらしく見えることを重視している。そして「スバルらしさ」を表すデザインについて、整理して理論的にまとめている。かつてのスプレッドウィングスグリルのときは、やや唐突にグリルだけでスバルのアイデンティティを表現しようとした感があったが、「DYNAMIC×SOLID」では、もっと「スバル」を深掘りして検証し、グリルも含めて、車体デザイン全体でスバルらしさを表現するようにしている。また、たとえば、機能性をデザインで伝えるとか、走りを感じさせる安定感や、躍動感（ダイナミック）のある造形、なども、スバルらしさとして重視し、なおかつその表現方法についても、個別に説明されている。

以前のスバルは、機能や技術優先のため、デザインを妥協してアンバランスなスタイルに甘んじたりしたこともあった。ところが今ではプロポーションに関しても、スタイリングの意向が車体設計にまで影響を及ぼすようになった。近年、世界のメーカーがデザイン重視を強めており、スバルの動向もそれに沿ったものといえるだろうが、さすがにスバルらしいというべきか、論理的にデザインについて語られている。

歴代スバル車のことは、「DYNAMIC×SOLID」でとくに語られていない。たとえばスバル1000のような「INTELLIGENT」（理知的）な要素もあるのではないかとも思えるが、ただ5代目インプレッサを見ると、スバル1000のようなバランスのよさもどこか感じられる。デザイナーは、歴代スバルのDNAを常にどこかで意識しながらデザインしているに違いない。

「DYNAMIC×SOLID」では、フロントマスクに、水平対向エンジンのモチーフを取り入れているのも注目である。ただ単に形を似せたというのではなく、そのメカニズムの働きや、特性を伝えるようになっている。

### ▩スマートでバランスのよいスタイリング

先代のインプレッサもかなりデザイン改革が行なわれていたが、まだ少しプロポーションにくせがある印象もあった。今回の5代目インプレッサは、さらにバランスがとれて、プロポーションも安定感のあるものになった。4代目のときはAピラーの前出しなどが実行されたが、5代目では車体各部の基本的寸法の決定に対しても、デザイン部門の意向が反映されたという。たとえば5代目はロー＆ワイドなボディになったが、それは室内寸法から割り出されただけではなく、スタイリングが考慮されていた。車体設計側で決めた寸法に対して、デザインしろの自由度が大きめに与えられて、スマートなデザインのための余地が多めに残されていたという。まさにデザイン重視の時代がきたようである。

「DYNAMIC」については、4代目インプレッサはやや不足していた印象で、前へ進む力が感じられても、平板的で硬さがあり、あまり躍動的という感じではなかった。5代目インプレッサでは、躍動感の表現が、高度に盛り込まれた。たとえばなかでも目をひくのは、ボディサイドの「ダイナミックブレード」と呼ぶキャラクターラインである。ウィンドウ下端に沿った直線的なショルダーラインがまず強くひかれ、さらにその下に波打つように屈曲したラインが描かれており、ふたつが交錯して大きな逆三角形の凹面を形成する。波打つラインは前後のブリスターフェンダーの役も果たしており、ダイナミックさを表現している。凹面というのは作為的で不安定なデザインになりがちといわれるが、適度な表現の範囲に収まっている印象で、とくにSUV仕立てのXVではちょうどよくバランスして見える。全体的にラインにしなりがあって抑揚が適度に与えられており、硬かった先代インプレッサよりも、スポーティで伸びやかになった印象である。

これらに加えて上述のようにプロポーションにもこだわった結果、いかにもクルマとして安定感とスピード感のある、ロー＆ワイドの佇まいが実現された。これはSGPがもたらした面もあるのだという。ノーズのヘキサゴングリルは、先代よりも低くワイドになり、格段にスマートになった。

内装も、従来よりも大きくレベルアップした印象である。スバルはとくに内装が地味になりがちな傾向が近年もあって、機能性はよくてもやや実直すぎる印象だった。今回は、「大胆と精緻」をテーマに、機能性を維持しながら、豊かな立体的造形にしつつクラフトマンシップのつくり込みもされて、地味な印象はだいぶ払拭された。SGPはセンタークラスター部分がワイドになるのが特徴で、それを活かしてデザインされている。

内装デザインの担当者に聞いたところでは、従来よりも二段階ぐらいレベルを上げるつもりでやったという。先代インプレッサの内装に不満の声があったこともあって、力を入れており、外装と同じように、感動性能の向上の一環としてレベルアップを図ったという。

エクステリアも同様であるが、パネルの合わせ目については、ずれが生じないように精度を上げており、質感の向上には力を入れている。

また、目につきやすいところとそうでないところなど、コストのかけ方にメリハリが付くようになり、グレードごとの作り分けなど、システマチックにデザインを仕上げられるようになってきたという。

内外装とも今までのスバルより巧みにデザインが仕上げられている印象で、デザインの体制が整ってきたことを想像させる。世界的に各メーカーでデザインの高度化が進むなかで、スバルもそういう潮流に乗って、むしろリードする気概も感じられる。とくに、このあと触れるXVのようなSUVカテゴリーでは、そういった印象がある。

5代目インプレッサは、ハッチバックもセダンも

市販型のインプレッサ・セダン。これはアメリカ仕様。全高は先代より10mm低いだけにとどまるが、全長4625mmと、全幅1775mmは拡大されており、そのうえデザイン手法を駆使して、伸びやかでスポーティに見せている。

日本では主流となるハッチバックのインプレッサ・スポーツ。これは左ハンドル仕様。SGPの効果もあり、先代よりもバランスがとれて、スマートなスタイリングとなった。ボディ前後は絞り込まれている。ボディサイドの「ダイナミックブレード」と呼ぶキャラクターラインもダイナミックさに貢献している。

2015年11月LAオートショーで公開されたインプレッサ・セダン・コンセプト。先代のコンセプトモデルも低いルーフラインだったが、さらにしなやかで躍動感のあるスタイリングになった。また今回は市販車でも大きな差異がないのが注目である。

内装も、スタイリッシュに見えるようダッシュボードまわりが立体的に造形されており、乗員を守る安心感の表現にもなっている。ステッチワークなどにもこだわって上質感を追求している。

スマートで、そのうえインプレッサらしさが、うまくデザインされていると感じられる。ただ、しいていえば、実際に見ると意外におとなしく、ふつうに見えてしまうこともある。WRXを分けた結果の商品の位置づけがそうなのだから、それでよいのだろうが、こだわって走りを高いレベルに仕上げていながら、やや残念でもある。これについてはSUV仕立てでプロテクターを追加したXVでは、華があり、スポーティに見える。また、スバルは「STIスポーツ」という内外装をスポーティテイストに仕立てた新しいラインを展開し始めて、インプレッサにもようやく2020年10月にそれが設定された。そういったもので、SUVでない既存のオンロード専用モデルも、もっと存在感を高めていくのがよいように思われる。

### ■スバル・グローバル・プラットフォーム

車体設計に関しては、新しくSGPが採用された。2007年の3代目インプレッサでのSIシャシー導入から数えても、9年ぶりのスバル車のプラットフォームの更新であり、今後少なくとも10年はスバルの土台を築くものになるということで、先の時代を見据えた設計が盛り込まれた。

SGPが重視したのは、第一が安全性能の向上、そして第二が感性に響く動的質感の実現である。もちろんこのほか、燃費に関わる軽量化や、電動化への対応なども盛り込まれている。

安全性能はスバルが創業以来、重視していることだが、今のスバルは、0次安全、走行安全、予防安全、衝突安全の、4段階すべてで世界トップレベルを目指すと公言している。このうちプラットフォームが大きく関係するのは衝突安全性能であり、SGPはこれを飛躍的に向上させることを目標にした。

まず衝突時の乗員保護については、適切なクラッシャブルゾーンを設け、キャビン部分を強固にするという、現代の設計思想に基づいて進化を果たしている。目立つところでは、フレームワークの洗練化が挙げられる。モノコックであっても縦や横方向のフレームが車体下部に構築されているが、これを合理的でスムーズなデザインに進化させた。さらにフレームそのものの強度を高めるために、フレーム断面形状を最適化した。その他プラットフォームとボディ（上屋）との結合の強化、高張力鋼板の使用拡大などによって、ボディの強化を図っている。

インプレッサ個別の設計としては、歩行者保護の衝突安全性能にも、力が入れられている。まずは、衝撃吸収スペースを確保して、衝撃吸収効率を向上させるために、エンジンルーム内のレイアウトを変更。さらに注目すべきこととして、車体外部に展開する歩行者保護エアバッグが採用された。インプレッサのような価格帯では例外的なことで、安全重視を謳うスバルは、あえてこの機構を全車標準装備としてインプレッサに採用した。コストがかからない賢明な設計になっており、技術者に聞いたところでは、他車に比べて半分ぐらいのコストではないかということだった。登場時点で他での採用例は、ランドローバー、ボルボくらいであり、低価格のインプレッサでの採用は野心的といえた。

### ■思ったとおりに曲がれるシャシー

動的質感については、スバルは、1「操作に忠実」、2「不快な振動騒音がない」、3「快適な乗り心地」の、3項目で考えている。

衝突安全性能のための剛性強化が、動的質感の向上にも一石二鳥で役立っている。「剛性の連続性」も達成されており、車体に局所的な変形が出にくいことで、クルマの挙動がリニアになっている。リニア

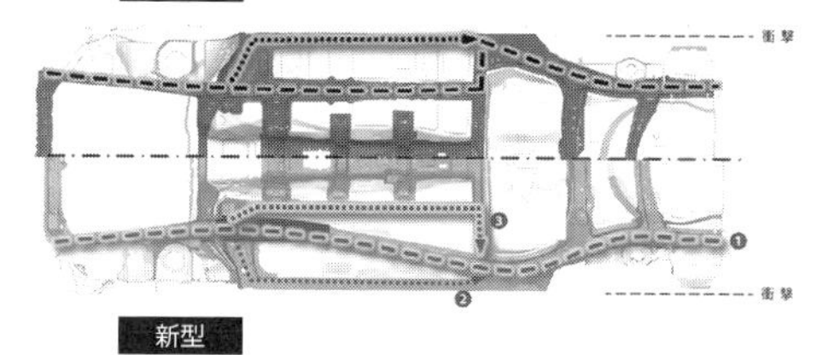


SGPのフレームワーク。従来型（図の上半分）は直線的なフレームを直角に組み合わせた感じで、屈曲部があるために衝突時に局所的に変形を受ける可能性があった。新型のSGPでは、効率的に衝突エネルギーを分散させるスムーズな形状にしている。

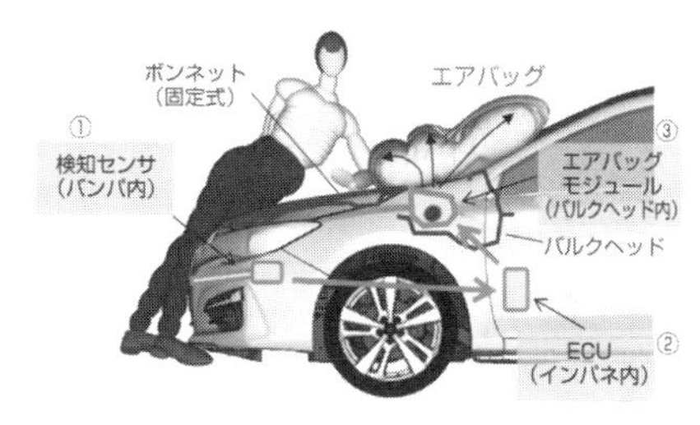


インプレッサの歩行者保護エアバッグ。エアバッグはフロントガラス下方のバルク部分に収容され、衝突時に瞬時にふくらんで歩行者の頭部を保護する。エアバッグはボンネットが閉じたまま展開するので、ボンネットポップアップ機構が必要なく、コストを抑えられる。

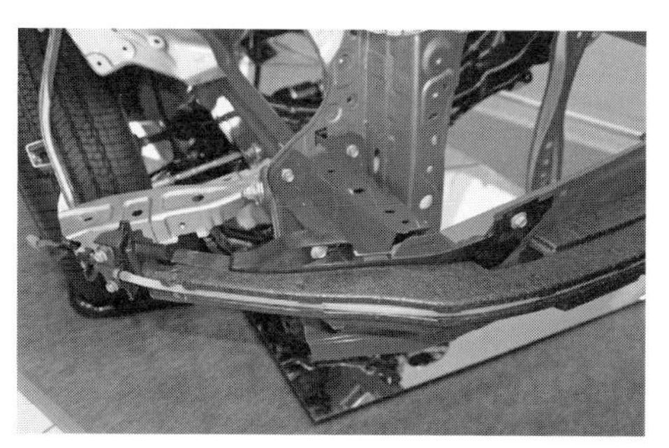

バンパー最前部のシリコン製チューブが歩行者との衝突を感知し、歩行者保護エアバッグが作動する。黒い発泡スチロールのようなものがエネルギー吸収剤で、その前面の溝にチューブが埋め込まれている。

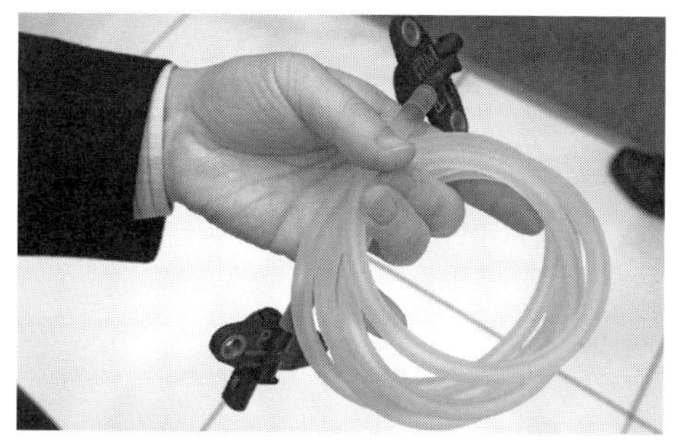

歩行者との衝突を検知するシリコン製チューブ。チューブの両端が圧力センサー。これがフロントバンパー部の車幅いっぱいに設置され、チューブ内の圧力の変化で人との衝突を感知する。チューブによるシステムはコスト的に優れている。

SGPを採用したインプレッサは先代に比べて各部の剛性が70〜100%向上。剛性向上にはこだわり、動的質感を追求した。

**従来型に対してロール（車体の揺れ）を**
**50%低減**

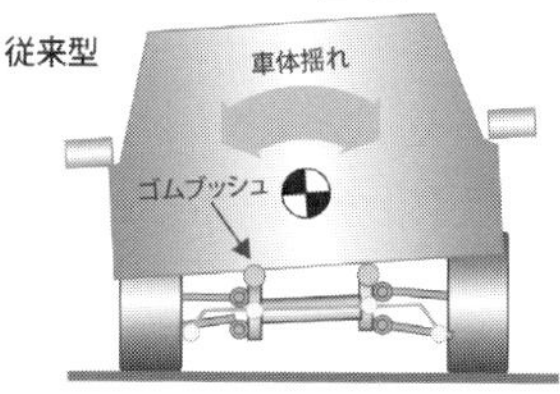


スタビライザーからの入力が
サブフレームに伝わり、車体を揺らす。

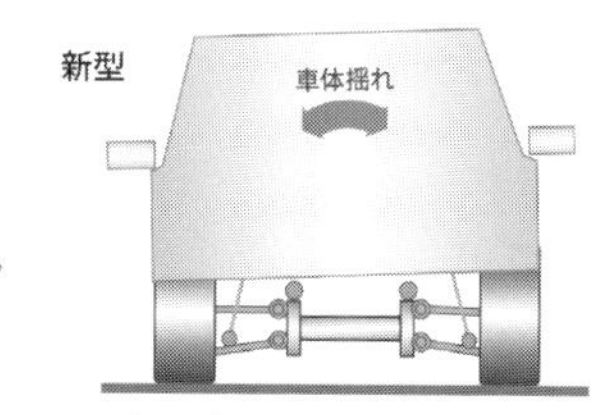


スタビライザー固定点を車体直付にしたことで、
サブフレームへの入力が減り、車体の揺れが抑えられる。

前後サスペンションのスタビライザー取り付け位置を変更して、ロール剛性を高めた。とくにリアでは車体に直付けされている。フロントではクロスメンバーの形状を変更してエンジンマウント部の剛性を高めて振動を抑え、各部の強化で操縦安定性も高めた。

とは、連続的で安定しているということである。

このリニアな挙動は、「操作に忠実」につながり、「操作に忠実」とは、思ったとおりに曲がれる、ハンドル操作に対してリニアに車体が旋回する、ということで、これはさらにいえば、ハンドルを操作したあとリアタイヤがすぐに反応して動くことだという。フロントタイヤで力が発生し、それがリアに伝わるまでの間にボディはねじれるが、そのねじれを少なく抑え、なおかつスムーズにねじれることが重要で、そのために剛性向上と、剛性の連続性が効果を発揮する。力の伝わり方がスムーズでないと、わかりやすくいえば修正舵が必要になったりする。

リニアな操縦性は、改良されたステアリング・ギアボックスや、サスペンションなど、多岐にわたる設計によって達成している。

剛性の向上が不快な振動・騒音の低減にも効果を発揮しているが、吸音材の使用なども研究され、静粛性を徹底的に追求している。

動的質感を劇的に向上させた背景には、開発プロセスの改革があり、計測技術の進歩により1/1000秒単位で、車体各部の動きをとらえられるようになった。車体骨格の200ヵ所にセンサーを取り付け、車体各部の微小な動き、荷重の伝達を1/1000単位で計測。これによって、剛性やロール、タイヤの接地状態、振動・騒音などが計測できるほか、剛性の連続性も精密に検証できるようになった。

従来は、これらの数値のピーク値を把握するだけだったが、計測の進歩によって、過渡領域までがわかるようになり、理想的なクルマの動きの追求ができるようになったという。通常ステアリングを切り始めてから、クルマの反応が始まるまでコンマ数秒かかるが、そのコンマ数秒を精緻に管理することで、運転の質感が変わってくるという。

### ■FB16と直噴のFB20

エンジンは、従来と同じでFB型の1.6と2リッターであるが、大幅な改良が施された。とくに2リッターは直噴化され、約80%の部品が新設計となった。ちなみにFB20の初登場は2010年、FB16は2011年のことだった。

スペックとしては、FB20は154ps/6000rpm、20.0kg-m/4000rpmで、旧FB20より出力が4psだけ増し、最大出力とトルクの回転数が、ともに200rpm下がった。FB16は115ps/6200rpm、15.1kg-m/3600rpmで、回転数のみ、出力が600rpm上がり、トルクが400rpm下がった。

新たに直噴化されたFB20は、開発に際して、軽快な加速感、音と加速の一体感、実感できる燃費の良さの、大きく分けて3つがねらいだった。質感という点では、振動騒音が少なく、気持ちよく回るエンジンを目指したようであり、車体側が目指したことと共通する。

NVHについては、欧州車のトップクラスの質感を念頭に、開発された。クランクまわりの振動を抑えるために、ピストンとコンロッドを軽量化し、ピストン運動から来る振動を軽減。さらにクランクケース側も強化すべく、鉄製のジャーナルピースを鋳込むようにした。水平対向4気筒エンジンでは、緩加速領域において、クランクシャフトが暴れて振動する現象が見られるといい、それを重点的に抑えるのが目的である。

このほかクランクケースでは、もともとFB型には、ケース下面に締結されるオイルパンアッパー部分にXリブが設けられていたが、それを太くすることで剛性を高め、振動を抑えた。これも水平対向エンジン特有の振動発生箇所だという。

剛性強化を図ると重量が増すが、それを回避する

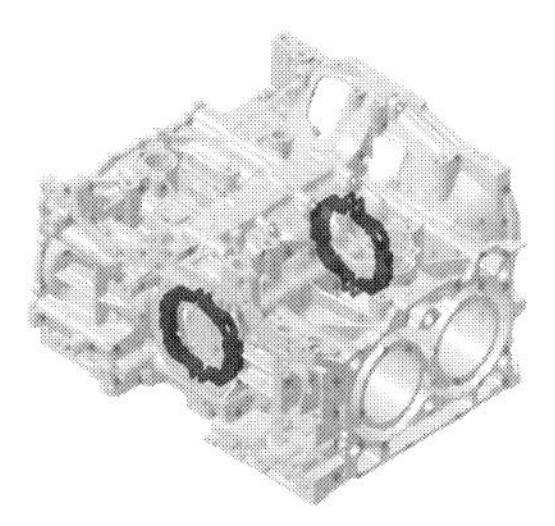

水平対向エンジンでは、アルミ製クランクケースと、鉄製クランクシャフトの熱膨張の差から、クランクシャフト軸受け（ジャーナル）の隙間が拡大して、クランクシャフトが暴れて振動する。改良型FB20では、それを抑えるため2ヵ所に鉄製ジャーナルピースを鋳込んだ。

スバル独自の直噴としてはFA20 DITに続く、FB20 DIエンジン。振動低減のために要所の剛性を強化しつつ、全体で約12kg軽量化された。

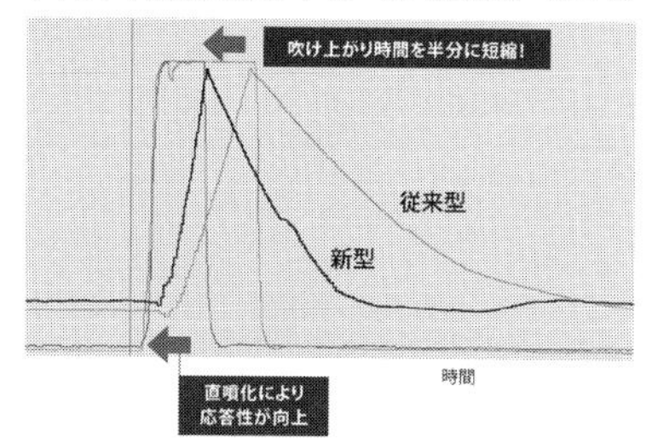


FB20 DIは直噴化によってレスポンスが向上。また、各部の軽量化やフリクション低減などによって、吹け上がりのスピードも速くなった。

[トルクコンバーター]

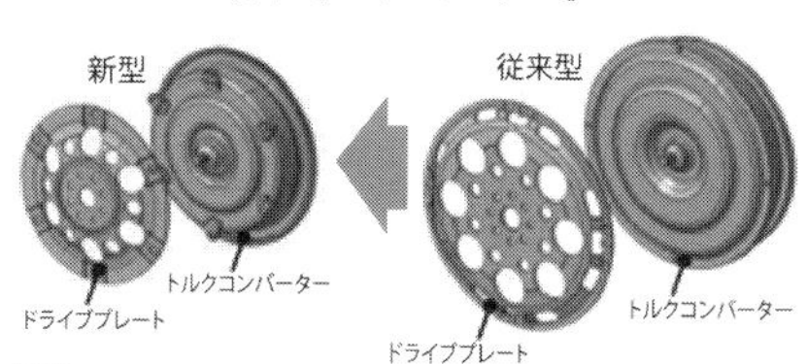


質量:マイナス6.8kg
イナーシャ低減:マイナス58パーセント

[フロントデフ]

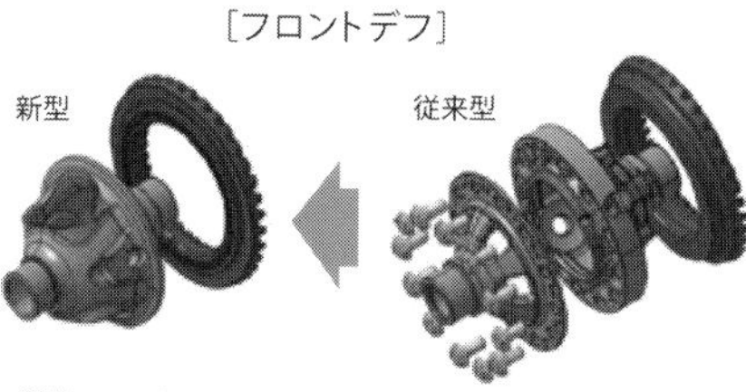


質量:マイナス1.0kg

リニアトロニックも改良を受け、トルクコンバーターの小型化、ケースの形状の最適化、リダクションギアやフロントデフの一体構造化などによって、計7.8kgもの軽量化を達成。燃費向上とともに、運動性能向上にも貢献している。

ショート
ピッチ化

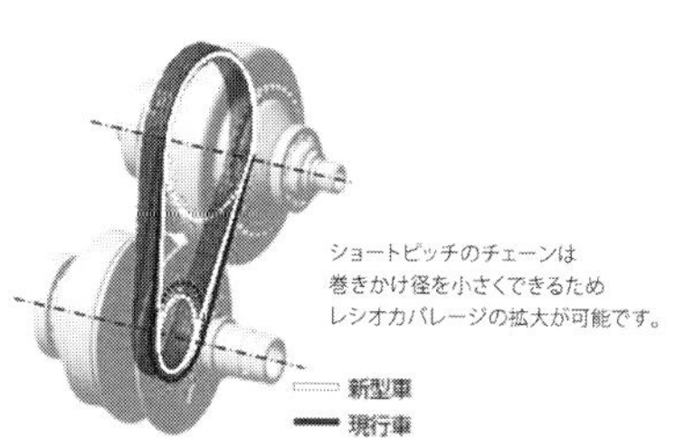


ロー側:さらにローギヤ比とし、加速性能を向上。

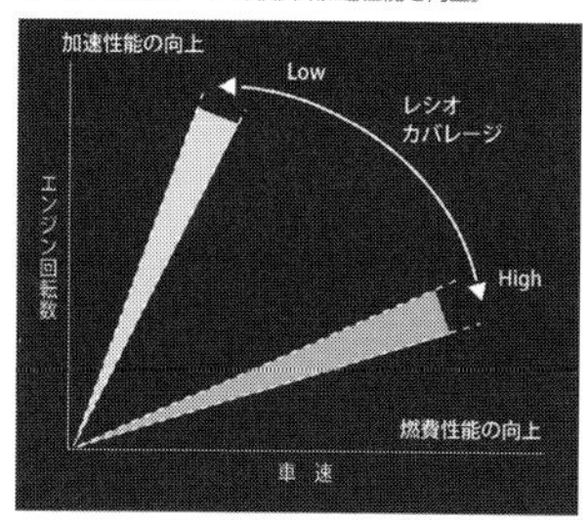


ハイ側:さらにハイギヤ比とし、100km/h走行時の
エンジン回転数を10%低減。

リニアトロニックのチェーンのピッチを細かくし、レシオカバレッジ（変速比幅）を6.28から7.03へ拡大した。発進加速性能の向上とともに、高速巡航時の回転数低下によって、燃費と静粛性を向上させた。

ために、上記のクランクケースやピストンをはじめ、エンジン各部品の軽量化を推進した。こういった部品の軽量化は、NVH低減にも効果があり、軽くすればするほど、相乗効果が発揮される。

そこで活用されたのが、トポロジー最適化解析という最新の設計技術である。これは立体的な部品を設計するのに、コンピューター解析によって、最小限の材料で必要な強度を得るなど、最適な形状を実現できるもので、近年の自動車設計において活用されている。

ピストンとコンロッドの軽量化は、振動低減だけでなく、フリクション低減にもつながっている。ピストンについては、ピストンスカート・コーティングの採用なども行なっている。

燃費改善としては、当然、燃焼効率のさらなる向上を図っており、新世代水平対向エンジンでおなじみとなった、TGVの改変を行ない、吸気ポートの低負荷時の流路を、外側ではなく内側に変更している。

排気マニホールドは、従来は4－1で集合していたのを、4－2－1に変更した。水平対向4気筒は、左右バンクからの排気管を集合させるが、熱膨張の収縮に課題があったので、レイアウトを変えたうえに材質なども見直して、改善した。これによって排ガス浄化性能も向上し、3.3kgもの軽量化も達成した。

直噴化にともない、圧縮比は従来の10.5から12.5まで高められている。

1.6リッターのFB16についても、直噴化とジャーナルピース採用以外は、ここまで述べたFB20と同じ技術が採用され、質感とともに、燃焼効率も向上させている。圧縮比は旧型の10.5から11.0まで高められている。EGRクーラーも新たに採用された。

リニアトロニックも大幅に改良され、従来型の80%の部品を新設計とした。開発のねらいは、ここでもやはり燃費とともに、動的質感の向上が挙げられている。

燃費向上のためには、軽量化、機械損失やフリクションの低減などに力を入れた。全体で7.8kg軽量化のうち6.8kgぶんはトルクコンバーターの小型化で達成。このほかデフも1kg軽くなった。

リニアトロニックの特徴であるチェーンは、さらにショートピッチ化され、これによって可変プーリーの直径を小さくし、2つあるプーリーの軸間距離を変えずにレシオカバレッジ（変速比幅）を拡大した。レシオカバレッジの拡大で、加速性能の向上と、高速巡航時のエンジン回転低下による燃費と静粛性の向上を、同時に果たしている。ショートピッチ化自体も、ノイズ低減に貢献している。レシオカバレッジが拡大されたので、マニュアルモード時のギア段数を、従来の6段から7段へと増やしている。

また、運転フィールの洗練のために、変速プログラムも改善されている。新たに追加されたオートステップモードでは、アクセル開度が大きいときに段付きのシフトアップ的な制御を行なうことで、速度とエンジン回転（音）の向上が一致する、“昔ながらの”加速感で走れるようにした。

従来からスポーツ走行時には、シフトダウンを行なう設定があったが、これを通常走行時でも、走行パターンによって適宜シフトダウンを行なうように、プログラムを変更し、日頃からキビキビとした走りができるようにした。リニアトロニックは、高出力用を使うレガシィでも同様な改良が進められている。CVTは、走り重視のブランドとしてはやはりユーザーからの意見がいろいろあるに違いなく、進化・改良が進んでいる。

## ■インプレッサと立場が逆転したXV

日本ではインプレッサが先に発売されたが、クロスオーバーSUV版モデルのXVも、平行して開発されていた。グローバルの生産台数では、先代モデルから既にXVのほうが多くなっており、基本形は依然インプレッサであるにしても、数の上ではもはやXVのほうが主役という状況になっている。先代XVは、日本ではまだインプレッサより台数が少なかったが、世界全体では6：4くらいでXVが多かったという。

インプレッサの地上高を上げたうえでタフに装うという成り立ちは、先代と変わらない。今回新しいのは、SGPが、地上高の高いSUVも視野に入れて開発されたことであり、XVは早速その恩恵を受けている。また、先代にはなかった1.6リッター・モデルも設定された。

最低地上高は先代と同じ200mmあり、これは他社の乗用車ベースのクロスオーバーSUVモデルよりも高めである。今回の開発では、リサーチによって、XVユーザーがアウトドアスポーツなどで、アクティブに道具としてクルマを乗りこなしていることを確認し、そういうシーンでタフに使えることをあらためて重視したという。

積載性では、自転車やカヌー、スノーボードなどを積めることを重視。走破性では、「カヌーを下ろす川岸までの悪路」、「ゲレンデへとつながる雪の斜面」、「キャンプ場の舗装されていない川辺」などを走れるような、本格的なSUV性能を重視したという。走破性に対してはもちろん200mmの地上高や4WDの能力が発揮されるが、そのうえ新型XVでは先にフォレスターに採用されていたX-MODEを新設定し、低ミュー路や急斜面走行に適した走行モードをコンソール上で選択できるようにした。

いっぽう、そういったフィールドまでの行き帰りの道、日常の市街地のオンロード走行も、気持ちよく走れることを重視。そこにSGPの恩恵が活きており、SGPは、地上高を高めたSUV車でも、ロールセンターを最適な高さに設定できることなどを視野に入れて設計されている。重心が低いインプレッサと比較すればかなわないとはいえ、その走りの良さ、動的質感の高さはXVでもほとんど失われていない。

エンジンはインプレッサと共通で、1.6リッターが新設定された。これは世界的なコンパクトSUVの人気に対応したものだといい、スバルはこれより小さい車体がないので、XVに廉価なエンジンを載せることで価格を下げた。1.6リッターは115ps／15.1kg-mと、活発に走るにはアンダーパワーに感じることもあるが、街中や悪路などでは、もちろん問題なく走る。SUVとしてXVの持てる要素はすべて備えているので、用途があえばたしかに買い得である。

2018年9月には、旧型のXVハイブリッドの後継というべき、e-BOXERも追加された。e-BOXERについてはこれを先に搭載したフォレスターの項でこのあと述べるが、XV e-BOXERは、バッテリーなどの搭載がXVの重量バランスを崩さず、むしろ重しが加わったことで、乗り味に落ち着きが出たようで、クルマとして高く評価する声が多い。

## ■SUV全盛の時代

SUVとしてさらに本格的になるフォレスター（2018年登場の5代目）と比べると、XVは、ホイールベースは同じで、SGPももちろん共通である。フォレスターもSUVとしては動的質感がかなり良好だが、XVのほうが低く軽いぶんやはり優れている。

XVは荷室容積の点では、フォレスターに劣る。とはいえ車高が低いので、ルーフにカヌーや自転車などを積む作業が楽ということもあり、まさに用途次

日本には2017年に導入された新型XV。おしげもなく新型車を泥だらけにして悪路を走らせる、イギリスの広報写真。先代と同じようにXVとして仕立てられたが、ベースのインプレッサが先代よりスマートになったので、XVもスマートになった印象。X-MODEの採用などによって、悪路で走りやすくなったが、オンロードでの走りも大きく洗練された。

XVは旧型と比べてロールを抑えることで、操縦安定性を向上させた。写真は、高速域でのダブルレーンチェンジを比較したもの。左が新型、右が旧型。SGPでは、地上高の高いXVやフォレスターでも、最適なロールセンター高さを実現できるようにした。

6代目インプレッサが2022年11月にアメリカで公開され、翌年日本でも導入された。先代よりさらにスマートになり躍動感も感じさせる。空力性能も追求した。写真は米国仕様のRS。

XVは車名が全世界クロストレックに統一された。引き続きインプレッサと同じ車体で、SGPを受け継ぐが、全体に進化し、乗り味は両車とも洗練された。写真は米国仕様のウィルダネス。

第で選ぶことになる。地上高はフォレスターが220mmなので、わずかにXVより高い。

XVの世界観を演出するうえで重要なデザイン面についていえば、先代から引き続き「スポカジ」がテーマで、「プロユースにも耐える本格的な性能を持ちながら、街で着ても様になる高機能ウェアのような"スポカジ"」と説明されている。アウトドアやスポーツカジュアルウェアを、日常に着こなすのがふつうになっている傾向が、クルマでも同じだという説明は、先代のときからされていたが、その傾向はますます強まっている感がある。

SUV、クロスオーバーSUVは世界的にシェアの拡大を続けており、XVはそういう時代の空気に合っている。フォレスターのような、純粋SUV車に乗るほどではないユーザーでも、ハッチバック乗用車を買う感覚で、XVならば選択肢に入る。

XVは、インプレッサの最上級グレードという存在でもある。かつてはインプレッサのフェンダーを幅広にして、車高をどちらかというと下げたWRXが上級グレードだったが、今や幅広フェンダーにしたうえで車高を上げたXVが上級グレードになった。付加価値として、オンロードのスポーツモデルよりも、SUVのほうが主流になったのだといえる。

2022年秋に6代目インプレッサが米国で公開され、2023年にはXVから名を変えたクロストレックとともに日本に導入された。世界的なセダンの需要低下を受けて、セダン（G4）はついに廃止、残った5ドアは「スポーツ」のサブネームがとれた。

スタイリングは4代目以来の進化をより発展させた印象で、走りも洗練された。パワーユニットはFB20のガソリンとe-BOXERで、全体に改良されている。クロストレックは日本では全車e-BOXERとなり、e-BOXER初のFFモデルも設定された。米国のクロストレックはスバルが設定を始めたオフロード志向の新ライン、ウィルダネスも用意され、FB25を搭載する。

## 5-2　5代目フォレスター、SUVの王道へ

### ■ターボを廃止、SUVとして強化

インプレッサ／XVに続いて、フォレスターは2018年に5代目へとモデルチェンジした。大成功となった4代目の路線を継いで、SUVとして地位を築いたフォレスターの存在を、さらに盤石にするようなモデルチェンジである。

フォレスターらしさはなにかといえば、アウトドアのフィールドへ出かけるのに頼りになり、道具類をたくさん積むことができ、走りではオン、オフともに充実し、安全性の面でも安心できるクルマということで、ようするにSUVとしてまっとうである。愚直にSUVのなんたるかを追求してきているのが、スバルらしいところだ。

外観は先代と似ているが、とくにボディサイドなどは、フェンダーの張り出しも力強く、たくましさを増した。今回のモデルチェンジは、今まで比較的質実剛健にとどまっていたのを、冒険へのワクワク感を感じさせるような、情緒的な価値を与えることに力を入れたという。SGPを採用し、「DYNAMIC×SOLID」のデザイン方針がとり入れられ、「際立とう2020」の方針の下でフォレスターも進化した。

変わった点としては、ターボ搭載モデルがついに廃止された。フォレスターは初代以来、高出力ターボ搭載が売りだった。初代モデルは全車がターボで、WRXの背高ワゴンバージョンというような存在だった。しかし代を重ねて、ふつうのSUVへと舵を切るにつれ、ノンターボ車が主流になり、先代モデルで

はターボの販売率は2割程度になっていたという。イメージのうえではターボのパワフルさがフォレスターを牽引していたが、実際にはNAモデルが選ばれていたのだった。

ターボを廃したことで、SUVとしては磨かれたといえそうだ。たとえば高出力に耐えるような車体各部の作り込みが必要なくなったぶん、SUVとしての基本を固めることができる。ターボの廃止はインプレッサ、レガシィが先に行なっており、近年のスバルはスポーティモデル以外は高出力バージョンを廃止させている。より多くのユーザーが求める乗用車としての基本性能の向上に専念させており、選択と集中を進めている。

ただ、ターボのかわりに、ハイブリッド・モデルが新設定された。ノンハイブリッド車は2リッターから2.5リッターへと排気量を拡大した。

### ▩SUVを視野に入れたSGP

進化した点をいくつか見ていくと、まず積載性を大きく向上させた。いちばんの変化は、リアゲートの開口部を広くしたことで、先代が最大幅1166mmだったのを1300mmまで広げた。開口部を広げれば車体剛性が厳しくなるが、SGPによる剛性向上に加えて、リア周りの骨格結合部の構造を変更するなどして、この問題をクリアした。

SGPの採用は、クルマ全体の質感を上げるのに貢献している。ボディ剛性はSGPに加えて、ボディ上屋の結合部の強化によって、フロント曲げ剛性を2倍、ねじり剛性を1.4倍に高めた。さらに、SGPの大きなねらいのひとつであった、地上高の高いSUV車にも適したロールセンター高さが設定され、サスペンションの動きが適正化された。不快な振動の少ない高剛性ボディによって、走りの質感は大きく向上。しっかりと動くサスペンションの効果もてきめんで、先代モデルよりも高速コーナリングなども、安定したものになった。

先にSGPを採用したXVも同じ恩恵を受けており、全高の低いXVのほうが当然、操縦安定性は優れているが、上屋が高く大きいフォレスターでもそれほど遜色がない。上下左右の起伏が激しいワインディング路をハイペースで走ったりしても安定しており、SUVにもかかわらず気持ちよく走れる。ロールが抑えられているので上屋が左右に振られず、かつしなやかさに路面の凹凸をいなし、フラットライドに徹している。近年のスバルはSUV重視に舵を切っており、プラットフォームがSUVに対応した設計にするのは重要なことである。また、走りのよさは、SGPの効力に加えて、縦置き水平対向エンジンのレイアウトのバランスよさも、貢献しているに違いない。

悪路の走破性にも、進化が見られる。先代から設定されたX-MODEが、より使いやすいように、「雪・未舗装」と、「深雪・ぬかるみ」の2モードを、即座に選択できるダイヤルのスイッチが設けられた。

積載性を大幅に向上しながら、車体の外寸はあまり大きくなっていない。フォレスターが最も売れる北米では、女性が乗る場合が多く、そもそも上級のアセントがあるのでレガシィのように大型化する必要性はあまりない。中は広く、外は小さくというのは、近年のスバル各車がモデルチェンジごとにやっていることだが、このフォレスターでもまた実践された。

### ▩無骨さのあるデザイン

外観デザインは、十分な荷室空間をひと目で感じさせることに留意し、「モダンキュービックフォルム」をテーマにした。たくましく見えると同時に、

同じクロスオーバーSUVジャンルであるXVと比べると、フォレスターはSUVらしい角ばったボディで、積載能力の高さがよくわかる。顔つきも極端に四角く、逆にXVの丸みを帯びたスマートさが目立っている。

5代目は先代とよく似ているが、より「DYNAMIC」かつ「SOLID」になって、ボディサイドは筋骨隆々感を強めた。異例なほど四角いフロントマスクはいかつさを増しているが、スピード感も感じさせるのもたしかである。フロントマスクの水平対向エンジンを暗示させる意匠は、他モデル同様に採用されており、スバルらしさも表現されている。これはアメリカ仕様。

ボディサイドは先代よりも、前後フェンダーのふくらみが強調されて、タフなSUVらしさを強めた。だいぶ立派に見えるが全長4625mm、全幅1815mmは先代よりそれぞれ15mm、20mm増えただけで、全高は事実上変わらない。従来からのボンネットに加えて、初めてフロントフェンダーにアルミが採用された。

「容積感」を表現するために、とくにリアまわりに「スクエア」で「カタマリ」のある感じを目指したという。リアゲートの角度に気を配ったほか、リアクォーター付近はショルダーラインで車体上下を分割するのをやめて一体感を出し、「容積感」を表現した。先代までは、当時の各社のSUVもそうだったようだが、ショルダーラインが最後尾までまっすぐ伸びており、乗用車らしさを残していた。新型はこれによって、フェンダーの張り出し感も強調されて、ダイナミックで力強い印象になった。

SUVらしさの表現を今回研究したということで、ねらいどおり、先代よりもタフで力強く、大きくさえ見えるクルマに仕上がった。あらためて先代のデザインをふりかえって見ると、少しおとなしく、やや乗用車的に見え、新型のデザインのねらいが理解できる。

「DYNAMIC×SOLID」の方針に基づいたデザインは、SUVらしく「DYNAMIC」よりも「SOLID」を多めにしたというが、先代は「SOLID」も「DYNAMIC」も、両方まだ足りなかったということなのだろう。

立派なSUVらしくなったということは、逆にいえば、SUVとして標準的なデザインになり、顔を付け替えれば、他メーカーのSUV車としても通用するようになったのかもしれない。

議論があるとすれば、平面的で角ばった印象を与えるフロントマスクのデザインだろう。じっくり見れば、「DYNAMIC」の躍動感も表現されているのはわかるが、「SOLID×SOLID」などと言いたくなるほど、四角い顔面が目立つ。開発の技術者と語り合う場で、新型フォレスターのデザイン面がいまひとつ不満だという声があったとき、シャシー担当の技術者が、この無骨さがスバルらしく感じられて、気に入っていると話したのが印象的だった。思えば初代レオーネなどは、典型的な無骨さのあるデザインだったし、初代レガシィやフォレスターも四角い無骨さがあり、それがスバルの味だった。ただ、今のスバルは昔のように“天然”で無骨なのではなく、計算してやっている感じもある。

■さらに進化したFB型エンジン

パワーユニットは、2.5リッターに拡大したNAモデルと、2リッターのままモーターアシストを加えたハイブリッドのe-BOXERの2本だてとなった。

2.5リッターNAのほうは、新型エンジンといってもよいものが投入された。型式はFB25であるが、従来のレガシィや北米向けフォレスターに積まれていたのはポート噴射であり、今回筒内直噴化された。先に直噴化されたFB20に続くものだが、最新のエンジンとしての進化を果たしている。

従来のFB25から部品の約90%が新しくなった。エンジンの目指した方向性としては、2リッター版とも同じであるが、軽快な加速感、静粛性、実用燃費の良さ、といったところである。

従来の直噴エンジンと同様、引き続き筒内のガス流動を強くすることが重要で、その点が今回また少し改良されている。

熱マネジメントの進化も注目点で、冷却水の水流を制御することで、水温を状況に応じて積極的にコントロールするようにした。カギとなるのはサーモコントロールバルブの採用で、これによって暖機が早まり、ヒーターの効きが早くなるだけでなく、燃焼が安定するうえに、フリクションが低減するのが早まり、燃費が向上している。

e-BOXERで使われる2リッター・エンジンは、インプレッサに使われている直噴のFB20 DIに、若干の改善を施している。TGVとEGRを改良して熱効率を高めると同時に、クランクシャフトを変更してフリクション低減を図った。EGR率は非常に高いものになっている。

この新型のFB20は高EGR化によって燃費を向上させた結果、インプレッサ用FB20と比較して、最大出力／トルクが113kW（154ps）／196Nm（20.0kg-m）から107kW（145ps）／188Nm（19.2kg-m）へとわずかに低下し、旧型XVハイブリッドの110kW（150ps）／196Nmと比べても劣っているが、モーターアシストの充実で、それを補っている。とくにアクセルを踏み込んだときに、瞬時に力強く加速するようにチューニングしており、その領域でのモーターアシストの介入が従来のハイブリッドよりも強められたほか、エンジンも低回転からトルクが高まるように、吸排気系の形状を変更している。

e-BOXER用FB20は、導入時点でのスバル最良となる、熱効率38.5%を実現している。

■活発に走るe-BOXER

e-BOXERと2.5リッター・モデルは、はっきりキャラクターが異なる。2.5リッターのほうがパワーがあり、エンジンを回す活発な走りや、長距離走行に向いている。e-BOXERは、街中できびきび走ると良さが出るが、バッテリー容量が小さいハイブリッド車なので、高速の長距離走行では良さが活かせない。

違いはパワーユニットの特性のほかに、乗り味にも現われている。e-BOXERは車重が2.5リッターに比べて110〜120kg重く、その重さが落ち着いた乗り心地に結びついている。e-BOXERのほうが乗り味が上質で、上級車的な雰囲気である。重いバッテリーなどは後部の低い位置に積まれており、前後バランスも重心位置も悪化せず、むしろ安定方向に寄与している感がある。

また室内もe-BOXERのほうが静かになっている。遮音は、モーターや制御系の高周波音への対策だけを充実させたようであるが、結果的に全体として静かになっている。装着タイヤの違いや、走行時に多用するエンジン回転数による違いなども影響しているだろう。

e-BOXERのユニットは、基本的な構成は先代のXVやインプレッサにあった「ハイブリッド」から変わっていない。大きな進化はバッテリーがニッケル水素からリチウムイオンに変わったことで、エネルギー密度が向上したので小型化されている。制御装置のインバーターや、電圧変換を担うDC-DCコンバーターも高性能化しているが、バッテリーが小型化したので、荷室床下の１カ所にまとめての配置が可能になった。荷室のスペースはNAエンジン車と大差はなく、NAが520リッターに対し、e-BOXERは509リッターとなっている。

アクセルを踏み込んだときの瞬発力の良さは、従来の「ハイブリッド」と同様である。リチウムイオンバッテリーは、従来型よりも多くの電気の出し入れが可能になったので、充電も加速も充実している。モーターの定格出力は10kW（約13.6ps）と変わりないが、電圧が高くなったために、実用上の出力は12kW（約16.3ps）程度に高められているという。EVモードには頻繁に切り替わり、アクセルを離して惰行に入ればすぐにエンジンが停止して回生が始まり、逆にアクセルを踏み込めばすぐにモーターアシストが入り、その踏み方がゆるければモーターのみのEV走行になる。

ただし、バッテリー容量がプリウスなどのストロングハイブリッド車に比べるとかなり小さいため、発電も回生も容量的に限度があり、下り坂が続けば回生しなくなり、上り坂が続くと電池が底をついて、

５代目フォレスターのコックピットは従来同様インプレッサ／XVと共通性が高いが、微妙に細部は異なる。SUVらしさにもこだわった。これはスポーティー仕立てのX-BREAKのもの。

2021年にマイナーチェンジして、５代目フォレスターは比較的大きく顔つきを変えた。ほかのスバル新型車と同様に、ヘッドランプとグリルの間にボディと同色部分を入れたのが目立つ。

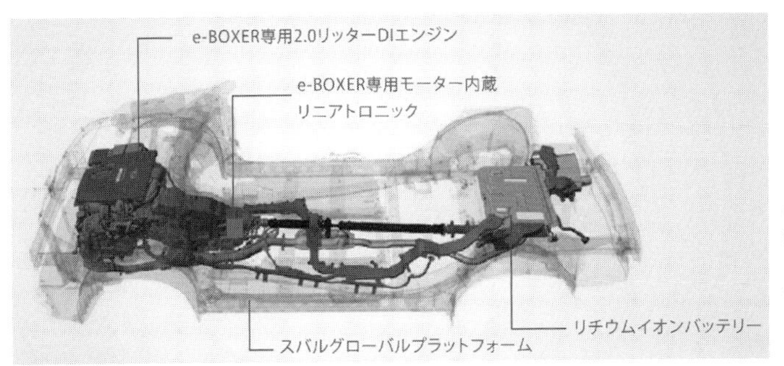


e-BOXERの基本的なシステム構成は旧型のハイブリッドと変わらず、図にはないが、依然ボンネット内には鉛電池が２個積まれる。ただしリアの走行用バッテリーがリチウムイオンになり、走行性能は大きく進化した。

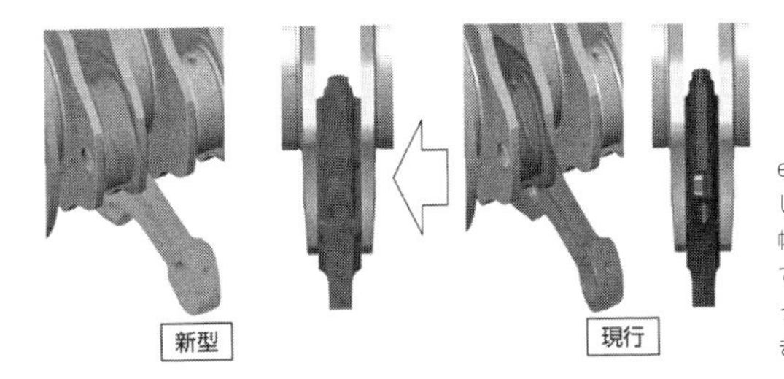


e-BOXERのFB20エンジンは、クランクシャフトのピン幅を拡大し、摺動部の面圧を低くすることでフリクションを減らした。ピン幅（ベアリング幅）が広がると、そのぶんウェブの幅が薄くなるのでクランクシャフトの強度は低下するが、高EGR化で筒内圧が下がったので、この変更が可能になった。水平対向エンジンとしてぎりぎりの進化を続けている。

フォレスターは2023年11月に、LAオートショーで６代目を公開。外観はそれまでから激変というくらい大きく変わって、タフなSUVらしさを強め、フロントマスクもSOLIDに思えた５代目がスマートに見えるくらいタフな面構えになった。

モーターアシストがなくなる。EV走行の距離も限られる。基本的にはやはり高速走行や山間部走行よりも、ハイブリッド車に適した加減速が頻繁な市街地で能力が発揮される。

とはいえe-BOXERの商品としてのねらいは、燃費の追求よりは、活発な走りを強調している。SIドライブのSモードを選ぶと、きびきびと活発に走るが、エンジン回転は常に高めを維持しており、街中で流して走るには少しうるさく感じるし、なにより燃費がよくないようである。燃費をよくしたい場合には、やや抑制的なIモードということになる。

ちなみにモード燃費は、JC08では、2.5リッター車が14.6に対し、18.6と優れるが、2018年に導入された実燃費により近いWLTCモードだと、2.5リッターの13.2に対し14.0と、e-BOXERの優位性が少なくなる。これは電動アシスト容量が小さいためだが、一般的なハイブリッド車のイメージとは異なる。

そんなこともあってのe-BOXERというネーミングであるが、ハイブリッド車には珍しく、ガソリンエンジンに焦点をあてた名前になっている。スバルとして、水平対向エンジンを主張したことになる。従来から引き続き、パワーユニットの物理的レイアウトに関しては、水平対向ならではのものになっているが、特性としては水平対向だからどうということはないという。ただもちろん、少なくともエンジンが回っているときは、水平対向のスムーズさが活きているだろう。

わざわざコストのかかる電動アシスト系システムを構築して、燃費はそこそこだとすると、本末転倒にも思えるが、忘れてならないのは、電動化への要請が、自動車メーカーの目前に厳然とあるということである。

## 5-3 プラグイン・ハイブリッド

### ▩ZEV法対策のPHEV

2018年に導入されたe-BOXERは限定的な電動アシストのマイルドハイブリッドだが、2020から30年代に向けて自動車メーカーは、もっと本格的な電動化を目指す必要に迫られている。

e-BOXER導入と同じ頃、2018年のロサンゼルス・オートショーで、アメリカ市場向けモデルとしてプラグインハイブリッド車（PHEV）のクロストレック・ハイブリッドが発表された。

このクルマは、アメリカのいわゆるZEV法に対応するためのモデルである。ZEVとはゼロ・エミッション・ビークル、排ガスを出さない車両のことで、事実上は$CO_2$を出さないことが焦点だ。ZEV法はカリフォルニア州大気資源局が定めるもので、州内で販売するクルマの一定割合を、ZEVにすることを義務付ける。カリフォルニア以外の州でも同じ規定を導入する州が増えている。

この規制は所定の販売台数を越える大手メーカーに適用され、規定を守れないと、場合によっては巨額の罰金が課せられる。超過分はクレジットで換算され、車両ごとのクレジットを計算する係数は、EV走行距離などに応じて設定されている。本来のZEVとは内燃エンジンを使わないバッテリー式EVとFCV（燃料電池車）などであるが、その普及がまだ難しいことから、従来はハイブリッド車や天然ガス車なども、係数を低く設定することで、ZEVの一種として認めていた。ところがこのZEV法は数年ごとに改定されており、2018年からの改定では、天然ガス車などとともに、ハイブリッドはプラグインでないかぎり除外されることになった。

スバルにとって問題は、この2018年からの新規定が、ZEV法の規制対象メーカーを拡大したことだった。中規模販売メーカーのスバルは、それまではZEV法規制の対象外だったが、州内の販売台数基準を引き下げることで、スバルも新たにその対象となる見込みになった。そのために、PHEVをアメリカ市場に投入することが急務になったのである。

クロストレック・ハイブリッドは、軽めのハイブリッドであるe-BOXERとはまったく異なるハイブリッド・システムを採用した。そのシステムは、トヨタからハイブリッド技術の供与を受けている。ハイブリッド技術はトヨタが多くの特許を取得しているため、後発メーカーが開発しにくいと、よくいわれる。スバルは研究をしてきたし、独自開発も不可能ではないはずで、e-BOXERから発展させるような案もないわけではなかったという。ただ、やはりZEV法対策のことなので急ぐ必要があり、提携関係もあるトヨタの実績ある技術を使うのが、自然な選択だったようだ。

## ▩トヨタ方式を「シンメトリカルAWD」に改変

スバルのPHEVのハイブリッド・システムは、ユーザー向けには新型リニアトロニックと称しているが、TH2Aと命名されている。TH2Aは、トヨタのTHSとほぼ同じシステムといえる。THSとはトヨタ・ハイブリッド・システムの略で、モーター／ジェネレーターを2個と、遊星歯車式の動力分配機構を持つのが特徴。1997年登場の初代プリウス以来、改良され続けているが、FF用では2009年の3代目プリウスから、進化型のTHS-IIになっており、TH2AはそれにОれに近いともいえるが、THS-IIも進化していて世代によって違いがある。

モーター／ジェネレーター、バッテリー、パワーコントロールユニットなど、ハイブリッドの電動システムの重要部分はトヨタから供給されており、システムの基本構成はTHSと変わらない。しかし、その配置が異なる。パワーユニットが縦置きなので、プリウスなどの横置きFFのTHSとは同じにはできないのだ。とはいえ当時のクラウンなどのFR用のTHSとは異なり、基本的にはFF用のTHSと同じ考え方のまま、縦置きに変更している。

その独自配置となる動力分配装置は、遊星歯車機構も含めてスバルが自前で開発した。全体の動きとしてはTHSと基本的に同じだが、スバルの場合、遊星歯車ユニットを、動力分割機構のほかに、モーターリダクションギアにも用いている。

ハイブリッドのトランスミッション・ケースも含めて、ユニット全体はスバルが独自に開発しているが、とくにスバルが苦心したのは、ハイブリッドのトランスミッション・ユニットを、縦置きシンメトリカルAWDを採用するスバル車の、所定の場所に収めることだった。このPHEVのユニットは、ノンハイブリッドの通常モデルのトランスミッション、つまりCVTと同じスペースに収める必要があった。もちろんe-BOXERとも同じである。XVはSGPであり、SGPは当初からEVやPHEVの搭載を考慮していると説明されているが、トランスミッションのスペースはそのために広くとっているわけではなく、従来のリニアトロニックが入るだけの大きさのままということのようである。

実際に、PHEVのトランスミッションの外形は、CVTとほとんど同じで、全長、全幅、全高とも、基本的には同じサイズに収まっているという。しかも、モーターを2個使っているのでにわかには信じがたいが、重量はむしろ軽く、とくにe-BOXERよりは大幅に軽いという。もちろん軽量化にはしのぎを削り、ケースも軽くしているという。

クロストレック・ハイブリッド。グリル内の横バーやボディ下端のプロテクター類がシルバーとなる程度しか、ガソリン車との違いがない。通常のクロストレックと同様に、悪路走破性能をアピールしている。

クロストレック・ハイブリッドのシャシーの模型。XVのSGPシャシーにハイブリッド関連システムが無理なく収まっている。黒い燃料タンクの横に置かれるのがパワーコントロールユニット。

クロストレック・ハイブリッドのトランスミッション。通常のリニアトロニックと外形はほぼ同じだという。モーター／発電機＝MG（Motor generator）は1と2のふたつある。遊星歯車（planetary）はMG1の直後とMG2の直前のふたつあり、MG1の直後がこの"THS式"システムの要の動力分割機構で、「Power split planetary」（動力切断遊星歯車）と示されているが、EV走行時にここで切断してMG1＋エンジンを切り離し、MG2のみのモーター走行ができる。MG2の直前の遊星歯車（「Motor reduction planetary」）は、MG2の入出力を変速するためのもの。MG2の右の「Electric controlled coupling」が、4WDの電子制御式センターデフ。MG1の下には、高電圧ケーブルの接点が見えている。MG2のケーブルは反対側（裏側）に出ている。

TH2Aの動力伝達。MG1はフロントデフを避けるために、クランクシャフトからの出力軸を一段上にずらしている。これはEV走行時を図示したもので、MG1の直後（図の右側）の遊星歯車でMG1とエンジンへの伝達をカットし、MG2のみで前後輪を駆動している状態。

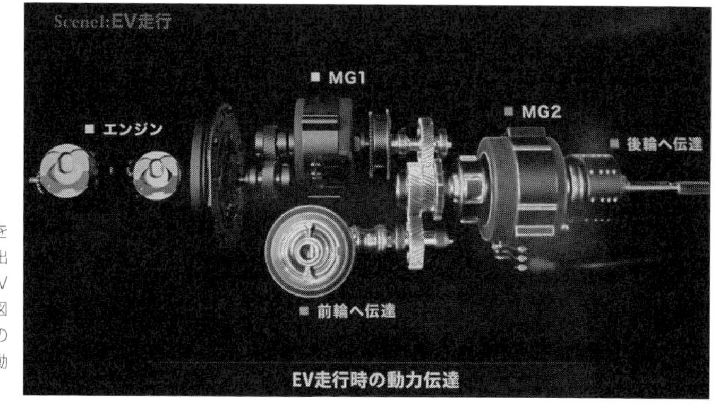

システムのレイアウト上で通常のTHSと大きく違うのは、フロント駆動用のデフをトランスミッション本体（ケース）内に抱え込んでいることと、4WDなのでリア駆動用の取り出しが後方側にあることである。フロントデフの位置はスバル各車共通だから動かすわけにはいかず、モーター１個はその真上に配置されることになる。そのためエンジンから来た駆動軸を上に避ける必要があり、そこでギアを介して上側に軸をずらした。これはつまり通常のTHSよりも、ギアを２回よけいに介すことになり、ギアの摩擦抵抗があるので、わずかとはいえロスが生じてしまうが、リダクションギアのギア比などを工夫して、モータートルクが最も効率のよい回転数になるように設定し、ギアの抵抗による損失を最小限に抑えるようにしている。

トランスミッション最後部にはリア駆動用のセンターデフ（多板クラッチ）がある。これは基本的には通常のスバル車のACT-4と称するデフと同じものだ。一般的に4WDでは、燃費を稼ぐためにはリア駆動を切断可能にする選択肢があるが、スバル車のポリシーに従ってそうはせず、常時4WDにこだわっている。ただしACT-4はふつうは湿式多板クラッチが油圧制御だが、PHEVでは電子制御にしている。それはオイルポンプによる損失を避けるためであり、軽量化にもつながっているという。

## ▩FB20をハイブリッド用に改変

モーター／ジェネレーターはトヨタのカムリ用のものを使っている。車重がだいたい同程度ということから選ばれており、同時代の４代目プリウスのものより高出力である。トヨタの既存のパーツをそのまま使ってシステムに組み込んでいるが、そのことで苦労したのは、高電圧ケーブルの取り回しだという。横置き用モーターに合わせた配置で、トヨタ車のTHSシステムに適合するよう設計されているので、縦置きのスバルではケーブルの取り出し点が、MG1（前側）は進行方向の向かって左側なのに対し、MG2（後側）では右側に出ることになってしまった。これを左側にまとめたいので、右側から始まるMG2のケーブルを、ユニットの上側を巻いて左側に引いてきている。トランスミッションのスペースは決まっているので、ケーブルをうまく収めるのが大変だったという（前頁の写真参照）。

リチウムイオン・バッテリーもトヨタ側から供給されている。４代目プリウスPHVと同じ容量（総電力量8.8kWh）だが、プリウスPHVでは車載充電器をシート下に置いているのに対し、XVではバッテリーといっしょにリアに置いている。そのためもあり、リアの荷室フロアは、通常のXVより少し高くなっている。荷室床下にはスペアタイヤが積めず、パンク修理キットを収めている。

エンジンはFB20だが、アトキンソンサイクルを採用している。これはストロングハイブリッド車用エンジンの定石である。アトキンソンサイクルは、一定の回転域でのみ効率が高まるので、そこをモーターアシストが補うように、動力分配装置をうまく制御することで、効率のよい回転域でエンジンを使うようにするわけだ。

アトキンソンサイクルにするのはカムプロファイルの変更で対応できるが、それ以外にもPHEVに搭載するにあたり、全体に少し改良も施している。まず圧縮比は13.5に高めている。また、コンロッドは爆発の影響を受けない小端部の厚みをテーパー状に薄くしてフリクションを低減し、軽量化もした。大端部側は逆に厚くして、オイルと接触する軸受け部の幅を広くすることで、フリクションを低減している。

クロストレック・ハイブリッドのパワートレーン。燃料タンクは省略されている。最後部のリチウムイオンバッテリーと、その手前のパワーコントロールユニットが、それなりのボリュームであるのがわかる。

エンジンルームは、エンジン上部にカバーが付けられ、PLUG-IN HYBRIDのロゴが入るが、それ以外は通常モデルと大きくは変わらない。e-BOXERと違って、鉛バッテリーも1個のみ。

後部にはリチウムイオンバッテリーとともに車載充電機（「Onboard Charger」）が置かれており、そのため荷室のフロア高さはやや高くなってしまっている。

クロストレック・ハイブリッドの専用FB20エンジンのカットモデル。エンジンの補機類用ベルトはウォーターポンプを駆動するのみで、オルタネーターがなく、エアコンも電動となっている。

モーターアシストが入るので、エンジン出力は下げることが可能になった。下げたことによって耐久性や強度を下げられる部分があるので、そこで軽量化ができている。

クロストレック・ハイブリッドは、日本国内でもイベントで展示されたりしたが、販売はされなかった。当時、日本にはエコカー減税などはあっても、ZEV法のような強力な規制はなく、$CO_2$排出量の少ないクルマの必要性は逼迫していなかった。ただ、その後日本でもCAFE方式の燃費規制が2020年に発表されるなど、規制はどんどん厳しくなる。2020年には、日本にも2020年代半ばに、このクロストレック・ハイブリッドと似たシステムのストロング・ハイブリッド車を投入することがアナウンスされた（273頁参照）。

## 5-4　第4世代水平対向エンジン、2代目レヴォーグ

### ■新技術が盛り込まれたレヴォーグ

2020年10月には2代目レヴォーグが発表された。2代目レヴォーグは、SGPやアイサイトXが採用されるなど、新技術が盛り込まれたが、やはり第4世代水平対向エンジンとなるCB18を搭載したことが注目である。このエンジンを中心に、簡潔に見ておきたいと思う。

クルマ自体は、"キープコンセプト"という言葉も浮かぶくらい、正常進化型のモデルチェンジという印象である。初代レヴォーグが首尾よく市場に受け入れられて成功したことが、うかがえる。車体寸法は、全長は4690→4755mmとやや伸びたものの、全幅は1780→1795mmと微増にとどまり、引き続き日本市場が重視されている。むしろ、先代では途中か

2018年3月のジュネーヴショーで発表されたヴィジヴ・ツアラー・コンセプト。2代目レヴォーグのデザインに影響を与えた。

ら販売開始されていた欧州市場へは、導入されていない。オーストラリアへはWRXスポーツワゴンの名で導入するものの、事実上ほぼ日本専用にとどまっている。欧州では$CO_2$排出に対して厳しいので高出力車の販売はむずかしくなっており、たとえば英国ではWRXもBRZも販売されなくなっている。

シャシーはSGPを採用したうえ、当然全体に進化して、走りの質を高めている。新しいこととしては、上級グレードのSTIスポーツにスバルで初めてアダプティブダンパーを採用。走行モード変更時に、サスペンションの硬さやパワーステアリングの重さ、4WDの駆動配分までを変えるようになった。

スタイリングは先代のイメージを踏襲しているが、やはり全面的に新しい。「DYNAMIC×SOLID」は進化して、よりアクティブさを強めている。ヘキサゴングリルのデザインもより凝ったものになっており、グリルが突き出したコンセプトカーのデザインを実現するために、あえてフロントオーバーハング寸法も伸ばしているという。

### ■第4世代水平対向エンジンの登場

CB型エンジンは、第4世代とスバルが言っているとおりで、第3世代のFA／FB型からは完全新設計になる。今回、第2世代のEJ型以来変わっていなか

2代目レヴォーグは、初代の正常進化型のデザインとなっている。スポーティカーとしての主張は変わらず、リアエンドのワイド感や、フロントノーズのシャープな突き出し感も目立つ。ヘキサゴングリルの六角形は以前よりも強調されて、グリルの存在感が強まっている。発売1年後の2021年11月には、FA24 DITを搭載したSTIスポーツRを追加。275ps／38.2kg-mのターボユニットで、WRXと共通となる。

コックピットは、インプレッサと共通性も感じられるが、まったく異なるデザイン。縦長の大型ディスプレイを採用している。

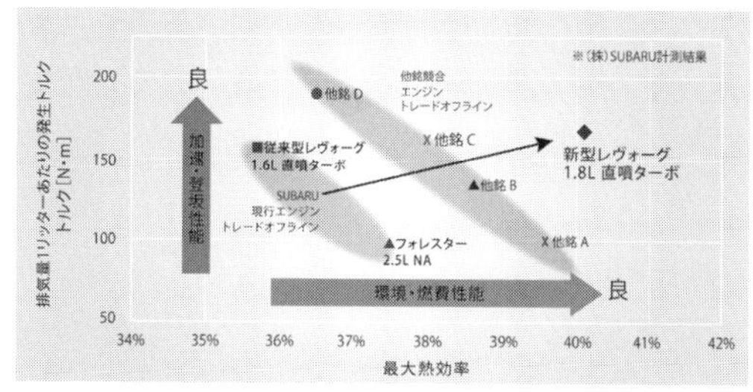


CB18は従来のFB16ターボを上回る動力性能ながら、燃費性能を大幅に向上。最大熱効率は40%に達した。さらにスバルは2030年までに45%を目標としている。

まったく新しい第4世代水平対向となるCB18エンジン。補機類の配置はFB16と大きくは変わらないが、ベルトを従来の1本掛けから2本掛けに変えて、フリクションを大幅に低減した。ターボは右下（写真の左下）に配置される。

CB18のウェブは、EJ型をしのぐほど薄い。ピストンスカートには黒い模様の樹脂コーティング。ピストン冠面は、タンブル流の流れをとめないために今までのような凹凸をなくし、よりスムーズになった。コンロッド大端部は斜め割りでなく、水平割りになっている。

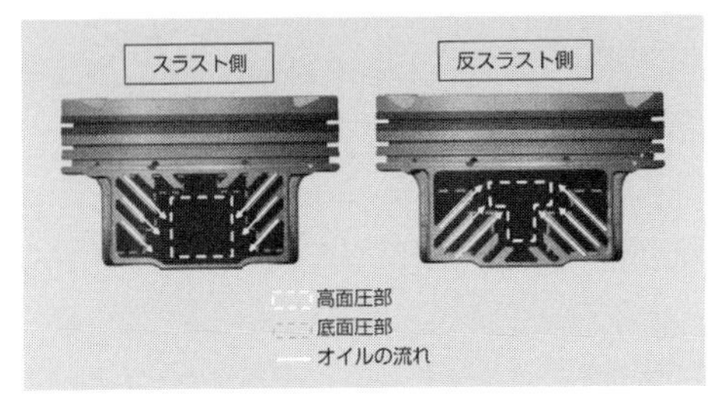


ピストンスカートは摺動抵抗軽減のため、樹脂コーティングされる。スラスト側（シリンダー壁にピストンが押し付けられる側）とその反対側でパターンを変えて、それぞれ潤滑油の油膜厚さが最適になるようにして、摺動抵抗を減らしている。

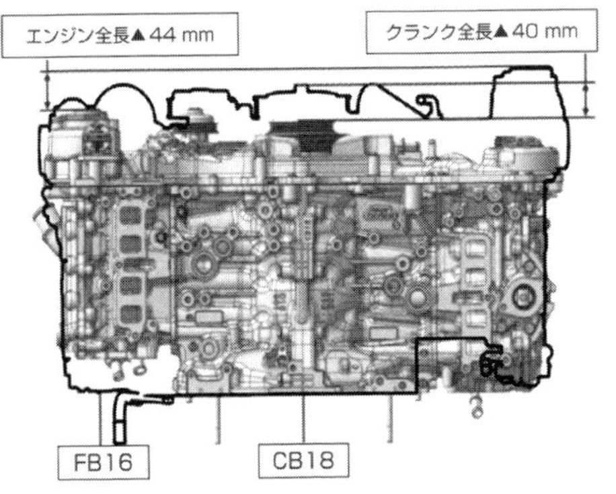


FB16と比べてエンジン全長は44mm短く、大幅に小型化している。全幅がほとんど変わらないにもかかわらず、ロングストローク化されている。

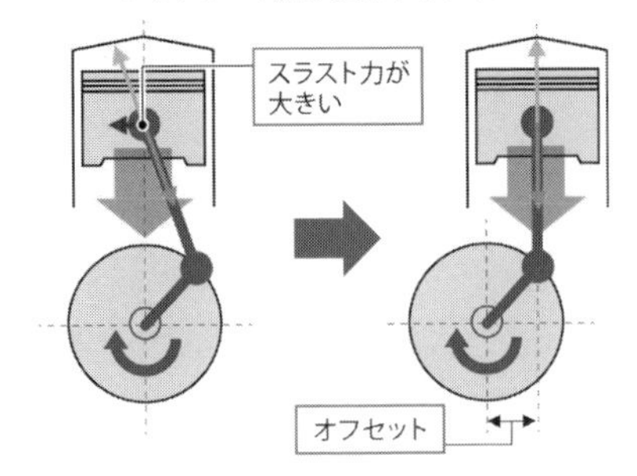


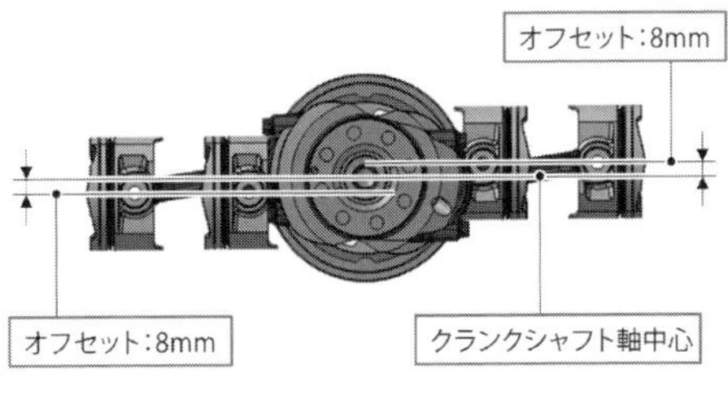


ロングストローク化してコンロッドの傾き角が大きくなると、ピストンがシリンダー片側に押し付けられてスラスト力が増大するので、それを緩和するために、左右シリンダーをオフセットさせた。

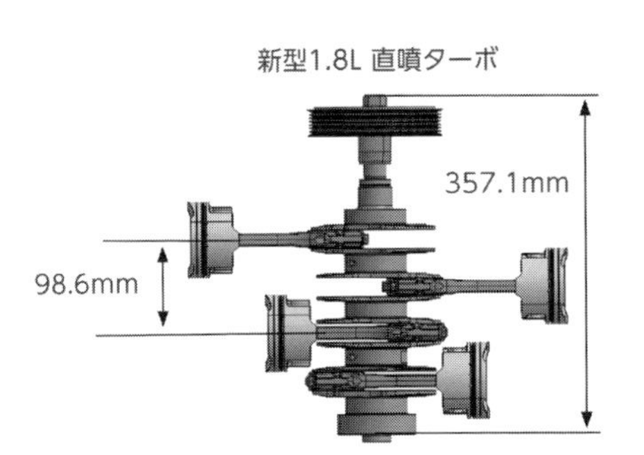


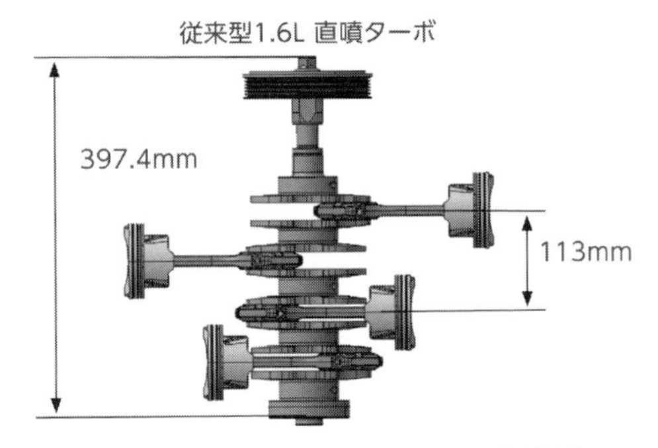


エンジン全長を短くするために、クランクシャフトの長さを約40mm短縮した。その短縮分の半分以上を担うのが8枚あるウェブの薄肉化で、図で見るとまさにカミソリのように薄い。比較しているのはFB16。ボアピッチは従来の113mmから98.6mmまで14.4mm縮められた。対向するシリンダーのオフセットも3.9mm減らしている。

ったエンジンの基本寸法に関わるボアピッチが、それまでの113mmから98.6mmまで縮められた。

開発の焦点は、そのボアピッチ短縮のそもそもの理由である小型化と、燃焼効率の向上である。燃焼効率は、とくに2010年登場の第3世代エンジンでは常に追求されてきたが、今回さらなるロングストローク化などとともに、リーンバーンが採用されたのが注目である。

小型化は、つまりエンジン全長の短縮である。全幅については、縦置き水平対向エンジンの宿命として既に今まで常にぎりぎりの設計がされてきており、今回ロングストローク化が求められている状況でもあるし、従来から基本的に変わりがない。

エンジン全長の短縮は、クランクシャフトを短くすることで達成しており、1.8リッターのCB18はFB16と比べて約40mm短くなった。その短縮分の多くはクランクウェブと各ベアリングの幅を薄くすることで達成しているが、とくに目立つのはウェブの薄さで、「カミソリ」と呼ばれたEJ型を大幅にしのぐ。その薄さで強度を保つために、ベアリングジャーナル（クランクピン）の直径を拡大している。メインベアリングとクランクピンのオーバーラップを十分にとるのは、寸法に制約のある水平対向エンジンの要といってもよい部分である（9頁参照）。

燃焼改善のために、今までFB型で追求してきたロングストローク化をさらに進めており、エンジン全幅は変わらないので必然的にまたもコンロッドがいっそう短くなっている。コンロッドが短くなれば、ピストン往復時の傾きは大きくなり、爆発後の膨張行程でピストンをシリンダー壁に押し付ける力（スラスト力）が大きくなるので、それを回避するために、オフセットシリンダーを採用。右バンクと左バンクで上下に8mmオフセットが与えられている。これは既に珍しくはない技術だが、水平対向エンジンでは初の採用だという。

エンジン各部の摺動抵抗は、燃焼改善にともなってより重要になるので、オフセットシリンダーに加えて、クランクシャフト、ピストンまわりの摺動抵抗軽減は念入りにされている。

コンロッド大端部は2007年にEZ36で初採用して以来、第3世代エンジンでは斜め割りが採用されてきたが、今回、ボアを縮小したうえに、クランクピンを拡大したので、斜め割りではシリンダー壁に当たってしまうため、水平割りに変更された。

### ▩リーンバーンを採用、熱効率は40%

熱効率の目標達成のために、今回初めてリーンバーンが採用された。リーン燃焼の着火を確実にするため、インジェクターをスパークプラグ側に移動し、それにともないヘッド周りの配置が見直されている。またロングストローク化のほかに、吸気ポートの形状や角度を変更したり、ピストン冠面を従来よりもスムーズな形状にして、タンブル流の勢いを強めるようにした。そのため従来あったTGVは不要とされている。

リーンバーンの採用もあって、熱効率は40%を達成。そのいっぽう従来より200cc多い1800ccとすることで、新型レヴォーグに与えたかった「ゆとりある走り」をものにした。従来のFB16ターボが170ps／25.5kg-mだったところ、出力は177psと微増ながら、トルクが30.6kg-mへと大きく向上している。

熱効率向上は$CO_2$排出量削減から必須だろうが、今回性能を向上させながらもエンジン寸法が小型化されたことは興味深い。小型化の主なねらいは軽量化であり、樹脂パーツの採用なども行なって14.6kgの軽量化を果たしている。軽量化は燃費にはもちろ

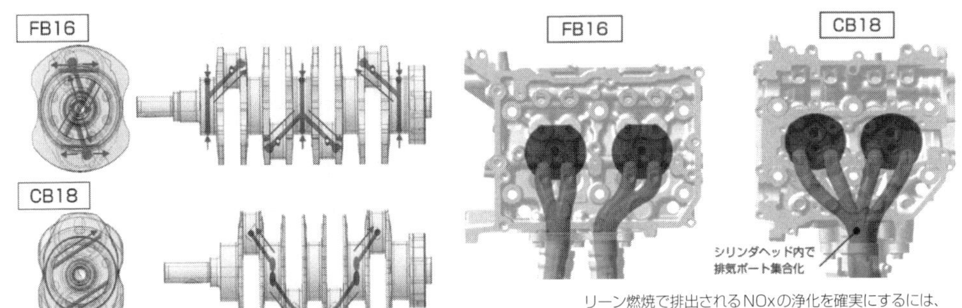


➡ オイルの流れ

リーン燃焼で排出されるNOxの浄化を確実にするには、触媒の暖気を早める必要があり、排気マニホールドを4-1で集合させて排ガスの温度低下を防いでいる。

クランクシャフトの給油の回路を少なくして各ベアリング部に開ける穴を減らし、ベアリングの受圧面積を広げることで、摺動抵抗を低減させた。回路変更によって、クランクピンは中空構造にすることができ、軽量化も達成している。また、クランクピン（コンロッドベアリング）の直径はFB16より拡大されており、クランクピンとメインジャーナルのオーバーラップを十分とることで、ウェブを薄くしながらもクランクシャフトの剛性を確保している。

**ストイキ燃焼とリーン燃焼の切り替えイメージ**

■ ストイキ(理論空燃比)
■ リーン

ストイキ燃焼

INT
EXH

筒内全体が理論空燃比

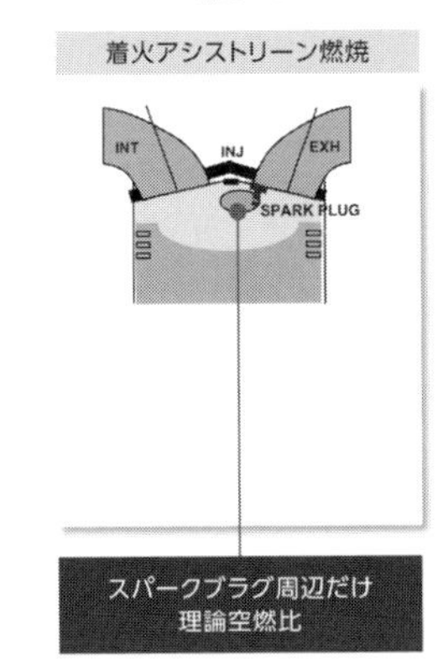


CB18ではリーンバーンを採用。状況に応じて、理論空燃比のストイキ燃焼と、それよりも燃料が薄いリーン燃焼を切り替える。リーン燃焼では、薄い混合気状態での着火を確実にするため、点火直前に微量の燃料を噴射してスパークプラグ周辺だけ混合気を濃くする。

## センターインジェクション化

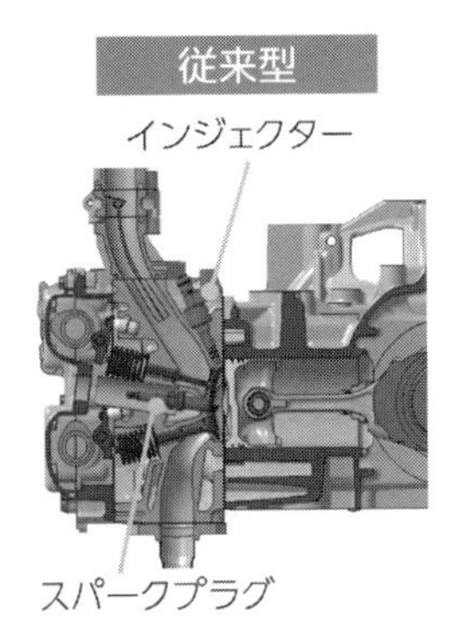


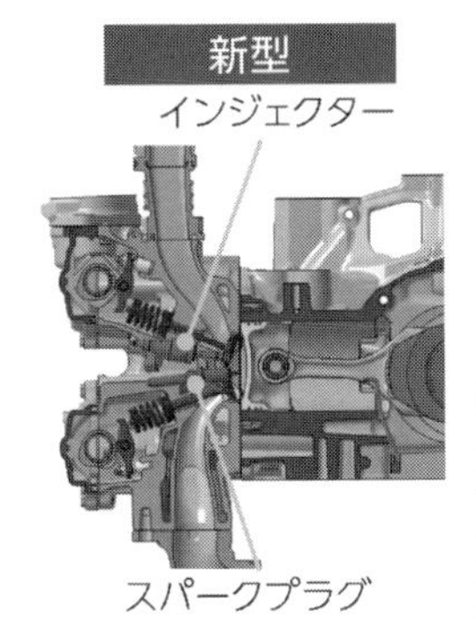


CB18はヘッド周りも一新された。リーン燃焼では着火時にプラグ周辺に濃い混合気を送りたいので、インジェクターをプラグと並ぶセンター配置に変更した。それにともないバルブ挟み角は広げられている。CB型のコンロッドが短いのがわかる。

んのこと、走行性能の向上にも貢献し、オーバーハング重量の軽減なのでノーズが軽くなる効果は当然期待できる。またスバルとしては、全長が短くなったことで、クラッシャブルゾーンが増えて衝突安全性能に貢献したことも訴えている。

2023年10月には、レヴォーグ・レイバックが登場。派生モデルとはいえ、また新しい車種が加わったともいえる。レヴォーグの地上高を高めてクロスオーバーSUV風仕立てにしているが、アウトドア志向でなく都会派志向としたのが、スバルとしては新しい。フロントマスクが大改変され、ヘキサゴングリルを継承しながらも六角形の形状が目立たなくなっている。

■ボアピッチの短縮

ボアピッチは今回のCB型では、113mmから98.6mmまで短縮された。これが実現されたのは、素材などの技術の進歩に支えられた面もあるだろうが、第2世代のEJ型や第3世代のFA型のような大出力エンジンを想定していないからこそできたことかもしれない。

クランクシャフト全長が短いと、ベアリングやウェブが薄くなるので強度的には厳しくなる。ちなみに参考までに、シリンダー間の壁の厚さを比較してみると、CB18はボアが80.6mmなので、シリンダー間の壁の厚さは18mmということになるが、ボアピッチ113mmのFA/FB型では、FB25のボアが94mmで、シリンダー壁は19mmなので、ほぼ同じである。ただ、高出力エンジンでは、300psのFA20ターボはボア86mmでシリンダー壁は27mmと厚いが、いっぽうEJ25ターボは99.5mmで壁は13.5mmしかなかった。さらに6気筒のEZ型のボアピッチは98.4mmで、CB型とほぼ同じだが、最も大きなEZ36ではボアが92mmあり、シリンダー壁はわずか6.4mmという計算になる。その出力は260ps、34.2kg-mあった。

シリンダー壁だけで見れば、CB型も余裕はあるということになりそうだが、ストロークを伸ばしていることがあるので、強度的にはやはり不利なのだろう。仮にもし出力向上や排気量拡大が、物理的に可能だとしても、それで燃焼効率が落ちてしまえば元も子もない。

CB18は純ガソリン車として開発されたが、今後この第4世代エンジンは、モーターと併用のハイブリッド用エンジンが開発されるかもしれない。また、CB型は出力向上が可能であったとしても、EJ型に替わる高出力エンジンとしては、第3世代のFA型が当面まかなうことになりそうでもある。

第3世代エンジンのFA/FB型は、2010年登場なので2代目レヴォーグが出た時点でまだ10年しかたっていない。第2世代のEJ型は高出力仕様にかぎっていえば30年以上現役であり続けたので、仮に同じ息の長さがあるとすると、FA型は2040年までは現役可能ということになる。

スバルは2030年前半までに全車を電動化（ハイブリッド含む）するというロードマップを2020年に発表したが、とりあえずエンジン自体はその後も存続する見込みである（276頁参照）。今後BEVの普及や、世界各国の$CO_2$規制の状況しだいでは、FA型は早々に退役するかもしれないが、当面は高出力ユニットはFA型でまかない続け、メインのエンジンとしてはFB型とCB型が担うのだろう。さらに2030年頃に登場するという熱効率45%のエンジンが、第5世代になるのかどうか、注目である。

一般的にハイブリッドのモーターアシストがより強化されて充実すれば、相対的に必要なエンジン出力は小さくなり、エンジンは小型化していくことになる。CB18はそういう流れを見込んだ中での小型化であるのかもしれない。

## 5-5　モータースポーツの展開

### ■WRCからの撤退

今やスバルというブランドにとって、モータースポーツ活動は欠かせないものになった。ここで、1990年代以降の状況を振り返っておきたい。

WRCでは、1990年代後半に３年連続世界王座を獲得する目覚ましい活躍で、スバルの高性能のイメージを世界にアピールした。ところがWRCは、2008年いっぱいで撤退することになった。

これはリーマンショックの影響などもあるが、ラリーのレギュレーションがスバルに不利なものに変わってきていたことが大きい。第３章（３−３）で述べたように、1997年から導入されたWRカー規定では、市販ベース車両からの設計変更の自由度が高くなり、エンジンやトランスミッションの搭載位置の変更も可能になった。これによってライバルの横置きエンジンFFベースのマシンは、重量バランスの改善ができるようになったが、スバルの縦置き水平対向レイアウトでは、それができる余地がなかった。そもそもこのWRカー規定により、市販車に4WDターボを持たないメーカーでも、4WDターボ・ラリーカーを仕立てられるようになった。水平対向4WDのスバルの優位性はことごとくつぶされたようなものだった。

スバルが撤退を検討していた頃には、さらなるレギュレーションの大幅改定がFIAで議論されていた。ツーリングカーでも普及したS2000という、２リッターNAエンジンを使う車両規定の導入であり、スバルにとってはありがたくない規定だった。結果的に2011年から導入された新WRカー規定は、1.6リッター・エンジンを使用し、車両サイズも最低3900mmへと縮小され、Bセグメントカーが主体になることになった。スバルにはますます不都合な規定であり、優位性がないどころか、勝ち目がなくなるもので、そもそもベース車両がなかった。

スバルはそれが導入される前にラリーから撤退してしまったが、これらの規定は、ヨーロッパのモータースポーツの状況に合わせて決まったようなもので、FIA下のモータースポーツは、ヨーロッパがほぼ主導しているといえる。レギュレーションの策定、改定に際しては、選手権参戦メーカーを中心に、自社に不利にならないようFIAなどに働きかけるのが常で、とくにヨーロッパのメーカーは強力にロビー活動をしていると見られる。極東という地理的な条件もあって日本メーカーはこの点が弱いことが多く、スバルも例外ではない。スバルもこの不利を認識して、たとえば2007年にSTI社長に就任した工藤一郎はそこをなんとかすべく積極的にアピールをしたそうだが、ルール改正の結果を見る前に、WRCから撤退となってしまった。

スバルはWRCの下位クラス、グループNにもSTIがパーツ販売などをして、インプレッサWRXの競技シーンでの普及に力を入れていた。グループNでは当初はランサー・エボリューションの三菱ばかりだったが、その後現役の最後にスバル・ワークスで走ったトミー・マキネンとの縁などもあり、一時はグループNでインプレッサを走らせる有力ファクトリーを世界に複数抱える状況になっていた。ところがグループN規定もその後衰退する。スバルは2011年以来R4という新カテゴリーでもWRX STI（GRB）のホモロゲーションをとって一時期はサポートをしていたものの、今やWRXは海外ラリーでは、あまり活躍が見られない存在になってしまった。

## ■国内ラリーでは活躍を続ける

WRC撤退後も、スバルはモータースポーツ活動を続けた。さすがにSTIを擁して、WRXをラインナップするメーカーとして、モータースポーツから全面撤退するわけにはいかない。日本のスバル（STI）本体による活動としては、WRC参戦の後を継ぐように強化されたニュルブルクリンク24時間レースと、スーパーGTのGT300クラス、国内ラリーのほか、ワンメイクレースの86／BRZレースもサポートをするようになった。国内ではそれ以前から、スーパー耐久や全日本ダートトライアルなどでスバル勢が活躍。いっぽう国外の目立つ活動としては、後述するように北米スバルが、ラリー、ラリークロスなどの参戦を精力的に続けている。

国内ラリーでは、WRXが多く走っている。WRCでも活躍した新井敏弘選手をはじめ、トップドライバーの多くがスバルに乗った。好敵手だったランサー・エボリューションが生産終了してその後も強豪であり続けてはいたものの、一時はスバルの独壇場のようになった。

しかしそれもつかの間というべきか、国際規格のヨーロッパのラリーカーが全日本でも走るようになり、2020年代にはシュコダのR5車両がWRXを凌いで、チャンピオンを獲得。同時に地元日本でも、ラリー競技に意欲的なトヨタが、ラリー用に開発したともいえるGRヤリスを2020年に市販化。３気筒エンジンながらも、コンパクトな車体のGRヤリスは、狭い日本の道で強さを発揮してやはりチャンピオンを獲得。さらにGRヤリスは、WRCのトップカテゴリーで戦うだけでなく、その１つ下のクラスのラリー２車両も開発し、2024年から日本国内でも強さを見せつけ始めた。WRXも意地を見せるが、苦しい状況になってしまった。

WRCのトップカテゴリーを筆頭にFIAの管轄するラリーが、コンパクトカー・ベースになってしまったので、現状ではスバル車が少なくともヨーロッパ主体の国際ラリーに参入するのは、難しい状況になっている。スバルの市販車はいわゆるC、Dセグメントに特化しており、水平対向のプラットフォーム１本なので（BRZは少し違うが）、Bセグメント車がつくりづらい。WRXのショートホイールベース版のようなものを仕立てればなんとかなりそうにも思えるが、STIの開発部長にそんなことを話してみたところ、やはり水平対向のためにフロントオーバーハングが長いので、それではバランスが芳しくないということだった。

スバルがWRCを選んで活躍したのは、言ってみれば“たまたま”のことで、はじめはＦ１さえ考えていたくらいだった。けれども4WDを特徴とするスバルにとってやはりラリーは最適のカテゴリーといえるだろうから、悩ましい状況である。

ラリー以外でも、FIA下の世界選手権級イベントでスバルに適したカテゴリーが現状見当たらない。ラリークロスも4WDが活かせるカテゴリーだが、WRCと同じでコンパクトカー主体になっている。かといってWTCR（世界ツーリングカーカップ）などを筆頭にしたツーリングカーレースは、Cセグメント車が走っており、イタリアなどではWRXベースのマシンもつくられたりもしたようだが、4WDを標榜するスバル・ブランドにとってはあまり魅力的なカテゴリーではなさそうである。

縦置き水平対向のスバルは、WRカー規定でも、このパワートレーン搭載位置をほとんど動かすことができず、オーバーハングの長さが直列4気筒の横置きよりも長くなってしまう。図はインプレッサWRC 2001。

1999年に登場したフォード・フォーカスWRC。ギアボックスを縦置きにして重量配分を改善。WRカーは横置きエンジンの搭載位置も動かすことができた。その後さらにレギュレーションはスバルに不利なものになり、ベース車両のサイズも小型化した。

2010年代初頭には、国際ラリーのIRCの参戦チームをスバルはサポートしていた。これは2012年の新井敏弘のマシン。この年のチームは後にトヨタのWRC参戦を請け負うトミー・マキネン・レーシング。新井は2011年にIRCプロダクションカップ王座を獲得した。

インプレッサWRC 1998のエンジンルーム。WRカーでは、インタークーラーをエンジン上から車体最前部に移動した。エンジンの搭載位置は市販車と変わらない。

全日本ラリーではGC8の初代インプレッサ以来、WRXが常に強豪としてあり、スバルはサポートを続けている。写真は2020年の新井敏弘の走り。

GTカーのレースでは、スバルは後述するように、BRZで日本のスーパーGTに参戦し続けているが、国際的に盛り上がるGT3規定にもとづく車両ではなく、日本固有のJAF-GT規定というパイプフレーム仕立ての、市販車とは別もののワンオフ製作の車両なので、世界各国のGTレースに展開することができない。GT3でホモロゲーションをとることは可能なはずだが、世界のGT3車両の主流は排気量が大きいし、性能調整はされるとしても、現状ではスバルには最適なベース車両があるわけではない。国際標準のGT3マシンがあれば、今スバルが挑戦を続けているニュルブルクリンク24時間レースでも、総合優勝をねらえることになるのだが、悩ましいところである。そんな状況ではあるが、なにはともあれ、スバルは積極的にモータースポーツで活躍し続けることが期待される。

### ▩ニュルブルクリンクへの挑戦

国内ラリーのマシンはメーカーとしては限定的なサポートで、ニュルブルクリンク24時間レースが、スーパーGTのGT300と並ぶスバル・ワークス活動の2本柱になっている。

ニュルブルクリンクへの挑戦は、2005年にスバルと長年深い関係を持つファクトリー、プローバが主体の参戦で始まっていた。ワークス参戦は2008年からで、スバルとSTIが自ら主体となって取り組みを始めた。同年でWRCを撤退し、ニュルブルクリンクも撤退の方針だったが、STIにとってレース活動は必須ということでふみとどまり、WRCのあとを受けるような形でその後、毎年の参戦を続けている。

初期から活動を率いるのは、元々スバルの実験部に所属し、レガシィ開発にも貢献した辰巳英治で、2006年にSTIに籍を移した。辰巳は競技ドライバーとしても一流の実績があり、STIのブランドを支える大きな存在になっている。

ニュルブルクリンクでは2011、12、15、16、18、19、24年と、2024年までに7回クラス優勝を果たしている。ニュルブルクリンクは過酷な山岳コースであり、そこを24時間走る耐久レースは、4WDスポーツのスバル車をアピールし、磨く場としてふさわしい。コースは起伏が激しいだけでなく、路面も荒れていたり滑りやすいところが多く、整備された通常のサーキットとは異なるコース状況なので、ラリーほどではないが、4WDカーを走らせる意義がある。雨でウェットコンディションにでもなれば、4WDの強みがさらに発揮されて、上位クラスより速く走ることもある。同レースにはポルシェやアウディ、BMWなどのスポーツ界の強豪車両も参戦しており、それらと同じ場で走ることはアピールになる。同レースは日本にもなじみがあり、報道も比較的多い。

ただニュルブルクリンクは、ルマン24時間などに比べるとやはりイベントの認知度が低い。年に一度だけの開催ということも、PRのうえでは効果が限られる。日本のWRXユーザーへのアピールにはなるにしても、グローバルなブランドの訴求力ではWRCには及ばない。現状では、ほぼ日本市場向けのPR活動になっているようである。STIのブランド訴求としては適しているはずで、WRCマシンにはなかった大きなSTIの文字が、ニュルのマシンには書かれている。スバル・ワークスというよりはSTIワークスといってもよさそうであり、STIがつくるコンプリートカーの開発にも活かされている。

### ▩25年以上続くGT300への参戦

ニュルブルクリンクと並ぶワークス参戦がスーパーGTのGT300クラスである。全日本GT選手権だった

ニュルブルクリンク24時間レースでは2005年から走っており、最初は２代目インプレッサGDB型のグループＮ車両がベースだった。2008年からスバルとSTIが主体の参戦となり、この2009年からは車体にSTIの文字が大きく入ったが、まだ外観はほぼノーマルのまま。

３代目インプレッサは当初はGRB型ハッチバックだったが、セダンのGVB型が市販されると早速2011年からスイッチ。初めてクラス優勝した。空力的にセダンのほうが有利と見られており、以後のNBRでは、ずっと４ドアセダンとなっている。

ニュルブルクリンク24時間レースは、ヨーロッパのとくに地元ドイツのマシンが多いが、強豪マシンと伍して走ってスバルは鍛えられている。これは４度めのクラス優勝となった2016年のシーン。

2014年からVAB型WRXを投入。2015年からはボディワークが大幅にグレードアップされた。これは2018年モデルで５度目のクラス優勝を果たしている。2023年からはVBHの新型WRX Ｓ４がベース車両になり、エンジンがFA24ターボとなったため、2.0～2.6リッター・ターボのST4クラスに編入。2024年に久々にクラス優勝を飾った。

GTレースでのスバル車は全日本GT選手権だった1997年第6戦SUGOに初登場。群馬のキャロッセが独自に仕立てた初代インプレッサGC8ベースのマシンで、FRを採用していた。表には出ていなかったが、GTマシンのエンジンは当初からSTIがサポートしていた。

GTではキャロッセのマシンが2008年まで走り続けた。ベースは常にインプレッサで、2005年まではずっとFRだった。これはそれまでのGC8からGDB型へスイッチした2002年のマシン。

参戦初期の頃はGT300クラスで優勝のほか、何度も表彰台を獲得する速さを見せたが、次第にライバルの台頭に苦戦。2006年からは4WD化された。GTでは初となる4WDマシンで熟成に時間を要したものの、2008年に1勝をあげた。ボンネットの高さは市販車と変わらないが、エンジンは低い位置に搭載されていた。

2009年からは新たにR&Dスポーツが仕立てたレガシィB4で活動を継続。エンジン搭載位置は従来とほぼ同じだが、ボンネットは低くなった。キャビンやノーズは規定に従ってノーマルと同じ形状だが、極端に車体が低められている。引き続き4WDだったが、GTではテスト制限があるため熟成が難しいということで2010年からFRに変更される。

FR化されたレガシィは、フロントが軽くなって、コーナーでノーズが入りやすくなったという。さらに途中からトランスミッションを後方へ移動。FRになってから上位に食い込むようになり、2勝をあげた。これは2011年のシーン。ライバルのヨーロッパ製GT3系車両が市販車ボディを基本としているのもあるが、純スポーツカーよりもフロントエンジン4ドアセダンのレガシィのほうがフロントフードが低く見える。

1997年に、ダートトライアルやラリーで実績のあるキャロッセがインプレッサで参戦を開始し、STIはエンジン開発でサポートを行なった。キャロッセ時代のインプレッサは何度か優勝するなど、戦闘力を示していた。当初はFRだったが、2006年からは4WDを採用。これはターボのエンジン特性にFRでは対応しきれないということで選択されたもので、4WD化後には、雨のレースで優勝するなど速いところを見せた。しかしその後4WD化のためにハンディキャップが課せられて、目覚ましい結果は残せなくなった。

2009年からはチームがキャロッセから、レース界の名門R&Dスポーツへと交代。同時にマシンがレガシィに変更された。ハリボテのようなものとはいえ車体は5代目レガシィで、4ドアということもありレースカーとしてはあまり格好がよくない印象もあったが、インプレッサWRXでなくレガシィを選んだのは、大きいボディのほうが空力特性がよいからで、大型化した5代目レガシィはまさに適任だった。このレガシィも当初は4WDを採用したが、1年でFRに変更されてから、2勝を挙げた。

2012年からは、スバルおよびSTIがレースへの関与を強めて、初めてブルーのワークスカラーというべきカラーリングのマシンが登場。マシンは同年に市販されたBRZで、それまでとは違って、GTレースにはぴったりの車種である。エクステリアデザインは、新しい市販車のイメージ向上に活用するため、スバル本体のデザインチームが手がけた。

BRZ市販車は、スバルにとって新しいFRスポーツへの参入であり、デビュー時には、このGT300マシンのプロトタイプも披露され、プロモーション活動に力を入れた。

GT300クラスは年々競争が激化して、国際レース規格の欧州メーカー製GT3マシンも大挙参戦するようになり、スバルは容易には勝てない状況になってきたが、それでも何度かは勝っていた。さらにBRZ市販車が新ボディに切り替わる2021年にニューマシンを投入。見事その年、チャンピオンを獲得した。その後も善戦を続けて、ワークスマシンとしての意地を見せている。

GT300のマシンは、シャシーは市販車と別物といってよいが、水平対向エンジンは市販車のものをベースとしている。厳密にはBRZのエンジンとは違うが、BRZの属するカテゴリーでは同じメーカー製エンジンへの換装は許されており、スバルのモータースポーツ用エンジンを一手に引き受けてきたEJ20が搭載される。これはニュルブルクリンク24時間のマシンも同じであるが、WRカー用エンジンのアレンジ版のようなものといえる。ラリーでは一般公道のスペシャルステージ走行に適したトルク特性と、最高出力が頭打ちになる吸気リストリクター装着のために、低速トルクを徹底的に太らせる方向性だったが、直線でのスピードが伸びるサーキットでは、最高出力を稼ぐために高回転志向で仕立てられた。WRCの長年のコンペティションで極められたため、EJ20にはもうそれほどエンジン性能の伸びしろはないという話も聞かれるが、最新の技術が投入されて進化を続けている。GT300では、吸気制限が緩和されるなど馬力が上がる方向に規則が改定されたりしたので、最高出力が高まり、それに耐えるよう強度面でも新たな対処がされている。ただ、2018年からはターボのブースト圧に上限が設定され、厳しく出力規制が課せられている。

### ▩フロントミドシップを採用するGT300マシン

GT300マシンで興味深いのは、エンジン・パワートレーンのレイアウトである。キャロッセが最初につくった1997年のインプレッサのエンジン駆動系レイアウトはFRだったが、水平対向の全長の短さと全高の低さを生かして、完全なフロントミドシップであるうえに、地面すれすれの低い位置にエンジンが置かれた。2006年からは4WDに変更したが、その際ギアボックスをリアに置くトランスアクスル方式とし、さらにリアからフロントのデフまで２本目のプロペラシャフトを通して前輪を駆動し、4WDとした。車体中央をプロペラシャフトが往復するというのは日産GT-Rの市販車と同じ方式であり、かつてプロペラシャフトをなくすために水平対向FFを採用した百瀬晋六がこれを見たらなんと言ったかわからないが、レースカーとしてはスピードがあり、とくに雨での速さは光っていた。

2009年のレガシィでは、ギアボックスが通常のエンジン直後に置かれたが、さらにその後トランスアクスル式FRに変更された。2012年にBRZになってからはレースカーも市販車と同じ技術で、という方針から、ギアボックスがエンジン直後にある通常のFRに再び変更された。ただしその後2017年に重量配分をさらに適正化するため、トランスアクスルにまたもや変更された。

重量配分は、2017年にギアボックスをリアに移動してから、若干リア寄りに是正され、2019年開幕前に聞いた話では、おおまかに50：50ぐらいで、コースによって数%程度補正するということだった。エンジニアの話では、50：50は、基本的には理想の配分と考えているという。

注目すべきは、水平対向エンジンの搭載位置である。スバルのGT300マシンは、当初より、先述のようにフロントタイヤ中心軸より後方の、フロントミドシップにエンジンを搭載している。これは市販型BRZではできなかったし、あえてやらなかったことである。第４章（196頁）で見たように、市販型が重視した２＋２の乗員スペースを実現するということでも、この配置は適さない。だが純粋に速さだけを追求するのであれば、重量物をホイールベース間に収めるフロントミドシップが理想的である。GT300マシンではエンジンを後退させているので、室内スペースの始まりの指標であるペダルの位置が、市販型より後ろにあり、それに従ってシートの位置も後ろ寄りになっている。

市販型では、ステアリングのシャフトとギアボックス、ロッドの配置の都合上からも、フロントミドシップに無理があったのだが、GT300マシンの場合、低く搭載されたエンジンの上をステアリングシャフトが通っている。フラットな水平対向エンジンがドライサンプ化もされて、極限まで低く搭載されているからそれが可能なのだが、エンジンの補機類やサスペンション機構などが複雑に絡み合うなかを、シャフトを斜めにしたりしてぎりぎりに通している。特別な専用設計ができるレーシングカーだからこそできるやり方であるが、レースカーとしても通すのには苦心しているとのことである。ファイアウォールを貫通したあとステアリングシャフトは折れて斜め方向に伸びている。必ずしも必要はないそうだが、シャフトの両端にユニバーサルジョイントではなく、等速ジョイントを使ったりもしているという。

GT300のBRZはコーナリング重視でマシンが仕立てられている。GT300は、とくに近年は欧州製GT3マシンが多く、メルセデスAMG GTのように、V８ 6.3リッターという大排気量エンジンを積むマシンもあり、性能調整があるにしてもパワーについては、ターボ付きとはいえ２リッターのBRZはかなわない。そこで、コンパクトな水平対向エンジンを低い位置に搭載するという重量配分の良さから、コーナリング

レガシィのFR化はBRZへの切り替えを視野に入れたものだったのか、2012年からは市販化されたBRZにマシンが切り替わった。チーム運営はR&Dスポーツが引き継ぐが、マシンの設計はSTIが主体となり、ワークス色を強めた。

GT300のBRZは、同じフロントミドシップのBMW Z4よりも、ボンネットが低い。スバルはチューブラーフレームが許されるJAF-GT規定車両なので、GT3車両より低くできるということもあるが、BRZ市販車のコンセプトを活かして徹底的に低さを追求している。

2021年シーズンのBRZ GT300。市販車より先に新ボディに切り替わった。中身は従来と大きくは変わらず、エンジンもEJ20を搭載する。この年ついにシリーズチャンピオンを獲得。翌2022年も2年連続タイトルまであと一歩という強さを見せた。

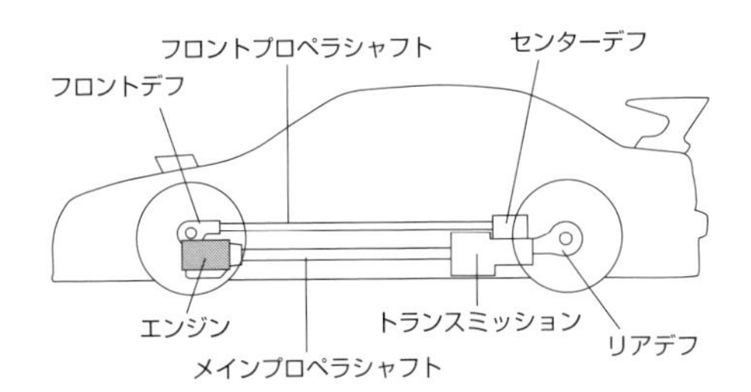


GT300インプレッサ（2006～2008年）の4WDパワートレーン配置。エンジンはドライサンプを採用して極限まで低く、かつ後方寄りのフロントミドシップに搭載されている。重量配分是正のためにトランスミッションはリアに置かれ、前輪へ駆動を戻すためのプロペラシャフトはエンジンの上を通って、エンジン上方のフロントデフに到達する。重量配分は50：50が実現されていた。

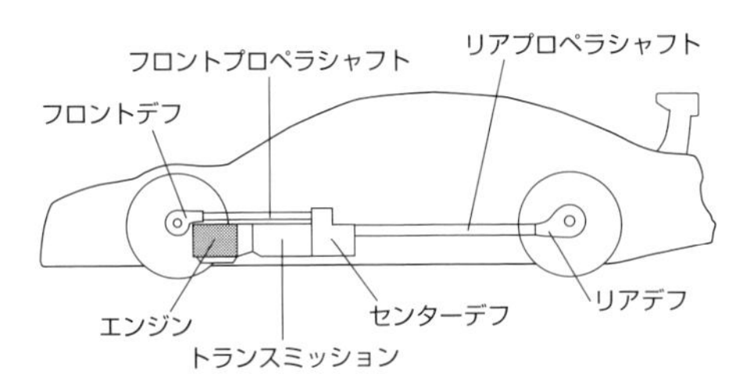


レガシィ初年度の2009年は、ギアボックスがフロントに置かれ、そのすぐ後方のセンターデフから前輪へ駆動を分配していた。相変わらず前輪へ駆動を伝えるシャフトはトランスミッションやエンジン上方を通されている。その後FRに変更され、さらにトランスミッションを後方に移動してトランクスアクスルとなった。

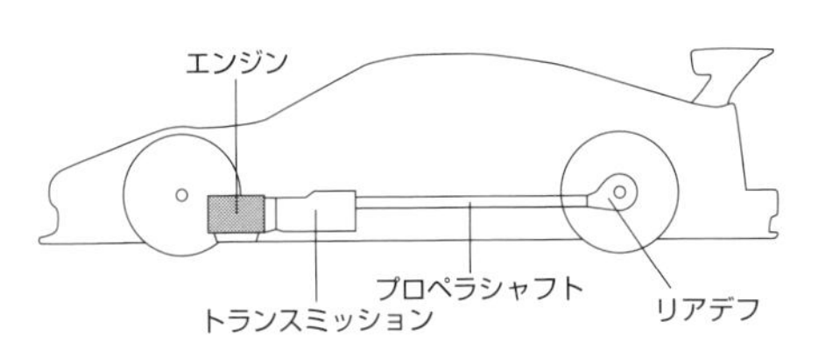


2012年に投入されたBRZの当初は、図のように、市販車に合わせて通常のFRのパワートレーン配列だった。ただし、エンジン搭載位置は極端に低く後方寄りで、市販型BRZ（196頁参照）とは大きく異なる。図には描かれていないがステアリングギアボックスはGT300マシンの場合、エンジン前方になる。その後トランスミッションは再び後方に移動している。

2006〜2008年のインプレッサGT300のエンジンルーム。ノーズ先端側から見ている。2019年のイベント時のもので、中身は改変されてパーツも外されているが、地上すれすれに低く置かれたエンジンブロックが見える。室内側からはステアリングシャフトが斜めに手前に伸びており、ステアリングギアボックスが手前に置かれている（手前から2本目の太いパイプ）。

BRZのGT300用エンジン。一番下の写真と同じもの。吸気マニホールドも低く薄く形成されているが、エンジン下部にはオイルサンプの出っ張りがなく、排気マニホールドもそれに合わせて配管されているので、エンジン全体の厚みは極端に薄い。このエンジン下面がレーシングカーの低い地上高ぎりぎりになるよう搭載されるので、エンジン本体はひざ下程度の高さに収まる。

2019年型GT300 BRZのエンジンルーム。エンジンは左右サスペンションを結ぶ分厚いブリッジより後方（写真上側）に収まっており、平たく成型されたインテークマニホールドだけが見えている。ステアリングシャフト（黒の細い棒）がファイアウォールからユニバーサルジョイントを介して斜めに伸びており、見えにくいがエンジン上方をかすめて、ブリッジの中を貫通してステアリングギアボックス（銀色のパイプ）に達している。市販型BRZでは、シャフトをエンジン上方に通せないので、エンジン後方にステアリングギアボックスを置かざるをえない。ステアリングギアボックス前側にはターボ（右）とエアクリーナーボックス（左）が見えており、最前部にはインタークーラーが置かれる。

BRZのGT300用EJ20エンジン。2014年東京オートサロンなどで展示されたもので、基本的レイアウトは2019年仕様と大きくは変わらない。写真右のインタークーラー（上）とラジエター（下）がほぼノーズ先端に相当。いかにエンジンが後方に置かれているかがわかる。写真右手前のダクトから入った吸気がエアクリーナー（上面がカットされている）を経てその奥のターボチャージャーへと送られる。ターボとエンジンの間の空間に、左右サスペンションを結ぶ強固なブリッジやステアリングギアボックスが通ることになる。下の鏡に映る排気マニホールドは4-1で集合している。

スピードを追求して、それで勝負しようとしている。
エンジンは、少しでも低く搭載して重心を下げるために、ドライサンプ化だけでなく、排気管を燃焼の点で理想的な4－2－1ではなく、4－1にして取り回しをコンパクトにし、馬力よりも重心の低さを最優先している。さらに吸気管レイアウトもシンプル化して高い位置での重量増を少しでも回避しているという。低重心とエンジン・レイアウトにこだわったBRZ市販車の設計思想を、さらに極めたのがGT300のマシンといえる。
スーパーGTへの参戦は、世界選手権であるWRCのトップカテゴリーへの参戦に比べれば、規模は小さく、訴求もほぼ国内市場に限られる。とはいえスポーツカーとしての走りを極める取り組みは訴えるものがある。激戦の中、スバルは再びシリーズチャンピオンを取るべく挑戦を続けている。
日本国内のモータースポーツでは、このほかスーパー耐久レースや、ダートトライアル、ジムカーナなどのカテゴリーでも、新旧のWRX、インプレッサが走っている。近年加わったBRZも有力コンテンダーであるが、BRZは、ガズーレーシング86／BRZレースにSTIとしてもサポートを行なっている。

### ■アメリカでの活発なモータースポーツ活動

WRCに参戦していた頃は、それでグローバル市場をカバーしてPRできていたが、撤退後は地域ごとのモータースポーツ活動に委ねられることになった。とはいえお膝元の日本以外の地域では、スバルの存在は影を薄めてしまった。唯一、精力的にモータースポーツを続けるのは、アメリカである。
アメリカは、さすがに日本を凌ぐ販売台数を誇るだけに、そのモータースポーツ活動はかなり充実して、予算も潤沢にあると思われる。ラリー、ラリークロス、デザートレースのほかに、86／BRZレースにもサポートを行なっている。
そのなかで目立つのは、ラリーとラリークロスで活躍するWRXである。日本のスバル本体からの参戦ではないが、日本のラリーカーよりは強力な仕立てで、WRCでの勇姿を彷彿とさせるような活動になっている。
参戦の主体は現地法人のスバルオブアメリカであり、メーカーチームとしてラリーとラリークロスに参戦している。チーム名はスバル・ラリーチームUSA（SRTUSA）である。
スバルのアメリカのラリー、ラリークロスでのダイナミックな活躍ぶりは、目をみはるものがある。
ラリーはWRXがアメリカに導入されてすぐ、2001年から参戦している。チーム運営は現地スペシャリストのバーモント・スポーツカーが担う。当初のマシンはプロドライブ製で、その後バーモント・スポーツカーの自製になっている。同ファクトリーはラリー車製作のノウハウを持ち、プロドライブとのコネクションもある。ただしエンジンはここでもWRC用のEJ20が基本で、マシンの性能的にはほぼWRカーに近いような印象である。
ドライバーもWRCでスバルのワークスドライバーだったクリス・アトキンソンをはじめ、デヴィッド・ヒギンス、トラヴィス・パストラーナなどのトップドライバーが担ってきており、完全なプロフェッショナルチームである。
パストラーナはラリードライバーであるだけでなく、アメリカのアクションスポーツ、とくに2輪の世界ではスーパースターとして知られ、Xゲームズのフリースタイルモトクロスでは伝説的存在となっている。
ちなみにアクロバット走行の動画「ジムカーナ」

2016年GRCの1戦。この年には日本のSTIがGRC参戦をサポートしており、車体にはボンネットに「SUBARU TECNICA INTERNATIONAL」と書かれており、イベントによっては車体側面に大きく「STI」のロゴが入った。日本から新井敏弘も参戦した。

2009年Xゲームズで3代目WRXを激しく走らせるケン・ブロック。車体には「SUBARU RALLY TEAM USA」の文字も見える。ブロックはYouTube向けの「ジムカーナ」でも、WRXで走っていた。2023年に急逝し、世界中のファンを悲しませた。

過酷な気候でも有名なワシントン山のヒルクライムで、2014年にデヴィッド・ヒギンズのWRXがコースレコードで優勝。2017年にはトラヴィス・パストラーナが記録更新した。アメリカのスバルは、ラリーに近い競技のヒルクライムにも挑戦している。

アメリカでは2019年から青地に黄色い六連星のワークスカラーが採用された。これはこの年チームに加入したオリヴァー・ソルベルグ。ペターの息子。WRX STIのボディは、フェンダーが拡幅されるなどして強化されている。

パストラーナの「ジムカーナ2022」では、3代目レオーネのワゴンを車両として選択。エンジンはEJ型の2.3リッター、862ps。マイアミで撮られた動画は、もはやドリフトどころかカースタントの世界観ながら、スバルが全面的にサポート。動画の終わりで過去のスバル車の"中古車"を紹介する寸劇なども可笑しく、日本国内のスバルと同じブランドとは思えないほど自由奔放に演出されている。

2020年12月に「ジムカーナ」シリーズがケン・ブロックからパストラーナにバトンタッチし、当然クルマはスバルになった。WRX STIのラリークロス用車両に似た862psのマシンで、スバルのブランドイメージは大丈夫かと心配になるほどの激しいアクロバット走行を披露。高く飛ぶので、車体底面にまでスバルのロゴが描かれている。

右上と同じパストラーナによる「ジムカーナ2020」の1シーン。応援する人々も演出のうちで、ここでも日本のスバルでは考えられないようなノリを見せている。パストラーナはバイクでもクレイジーなアクロバットをするのが有名で、「ジムカーナ」もケン・ブロック時代よりもさらにヒートアップしている印象。

シリーズが有名なケン・ブロックも、2010年にフォードに移籍する前はスバルで走っていた。YouTube再生回数の多さで一躍話題になった2009年の「ジムカーナ2」のときはマシンがまだスバルであり、3代目インプレッサWRXの車体に、スバルやSTIのロゴが書かれていた。

その後2020年12月には、パストラーナがブロックを引きつぎ、スバルが久々に「ジムカーナ」に返り咲いた。アメリカでのスバルのPRは、過激なほどに華々しく展開されている。

ラリーの選手権はARAナショナル・チャンピオンシップと称し、年間7～8戦程度で行なわれており、スバルが参戦するのはそのトップカテゴリーである。スバルは圧倒的に強く、ライバルとしてランサー・エボリューションの三菱や、フォード、ヒョンデが時おりスバルをおびやかすという感じである。広大なアメリカだけあって、雄大でハイスピードなコース設定も多く、迫力あるハイレベルな走りで戦われている。

アメリカではそもそもモータースポーツが盛んであり、人気の高いナスカーシリーズや、ドラッグレース、インディーカーなどには及ばないが、ラリーも一定数の観客を集めている。SRTUSAは質の高い動画も配信しており、アメリカのWRXユーザーにはしっかりアピールされているのだろう。

### ▒600psのマシンが激走するラリークロス

ラリークロスのほうは、近年アメリカでの人気が急速に高まったカテゴリーであり、ラリーと同じバーモント・スポーツカーがマシン製作からチーム運営までを行なっている。人気が高まった背景には、21世紀に普及した新しいスポーツ“Xゲームズ”の一部門にも含まれるグローバルラリークロス（GRC）があり、日本のNHK BSでも一時放映されるくらい注目された。サーキットレースのように複数車両が同時に競い合い、しかも大ドリフトでぶつかりあったりもするので、おもしろさがわかりやすい。ラリークロスはヨーロッパでは古くから普及しており、WRCマシンをさらに改造したようなクルマが走行する。スバルのWRXも参加して当然といえるが、とくにアメリカのGRCは注目度が急速に高まって、多くの有力コンテンダーが参戦。新旧のWRカーが集まり、WRCチャンピオンのセバスチャン・ローブや、サーキットの有名ドライバーも参戦するような状況になった。

スバルのドライバーはラリーと同様の厚い布陣だが、事情はWRCと同じで、ラリークロスでもコンパクトなBセグメントの車両が主流となっており、WRXは苦戦をしている。とはいえSRTUSAの参戦であり、2016年から2年ほど、日本のSTIも、GRC参戦をサポートしていた。GRCのあと、ラリークロスの本家というべきヨーロッパ主体のワールドラリークロス選手権（WRX）の主催者の手で、新たに2018年からアメリカズ・ラリークロス（ARX）というシリーズが始まり、スバルはそちらで引き続きSRTUSAから参戦している。

エンジンはこれもEJ20を用いており、600ps程度までチューンされている。

ラリーもラリークロスも、アメリカのモータースポーツの中ではマイナーな競技ではあるが、それでも他国のモータースポーツの状況からすれば賑わっている。

ラリーやラリークロスでの参戦活動は、もっぱらWRXの認知向上、イメージ向上として活用されているようである。さすがにスバルの販売台数が日本よりはるかに多い市場なので、モータースポーツに予

ラリークロス（ARX）のワークスマシン３台。マシンは「WRX STI VT19xラリークロス・スーパーカー」と称し、ラリーカーよりもさらに派手なボディーワークで激しく走る。ラリーの吸気リストリクターが33mmなのに対し、ラリークロスでは45mmと径が大きく、EJ20の最大出力は600ps程度となる。これは2019年シーズンのシーンで、スバル（スバル・モータースポーツUSA）は初めて選手権を獲得した。

XVの米国名クロストレックの名を冠するデザートレーサー。車体後部に積まれる水平対向ユニットは2.5リッターで自然吸気と発表されている。車体はまったくのオリジナル。

2019年バハ500を走るクロストレック・デザートレーサー。ブルーに六連星の由緒あるカラーリングも、アメリカ人の手にかかるとこうなってしまう。

米国ラリーでの2024年モデル。新型WRXにスイッチしている。2022、2023年とブランドン・セメナックがタイトルを獲得。2024年も引き続きパストラーナと２台体制で臨んだ。もともとMTBスター選手であるセメナックはレッドブルのサポートを受けている。

算をさける余力があるのだろう。肝心なWRXの販売台数も、日本よりアメリカのほうがずっと多くなっている。

どちらのカテゴリーも、ドリフトする派手な走りが見どころとなっている。日本では今やWRXのイメージはサーキット寄りなところもあるが、たとえばアメリカのスバルのホームページを見ると、WRXが採石場のようなところのダートコースを豪快に走る動画が流されたりしている。アメリカのWRXも、サーキットのタイムアタックをするようなストリートチューニングは盛んのようだが、モータースポーツの各ジャンルがそれぞれ盛り上がるアメリカでは、WRCのイメージをそのまま継ぐような形でも、活躍を続けている。

### ■"ワークスカラー"の導入、米国専用STIモデル

アメリカでは、2019年からワークスカラーが導入された。かつての555カラーに由来するブルーのボディにイエローの六連星が描かれた伝統のカラーリングで、ホイールもゴールドとなっている。アメリカ主体のモータースポーツ活動、ラリー、ラリークロス、タイムアタック、デザートレース、サーキットレースはすべて、新しいSUBARU Motorsportsの名の下に統一され、このワークスカラーが展開された。

2019年には、アメリカで売られる初めてのSTIコンプリートカーとなるS209も発表された。日本の歴代STIコンプリートカーを凌ぐような派手な仕立てとチューニングで、アメリカのモータースポーツ文化やストリートカスタム文化が産んだモデルといえる。アメリカでは昔からマッスルカー人気があるが、WRXのライバルとして、近年、市販車でオーバー300psのハイパフォーマンスカーが増えており、アメリカから日本に対してもっと高出力のWRXの導入が要請されていた。アメリカで2.5リッターを積むカタログモデルのWRX STIは、当初の308psから315psまで強化されていたが、それでもまだ足りず、345.7psのS209が投入された。

300psオーバーのライバルとは、ハッチバックのAMG A45やフォード・フォーカスRSなどのほか、より拮抗する3ボックスセダンのライバルとして、キャデラックATS-Vが想定されたという。

S209は、アメリカにおけるSTIブランドのモデル展開の口火を切ったことになる。2015年ニューヨークショーでは、STIが今後アメリカでも展開されることがアナウンスされ、BRZに2リッターターボを積んだコンセプトカーが展示された（204頁参照）。S209はそれ以来4年ごしで待ち望まれていたSTIモデルの導入となった。STIの展開としては、2016、17年のラリークロスのサポートもその流れでなされたものだった。徐々にではあるが、STIブランドの海外展開が進んでいる。2014年発表の「際立とう2020」では、STIブランドの活用を拡大する方針が盛り込まれており、各国のモータースポーツ活動でも少しずつSTIの存在感が広がりを見せている。

### ■各国でのモータースポーツ活動

日本とアメリカ以外の地域では、スバルのモータースポーツでの空白が続いていた。WRCで活躍していたときは、とくに欧州やオセアニアなどの、クルマ好きが多い地域で、スバルのスポーツイメージは高まって人気があったが、近年の若い世代はWRCでの活躍も知らず、スバルのイメージは低下してしまったという。各国のスバルはそれに危機感を感じているそうで、最近は地域ごとにスバルのスポーツ活動が復活している傾向がある。

アメリカのほかに、イギリス、オーストラリアで

アメリカ初導入のSTIコンプリートカー、S209。エンジンはEJ25だが、345.7psという日本のSTIモデルを凌ぐ最大出力と、オーバーフェンダーが迫力。写真ロケ地のバージニア・インターナショナル・レースウェイ（VIR）は、アメリカの走り屋にとって聖地のようなコースで、日本の筑波サーキットのような存在といわれる。S209はここでタイムを出せるような想定で仕立てられており、アメリカだからといって馬力だけのチューニングカーなのではない。ラリークロスのスコット・スピードがテストドライバーを務めた。

2016年にオーストラリア・ラリー選手権に現地スバルが参戦し、チャンピオンを獲得した。オーストラリアで売られるWRX STIは2.5リッターだったが、このマシンは日本と同じEJ20を搭載した。

英国ツーリングカー選手権（BTCC）に参戦して、2017年にチャンピオンを獲得したレヴォーグ。FA20 DITは発表資料では350ps程度までチューンされていた。

BTCCのレヴォーグはホンダ・シビック・タイプRなどと競い合った。BTCCでは、NGTCという改造範囲を抑えた規定で車両が仕立てられている。

は、独自の動きが見られる。クルマ趣味が発達して、モータースポーツが盛んな国である。

オーストラリアでは、2016年に国内ラリー選手権ARCでWRXがチャンピオンを獲得した。同地では日本にもなじみのあったポッサム・ボーンの活躍で、1996年から10年連続でインプレッサWRXが王座に輝いていたが、近年は、WRXがラリーで多く走ってはいたものの、目覚ましい活躍はなかった。それが2016年になって、Subaru Do Motorsportのチーム名で、青い車体に大きな六連星を配したカラーリングでラリーに復帰、若い女性ドライバーの手でチャンピオンを獲得した。マシンはWRX STIで、NR4規定になる。

イギリスでは、2016年からレヴォーグで、国内ツーリングカー選手権のBTCCに参戦を始めた。長い歴史を持つBTCCは、その盛り上がりぶりが国外からもしばしば注目されてきた選手権で、近年も一定の人気を保っている。レヴォーグはスバルUKがサポートして、BMRというレースコンストラクターに委託された。エンジンは規定で2リッター・ターボが義務付けられているが、競技で定番のEJ20ではなく、FA20 DITを積んだのが注目である。そのチューニングを請け負ったのはフォードのWRCカーなどで有名なマウンチューン。駆動方式は2WDしか認められず、4WD車は変更にあたってFRも許されるのでFRを選択。スーパーGTのBRZのように、車体前後にサブフレームを組んで、エンジンはフロントミドシップの低い位置に搭載された。

BTCCのレヴォーグは4台体制で参戦し、参戦2年目の2017年に見事チャンピオンを獲得した。BTCCの大半がFFであるなかで、FRであることが有利に働いた可能性もあるが、ドライバーも含めて、勝てる体制で勝つべくして臨んでいる参戦だった。2019年をもって参戦を終了したが、レースカーとして申し分のない成功を収めた。

ツーリングカーレースではときおりワゴンのレーシングカーが登場し注目を集めるが、欧州ではレヴォーグが人気上昇中だったので、それもあってPR効果をねらって、WRXでなくあえてレヴォーグで参戦したと思われる。

イギリスではかつて、WRCに参戦していた頃、インプレッサWRXに非常に人気があった。イギリス人はマニアックなクルマ好きが多く、当時スカイラインGT-Rなどの日本製ファンカーに熱狂していた。さらにWRC参戦を担ったプロドライブもイギリスだから、ヨーロッパのなかでもとくにスバルのスポーツモデルの人気が高かったようである。

そのプロドライブが、マン島周回レースのコースで、専用のマシンを仕立てて2016年にタイムアタックを行ない記録を樹立した。このマシンにはSTIも技術支援を行なっている。プロドライブは翌2017年にはニュルブルクリンクで、このマシンをスープアップしてタイムアタックを行なっており、7分を切るタイムを出した。実はこのふたつの挑戦は、スバルオブアメリカによる活動で、プロドライブとの関係が築かれているようである。こういった活動は、YouTubeなどで動画が配信されている。

### ■広がるSTIの展開

STIはレース活動や、そのサポートをするだけでなく、コンプリートカーの開発、製作も行なっており、とくにニュルブルクリンク24時間の活動は、コンプリートカー開発に直接役立てられている。

STIコンプリートカーは、スバルのカタログモデルではなかなかできないチューニングや特別仕様の内装などを施して、プレミアム高性能ブランドとしてのスバルが目指す世界観を、体現しているようなと

2016年６月には、スバルオブアメリカがマン島TTコースのタイムアタックを敢行。１周約60kmのコースを17分35秒、平均207.17km/hで走った。マシンは英国プロドライブ製でSTIのサポートも受けており、リアウィングには「STI」のロゴが入る。EJ20は、約600psを発する。スバルは２輪のマン島TTレースのスポンサーをしており、2014年にも米国仕様WRX STI市販車で記録を樹立していた。

2017年７月には、2016年マン島タイムアタックカーのボディワークを改変して、ニュルブルクリンク北コースでタイムアタックに挑戦。６分57秒５の４ドアセダンとしての最速記録を樹立した。

NBRタイムアタックカーのエンジンルーム。EJ20ターボの出力は、これも600ps以上と発表されており、日本のSTIワークスレーシングカー（340ps）を大きく上回る。

2016年にレヴォーグに追加されたSTIスポーツ。足回りの強化のほか、専用色ボルドーの内装などでカタログモデルの最上級グレードとして設定された。STIのロゴが目立つが、フロントマスクは通常モデルとは形状が異なり、一見WRXにも見える。

スバルのラインナップでいちばんベーシックというべきインプレッサも、５代目の2020年にSTIスポーツを初設定。専用ダンパーで足回りを強化したほか、内外装の仕立てがスポーティな雰囲気を醸し出す。STIスポーツはフォレスターにも設定された。

ころがある。

モータースポーツ活動の経験は、市販車開発へのフィードバックのほか、ラリーなどの競技用や、ストリートのチューニング用パーツの開発・販売にも活かされている。ちなみにWRX STIの開発は、STIではなくスバル本体が行なってきた。

STIを名乗る車種は、WRX STIのほかに、近年ではSTIスポーツというグレードが、多くの車種に設定されるようになった。STIスポーツは、今のところパワートレーンは通常のままで、足回りのみを軽くスポーツ仕立てに強化したうえで、内外装をグレードアップしたものになっている。従来のWRX STIモデルのようなスパルタンではなく、上質な走りや内外装を持つモデルであり、いわば市販車の最上級スポーティグレードという存在である。STIがスバルと共同で企画開発するが、通常モデルと同じラインに流して生産され、スバルの１グレードとしてラインナップされる。2016年にレヴォーグから始まって、BRZ、WRX S4、インプレッサと、順次展開されている。

STIブランドは、今まではコアなユーザー向けの感があったが、それをより広く活用しようというのがSTIスポーツである。上述のように2014年に策定された「際立とう2020」（219頁参照）のなかで、STIの積極的な活用が方針として示されていた。

スバルは、レガシィ、（インプレッサ）WRXを筆頭に、WRCの活動によって高性能を追求し、ほかのモデルもターボ搭載などで、スポーティ色を出していた。ところが近年のスポーツ志向は、レヴォーグもあるとはいえ、ほぼBRZとWRXだけになっており、ほかのモデルはややおとなしいクルマのイメージになってきた。とくにSUVでないインプレッサなどはその感があった。STIスポーツの導入をかわきりに、そういった状況が変わることが期待される。

スバルは「スポーツ」だけのブランドではなく、「愉しさ」とともに「安心・安全」のブランドでもあるが、小規模なメーカーとして存在感を出していかなければならないことを考えると、近年の状況はやや地味なように思える。今後、STIスポーツの展開をはじめ、STIはさらに活用されていくことになるようだが、３度世界チャンピオンの実績も持つSTIブランドの神話力を、よりいっそう活かさないでいる法はないと思われる。

## 5-6　スバル水平対向の未来

### ▩ハイブリッドでも水平対向エンジンを継承

2020年代にもなると、世は「電動化」で一色に染まるような風潮になってきた。しかし電動化しても、ハイブリッドであれば、エンジンは水平対向を使い続けるのが、スバルの行き方である。

2020年代は、2010年代のクロストレック・ハイブリッド（243頁参照）の頃よりも、世界的な電動化への圧力は、いっそう厳しくなってきている。水平対向エンジンをブランドのアイコンのひとつにしてきたスバルにとって、電動化はブランドのアイデンティティにも関わる問題といえる。

2020年１月には、スバルは電動化のロードマップを発表（276頁参照）。そこでハイブリッドについては、ストロングハイブリッド車を、2020年代中盤に発売する意向を明らかにした。これはのちに「次世代e-BOXER」と仮称されて、2022年５月の時点で、2025年に発売予定とされた。さらに2024年５月には、2024年秋からトランスアクスルユニットを埼玉の自社工場で製造開始し、その後アメリカ（SIA）でも生産すると発表した。

2020年１月の発表では、今後、スバルがつくるス

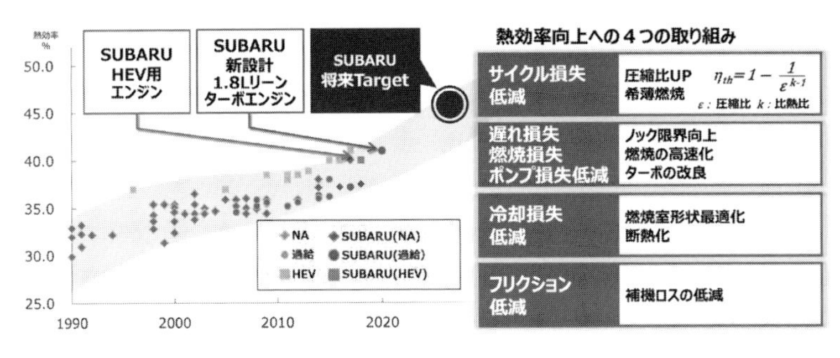


2020年１月に、今後の水平対向エンジンの熱効率向上の目標が示された。「1.8Lリーンターボエンジン」とは、同年10月発表の２代目レヴォーグに初搭載されたCB18エンジンのこと。損失低減やフリクション低減によって熱効率を向上させる。「将来Target」として熱効率45%以上を想定したグラフになっている。

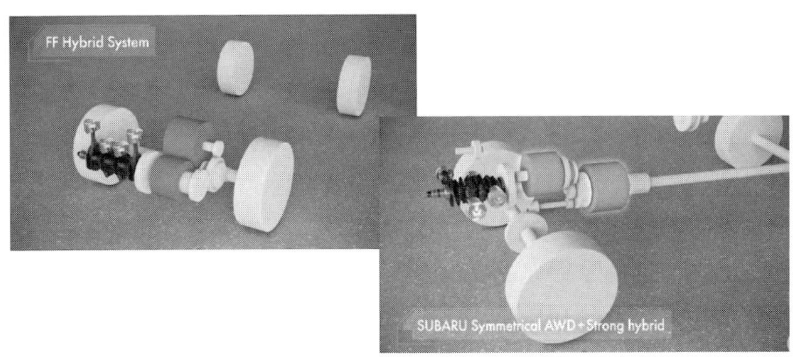


左側がトヨタのFF用THSシステムで、直列４気筒横置きのハイブリッド。右のスバルのストロングハイブリッドはTHSを縦置きに組み替えたもので、2018年発表のクロストレック・ハイブリッドと基本的に同じ。どちらも２モーターだが、エンジン車の配置を踏襲。THSはジアコーザ式FFを受け継ぎ、スバルのハイブリッドは水平対向シンメトリカルAWDの配置を受け継ぐ。

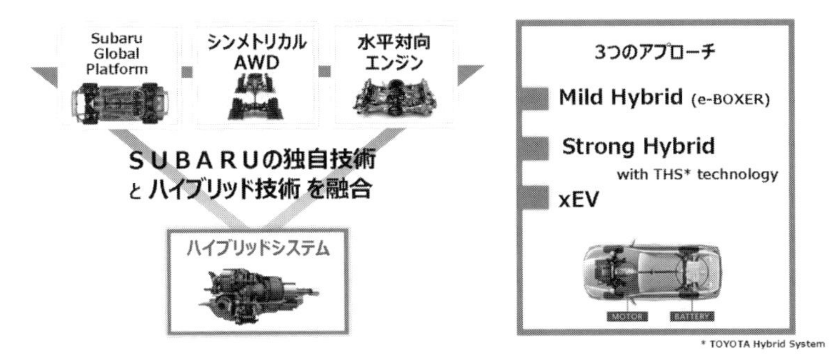


2020年１月発表の資料。今後のハイブリッド車は、従来どおり水平対向エンジンのシンメトリカルAWDで、スバルらしい走りの愉しさを守っていくことが示された。2016年に導入が始まったSGPは、当初からハイブリッド車やEVも想定されていた。

## 直結AWDの前後拘束力を活かし、車両安定性と回生エネルギー効率UPを両立

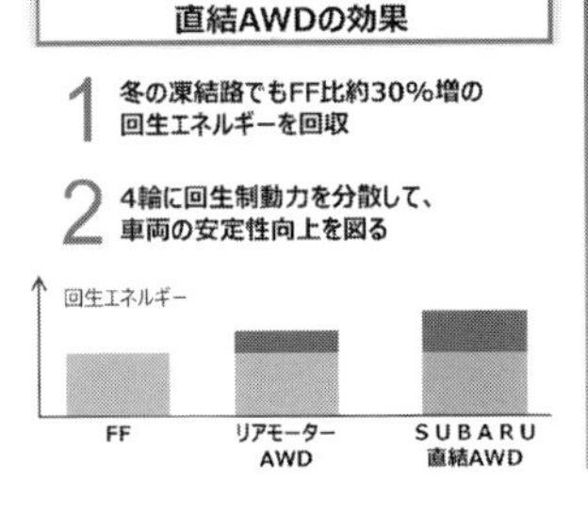


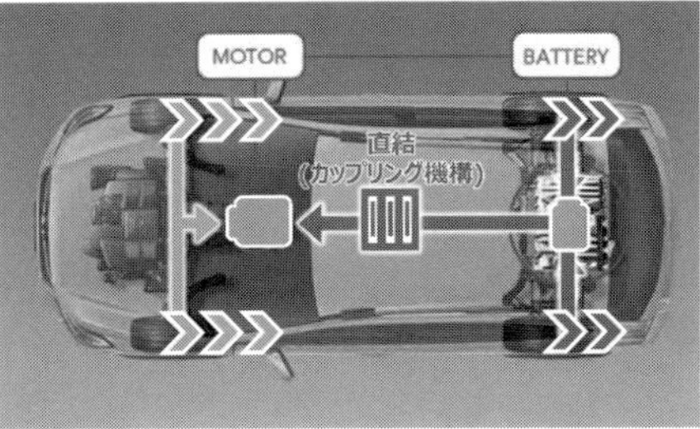


これも2020年１月の、今後のハイブリッド車についての説明。従来のスバル車と同じ前後直結による常時4WD式を採用することで、減速時の電力回生効率がFFよりも高まり、安定性も増すことが示されている。$CO_2$削減だけでなく、「安全性能・AWD性能・動的質感を高める」と謳われていた。

トロングハイブリッド車は、トヨタのTHSを活用しながら、水平対向縦置きレイアウトで、独自に仕立てる方針だと明言した。つまり、既に発売したクロストレック・ハイブリッドと同様の手法でつくられる。エンジンの特性についても、ハイブリッド専用エンジンでは、クロストレック・ハイブリッドと同様、特定のエンジン回転域で熱効率が高くなるような特性に仕立てる。

この指針では、ハイブリッド車であっても4WDは必須であり、「シンメトリカルAWD」のスバルらしさを継承していくことがあらためて示された。その4WDは、リアをモーターで駆動するのではなく、クロストレック・ハイブリッド同様に、プロペラシャフトでリアに駆動を伝える、今までのガソリン車と同じ方式を維持する。燃費を重視するならば、通常走行時はFFにしてリアの駆動を切るほうが有利であり、実際その方式が普及しているが、スバルは常時4WDを堅持するという。その理由は操縦安定性のほかに、減速時のエネルギー回生がFFよりも4WDのほうが30%ほど多く回収できるからだという。

トヨタのTHSの技術を使うのなら、(FFベース車であれば) トヨタ車と同じ直列4気筒横置きにしたほうが簡単だろうが、もしそうなるとエンジンも共用化され、外観や乗り味だけをスバルらしくしたようなクルマになってしまう。

ハイブリッド車でも、縦置き水平対向エンジンの配置を踏襲するのが、「スバルらしい」クルマづくりにはゆずれないところである。純ガソリンエンジン車とプラットフォームを共用する必要もある。

縦置きエンジンと横置きエンジンを、同じプラットフォームでつくることもできなくはない。アルファロメオは1990年代に、自社製の縦置き水平対向エンジンと、親会社になったフィアット製の横置き直列4気筒を、同じモデルでしばらく並存させた (31頁参照)。ただ、それは当時アルファロメオが、フィアット製横置きFFの設計へ統合される前の、最後の段階のクルマだった。

ストロングハイブリッドでは、一般的に言って、モーターの役割が増す。モーター駆動の割合が増えれば、水平対向エンジンの意義は相対的に薄れることになる。モーターは回転がスムーズで振動も少ない。水平対向エンジンの長所も電気モーターを前にしてはかなわない。今後、ハイブリッド車のモーターアシストの割合が増えていくとすると、水平対向の価値はそれに反比例して低まるのは事実かもしれない。

とはいえ、レイアウト上の有利さと、エンジンとしての優位性は、ハイブリッドでも変わらずにある。すべてのクルマがモーター駆動のEVになるまでは、スバルはハイブリッドを水平対向でつくり続けるのではないだろうか。

## ▩初の量産EV、ソルテラ

では、エンジンのないEVではどうなるのか。問題は、EVでも「スバルらしさ」が維持できるかである。

2022年5月、スバル初の量産EVというべき、ソルテラが発売された。それ以前、2009年に販売されたプラグイン・ステラはごく少量生産だった。その頃、量産EVを2010年代に150万円台で売るなどというロードマップも公表していたが、それっきりとなっていた (176頁参照)。

2016年に導入が始まったSGPのプラットフォームは、エンジンを積まないEVも想定されている。そのためスバルは独自にEVを開発していたとされる。しかし2019年に、トヨタとスバルがEVを共同開発することが発表され、EV専用プラットフォームによりソ

電動化でCO2を削減しつつ、環境時代も「ＳＵＢＡＲＵらしさ」を際立たせる

2020年
2025年
2030年
2035年

BEV*1
202X
Cセグ SUVから市場投入

ハイブリッド車
2012 Mild Hybrid (e-BOXER)
2018 Plug-in Hybrid
202X Strong Hybrid
SHEVを追加

エンジン車
2020
新設計1.8L リーンターボエンジン
203X 全車 xEV*2化
2030年代前半までに世界中で販売されているすべてのスバル車に電動技術を適用

*1 Battery EV
*2 xEV=電動技術を含むクルマ

※ 2020/2/26 修正

2020年１月に発表された電動化のロードマップ。電動化しても「スバルらしさ」を追求することが明言されている。2020年の「新設計1.8Lリーンターボエンジン」とはCB型のこと。2030年代前半までにスバル全車を電動化としているが、その中にはハイブリッドも含まれる。このロードマップはその後、更新される。

ソルテラのEVのプラットフォーム。前後の電動駆動システムが左右対称のシンメトリカルであることを示す広報画像。要となるパワーユニットが車体中心線上に置かれている。ドライブシャフトが左右等長であるのがわかる。フラットなバッテリーがホイールベース間に置かれ、4WDの前後アクスルは連結されておらず、前後にある２モーターで個別に制御される。

フロント側はフレームに隠れて見にくいが、前後ともドライブシャフトが左右等長になっている。とくにフロント側はデフが片側にオフセットしているのがケースの形状からわかるが、インターミディエートシャフトを介することで、ドライブシャフトは左右等長になっている。

モーター＋インバーター＋トランスアクスルをコンパクトに一体化した、ソルテラのフロントe-Axle。左手前が車体前方に相当。モーターが右側、デフは左側にオフセットしているが、ユニット全体としては重心が左右でバランスしているのが想像できる。ギアによる減速は３軸２段とされている。デフから右側にインターミディエートシャフトが伸びている。

タフなオフロードを走る、ソルテラのアメリカの広報写真。ソルテラはEVであっても、「スバルらしさ」を重視して開発。走りの質の高さや、SUVとしての基本的資質を追求した。外観はEVなのでフロントグリルはないが、「ヘキサゴングリル」がデザインされている。

ルテラが開発された。

ソルテラの姉妹車はトヨタbz4Xである。この共同開発はBRZ／86とは違い、基本計画の段階からスバルも参画し、文字どおりの共同開発であった。電動関連の部品の多くは、ハイブリッド車で実績が豊富なトヨタのものを使用しているが、設計はスバルも参加した。開発拠点は豊田市に設けられてそこにスバルの技術者たちが出向したが、人数などはほぼ対等で、混成チームで開発にあたった。

はっきり分けられたわけではないようだが、トヨタの強みは電動化技術、スバルの強みは4WDやSUVの悪路走破性、そして安全と走りの動的質感、という認識で、両社が得意分野を持ち寄って開発された。

そのうえで、EVでも「スバルらしさ」ということに、スバルはこだわった。たとえばSUVとしての走破性、意のままに操れる操縦安定性、つまり走りの愉しさ、などである。

## ■EVでも「シンメトリカルAWD」

とくに本書で注目したいのは、「水平対向エンジン車で受け継がれてきたスバルらしさ」が、守られているかということである。

筆者は以前に、スバルの元エンジン関連技術者から、「シンメトリカルAWDをEVでやるなら、モーターは縦置きかと、社内でよく冗談のように言ったりした」と、聞いたことがあった。モーターの縦置きはそう難しいことでもなさそうだが、トヨタと共同開発のEVであれば、縦置きはないだろう、などと想像したりもしていた。はたしてその後、ソルテラの発表後にスバル側の開発リーダーであった小野大輔氏に、その点を聞いてみたところ、モーターは横置きではあるが、パワーユニットの配置を左右対称にすることにはこだわって、4WDの前後とも、ドライブシャフトを左右等長になるようにしているとのことだった。

モーターはエンジンよりも小さいので、パワーユニット配置を左右対称にするのは簡単そうに思えるが、これがそうではないらしく、渋るトヨタ側を説得して、その配置を実現させたということだった。

左右対称のシンメトリカルの配置は、百瀬晋六がスバル360のときにこだわって採用し、水平対向エンジン・パッケージもそのために採用され、今にまで続く。まさに本書で見てきたように、そこがスバル車の要（かなめ）である。とはいえ、それがスバルの伝統だから今回ソルテラに採用したのではなく、クルマの基本的資質にこだわったから採用したということであった。

EVでも「シンメトリカル（AWD）」が、重要だと考えられていた。ただ、シンメトリカルの配置というのは、百瀬晋六の時代、元来はデフそのものを中心に置いて、左右ドライブシャフトを長くとることが大きな目的だった。

ソルテラの構造図を見ると、少なくともフロント・パワーユニットは、縦置き水平対向レイアウトのように、デフが車体中心にあるわけではなく、横置きのモーターがやや片側にオフセットし、デフもその反対側にオフセットしており、ジアコーザ式横置きエンジンFFのようなレイアウトともいえる。ただしインターミディエートシャフトを介しているので、左右ドライブシャフトは等長になっており、その長さも比較的長いようには見受けられる。

ソルテラの場合、パワーユニット全体で見て、左右対称になる中央配置とされており、スバルとしては、重量配分が左右で均等であるのが重要だと説明としている。百瀬晋六が中央のデフにこだわったのは、等速ジョイントの問題を回避することが大きかったが、現代の等速ジョイントは折れ角も大きくとれるようになっている。もちろん、ドライブシャフトが長いほうがサスペンションストロークなどで優位なのは変わらないはずだが、近年のスバルは、「シンメトリカル」の優位点を、重量配分が左右で均等だということを、もっぱら言っている印象である。

ちなみにソルテラは4WDだけでなくFFもある。スバルとしては4WDだけで行きたかったようだが、トヨタ側の希望があったうえ、廉価モデルも必要ということで、FF仕様も設定された。

### ▩たびたび更新される電動化のロードマップ

ソルテラはEVであっても、「シンメトリカル」であるのをはじめ、「スバルらしさ」にこだわった設計・開発になっていた。ただ、そのことが必ずしもあまり理解されていないともいえそうである。ソルテラの販売台数はとくに日本では少ないし、将来、EVのスポーツモデルとか、スバルだけの独自EVモデルなどがつくられたとき、そこでもっと強調されるのかもしれないが、はたしてどうなるのか。

スバルはハイブリッドと平行して、EVについても、車種を拡大しようとしている。

上述のように2020年1月に、スバルは電動化のロードマップを発表した。それによると、まず2020年代前半からCセグメントSUVのEVを（ソルテラを手始めに）投入。ハイブリッドについては既に書いたように、2020年代の半ばに、ストロングハイブリッドのモデルを投入するが、2030年までに、40%以上を電動車にするとした。電動車はもちろん、EVとハイブリッドを合わせた数字である。さらに2030年代前半のうちに、全車を電動化するとしている。2050年の目標としては、Well-to-Wheel（原料の採掘から、クルマの走行までのトータル）での$CO_2$排出量を、2010年比で90%以上削減する。しかしその時点で内燃エンジンを使うハイブリッドが、どの程度残っているかはとくに明言されていない。

このロードマップは、2022年5月を経て、2023年8月に再アップデートされた（次頁図）。率直にいって電動化を前倒しするもので、2030年の電動車比率を、EV+HVで40%としていたのを、EVだけで50%へと引き上げた。残りの50%はHVとガソリン車になるが、この内訳についてはやはり流動的で、明言されていない。ちなみに50%というのは、60万台とされている。

2028年までに、EVのラインナップは8車種で、アメリカ市場では販売の半数を超える40万台を目指す。この発表時点でEVはソルテラのみで、5年でこれを達成するのはかなりの大胆な計画に思える。

さらに2024年5月にも電動化のロードマップを更新。2026年末までに、ソルテラに加えて3車種のEVを発売し、それはソルテラ同様に、トヨタとの共同開発だという。しかし2028年末までには、自社開発のEVの投入を目指すとしている。そして、内燃エンジン系モデル（エンジン車、ハイブリッド、プラグインハイブリッドなど）については今後随時アナウンスし、商品を強化するという。

トヨタとのアライアンスの知見を生かした自社開発のEVとされているが、どの程度独自技術になるのか。縦置きモーターなどが出てきたら面白いが、そこまではやらないかもしれない。

■電動化をとりまく状況

ロードマップが何度も更新されて、電動化の前倒しが目立つが、この期間、世界のEVシフトが、予想以上に急速に進展していた。EVに関しては、スバルにかぎらず日本メーカーは、日産と三菱以外は、長く静観をきめこんできた。トヨタを筆頭にハイブリッドが普及していたのも大きい。しかし2020年代を迎える頃から、欧州や中国、さらにアメリカでも、EVの導入が予想以上に進み、日本メーカーも焦る状況になったと見ることができる。

ところが2024年に入る頃から、世界のEV販売が頭打ちというニュースが増えた。スバルのロードマップも今後、また変わることもあるだろう。

元来、EVの導入は、$CO_2$排出量の削減が目的である。とくにヨーロッパでは、$CO_2$排出のための燃費規制が厳しく、当初はディーゼルの普及にも頼っていたが、2015年のフォルクスワーゲンのいわゆるディーゼルゲート事件が契機になり、電動化推進論に拍車がかかった。そしてハイブリッドは日本のトヨタが圧倒的に進んでいたこともおそらくあって、欧米はハイブリッドを締め出して、バッテリーEVのBEVや水素燃料電池のFCEVのみを偏重する方向に向かった。各国政府から、2030年頃までにエンジン付き車両の販売を禁止、などという表明が相次いだ。欧州メーカーはEVモデルを次々に投入し、かなりの数が売られるようになった。もちろん米国のテスラや中国製EVの成長は著しいものだった。

ただ急激で強制的なEVの義務化は、合理性を欠き、バッテリーの性能、価格などの現実を無視している。そもそもEVがトータルで$CO_2$排出量が優れているのか、地球環境に本当にやさしいのかは、よくわからないところがあり、$CO_2$削減が目的なのに、ほかのe-Fuelなどの手段も禁止しようとしたのもおかしかった。高価で不便なEVを押し付けるのも、ユーザーにとっては死活問題になる。そもそも売れないクルマの販売を義務化するとしたら、メーカーの破綻、ひいては経済の破綻につながりかねない。政治的に巨額の補助金でEVを優遇していたが、それもいつまでも続けられず、2020年代半ばが近づき、EV

2023年８月に電動化のロードマップがアップデートされた。「次世代e-BOXER」は、THSを応用したストロングハイブリッドのことで、2025年に導入の予定。日米でBEVを生産するが、電動化の過渡期において、ガソリン車と混流のラインにより柔軟に対処する生産体制である。ガソリンエンジン車は2028年以降も矢印が伸びている。

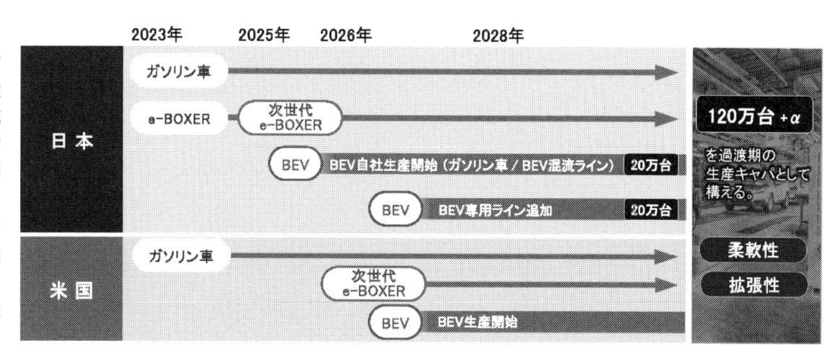

の伸びが鈍化した。

結局のところ、バッテリーの高性能化、低価格化がまだ不十分で、リチウムイオンにかわる次世代の全個体電池などの普及やその性能や価格もまだはっきり見えず、EVは当面は限定的であると思われる。もちろん、どこで技術のブレークスルーが起きるかはわからない。誰にも先が読めないので、自動車メーカーとしては、むずかしい舵取りであり、ある程度全方位的に技術開発や投資をしなければならない。2010年代後半に、ディーゼル事件から一転、EVに大きく舵をきったフォルクスワーゲンのように、2020年代半ばを前にEVが売れずに大混乱になったという例もある。

スバルも、2028年までにEVを50%という目標が、そのとおりになるかはわからない。投資家相手や企業イメージへの配慮などからも、また実際に事業としても、そうできる体制にしておく必要はあるのだろうが、市場の状況にフレキシブルに対応する準備はしているようである。

EVのモデル数や生産能力を増やしていくのは必須である。ただし、EVをつくればよいというわけでもない。価格競争力があり、品質も向上している中国製EVが台頭するなか、ただでさえ差別化がむずかしいと思われるEVで、スバルがどのようにブランド、商品力をアピールできるのかが、今まで以上に重要になるだろう。

## ▒カーボンニュートラル燃料

なんであれ、クルマの電動化はどんどん進み、いつまでエンジンが残るかも、わからなくなってきた。それでも、エンジンは、まだまだ相当長く残る可能性はある。

エンジンが残っていくうえで重要なものとして、カーボン・ニュートラル燃料（CN燃料）がある。CN燃料は、ガソリンと同じような性質を持つが、石油のような化石由来ではなく、燃焼させても$CO_2$排出にならない燃料のことで、各メーカーで研究されている。

日本でよく知られるものとして、スーパー耐久シリーズでの取り組みがあり、スバルも参画している。2021年からST-Qという特別なクラスが設定され、カーボンニュートラルを目指して、次世代燃料を使う実験的な開発車両が参加する。トヨタが提唱し、2024年時点で、スバル、マツダのほか、ホンダ、日産が賛同して参加している。使用する燃料はさまざまで、トヨタは水素、マツダはバイオディーゼルも使用している。

トヨタのGR86とスバルのBRZは、同じCN燃料を使用する。ただしGR86のエンジンは、GRヤリスの3気筒ターボを搭載している。BRZはもちろんFA24である。余談ながらレース用とはいえ3気筒であれば直列エンジンでもGR86のエンジンルームに収まるというのは、興味ぶかい。

この燃料はドイツのP1 Performance Fuels社が製造するもので、同社のCN燃料はWRCにも供給されている。スバルとトヨタは、それぞれ独自にエンジンを開発して競争するが、得られた知見は共有し、燃料メーカーにも提言して、燃料の改良に活かされている。

このエンジンは、レース用にチューンはしているが、基本的にほとんど市販車と同じものである。ただやはり、この燃料はガソリンとは成分が異なるので燃焼特性が変わり、揮発性が悪いために燃え残った燃料でオイルが希釈されるなどの問題が生じた。とはいえ、レースのような過酷な使用状況でなければ、問題はないのではないかという話も聞く。

ターボエンジンのほうが燃焼の問題は出やすく、BRZのFA24はNAエンジンなので問題が少ないが、2024年からはWRXをベースにしたFA24ターボエンジン搭載のマシンも投入し、スバルとしての技術の蓄積を図っている。

### ▩水平対向エンジンを活かす有効な手段

CN燃料には、水素と二酸化炭素を合成してつくる合成燃料と、バイオマス由来のバイオ燃料があるが、スーパー耐久でスバルの使う燃料はその混成である。一般的に合成燃料は、工場や発電所由来の原料からつくれるが、水素製造に使う電力を再生可能エネにするなどして、カーボンニュートラルになる条件を満たしたものがe-Fuelと呼ばれる。ただし、水素を製造するだけでも現状ではコストが高く、それをさらに二酸化炭素と合成するので、e-Fuelのコスト面は厳しい。普及すればコストが下がるが、それには時間がかかる。

バイオ燃料の場合は、実はすでに実用化されている。ブラジルでさとうきび由来のアルコール燃料が普及しているのは有名で、ガソリンより価格が安い状況も生まれている。アメリカでもガソリンやディーゼルに一定割合で混合されたものが普及し、生産量は今では世界一となっている。穀物生産量が甚大な国だからとはいえ、アメリカは国策としてこれを推進している。ただ、主原料のとうもろこしなどは食用と競合し、そもそも農業は地表を占有するので生産量に限界がある。いっぽうで水中の藻類から製造するのは効率がよいともいわれ、研究されている。そのほか、バイオメタンガスなども含めて、世界ではバイオ燃料の普及が進んでいる。日本がむしろ遅れているといえる。

CN燃料の使用は、エンジンとしては難しい技術開発ではなく、基本的には既存のクルマでも使える。問題は燃料の開発と大量生産の確立である。スバル単独の努力でどうにかなるものではなく、国の主導やメーカー各社の働きかけなどで、導入を進める必要がある。CN燃料自体は、航空機の脱炭素化には必須のもので、長距離を飛ぶには重いバッテリーを積んでモーター駆動するのは非現実的である。実は、自動車も似たようなもので、高性能なリチウムイオン電池の実用化により、EVの普及が始まったが、やはり、すべてのクルマを置き換えるほどの性能・価格は、現状のリチウムイオン電池にはまだないと考えるのが妥当である。そのためクルマでもCN燃料の普及が進んでいる。

逆にCN燃料も、100%代替となると現実的ではない。スバルでも上記のロードマップにはのせていない。ただしアメリカではガソリンに10%混合などの燃料が使われており、すでに実用化は進んでいるともいえる。混合燃料というのは、電動化における“ハイブリッド”のような状況といえるかもしれない。

スバルは、CN燃料は水平対向エンジンを残すのに必要な技術だとして、スーパー耐久の取り組みに関して、そのようにアナウンスもしている。CN燃料への取り組みは、スーパー耐久以外の場でも、協調を始めているという。

スーパー耐久でのCN燃料の取り組みとは別に、トヨタは2024年５月に、出光、ENEOSなどと共同で、2030年頃のCN燃料の導入を目指す検討を始めたと発表した。同じ５月には、トヨタ、スバル、マツダの３社が、マルチパスウェイ・ワークショップと称する発表を行なった。カーボンニュートラルに向けて、EV、ハイブリッド、エンジン、水素など、マルチパスウェイ（全方位的）な手段で取り組むということだが、とくにエンジンを残していく取り組

スーパー耐久ST-Qクラスに、2022年から参戦を始めた、CN燃料のBRZ。2023年富士24時間での1シーン。スバル本体の技術本部のエンジニアが開発。ボンネットにはボーイング787などの機体製造で生じた廃材リサイクルのCFRPを使用している。

スーパー耐久BRZのピット作業でのCN燃料の給油。CN燃料は、ガソリン代替になるように開発されているため、基本的にガソリンと同じように扱うことができる。オクタン化はハイオクガソリンと同等で、ただし揮発する温度は高めとなっている。

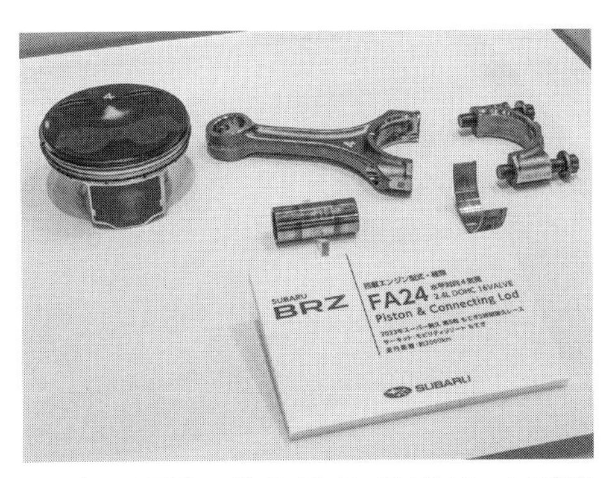


ST-QクラスのFA24エンジンの、コンロッドとピストン。とくに当初のCN燃料は揮発温度が高く、燃え残った燃料でエンジンオイルが希釈され、コンロッドとクランクシャフトの間の軸受メタルに摩耗が発生。オイルを改善したうえ、油温、水温の適性化を図るなどの対応が必要だった。

BRZに続いてST-Qクラスに、2024年から参戦開始となったWRXベースのマシン。「ハイパフォーマンスXフューチャー・コンセプト」が正式名称。エンジンはFA24ターボで、BRZと同じCN燃料を使用する。4WD制御の開発などもテーマにしている。

スーパー耐久でスバルやトヨタが使っているCN燃料。ドイツのP1 Performance Fuels社から供給される。ドラム缶に貼られた荷札シールを見るかぎりおそらく空輸されている。現状の価格はガソリンの10倍以上ともいわれるが、それには輸送費も入っている。

2024年5月のマルチパスウェイ・ワークショップで披露された、次期ハイブリッドユニット。2024年秋から埼玉の北本工場でこのハイブリッド用トランスアクスルを生産する。2018年発表のクロストレック・ハイブリッド（243頁参照）から改善された部分として、パワーコントロールユニットを車体後部から移動してエンジン上部に配置したことで、燃料タンクをエンジン車と同等に大型化して航続距離を延長できるようになったという。

みをアピールする発表であった。トヨタは新開発エンジン、マツダは水素でも使えるロータリーエンジンなどを紹介。そしてスバルは生産予定のストロングハイブリッドのパワーユニットを披露し、CN燃料の取り組みも紹介した。世界的なEVフィーバーが鎮静化するタイミングで、日本でもこういったアピールがされている。

CN燃料は、既存のエンジン車がほぼそのまま使えるので、カーボンニュートラルへの取り組みとしては、即効性がある。水平対向エンジンにとっては希望の光ともいえる。EVは今後も増えていくだろうが、世界中ですべてのエンジン車からEVへ置き換わるのが相当先だとすれば、その前にCN燃料の普及が進むことになる。

次世代動力、燃料への置き換えは、市場によって状況は異なる。エンジン車の実績がない中国は国策でEVに強力に舵を切って実際普及を進めたが、それでもEVをPHVへとシフトする状況になったりしている。狂信的なほどにEVシフトを進めようとしたヨーロッパも行き詰まった。アメリカはテスラも躍進し、相当数のEVが売れたが、全体のシェアはわずかで、しかも頭打ちになったともいわれる。ましてそれ以外の南米やアジアやアフリカなどでEV化がいったいいつ進むのか。22世紀までエンジンが残ることはありうるくらいに、とりあえず思っていたほうがよいのかもしれない。スバルの場合、アメリカ市場と日本市場を重視して対応していくことになる。

## ▩「スバルらしさ」が進化する未来

2020年代半ばには、スバル1000とEJ型エンジンの誕生から60年となる。第2世代の初代レガシィとEJ型エンジンの誕生からは、35年がたつ。第3世代のFA／FB型からも25年になる。FA／FB型は、まだまだ活躍の余地があるだろう。第4世代のCB型は誕生して間もないが、電動化時代の水平対向エンジンとして展開されていくのかもしれない。第5世代ははたしてどうなのか……。

スバルの水平対向エンジン車は、電動化が進むなかでも、従来と変わらないものを追求していくことになる。そしてEVでも、同じものを目指すことが、ソルテラの開発でわかった。

EVでも「スバルらしさ」を世界にアピールできるかというのは、やはり課題だと思われる。「水平対向エンジン」は、記号性としてはわかりやすいものがあった。

「スバルらしさ」としては、まず「4WD」がある。これはわかりやすく、ユーザーも恩恵を実感できる。また「SUV」も、スバルは定評を得ている。「安全」は、スバルのエンジニアリングのまじめさを直接示すもので、これからも大事にされていくだろう。自動運転の実現は遠い先の話だが、運転支援が進むなかで、スバルはドライバーが運転を愉しむことを重視すると明言している。水平対向エンジン車で培ってきた走りの洗練が、今後も重要であり続ける。

「プレミアム化」については、近年はとくにそれを目指していない印象である。それはそれで「スバルらしさ」として好ましいとも思えるが、ただ、台数の多くないスバルにとって「差別化」は必要である。とくに韓国に続いて中国車が強力に伸びている状況では、生き残るために「ブランド力」が重要になってくる。かつて安くて高品質の日本車が台頭したとき、ヨーロッパ車は過去のヘリテージも活かして、高級車分野で強く生き残ってきた。日本車も現在、それと同じ状況に置かれている。

差別化には「デザイン」も重要である。スバル同様にシェアの小さめのマツダは近年、プレミアム化

2023年のジャパンモビリティショーで展示されたEVのスポーツ・モビリティ・コンセプト。独特のフェンダー構造などボディ全体でスバルらしさを表現しているが、フロントマスクにはヘキサゴングリルをはじめ現行スバル車と共通の意匠がない。それに対し、同時に展示された上に見えるドローンのコンセプトでは、「スバル」と認識できるわかりやすい意匠が必要だとして、市販車と同じ左右のコの字型の“ポジションランプ”がデザインされていた。その意匠（226頁参照）は水平対向エンジンを暗示させるものだったのだが……。

エンジンを使うかぎりは、水平対向エンジンのシンメトリカルAWDという要の設計が、今後も変わることはない。FFとFRもあるが、シンメトリカルであることは変わらない。燃費性能の観点から、FFモデルも今後も続いていくと思われる。

への足がかりのようにデザインを重視して、評価されてきた。スバルもとくに近年、デザインで「スバルらしさ」を形にしてきていたが、マツダには及ばないと感じる。

2020年代半ばを前に、今までせっかく苦労してスバルの顔として定着させたヘキサゴングリルが、あいまいなデザインになっている印象も少しある。2023年秋に開催されたジャパンモビリティショーでは、EVコンセプトカーのスポーツ・モビリティ・コンセプトが展示されたが、これにはヘキサゴングリルがなかった。会場でデザイン担当者に聞いたところ、EVではグリルが必要なくなるので、ヘキサゴングリルに代わって、「スバルらしさ」を表現するデザインを試しているということだった。水平対向の左右シリンダーをモチーフにした、コの字型のポジションランプも、当然とはいえ、なくなっていた。

実際に展示車両を見た印象で、たしかにグリル以外の部分でスバルらしいものが感じられた。ただ、スバルを必ずしもよく知らない人にも一目でスバルと認識してもらうには、もっとなにか必要かもしれ

水平対向エンジン・レイアウトを最初に採用したスバル1000。そのときの設計の志は、電動化時代になっても生き続けている。スバルの未来は続いていく。

ない。

スバルにとっては「スポーツ」も欠かせない。スバルでは、EVになっても変わらない「スバルらしさ」として、操縦安定性、安全性に加えて、洗練されたドライブフィール、運転の愉しさなどを挙げている。それを訴求する手段としては、やはり「スポーツ」が必要だろう。スバル車はせっかく中身が特別なのに、いまひとつふつうに見えてしまうことが多いのが惜しまれる。「スポーツ」にはSUV（スポーツ・ユーティリティ・ビークル）もあり、たとえばインプレッサよりもクロストレックのほうがスポーティを感じさせ、存在感はある。またウィルダネスのようなSUVをさらに（タフな）スポーティにしたグレードも導入されている。その点ではスバルは、スポーティな存在感を発揮している。

「スポーツ」にはモータースポーツもある。やはり、モータースポーツ活動での訴求も必要である。過去のWRCチャンピオンの実績も含めて、モータースポーツの実績はブランドの貴重なヘリテージとなっている。たとえばTV CMが、親しみやすいタレントによる「安心」を強調したものばかりだったりすると、やや寂しさを感じる。スポーツが盛んなアメリカでのスバルのあり方はファン的目線からはうらやむべきものがあり、当地でのときにあまりにアグレッシブなPR活動はさすがにやりすぎかとも思うが、日本でももうちょっと「愉しさ」のあるものになってくれたらと思ってしまう。

いささか浅薄な結論になってしまうようだが、スバルはクルマづくりは“間違いがない”ので、デザインやスポーツ活動、そしてブランド戦略をよりいっそう強化してほしいように思う。

この先2050年を過ぎて、22世紀に近づく頃には、EV化よりもさらに重大である自動運転も、より現実的になっているかもしれない。「自動車」といえる形で自動車がいつまでも残るとも限らない。そのときスバルがどうなっているのかは想像もつかない。しかしいずれにしても、スバルらしさを追求していくことが、よりいっそう重要であり続ける。

水平対向エンジンのスバル車は、「シンメトリカルAWD」のクルマづくりを変わらず続けることになるのだろう。いつの日かその先端に水平対向エンジンが搭載されなくなる日はくる。しかし、それでもスバルの道は続いていく。スバルにしかできない、良心的、魅力的なクルマづくりを続けていってほしいと心から願っている。

■EA型エンジンの変遷

| エンジン型式 | エンジン種類 | ボア・ストローク(mm) | 排気量(cc) | 圧縮比 | 最高出力(ps/rpm) | 最大トルク(kg-m/rpm) | 燃料供給装置 | 搭載車種例 | 発売年月 |
|---|---|---|---|---|---|---|---|---|---|
| EA52 | OHV | 72×60 | 977 | 9.0 | 55/6000 | 7.8/3200 | キャブレター | スバル1000 | 1966年5月 |
| EA53 | OHV | 72×60 | 977 | 10.0 | 67/6600 | 8.2/4600 | ツインキャブ | スバル1000 スポーツ | 1966年11月 |
| EA61 | OHV | 76×60 | 1088 | 9.0 | 62/6000 | 8.7/3200 | キャブレター | ff-1 | 1969年3月 |
| EA61S | OHV | 76×60 | 1088 | 10.0 | 77/7000 | 8.8/4800 | ツインキャブ | ff-1 スポーツセダン | 1969年3月 |
| EA62 | OHV | 82×60 | 1267 | 9.0 | 80/6400 | 10.1/4000 | キャブレター | ff-1 1300G | 1970年7月 |
| EA62S | OHV | 82×60 | 1267 | 10.0 | 93/7000 | 10.5/5000 | ツインキャブ | ff-1 1300G スポーツセダン | 1970年7月 |
| EA63 | OHV | 85×60 | 1361 | 9.0 | 80/6400 | 10.5/4000 | キャブレター | 初代レオーネ クーペ 1400GL | 1971年10月 |
| EA63S | OHV | 85×60 | 1361 | 10.0 | 93/6800 | 11.0/4800 | ツインキャブ | 初代レオーネ クーペ 1400GS | 1971年10月 |
| EA64 | OHV | 79×60 | 1176 | 9.0 | 68/6000 | 9.5/3600 | キャブレター | 初代レオーネ セダン 1200DL | 1973年11月 |
| EA71 | OHV | 92×60 | 1595 | 9.5 | 95/6400 | 12.3/4000 | ツインキャブ | 初代レオーネ SEEC-T1600 クーペ RX | 1975年10月 |
| EA71 | OHV | 92×60 | 1595 | 8.5 | 82/5600 | 12.0/3600 | キャブレター | 初代レオーネ SEEC-T1600 セダン 4ドアGL | 1975年10月 |
| EA81 | OHV | 92×67 | 1781 | 8.7 | 100/5600 | 15.0/3600 | キャブレター | 2代目レオーネ 4ドアセダン 1.8GTS | 1979年6月 |
| EA65 | OHV | 83×60 | 1298 | 9.0 | 72/5600 | 10.0/3200 | キャブレター | 2代目レオーネ スイングバック 1.3LF | 1979年9月 |
| EA81 | OHV | 92×67 | 1781 | 9.5 | 110/6000 | 15.0/4000 | ツインキャブ | 2代目レオーネ 4WD ハードトップ 1.8RX | 1982年10月 |
| EA81 | OHV ターボ | 92×67 | 1781 | 7.7 | 120/5200 | 19.0/2400 | 電子制御燃料噴射 | 2代目レオーネ 4WDターボ 1.8 | 1982年10月 |
| EA82 | SOHC | 92×67 | 1781 | 9.0 | 100/5600 | 15.0/3200 | キャブレター | 3代目レオーネ 4ドアセダン 1.8ST | 1984年7月 |
| EA82 | SOHC ターボ | 92×67 | 1781 | 7.7 | 135/5600 | 20.0/2800 | 電子制御燃料噴射 | 3代目レオーネ 4ドアセダン 1.8GTターボ | 1984年7月 |

※すべてグロスでの数値。参考までにEA82ターボはネット表示では、120ps/5200rpm、18.2kg-m/2400rpm

■WRX等量産モデルにおけるEJ20ターボの進化（一部限定車を含む）

| 車名 | 登場年 | 最高出力（ps/rpm） | 最大トルク（kg-m/rpm） |
|---|---|---|---|
| レガシィ RS | 1989年2月 | 220/6400 | 27.5/4000 |
| インプレッサ WRX | 1992年10月 | 240/6000 | 31.0/5000 |
| インプレッサ WRX STi | 1994年1月 | 250/6500 | 31.5/3500 |
| インプレッサ WRX | 1994年9月 | 260/6500 | 31.5/5000 |
| インプレッサ WRX タイプ RA STi | 1994年11月 | 275/6500 | 32.5/4000 |
| インプレッサ WRX STi バージョンIII | 1996年9月 | 280/6500 | 35.0/4000 |
| インプレッサ WRX STi バージョンIV | 1997年9月 | 280/6500 | 36.0/4000 |
| （2代目）インプレッサ WRX STi（A型） | 2000年10月 | 280/6400 | 38.0/4000 |
| インプレッサ WRX STi タイプ RA スペックC | 2001年12月 | 280/6400 | 39.2/4400 |
| インプレッサ WRX STi（C型） | 2002年11月 | 280/6000 | 40.2/4400 |
| インプレッサ WRX STi（E型） | 2004年6月 | 280/6400 | 42.0/4400 |
| インプレッサ WRX STi（F型） | 2005年6月 | 280/6400 | 43.0/4400 |
| （3代目）インプレッサ WRX STI | 2007年10月 | 308/6400 | 43.0/4400 |
| （4代目）WRX STI | 2014年8月 | 308/6400 | 43.0/4400 |

■水平対向 6 気筒エンジン 主要諸元

| エンジン型式 | エンジン種類 | ボア・ストローク(mm) | 排気量(cc) | 圧縮比 | 最高出力(ps/rpm) | 最大トルク(kg-m/rpm) | ベースエンジン | 搭載車種(国内) | 導入年(国内) |
|---|---|---|---|---|---|---|---|---|---|
| ER27 | SOHC12バルブ | 92.0×67.0 | 2672 | 9.5 | 150/5200 | 21.5/4000 | EA82 | アルシオーネ | 1987 |
| EG33 | DOHC24バルブ | 96.9×75.0 | 3318 | 10.0 | 240/6000 | 31.5/4800 | EJ22 | アルシオーネSVX | 1991 |
| EZ30 | DOHC24バルブ | 89.2×80.0 | 2999 | 10.7 | 220/6000 | 29.5/4400 | 新設計 | 3 代目レガシィ | 2000 |
| EZ30-R | DOHC24バルブ | 89.2×80.0 | 2999 | 10.7 | 250/6600 | 31.0/4200 | 新設計 | 4 代目レガシィ | 2003 |
| EZ36 | DOHC24バルブ | 92.0×91.0 | 3629 | 10.5 | 260/6000 | 34.2/4400 | 新設計 | 5 代目レガシィ | 2009 |

■水平対向ディーゼルとガソリンの諸元比較

| | EE20(ディーゼル) | EJ20(ガソリン) | EZ30(ガソリン) |
|---|---|---|---|
| エンジン形式 | 水平対向 4 気筒 | 水平対向 4 気筒 | 水平対向 6 気筒 |
| 排気量 cc | 1998 | 1994 | 2999 |
| 最高出力 kW(ps)/rpm | 110(150)/3600 | 110(150)/6000 | 180(245)/6600 |
| 最大トルク Nm(kgf-m)/rpm | 350(35.7)/1800 | 196(20.0)/3200 | 297(30.3)/4200 |
| $CO_2$排出量 g/km | 148 | 209 | 243 |
| 圧縮比 | 16.3 | 10.2 | 10.7 |
| ボア・ストローク mm | 86.0×86.0 | 92.0×75.0 | 89.2×80.0 |
| ボアピッチ mm | 98.4 | 113 | 98.4 |
| バンクオフセット mm | 46.8 | 54.5 | 46.8 |
| デッキハイト mm | 220 | 201 | 202 |
| ジャーナル径 mm | ∅67 | ∅60 | ∅64 |
| ピン径 mm | ∅55 | ∅52 | ∅50 |
| ロッド芯間 mm | 134 | 130.5 | 131.7 |
| ピストンピン径 mm | ∅31 | ∅23 | ∅22 |
| コンプレッションハイト mm | 43 | 33.5 | 30 |
| 燃料噴射システム | コモンレール式 | MPI | MPI |
| ターボチャージャー | 可変ノズルターボ | NA | NA |
| エンジン全長 mm | 353.5 | 414.8 | 438.4 |

出荷前のEJ型エンジン

初代インプレッサに搭載されるEJ型エンジン

■EJ型以降の4気筒水平対向エンジン 主要諸元

| モデル名 | | エンジン型式 | エンジン種類 | ボア・ストローク（mm） | 排気量（cc） | 圧縮比 |
|---|---|---|---|---|---|---|
| 初代レガシィ | | EJ18 | SOHC | 87.9×75.0 | 1820 | 9.7 |
| | | EJ20 | DOHC | 92.0×75.0 | 1994 | 9.7 |
| | | EJ20 | DOHCターボ | 92.0×75.0 | 1994 | 8.5 |
| 2代目レガシィ | | EJ20 | SOHC | 92.0×75.0 | 1994 | 9.5 |
| | | EJ22 | SOHC | 96.9×75.0 | 2212 | 9.5 |
| | | EJ20 | DOHC | 92.0×75.0 | 1994 | 9.7 |
| | | EJ20 | DOHCターボ | 92.0×75.0 | 1994 | 8.5 |
| 3代目レガシィ | | EJ20 | SOHC | 92.0×75.0 | 1994 | 10.0 |
| | | EJ20 | DOHC | 92.0×75.0 | 1994 | 10.8 |
| | | EJ25 | DOHC | 99.5×79.0 | 2457 | 10.7 |
| | （AT） | EJ20 | DOHCターボ | 92.0×75.0 | 1994 | 9.0 |
| | （MT） | EJ20 | DOHCターボ | 92.0×75.0 | 1994 | 8.5 |
| 4代目レガシィ | | EJ20 | SOHC | 92.0×75.0 | 1994 | 10.0 |
| | （AT） | EJ20 | DOHC | 92.0×75.0 | 1994 | 11.5 |
| | （MT） | EJ20 | DOHC | 92.0×75.0 | 1994 | 11.5 |
| | （AT） | EJ20 | DOHCターボ | 92.0×75.0 | 1994 | 9.5 |
| | （MT） | EJ20 | DOHCターボ | 92.0×75.0 | 1994 | 9.5 |
| 5代目レガシィ | | EJ25 | SOHC | 99.5×79.0 | 2457 | 10.0 |
| | | EJ25 | DOHCターボ | 99.5×79.0 | 2457 | 9.5 |
| 6代目レガシィ | | FB25 | DOHC | 94.0×90.0 | 2498 | 10.3 |
| 7代目レガシィ・アウトバック | | CB18 | DOHCターボ | 80.6×88.0 | 1795 | 10.4 |
| 初代インプレッサ | | EJ15 | SOHC | 85.0×65.8 | 1493 | 9.4 |
| | | EJ16 | SOHC | 87.9×65.8 | 1597 | 9.4 |
| | | EJ18 | SOHC | 87.9×75.0 | 1820 | 9.5 |
| 2代目インプレッサ | | EJ15 | SOHC | 85.0×65.8 | 1493 | 10.0 |
| | | EJ20 | DOHC | 92.0×75.0 | 1994 | 10.8 |
| | | EJ20 | DOHCターボ | 92.0×75.0 | 1994 | 9.0 |
| 3代目インプレッサ | | EL15 | DOHC | 77.7×79.0 | 1498 | 10.1 |
| | | EJ20 | SOHC | 92.0×75.0 | 1994 | 10.0 |
| | | EJ20 | DOHCターボ | 92.0×75.0 | 1994 | 9.4 |
| 4代目インプレッサ | | FB16 | DOHC | 78.8×82.0 | 1599 | 10.5 |
| | | FB20 | DOHC | 84.0×90.0 | 1995 | 10.5 |
| 5代目インプレッサ | | FB16 | DOHC | 78.8×82.0 | 1599 | 10.5 |
| | | FB20 | DOHC | 84.0×90.0 | 1995 | 12.5 |
| 6代目インプレッサ | | FB20 | DOHC | 84.0×90.0 | 1995 | 12.5 |
| 初代インプレッサWRX | | EJ20 | DOHCターボ | 92.0×75.0 | 1994 | 8.5 |
| 2代目インプレッサWRX STi | | EJ20 | DOHCターボ | 92.0×75.0 | 1994 | 8.0 |
| 3代目インプレッサWRX STI | （A-Line） | EJ25 | DOHCターボ | 99.5×79.0 | 2457 | 8.2 |
| | | EJ20 | DOHCターボ | 92.0×75.0 | 1994 | 8.0 |
| （4代目）WRX | （S4） | FA20 | DOHCターボ | 86.0×86.0 | 1998 | 10.6 |
| | （STI） | EJ20 | DOHCターボ | 92.0×75.0 | 1994 | 8.0 |
| （5代目）WRX S4 | | FA24 | DOHCターボ | 94.0×86.0 | 2387 | 10.6 |
| 初代レヴォーグ | | FB16 | DOHCターボ | 78.8×82.0 | 1599 | 11.0 |
| | | FA20 | DOHCターボ | 86.0×86.0 | 1998 | 10.6 |
| 2代目レヴォーグ | | CB18 | DOHCターボ | 80.6×88.0 | 1795 | 10.4 |
| | | FA24 | DOHCターボ | 94.0×86.0 | 2387 | 10.6 |
| 初代BRZ | | FA20 | DOHC | 86.0×86.0 | 1998 | 12.5 |
| 2代目BRZ | | FA24 | DOHC | 94.0×86.0 | 2387 | 12.5 |

※主として、各モデルの日本市場導入時の仕様。ハイブリッドは除く

| 最高出力（ps/rpm） | 最大トルク（kg-m/rpm） | 燃料種類 |
|---|---|---|
| 110/6000 | 15.2/3200 | 無鉛レギュラー |
| 150/6800 | 17.5/5200 | 無鉛レギュラー |
| 220/6400 | 27.5/4000 | 無鉛プレミアム |
| 125/5500 | 17.5/4500 | 無鉛レギュラー |
| 135/5500 | 19.0/4000 | 無鉛レギュラー |
| 150/6400 | 18.5/4800 | 無鉛レギュラー |
| 250/6500 | 31.5/5000 | 無鉛プレミアム |
| 137/5600 | 19.0/3600 | 無鉛レギュラー |
| 155/6400 | 20.0/3200 | 無鉛プレミアム |
| 167/6000 | 24.0/2800 | 無鉛プレミアム |
| 260/6000 | 32.5/5000 | 無鉛プレミアム |
| 280/6500 | 35.0/5000 | 無鉛プレミアム |
| 140/5600 | 19.0/4400 | 無鉛レギュラー |
| 180/6800 | 20.0/4400 | 無鉛プレミアム |
| 190/7100 | 20.0/4400 | 無鉛プレミアム |
| 260/6000 | 35.0/2400 | 無鉛プレミアム |
| 280/6400 | 35.0/2400 | 無鉛プレミアム |
| 170/5600 | 23.4/4000 | 無鉛レギュラー |
| 285/6000 | 35.7/2000-5600 | 無鉛プレミアム |
| 175/5800 | 24.0/4000 | 無鉛レギュラー |
| 177/5200-5600 | 30.6/1600-3600 | 無鉛レギュラー |
| 97/6000 | 13.2/4500 | 無鉛レギュラー |
| 100/6000 | 14.1/4500 | 無鉛レギュラー |
| 115/6000 | 15.7/4500 | 無鉛レギュラー |
| 100/5200 | 14.5/4000 | 無鉛レギュラー |
| 155/6400 | 20.0/3200 | 無鉛プレミアム |
| 250/6000 | 34.0/3600 | 無鉛プレミアム |
| 110/6400 | 14.7/3200 | 無鉛レギュラー |
| 140/5600 | 19.0/4400 | 無鉛レギュラー |
| 250/6000 | 34.0/2400 | 無鉛プレミアム |
| 115/5600 | 15.1/4000 | 無鉛レギュラー |
| 150/6200 | 20.0/4200 | 無鉛レギュラー |
| 115/6200 | 15.1/3600 | 無鉛レギュラー |
| 154/6000 | 20.0/4000 | 無鉛レギュラー |
| 154/6000 | 19.7/4000 | 無鉛レギュラー |
| 240/6000 | 31.0/5000 | 無鉛プレミアム |
| 280/6400 | 38.0/4000 | 無鉛プレミアム |
| 300/6200 | 35.7/2800-6200 | 無鉛プレミアム |
| 308/6400 | 43.0/4400 | 無鉛プレミアム |
| 300/5600 | 40.8/2000-4800 | 無鉛プレミアム |
| 308/6400 | 43.0/4400 | 無鉛プレミアム |
| 275/5600 | 38.2/2000-4800 | 無鉛プレミアム |
| 170/4800-5600 | 25.5/1800-4800 | 無鉛レギュラー |
| 300/5600 | 40.8/2000-4800 | 無鉛プレミアム |
| 177/5200-5600 | 30.6/1600-3600 | 無鉛プレミアム |
| 275/5600 | 38.2/2000-4800 | 無鉛プレミアム |
| 200/7000 | 20.9/6400-6600 | 無鉛プレミアム |
| 235/7000 | 25.5/3700 | 無鉛プレミアム |

EA52

EG33

EJ20ターボ

EE20

■スバル水平対向エンジン搭載各車の主要諸元

| 車名 （グレード） | 登場年 | 駆動方式 | エンジン種類 | 排気量（cc） | 最大出力（ps） |
|---|---|---|---|---|---|
| スバル1000 （スタンダード） | 1965 | FF | 4気筒 | 977 | 55*1 |
| 初代レオーネ （4ドアセダン カスタム） | 1971 | FF | 4気筒 | 1361 | 80*1 |
| 2代目レオーネ （セダン1.8GTS） | 1979 | FF | 4気筒 | 1781 | 100*1 |
| 3代目レオーネ （4ドアセダン1.8GTターボ） | 1984 | 4WD | 4気筒ターボ | 1781 | 135*1 |
| 初代レガシィ （RS） | 1989 | 4WD | 4気筒ターボ | 1994 | 220 |
| 2代目レガシィ （GT） | 1993 | 4WD | 4気筒ターボ | 1994 | 250 |
| 3代目レガシィ （B4 RSK 5MT） | 1998 | 4WD | 4気筒ターボ | 1994 | 280 |
| 4代目レガシィ （B4 2.0GT 5MT） | 2003 | 4WD | 4気筒ターボ | 1994 | 280 |
| 5代目レガシィ （B4 GT） | 2009 | 4WD | 4気筒ターボ | 2457 | 285 |
| 6代目レガシィ （B4 Limited） | 2014 | 4WD | 4気筒 | 2498 | 175 |
| 7代目レガシィ・アウトバック（X-BREAK EX） | 2021 | 4WD | 4気筒ターボ | 1795 | 177 |
| 初代インプレッサ （ハードトップセダンWRX） | 1992 | 4WD | 4気筒ターボ | 1994 | 240 |
| 2代目インプレッサ （WRX NB 5MT） | 2000 | 4WD | 4気筒ターボ | 1994 | 250 |
| 3代目インプレッサ （S-GT 5MT） | 2007 | 4WD | 4気筒ターボ | 1994 | 250 |
| 4代目インプレッサ （G4 2.0i） | 2011 | 4WD | 4気筒 | 1995 | 150 |
| 5代目インプレッサ （G4 2.0iL EyeSight） | 2016 | 4WD | 4気筒 | 1995 | 154 |
| 6代目インプレッサ （ST） | 2023 | 4WD | 4気筒 | 1995 | 154 |
| （初代）XV （2.0iL EyeSight） | 2012 | 4WD | 4気筒 | 1995 | 150 |
| （2代目）XV （2.0iL EyeSight） | 2017 | 4WD | 4気筒 | 1995 | 154 |
| （初代）クロストレック（Limited） | 2022 | FF | 4気筒ハイブリッド | 1995 | 145*2 |
| （4代目）WRX （S4 2.0GT EyeSight） | 2014 | 4WD | 4気筒ターボ | 1998 | 300 |
| （5代目）WRX （S4 STI Sport R EX） | 2021 | 4WD | 4気筒ターボ | 2387 | 275 |
| 初代レヴォーグ （1.6GT EyeSight） | 2014 | 4WD | 4気筒ターボ | 1599 | 170 |
| 2代目レヴォーグ （GT EX） | 2020 | 4WD | 4気筒ターボ | 1795 | 177 |
| 初代フォレスター （S/tb 5MT） | 1997 | 4WD | 4気筒ターボ | 1994 | 250 |
| 2代目フォレスター （XT 5MT） | 2002 | 4WD | 4気筒ターボ | 1994 | 220 |
| 3代目フォレスター （2.0XT 5MT） | 2007 | 4WD | 4気筒ターボ | 1994 | 230 |
| 4代目フォレスター （2.0XT） | 2012 | 4WD | 4気筒ターボ | 1998 | 280 |
| 5代目フォレスター （Premium） | 2018 | 4WD | 4気筒 | 2498 | 184 |
| エクシーガ （1.8GT EyeSight） | 2008 | 4WD | 4気筒 | 1994 | 148 |
| アルシオーネ （4WD VRターボ） | 1985 | 4WD | 4気筒ターボ | 1781 | 135 |
| アルシオーネSVX （Version L） | 1991 | 4WD | 6気筒 | 3318 | 240 |
| 初代BRZ （S 6MT） | 2012 | FR | 4気筒 | 1998 | 200 |
| 2代目BRZ （S 6MT） | 2021 | FR | 4気筒 | 2387 | 235 |

*1：グロス値　*2：モーターは13.6

| ホイールベース（mm） | トレッド 前／後（mm） | 全長×全幅×全高（mm） | サスペンション 前／後 | 車重（kg） |
|---|---|---|---|---|
| 2400 | 1225/1210 | 3900×1480×1390 | ダブルウィッシュボーン／トレーリングアーム＋センターコイル（前後トーションバー） | 670 |
| 2455 | 1260/1205 | 3995×1500×1385 | ストラット＋コイル／セミトレーリングアーム＋トーションバー | 785 |
| 2460 | 1330/1345 | 4270×1615×1365 | ストラット＋コイル／セミトレーリングアーム＋トーションバー | 950 |
| 2465 | 1420/1425 | 4370×1660×1400 | ストラット／セミトレーリングアーム（前後コイル） | 1120 |
| 2580 | 1465/1455 | 4510×1690×1395 | （前後）ストラット＋コイル | 1290 |
| 2630 | 1465/1455 | 4595×1695×1405 | （前後）ストラット＋コイル | 1370 |
| 2650 | 1465/1465 | 4605×1695×1410 | ストラット／マルチリンク（前後コイル） | 1440 |
| 2670 | 1495/1490 | 4635×1730×1425 | ストラット／マルチリンク（前後コイル） | 1440 |
| 2750 | 1530/1535 | 4730×1780×1505 | ストラット／ダブルウィッシュボーン（前後コイル） | 1480 |
| 2750 | 1580/1595 | 4795×1840×1500 | ストラット／ダブルウィッシュボーン（前後コイル） | 1530 |
| 2745 | 1570/1600 | 4870×1875×1675 | ストラット／ダブルウィッシュボーン（前後コイル） | 1680 |
| 2520 | 1465/1455 | 4340×1690×1405 | （前後）ストラット＋コイル | 1200 |
| 2525 | 1485/1475 | 4405×1730×1435 | （前後）ストラット＋コイル | 1340 |
| 2620 | 1495/1495 | 4415×1740×1475 | ストラット／ダブルウィッシュボーン（前後コイル） | 1360 |
| 2645 | 1510/1515 | 4580×1740×1465 | ストラット／ダブルウィッシュボーン（前後コイル） | 1340 |
| 2670 | 1540/1545 | 4625×1775×1455 | ストラット／ダブルウィッシュボーン（前後コイル） | 1370 |
| 2670 | 1540/1545 | 4475×1780×1450 | ストラット／ダブルウィッシュボーン（前後コイル） | 1420 |
| 2640 | 1535/1540 | 4450×1780×1550 | ストラット／ダブルウィッシュボーン（前後コイル） | 1390 |
| 2670 | 1555/1565 | 4465×1800×1550 | ストラット／ダブルウィッシュボーン（前後コイル） | 1420 |
| 2670 | 1560/1570 | 4480×1800×1575 | ストラット／ダブルウィッシュボーン（前後コイル） | 1560 |
| 2650 | 1530/1540 | 4595×1795×1475 | ストラット／ダブルウィッシュボーン（前後コイル） | 1540 |
| 2675 | 1560/1570 | 4670×1825×1465 | ストラット／ダブルウィッシュボーン（前後コイル） | 1600 |
| 2650 | 1530/1540 | 4690×1780×1485 | ストラット／ダブルウィッシュボーン（前後コイル） | 1530 |
| 2670 | 1550/1545 | 4755×1795×1500 | ストラット／ダブルウィッシュボーン（前後コイル） | 1550 |
| 2525 | 1475/1455 | 4450×1735×1580 | （前後）ストラット＋コイル | 1350 |
| 2525 | 1495/1485 | 4450×1735×1585 | （前後）ストラット＋コイル | 1390 |
| 2615 | 1530/1530 | 4560×1780×1675 | ストラット／ダブルウィッシュボーン（前後コイル） | 1460 |
| 2640 | 1545/1550 | 4595×1795×1695 | ストラット／ダブルウィッシュボーン（前後コイル） | 1590 |
| 2670 | 1565/1570 | 4625×1815×1715 | ストラット／ダブルウィッシュボーン（前後コイル） | 1530 |
| 2750 | 1525/1530 | 4740×1775×1660 | ストラット／ダブルウィッシュボーン（前後コイル） | 1520 |
| 2465 | 1425/1425 | 4450×1690×1335 | ストラット／セミトレーリングアーム（前後コイル） | 1340 |
| 2610 | 1500/1480 | 4625×1770×1300 | （前後）ストラット＋コイル | 1620 |
| 2570 | 1520/1540 | 4240×1775×1300 | ストラット／ダブルウィッシュボーン（前後コイル） | 1230 |
| 2575 | 1520/1550 | 4265×1775×1310 | ストラット／ダブルウィッシュボーン（前後コイル） | 1270 |

■スバル水平対向モデルの変遷

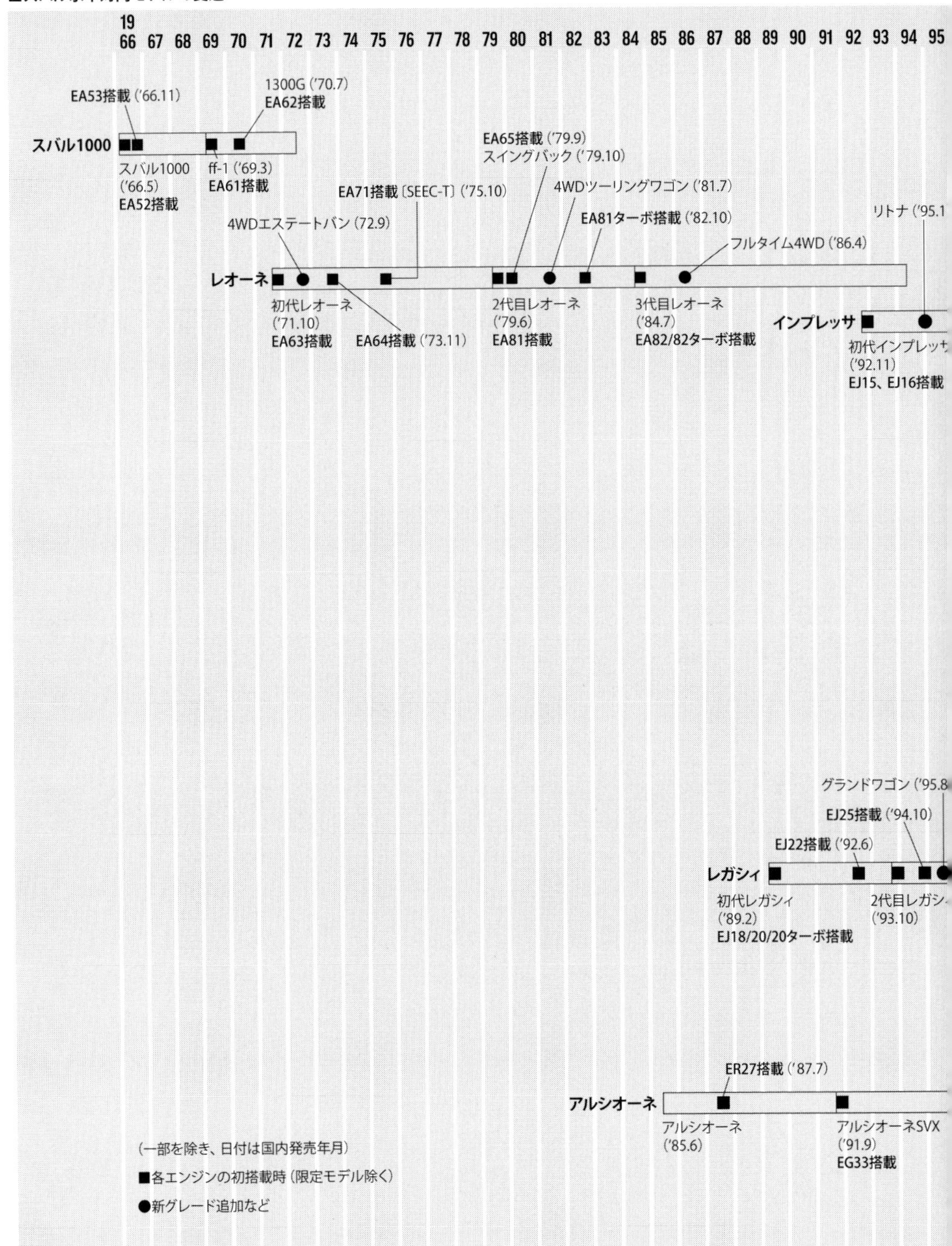

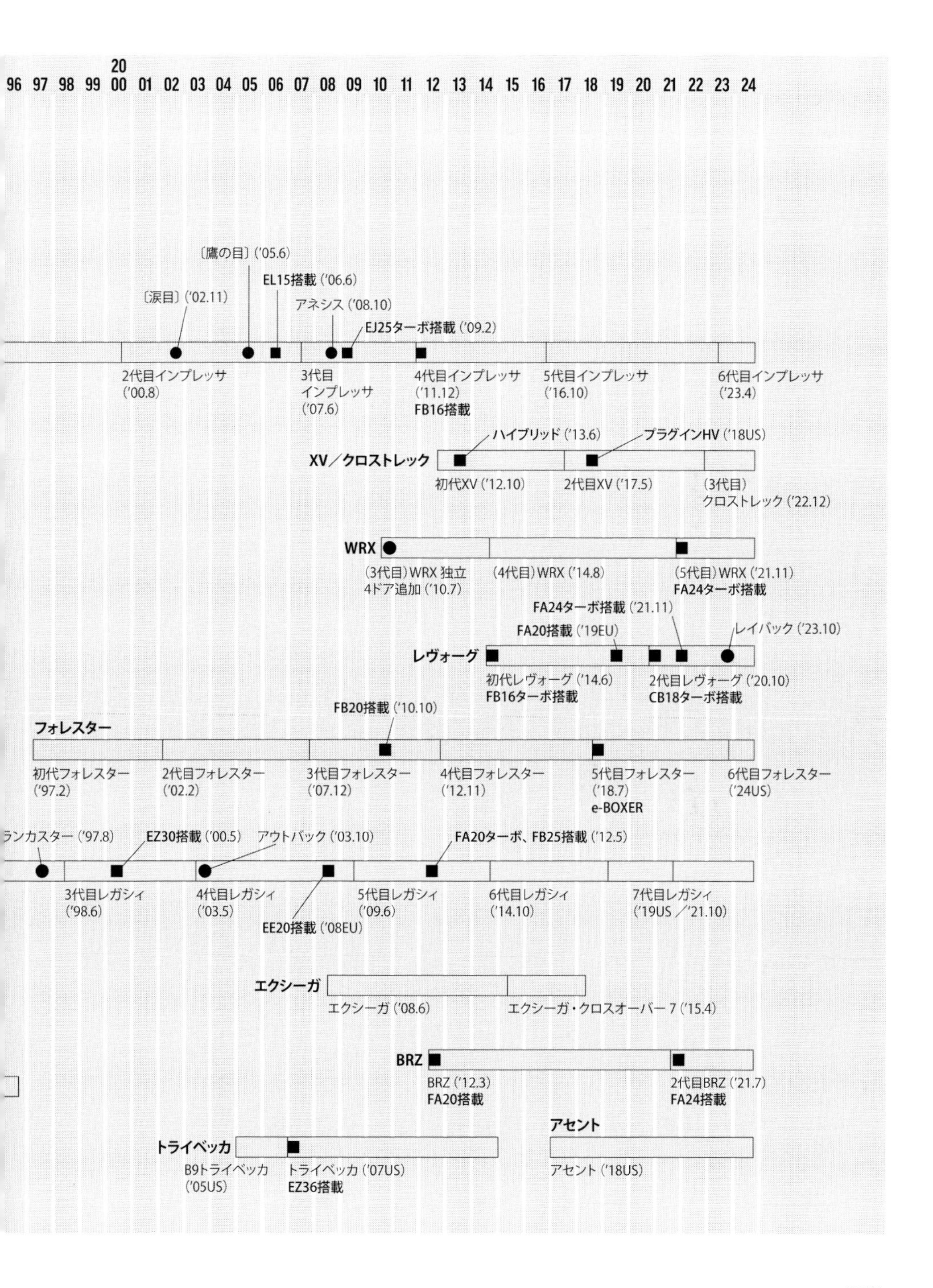

20
96 97 98 99 00 01 02 03 04 05 06 07 08 09 10 11 12 13 14 15 16 17 18 19 20 21 22 23 24
〔鷹の目〕('05.6)
EL15搭載('06.6)
〔涙目〕('02.11)
アネシス('08.10)
EJ25ターボ搭載('09.2)
2代目インプレッサ('00.8)
3代目インプレッサ('07.6)
4代目インプレッサ('11.12)
FB16搭載
5代目インプレッサ('16.10)
6代目インプレッサ('23.4)
ハイブリッド('13.6)
プラグインHV('18US)
XV／クロストレック
初代XV('12.10)
2代目XV('17.5)
(3代目)クロストレック('22.12)
WRX
(3代目)WRX独立
4ドア追加('10.7)
(4代目)WRX('14.8)
(5代目)WRX('21.11)
FA24ターボ搭載
FA24ターボ搭載('21.11)
FA20搭載('19EU)
レイバック('23.10)
レヴォーグ
初代レヴォーグ('14.6)
FB16ターボ搭載
2代目レヴォーグ('20.10)
CB18ターボ搭載
FB20搭載('10.10)
フォレスター
初代フォレスター('97.2)
2代目フォレスター('02.2)
3代目フォレスター('07.12)
4代目フォレスター('12.11)
5代目フォレスター('18.7)
e-BOXER
6代目フォレスター('24US)
ランカスター('97.8)
EZ30搭載('00.5)
アウトバック('03.10)
FA20ターボ、FB25搭載('12.5)
3代目レガシィ('98.6)
4代目レガシィ('03.5)
EE20搭載('08EU)
5代目レガシィ('09.6)
6代目レガシィ('14.10)
7代目レガシィ('19US／'21.10)
エクシーガ
エクシーガ('08.6)
エクシーガ・クロスオーバー7('15.4)
BRZ
BRZ('12.3)
FA20搭載
2代目BRZ('21.7)
FA24搭載
アセント
トライベッカ
B9トライベッカ('05US)
トライベッカ('07US)
EZ36搭載
アセント('18US)

**参考文献**

両角岳彦『図解　自動車のテクノロジー　基礎編』三栄書房　1991
兼坂弘『究極のエンジンを求めて　兼坂弘の毒舌評論』三栄書房　1988
桂木洋二『時代を画した日本車の技術・10』グランプリ出版　2005

『スバル技報』富士重工業株式会社技術管理部
『富士重工業50年史　六連星はかがやく』富士重工業　2004
『富士重工業技術人間史　スバルを生んだ技術者たち』三樹書房　2005

『No.1 Car Guide　SUBARU IMPREZA WRX』三栄書房　2007
『RALLY MAKES SERIES SUBARU 1997－1998』JAF出版社　1998

影山夙『スバルは何を創ったか』山海堂　2003
清水和夫＋柴田充『スバルを支える職人たち』小学館　2005
難波治『スバルをデザインするということ』三栄書房　2017
当摩節夫『富士重工業　「独創の技術」で世界に展開するメーカー』三樹書房　2015
御堀直嗣『スバル デザイン』三樹書房　2018
廣本泉『STIコンプリートカー』三樹書房　2016
廣本泉『STI　苦闘と躍進の30年』三樹書房　2018
飯島俊行『WRCスバルの戦い』グランプリ出版　2005
武田隆『水平対向エンジン車の系譜』グランプリ出版　2008
武田隆『世界と日本のFF車の歴史』グランプリ出版　2009

（国内雑誌など）
「ベストカー」三推社・講談社ビーシー／「J'S Tipo」ネコ・パブリッシング／「CAR GRAPHIC」二玄社・カーグラフィック／「モーターファン」「Motor Fan illustrated」「モーターファン別冊ニューモデル速報（すべてシリーズ）」「SUBARU SPIRIT」「RALLY PLUS」三栄書房・三栄／「クラブ・レガシィ」「インプレッサ・マガジン」ニューズ出版・三栄書房／「SUBARU MAGAZINE」交通タイムス社

## おわりに

実は子どもの頃は、スバルのことをわかっていませんでした。姉の小学校の同級生の家のクルマが、たぶんff-1で、サングラスの似合うスポーツウーマンのお母さんが運転担当でしたが、一家でスキーに行っていたので、典型的スバルユーザーだったろうと思います。ただその頃、うちのクルマが某社の2リッターDOHC車だったりしたこともあって、馬力も派手さもないスバルは眼中になく、スバル360なども「かわいそうな小さなクルマ」と勝手に認識していました。スバル360の偉大さを知ったのは、大人になってからのことで、恥ずかしいかぎりです。

自分にとってスバルが輝いて見えるようになったのは、レガシィが登場して、WRCを走り始めてからです。当時WRCの結果を最速で伝えていた東京中日スポーツ新聞を、ラリーの開催中だけは欠かさず買い、レガシィがデビューしたサファリの最初のスーパーSSでトップタイムを出したという記事など、よく覚えています。

その頃、中古のラリー車を乗りついで（残念ながらスバルではなく）、山を走り回ったりしていましたが、当時はNHKのBS放送がWRCを毎戦1時間で放送しており、録画したVHSテープを擦り切れるほど見て、各ドライバーの走り方はもちろん、次にアナウンサーがなにを言うかもぜんぶ覚える始末でした。

当時の放送は、ステージ内の数カ所で長回しに撮った走りの映像を、上位10台くらい順に流していくような単調な構成でしたが、それが運転マニアにはむしろよく、クルマの特性やドライバーの技量をじっくり観察できました。

それで感心したのが、ツール・ド・コルスの舗装路面でのレガシィの走りです。タイトコーナーで、セリカ（ST165）はFRのように鋭くテールアウトさせて、逆にランチア（インテグラーレ16V）はFFのように前が引っ張る感じでしたが、レガシィはスムーズな息の長い4輪ドリフトで走り抜けて、いかにも乗りやすそうでした。水平対向縦置きのスバルはマシンの素性がよいと、雑誌に書かれていましたが、「本当にそうなんだな」と思ったものです。

初代インプレッサの頃は、WRCを何度か取材にかこつけて見に行きました。とくに印象に残っているのは、1994年のモンテカルロ・ラリーでの初出場のマクレーの走りです。ラリー中盤のSS、あたり一面雪景色でも、路面はウェット。下りの2速で回るようなヘアピンで待っていると、やがてやってきた先頭のフォードのフランソワ・デルクール以下、コリン・マクレーの相方のカルロス・サインツも含めて、皆グリップ走行で抜けていく。スピードがのる長い下りのあと、ヘアピンの直前が複合的なS字になっていたので、各車ブレーキングでふらついたりして、少し難しそうでした。

しかしそうなるとスタードライバーが走っても、目の肥えた地元のギャラリーは静まり返ったまま。それが破られたのは、上位数台の4WDターボ車のあとに来た、ルノーのジャン・ラニョッティで、FFにもかかわらず、大ドリフトで走り抜けたので、大歓声です。彼はけっして観客を裏切らないドリフトの名手でした。ただ、そのときも派手とはいえ教科書どおりの理想的なラインどりなのでした。そのあと、ランサーのアグレッシブなドイツ人アルミン・シュヴァルツも鋭く滑らせて、隣にいたドイツ人は大喜び。

ところが、それをはるかに超えていたのが、序盤のコースアウトで下位に落ちながら、猛然と挽回してきていたマクレーでした。遠くからボクサーのサウンドが聞こえてきて、来たなと待ちかまえていると、手前のＳ字区間でいきなりアサッテの方角を向き、次にそのフェイントから一気に向きを変え、ヘアピンが始まるはるか手前で完全に横を向いて、イン側の雪にノーズをつけてしまった。これは失敗だな、と当然思いますが、そのまま彼は鼻先で雪を散らしながら真横のまま滑っていき、ヘアピンの奥で一瞬止まりかけたあと猛然と直線的に加速して抜けていった。とんでもないものを見てしまったという心境で、啞然としましたが、ちなみにこのSSで彼は３位のタイムでした。

勝利請負人のプロドライブのボス、デビッド・リチャーズもカリスマ的でした。英国の原野で狩猟でもしているかのようなワイルドな風貌ながら、Ｆ１並に洗練されたプロフェッショナルな体制でチーム運営しており、これぞ西欧の一流の事業家だと思っていました。こういう工房と出会ったスバルには、運の強さを感じずにはいられません。一度、サービスのテントで少し話を聞いたとき、WRカーのスタイリングの美しさを自慢していたのが印象的でした。

マルク・アレンも、もう彼がWRCを離れてから、ローカルイベントでちょっとだけ話したことがあり、こちらが日本人と見ると、すぐに「ミスター・クゼはどうしてるか？」と聞いてきました。残念ながら、STIの初代社長だった久世隆一郎氏にはお会いしたことがなく、なにも言えませんでしたが、握手をかわしたその手が巨大で、「こんなのでハンドルをねじふせていたんじゃ、とても勝ちめはないな」と、（べつに勝負するわけでもないのに）愕然としました。

同業者には、情熱をもってスバルをフォローしている人も多く、参考になる記事や出版物がたくさん出ていますが、本書はなるべくまた違った面からスバルを考える材料になれば、という思いでまとめました。

本書のもととなった2008年の『水平対向エンジン車の系譜』は、グランプリ出版初代社長の尾崎桂治氏から、スバルの水平対向モデルについては、まだ本を出せていないので、そこを書いて欲しいと依頼をいただいたのでした。尾崎氏は、百瀬晋六氏から直接、話を聞いてきた方です。スバル1000の要は、デフを中心に置いたパワーユニットの配置であり、それは、機体設計にプライオリティが置かれる飛行機設計からの発想なのだということを、書く際に、強調して教示されました。

また、前書のときにまとめた初代レガシィの項では、当時のエンジン開発を指揮された山田剛正氏に、ご自宅に伺って取材させていただき、水平対向エンジンの基本特性などについても教えていただきました。その後惜しくも逝去されましたが、あらためて深く感謝の念を抱いている次第です。

とくに近年の部分は、試乗会や発表会、展示会などで開発者の方々に直接話を聞いたことも反映しています。技術者の方々、またいろいろ対応くださったスバル広報部の皆様には感謝を申し上げます。図版についても、多くの貴重な広報写真を提供いただきました。編集関係では、木南ゆかり氏と山田国光氏にお世話になりました。

お世話になった方々に、この場を借りて、あらためて感謝申し上げます。

武田　隆

〈著者略歴〉

**武田　隆**（たけだ・たかし）

1966年東京生まれ。早稲田大学第一文学部仏文科中退。出版社アルバイトなどを経て、自動車を主体にしたフリーライターとして活動。モンテカルロラリーなどの国内外モータースポーツを多く取材し、「自動車アーカイヴ・シリーズ」（二玄社）の「80年代フランス車篇」などの本文執筆も担当。現在は世界のクルマの文明史、技術史、デザイン史を主要なテーマにしている。著書に『シトロエン 2CV』『フォルクスワーゲン ビートル』『ルノーの世界』（いずれも三樹書房）、『水平対向エンジン車の系譜』『世界と日本のFF車の歴史』『フォルクスワーゲン ゴルフ　そのルーツと変遷』『シトロエンの一世紀　革新性の追求』（いずれもグランプリ出版）がある。RJC（日本自動車研究者 ジャーナリスト会議）理事。グランプリ・モーター・ブログ（http://www.grandprix-book.jp/blog/）執筆担当。

**スバル水平対向エンジン車の軌跡**
シンメトリカルAWDの追求

著　者　　武田　隆
発行者　　山田国光

発行所　　株式会社グランプリ出版
〒101-0051　東京都千代田区神田神保町 1-32
電話 03-3295-0005(代)　FAX 03-3291-4418

印刷・製本　　モリモト印刷株式会社